TEUBNER-TEXTE zur Informatik   Band 20

B. Schienmann

Objektorientierter Fachentwurf

TEUBNER-TEXTE zur Informatik

Herausgegeben von
Prof. Dr. Johannes Buchmann, Darmstadt
Prof. Dr. Udo Lipeck, Hannover
Prof. Dr. Franz J. Rammig, Paderborn
Prof. Dr. Gerd Wechsung, Jena

Als relativ junge Wissenschaft lebt die Informatik ganz wesentlich von aktuellen Beiträgen. Viele Ideen und Konzepte werden in Originalarbeiten, Vorlesungsskripten und Konferenzberichten behandelt und sind damit nur einem eingeschränkten Leserkreis zugänglich. Lehrbücher stehen zwar zur Verfügung, können aber wegen der schnellen Entwicklung der Wissenschaft oft nicht den neuesten Stand wiedergeben.

Die Reihe „TEUBNER-TEXTE zur Informatik" soll ein Forum für Einzel- und Sammelbeiträge zu aktuellen Themen aus dem gesamten Bereich der Informatik sein. Gedacht ist dabei insbesondere an herausragende Dissertationen und Habilitationsschriften, spezielle Vorlesungsskripten sowie wissenschaftlich aufbereitete Abschlußberichte bedeutender Forschungsprojekte. Auf eine verständliche Darstellung der theoretischen Fundierung und der Perspektiven für Anwendungen wird besonderer Wert gelegt. Das Programm der Reihe reicht von klassischen Themen aus neuen Blickwinkeln bis hin zur Beschreibung neuartiger, noch nicht etablierter Verfahrensansätze. Dabei werden bewußt eine gewisse Vorläufigkeit und Unvollständigkeit der Stoffauswahl und Darstellung in Kauf genommen, weil so die Lebendigkeit und Originalität von Vorlesungen und Forschungsseminaren beibehalten und weitergehende Studien angeregt und erleichtert werden können.

TEUBNER-TEXTE erscheinen in deutscher oder englischer Sprache.

Objektorientierter Fachentwurf

Ein terminologiebasierter Ansatz
für die Konstruktion von Anwendungssystemen

Von Dr. Bruno Schienmann
SIZ – Informatikzentrum der Sparkassenorganisation, Bonn

B. G. Teubner Verlagsgesellschaft
Stuttgart · Leipzig 1997

Dr. Bruno Schienmann

Geboren 1963 in Konstanz. Von 1984 bis 1988 Studium der Wirtschaftsinformatik an der Fachhochschule Konstanz, Arbeitsaufenthalte bei Hewlett Packard, Böblingen, AEG, Konstanz, und ABB, Baden/Schweiz. Von 1988 bis 1990 Diplom-Aufbaustudium Informationswissenschaft an der Universität Konstanz. Von 1990 bis 1991 als Systementwickler bei der Computer Gesellschaft Konstanz CGK in der Abteilung „Datenbanken und Compilerbau". Von Juli 1991 bis Juni 1996 wissenschaftlicher Mitarbeiter am Lehrstuhl Informationsmanagement der Universität Konstanz bei Prof. Dr. Erich Ortner. Promotion im Juni 1996. Seit September 1996 als Referent am Informatikzentrum der Sparkassenorganisation (SIZ) in Bonn.

Arbeitsschwerpunkte: Modellierung von Anwendungssystemen, objektorientierter Entwurf, Requirements Engineering.

Gedruckt auf chlorfrei gebleichtem Papier.

Die Deutsche Bibliothek – CIP-Einheitsaufnahme

Schienmann, Bruno:
Objektorientierter Fachentwurf : ein terminologiebasierter
Ansatz für die Konstruktion von Anwendungssystemen /
von Bruno Schienmann. – Stuttgart ; Leipzig : Teubner, 1997
    (Teubner-Texte zur Information ; Bd. 20)

    ISBN 978-3-8154-2305-9   ISBN 978-3-663-01120-0 (eBook)
    DOI 10.1007/978-3-663-01120-0

NE: GT

Umschlaggestaltung: E. Kretschmer, Leipzig

Vorwort

Der fachliche Entwurf eines Anwendungssystems läßt sich als ein sprachlicher Konstruktionsprozeß auffassen. Sowohl die Erschließung eines Anwendungsbereichs als auch die Spezifikation und die anschließende Nutzung eines Anwendungssystems erfolgen in sprachlichen Handlungen. Objekte dieses Sprechens und Handelns sind die Dinge und Geschehnisse des jeweiligen Anwendungsbereichs. Deren Ordnung im Rahmen der informationsverarbeitenden Aktivitäten eines Anwendungsbereichs wird durch die eingeführte Fachterminologie bestimmt. Betrachtet man Anwendungsentwicklung als einen Prozeß der Konstruktion und Transformation sprachlicher Ausdrücke, so läßt sich eine sichere Fundierung des Fachentwurfs von Anwendungen durch die systematische Rekonstruktion der Fachbegriffe eines Anwendungsbereichs erreichen.

Das vorliegende Buch zeigt, wie durch die Rekonstruktion der Terminologie eines Anwendungsbereichs das fachliche Lösungskonzept eines geplanten Anwendungssystems entwickelt werden kann. Der Fachentwurf wird unterteilt in eine Phase der Rekonstruktion und eine Phase der Spezifikation. In der Rekonstruktionsphase steht die Untersuchung des Anwendungsbereichs und der im Zusammenhang mit informationsverarbeitenden Tätigkeiten übliche Gebrauch fachsprachlicher Termini im Vordergrund. Gegenstand dieser Phase ist die Rekonstruktion derjenigen Fachbegriffe, welche die Informationsverarbeitung im Anwendungsbereich steuern. In der folgenden Spezifikationsphase dienen diese Fachbegriffe und die rekonstruierten Aussagen zur objektorientierten Spezifikation des Fachkonzepts. Dieses Fachkonzept spezifiziert die Struktur und das Verhalten der gewünschten Anwendung umfassend und eindeutig in einer für die Systementwicklung geeigneten Form.

Für die abgestimmte und vollständige Spezifikation eines objektorientierten Anwendungssystems wird ein Spezifikationsrahmen eingeführt. In diesem Rahmen werden durch die Gegenüberstellung einer statischen, einer funktionalen und einer dynamischen Perspektive sowie einer internen und externen Sicht auf die Objekte sieben Aspekte - Attribute, Beziehungen, Fähigkeiten, Interaktionen, Wandlungen, Reihenfolgen und Einschränkungen - unterschieden. Die Beschreibung dieser Aspekte erfolgt in unterschiedlichen Repräsentationssprachen, um zu vermeiden, daß Personen von der Systementwicklung ausgeschlossen werden, weil ihnen eine bestimmte Notation fremd ist oder sie diese nicht ausreichend beherrschen. Die Probleme mehrsprachiger Transformationsansätze bezüglich der

Kontrolle von Entwurfsmodifikationen und dem Auftreten von Inkonsistenzen zwischen unterschiedlichen Repräsentationen werden dabei durch die Einführung einer Normsprache als zentraler Instanz zur Rekonstruktion und Konsolidierung aller Entwicklungsergebnisse im Fachentwurf beseitigt.

Diese Arbeit entstand während meiner Tätigkeit als wissenschaftlicher Mitarbeiter am Lehrstuhl für Informationsmanagement der Universität Konstanz im Rahmen des Konstanzer Sprachkritik-Programms für das Software Engineering (KAS-PER). Bei der Anfertigung dieser Arbeit habe ich von zahlreichen Personen Unterstützung und Anregungen erhalten.

Besonders danke ich meinem Doktorvater, Herrn Prof. Dr. Erich Ortner, für seine langjährige Förderung und wissenschaftliche Betreuung. Seine kritischen Fragen und die vielen, häufig kontrovers geführten, dabei aber immer konstruktiven Diskussionen trugen wesentlich zum Gelingen dieser Arbeit bei. Bei den Mitarbeitern des Fachbereichs Informationswissenschaft bedanke ich mich für viele wertvolle Hinweise, die sie mir zu früheren Fassungen des Manuskripts gegeben haben. Besonders hervorheben möchte ich meinen Kollegen und Freund Peter Schieber, welchem ich vielfältige Unterstützung während der gesamten Assistentenzeit verdanke, und Dagmar Michels, die den ganzen Text korrekturgelesen und mit zahlreichen Vorschlägen dessen Verständlichkeit verbessert hat. Den informationswissenschaftlichen Studentinnen und Studenten gebührt Dank dafür, daß sie durch ihre Studien- und Diplomarbeiten sowie durch viele Hinweise in Vorlesungen meine wissenschaftliche Arbeit vorangetrieben haben.

Vor allem danke ich jedoch meiner Frau Elisabeth. Ihre Geduld, ihr Verständnis und ihre dauernde Aufmunterung waren mir eine unschätzbare Hilfe.

Bonn, im Dezember 1996   Bruno Schienmann

Inhalt

1 Einleitung

Am Beginn eines Buches ist es empfehlenswert, zunächst die Wahl der Wörter im Titel zu begründen und ihren Gebrauch zu erläutern, um in das Thema einzuführen und für die gewählte Aufgabenstellung zu motivieren. Dies gilt insbesondere für eine Arbeit im Bereich der objektorientierten Anwendungsentwicklung, also einem Gegenstandsbereich, der zwar den Entwurf und die Implementierung exakter, eindeutiger Artefakte zum Ziel hat, dessen eigener Sprachgebrauch jedoch oft durch Unbestimmtheiten und Vagheiten gekennzeichnet ist. Da in diesem jungen und sich schnell entwickelnden Gebiet auch eingeführte Fachtermini Bedeutungsverschiebungen unterliegen, soll zunächst durch eine kurze Erörterung der Titelwörter „Objektorientierter Fachentwurf" in den Gegenstandsbereich dieses Buches eingeführt werden. Anhand des Untertitels „Ein terminologiebasierter Ansatz für die Konstruktion von Anwendungssystemen" wird anschließend deren Zielsetzung skizziert. Der folgende Überblick stellt dann detailliert den Aufbau des Buches mit den darin bearbeiteten Aufgabenfeldern vor.

1.1   Problemstellung und Motivation

Als eine der *Sciences of the Artificial* beschäftigt sich die Anwendungsentwicklung mit der Konstruktion künftiger künstlicher Gegenstände mit geplanten Eigenschaften (vgl. [Simon85:6f]). Diese künstlichen Gegenstände oder Artefakte dienen einem bestimmten Zweck, wobei zur Zweckerfüllung die Abstimmung der Beschaffenheit des Artefakts mit seinem Zweck und seiner Umwelt erforderlich ist: „Whether a knife will cut depends on the material of its blade and the hardness of the substance to which it is applied" [Simon85:9]. Der Entwurf eines Anwendungssystems läßt sich in diesem Sinne als das zweckgerichtete planende Anpassen der Beschaffenheit dieses Systems an die Aufgabenstellungen des jeweiligen Anwendungsbereichs auffassen. Unter einem Anwendungssystem soll in Anlehnung an Hesse et al. dasjenige Teilsystem eines betrieblichen Informations- und Kommunikationssystems verstanden werden, welches die Aufgabenträger bei der Erfüllung ihrer fachlichen Aufgaben in informationsverarbeitenden Prozessen im Anwendungsbereich unterstützt [Hesse94:43].

Die beiden wesentlichen Problemfelder der Anwendungsentwicklung sind die Organisation des *Entwurfsprodukts* und des *Entwurfsprozesses*. Beide Problemfelder werden in diesem Buch untersucht. Dabei erfolgt bezüglich der objektorientierten Organisation des Produkts eine Einschränkung auf den Entwurf reaktiver, dialogorientierter Anwendungssysteme unter Ausgrenzung von Echtzeitsystemen (vgl. zur Terminologie [Manna92]). Die Organisation des Prozesses konzentriert sich auf den Fachentwurf, d.h. diejenige Phase, in welcher die genaue Zweckfestlegung eines Anwendungssystems erfolgt und ein fachliches Lösungskonzept für diese Zweckerfüllung erarbeitet wird.

Objektorientierte Anwendungssysteme entstehen aus der Konfiguration mehrerer Objekte mit eigener Identität zu einem Objektsystem. Die Funktionalität eines solchen Objektsystems ergibt sich aus den mittels Nachrichtenaustausch koordinierten Fähigkeiten dieser Objekte. Die Struktur und das interne Verhalten der Objekte bleiben nach außen verborgen. Die Ausführung der Fähigkeiten oder Änderungen der Attributwerte eines Objekts können von anderen Objekten ausschließlich durch das Senden einer Nachricht und das Auslösen eines objektspezifischen Ereignisses angestoßen werden. Jedes Objekt entscheidet in eigener Verantwortung, in welcher Weise es auf eine eintreffende Nachricht reagiert und wie es eine geforderte Aufgabe erledigt. Eine Vererbung von Fähigkeiten (Diensten oder Methoden) und Attributen ist durch die Anordnung der Objekte bzw. Objektklassen in einer Spezialisierungshierarchie möglich. Diese Betrachtung eines Anwendungssystems als eine Gemeinschaft unabhängiger kooperierender Einheiten als Träger von Fähigkeiten und Attributen dürfte den minimalen Konsens dessen wiedergeben, was die Objektorientierung auszeichnet (vgl. [Meyer88; Nierstrasz89; Wegner92; Kappel96:10ff]), wobei bereits die Aussage zur Vererbungsart von Merkmalen kontrovers diskutiert wurde [Lieberman86; Stein87; Ungar87].

Die Spezifikation der Struktur und des Verhaltens dieser Grundbausteine eines objektorientierten Anwendungssystems erfolgt im fachlichen Entwurf. **Fachentwurf** ist in den gängigen Vorgehensmodellen die der Planung oder Voruntersuchung folgende, häufig auch als *Analyse, Requirements Definition, Requirements Analysis and Specification* [McDermid91:15/8; Ghezzi91:6; Davis93:20ff; Pomberger93:40] oder *Conceptual Modeling* [Wieringa95:6] bezeichnete Phase der problembezogenen, fachorientierten Spezifikation einer geplanten Anwendung. Im Fachentwurf wird auf der Grundlage der ermittelten Anforderungen das fachliche Lösungskonzept des Anwendungssystems spezifiziert. Dieses Fachkonzept legt fest, was das geplante Anwendungssystem im Anwendungsbereich leisten soll, indem es die Struktur und das Verhalten der Objekte zur Erfüllung fachlicher Aufgaben definiert.

Die wachsende Bedeutung des Fachentwurfs gegenüber den nachfolgenden Phasen der Systementwicklung liegt zum einen an der Tatsache, daß viele Defizite in der Anwendungsentwicklung (Akzeptanz- und Qualitätsprobleme, hohe Entwicklungskosten, mangelnde Systemintegration) letztlich auf Mängel in der fachlichen

Spezifikation zurückzuführen sind, zum anderen in der Erkenntnis, daß die anzustrebende Automatisierung späterer Entwicklungsphasen oder die Einführung von Standardanwendungen nur auf der Grundlage eines das Benutzerwissen und seine Anforderungen korrekt und präzise wiedergebenden Fachkonzepts möglich und sinnvoll ist (vgl. [Boehm84; Humphrey89:389ff; Chroust92:21; McClure93]).

Motiviert ist diese Arbeit hauptsächlich dadurch, daß für die späteren Phasen des Entwurfsprozesses zwar bereits sehr mächtige und umfassende Methoden und Werkzeuge entwickelt wurden, die frühe Phase des fachlichen Entwurfs aber häufig als einer systematischen Vorgehensweise nicht zugänglich beschrieben wird. In seiner Einführung zur Beschreibung des PROSPECTRA-Projekts (PROgram development by SPECification and TRAnsformation) stellt Krieg-Brückner etwa fest: „Requirements specifications are, in general, non-constructive; there may be no clue for an algorithmic solution of the problem" [Krieg-Brückner93:8]. Das vorliegende Buch zeigt, wie durch die sprachkritische Rekonstruktion der Terminologie eines Anwendungsbereichs auf systematische, konstruktive Weise das fachliche Konzept eines geplanten Anwendungssystems entwickelt werden kann.

Terminologiebasiert ist dabei zu verstehen als die Untersuchung sprachlicher Äußerungen im Hinblick auf ihre Bedeutung und ihre Intention oder kommunikative Wirkung im Anwendungsbereich und meint hier insbesondere die schrittweise und kontrollierte Überführung umgangssprachlicher Aussagen über Sachzusammenhänge eines Anwendungsbereichs in intersubjektiv verständliche und begründete Aussagen auf der Basis einer normierten Fachsprache [Lorenz70:30ff; Lorenzen87:25ff]. Wesentlich für diesen Ansatz ist die Einsicht, daß die informationsverarbeitenden Handlungen im Anwendungsbereich auf Fachbegriffen basieren, die zum konstituierenden Bestand der Theorie eines Fachbereichs gehören. Da der Gebrauch dieser Fachbegriffe für den Systemanalytiker oder Entwickler nicht unmittelbar einsichtig ist, müssen diese in einem sprachkritischen Rekonstruktionsprozeß schrittweise mit Bezug auf außersprachliche Gegebenheiten erarbeitet und als Teil eines Entwicklungssystems verwaltet werden [Ortner95:148; Ortner96].

Die Rekonstruktion dieser Terminologie beginnt bei solchen, als *empragmatische Rede* (oder *empraktische Rede* [Bühler34:155; Lorenzen87:20]) bezeichneten Sprechhandlungen, die unmittelbar mit der Aufgabenerledigung, d.h. mit der Praxis des Anwendungsbereichs verbunden sind [Leinsle92:34ff; Janich93:7f]. Eine Fundierung des Anwendungsentwicklungsprozesses erfolgt in der (Sprach-)Praxis des jeweiligen Anwendungsbereichs. Im Gegensatz zu anderen terminologiebasierten Ansätzen in der Anwendungsentwicklung, welche von einer eher *empirischen* Analyse der Sprachverhältnisse ausgehen (vgl. etwa [Abott83; Chen83; Booch86; Auramäki88; Saeki89; Andersen91; Nijssen89; Rolland92; Cockburn92;

Tjoa93; Vadera94; Kristen94; Johannesson95; Albrecht95; Burg95; Sykes95; McDavid96; Düsterhöft96]), werden durch diesen (re-)konstruktiven *sprachkritischen* Ansatz Unsicherheiten im Entwurfsprozeß, die auf Mehrdeutigkeiten, Vagheiten, Inkonsistenzen oder Unvollständigkeiten der Aussagen zurückzuführen sind, frühzeitig *normativ* beseitigt. Die informationsverarbeitende Praxis im Anwendungsbereich wird nicht nur analysiert und beschrieben. Unter Umständen mangelhafte Sprachregelungen im Anwendungsbereich werden nicht übernommen, sondern sprachkritisch rekonstruiert (repariert).

Wesentlich für den hier vorgestellten **Konstruktionsansatz** für den Fachentwurf ist die Forderung, daß alles, was auf dem Weg zur fachlichen Lösungsbeschreibung eingesetzt wird, zunächst hergestellt oder rekonstruiert werden muß. Es wird gefordert, daß bei dieser sprachkritischen Rekonstruktion an keiner Stelle ein Konstruktionselement verwendet wird, „von dessen gemeinsamer Verwendung wir uns nicht überzeugt haben, und daß wir jede von uns aufgestellte Behauptung, Aufforderung oder Norm schrittweise begründen" [Lorenzen87:11]. Da die Rekonstruktion der sprachlichen Mittel eines Anwendungsbereichs zugleich als eine Konstruktion der im Fachentwurf relevanten Gegenstände aufzufassen ist, wird diese Form der Anwendungsentwicklung als *konstruktiv* bezeichnet [Wedekind80; Wedekind81; Luft81; Ortner94]. Eine ähnliche konstruktive Auffassung des Entwurfsprozesses - allerdings ohne terminologiebasierte Grundlegung und ohne explizite Forderung nach der Begründung aller Konstruktionsergebnisse - vertreten im Software Engineering beispielsweise Fickas und Nagarjan sowie Naur [Fickas88; Naur92:37ff] oder im Bereich der Wissensakquisition Ford et al.: „Knowledge acquisition is a constructive modelling process, not simply a matter of 'expertise transfer'" [Ford93:9].

Der konstruktive Fachentwurf nach dem in diesem Buch vorgestellten *Terminologiebasierten Ansatz für die Objektorientierte Spezifikation (TAOS)* unterscheidet eine Phase der Rekonstruktion und eine Phase der Spezifikation. Die Rekonstruktion der Terminologie eines Anwendungsbereichs bildet die Grundlage für die anschließende objektorientierte Spezifikation des Fachkonzepts. Der fachliche Entwurf ist zunächst *begriffsorientiert*, anschließend *objektorientiert* ausgerichtet, wobei die in der Rekonstruktionsphase ermittelten Fachbegriffe in der Spezifikationsphase zu Objekttypen mit ihren jeweiligen Attributen und Fähigkeiten führen (genauer: Fachbegriffe werden durch Objekttypen repräsentiert). Entsprechend der Definition von Mittelstraß - „Was bedeutet Konstruktivismus? Es bedeutet: *Sagen was ist* [...] *und besser machen, was ist*" [Mittelstraß89:128] - wird Fachentwurf nicht nur in seiner *deskriptiven* Funktion auf die Untersuchung gegebener informationsverarbeitender Tätigkeiten eingegrenzt, sondern auch in seiner *präskriptiven* Funktion im Sinne einer kritischen Gestaltung des Anwendungsbereichs und der Anwendung gemeinsam mit den Beteiligten und den Betroffenen verstanden.

1.2   Überblick

Der Aufbau dieses Buches orientiert sich an der üblichen Vorgehensweise bei der Lösung eines Problems mit den Schritten Bestimmung des Gegenstandsbereichs (Kapitel 2), Erläuterung der Problemstellung und Entwicklung von Lösungsgrundlagen (Kapitel 3) sowie Erarbeitung des Lösungsansatzes (Kapitel 4 und 5). Eine Zusammenfassung der vorgeschlagenen Lösung sowie ein kurzer Ausblick auf zukünftige Entwicklungen schließen diese Arbeit ab (Kapitel 6).

In Kapitel 2 wird der soeben anhand der gewählten Titelwörter erläuterte Gegenstandsbereich dieses Buches präzisiert. Abschnitt 2.1 grenzt zunächst das Thema durch die phasenweise Einordnung des Fachentwurfs in den Entwicklungszyklus von Anwendungssystemen ein. Ziel ist dabei nicht die Einführung eines neuen Vorgehensmodells oder eine allgemeine Diskussion der Problematik solcher Modelle, sondern die Erläuterung der wesentlichen Aufgaben, Tätigkeiten, Ziele und Ergebnisse des Fachentwurfs in Abgrenzung zu anderen Phasen im Entwicklungszyklus.

Anhand eines kurzen historischen Abrisses werden dann in Abschnitt 2.2 die Stufen von der funktionsorientierten bis hin zur objektorientierten Anwendungsentwicklung vorgestellt. Zum einen soll dadurch die objektorientierte Ausrichtung des Fachentwurfs motiviert, zum anderen in die Objektorientierung selber eingeführt werden, da wesentliche objektorientierte Konzepte auf der Integration und der Erweiterung von Konzepten vorhergehender Entwicklungsstufen im Software Engineering beruhen:

> Of course, many good techniques have been developed in functions/data methods, which can also be used in object-oriented methods. Just because we shift paradigm, we should not forget all that we have learned. [Jacobson92:81]

Abschnitt 2.3 zeigt Defizite bestehender Entwurfsmethoden auf und motiviert für den konstruktiven Fachentwurf nach einem sprachkritisch terminologiebasierten Ansatz.

Die Lösungsbasis für die Entwicklung dieses Ansatzes schafft Kapitel 3. Ausgehend von den notwendigen Eigenschaften eines Fachkonzepts, werden zunächst die Anforderungen an einen Ansatz für den fachlichen Entwurf geordnet und Lösungskonzepte zu deren Erfüllung erarbeitet. Das vorliegende Buch konzentriert sich auf die Entwicklung von Lösungskonzepten zu den vier auf der folgenden Seite in Abbildung 1-1 dargestellten Aufgabenfeldern.

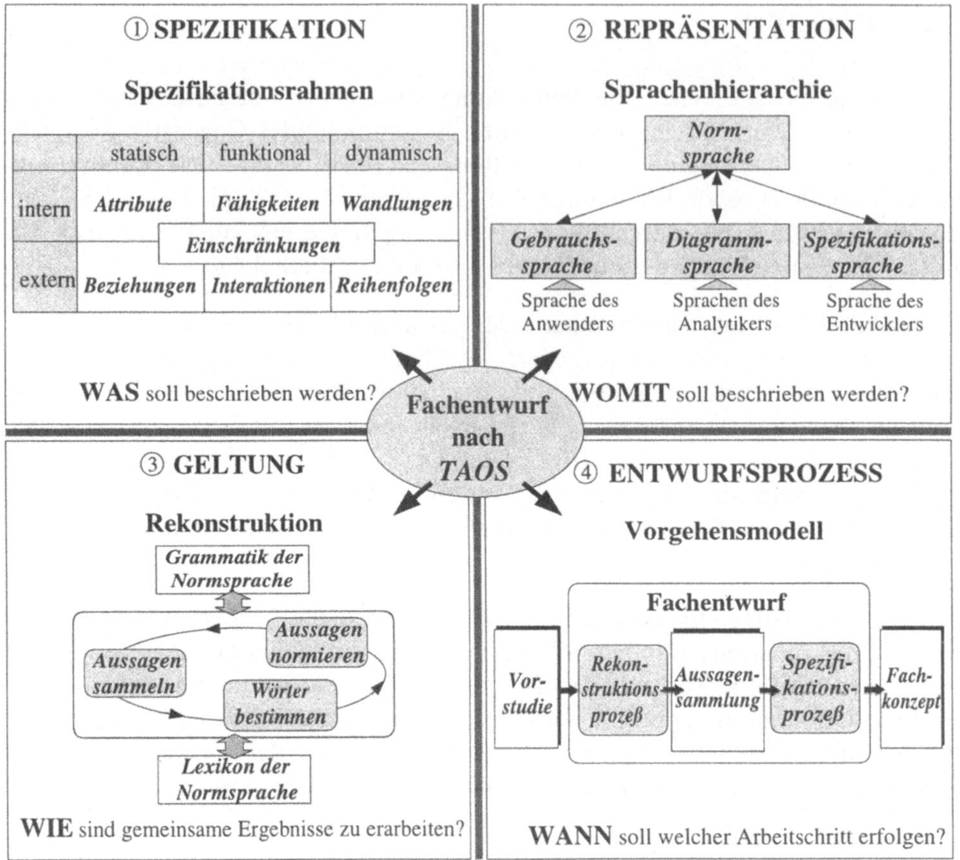

Abb. 1-1: Aufgabenfelder und zentrale Lösungskonzepte

Im ersten Aufgabenfeld *Spezifikation* (Abschnitt 3.1) wird bestimmt, welche Aspekte einer Anwendung im Fachentwurf zu beschreiben sind. Die Einführung eines Spezifikationsrahmens bildet das zentrale Lösungskonzept zu diesem Aufgabenfeld:

- **Spezifikationsrahmen.** Unterteilt in die Perspektiven *statisch*, *funktional* und *dynamisch* sowie die beiden dazu orthogonalen Objektsichten *intern* (Intra-Objektsicht) und *extern* (Inter-Objektsicht), soll der Spezifikationsrahmen die umfassende und abgestimmte Beschreibung der Struktur und des Verhaltens eines objektorientierten Anwendungssystems sicherstellen. Vervollständigt wird eine Spezifikation durch die Angabe von Einschränkungen für die Reglementierung einzelner Spezifikationsaspekte und Regeln für die Ausführung bedingter Aktionen.

Im zweiten Aufgabenfeld *Repräsentation* (Abschnitt 3.2) werden die Darstellungsmittel, mit denen die durch den Spezifikationsrahmen bestimmten Entwicklungsergebnisse zu repräsentieren sind, untersucht. Durch die Einführung einer *Sprachenhierarchie* sollen die Probleme gängiger Transformationsansätze bezüglich der Kontrolle von Entwurfsmodifikationen und dem Auftreten von Inkonsistenzen zwischen unterschiedlichen Repräsentationen frühzeitig aufgedeckt und vermieden werden.

- **Sprachenhierarchie.** Um eine dem jeweiligen Entwicklungsstand und den an der Entwicklung beteiligten Personen angepaßte Darstellungsform sicherzustellen, sind als Repräsentationssprachen im Fachentwurf die Gebrauchssprache des Anwenders, eine grafische Diagrammsprache des Systemanalytikers und die Spezifikationssprache des Entwicklers einzusetzen. Als zentrale Instanz für die Rekonstruktion und eindeutige Darstellung fachlicher Sachverhalte eines Anwendungsbereichs soll in dieser Arbeit eine weitere Repräsentationssprache dienen. Diese soll *Normsprache* heißen und basiert insbesondere auf den Arbeiten von Lorenzen [Lorenzen73; Lorenzen80; Lorenzen87] zum Aufbau von *Orthosprachen* (*orthos*, griech. richtig).

In dieser Arbeit werden eine Spezifikationssprache, eine Diagrammsprache und - als wesentlicher Schwerpunkt - eine rationale, nicht empirische Normsprache entwickelt. Diese normierte Sprache ist angelehnt an die natürliche Sprache - genauer: die sich aus der Verschränkung von Umgangssprache und Fachsprache ergebende Gebrauchssprache eines Anwendungsbereichs [Lorenz70:37] -, vermeidet aber deren Unbestimmtheiten und Vagheiten durch die explizite (inhaltliche) Normierung des erlaubten Wortschatzes in einem Lexikon und durch festgelegte Regeln für die Bildung (formal) korrekter Sätze in einer Grammatik. Diese expliziten Festlegungen sollen im Fachentwurf die prinzipielle Beurteilungsmöglichkeit jeder fachlichen Aussage sicherstellen und auftretende Mißverständnisse aufgrund unterschiedlicher Wortverwendungsweisen auf ein Minimum reduzieren [Hartmann90:10].

Liegt eine solche disambiguierte Sprache vor, so wird gefordert, daß sich jede in einer anderen Entwurfs- oder Diagrammsprache formulierte Aussage in dieser Sprache rekonstruieren lassen soll. Ebenso erfolgen Übersetzungen oder Transformationen von einer Sprache in eine andere Sprache nicht direkt, sondern über eine normsprachliche Rekonstruktion und Konsolidierung [Lorenzen87:53], wobei die Normsprache als *Zwischensprache*, *Interlanguage* oder *Standardsprache* fungiert (vgl. [Schnelle73:79f; Wunderlich80:21]). Neben den genannten Untersuchungen zu Orthosprachen bildeten die Arbeiten von Sowa zu *Begrifflichen Graphen (con-*

ceptual graphs, vgl. [Sowa84; Sowa91; Hansen93:23ff]) eine wichtige Grundlage für die Entwicklung dieser Normsprache auf der begrifflichen Ebene.

Im dritten Aufgabenfeld *Geltung* (Abschnitt 3.3) wird angegeben, wie gemeinsame, von allen Beteiligten getragene Entwicklungsergebnisse aus der Praxis des Anwendungsbereichs zu erarbeiten, zu verbinden und anwendungsweit festzulegen sind:

- **Rekonstruktion**. In einem zyklischen, approximativen Prozeß der Rekonstruktion mit den Schritten Aussagensammlung, Wörterbestimmung und Aussagennormierung werden alle Fachbegriffe und Aussagen über Sachverhalte des Anwendungsbereichs ermittelt, präzisiert und stabilisiert. Verschiedene Sichtweisen und Auffassungen sowie auseinanderlaufende Zielvorstellungen werden dabei schrittweise vereinheitlicht und zu einer Beschreibung der fachlichen Aufgabenstellung der zu entwickelnden Anwendung geführt, welche von allen beteiligten Personen in ihren unterschiedlichen Rollen getragen wird.

Die Lösungskonzepte dieser drei Bereiche werden im vierten Schritt *Entwurfsprozeß* (Abschnitt 3.4) in ein zweiphasiges Vorgehensmodell für den objektorientierten Fachentwurf integriert:

- **Vorgehensmodell**. Das in dieser Arbeit für den Fachentwurf entwickelte Vorgehensmodell unterscheidet eine Phase der Rekonstruktion und eine Phase der Spezifikation. In der Rekonstruktionsphase wird die fachliche Lösung in Form einer Aussagensammlung erarbeitet. Aufgabe der folgenden Spezifikationsphase ist der Entwurf eines objektorientierten Fachkonzepts. Dabei wird die in der Rekonstruktionsphase ermittelte fachsprachliche Lösung der Anwendung in eine für die folgende Phase des Systementwurfs geeignete Spezifikationssprache überführt.

Entsprechend dieser phasenweisen Aufteilung des Vorgehensmodells zeigen die Kapitel 4 und 5, wie in den Schritten *Rekonstruktion* und *Spezifikation* ein objektorientiertes Fachkonzept entwickelt wird. Obwohl die Beschreibung dieser beiden Schritte notwendigerweise sequentiell ist, findet ein derartiger Entwicklungsprozeß natürlich repetitiv mit einer Wiederholung der einzelnen Schritte auf einer jeweils detaillierteren Beschreibungsebene im Sinne einer „hermeneutischen Spirale" statt.

Die in Kapitel 4 für die *normsprachliche Rekonstruktion* gewählte Vorgehensweise umfaßt die Schritte Aussagensammlung (Abschnitt 4.1), Wörterbestimmung (Abschnitt 4.2) und Aussagennormierung (Abschnitt 4.3). Die Rekonstruktion ist zunächst *pragmatisch-intentional* ausgerichtet, die zweite Teilphase dient der *semantisch-materialen* Bedeutungsbestimmung der Fachwörter, während in der dritten Teilphase *syntaktisch-formale* Festlegungen fachlicher Aussagen getroffen werden. Gemäß der Feststellung Carnaps: „pragmatics is the basis for all of linguistics" [Carnap48:13], werden morphologische, syntaktische sowie semantische Festlegungen von Termini und Aussagen auf die (Sprach-)Praxis des jeweiligen Anwendungsbereichs zurückgeführt.

Die Forderung, sowohl die Bedeutung der Fachwörter in einem Lexikon inhaltlich zu bestimmen als auch die Syntax gesammelter Aussagen zu normieren, mag aufwendig erscheinen. Im Grunde expliziert die Rekonstruktionsphase aber nur Aktivitäten, die in jeder Anwendungsentwicklung - entweder frühzeitig durch die Anwender und Fachexperten oder in einem späteren Entwicklungszyklus durch die Entwickler - durchgeführt werden müssen. Ziel dieser Vorgehensweise ist es letztlich, die mit jeder Einführung von Anwendungssystemen verbundene implizite Setzung von Normen, d.h. deren konstituierenden Charakter für einen Anwendungsbereich, frühzeitig gegenüber den akzeptanzbestimmenden Personen transparent zu machen und damit deren Legitimation zu ermöglichen. Die Aufgabe und die Verantwortung der Bedeutungsfestsetzung zu implementierender Fachbegriffe soll in einem rationalen, kooperativen Begründungsdiskurs gemeinsam von allen Beteiligten und Betroffenen bewältigt werden (vgl. [Gethmann79:63f]).

Kapitel 5 beschreibt die Phase der *objektorientierten Spezifikation* des Fachkonzepts. Ausgehend von einer normsprachlichen Rekonstruktion, werden bewährte Techniken und Methoden auf der Grundlage des Spezifikationsrahmens kombiniert, um eine kohärente objektorientierte Spezifikation zu gewährleisten. Alle in der Rekonstruktionsphase ermittelten Aussagen werden zunächst hinsichtlich der einzelnen Beschreibungsaspekte des Spezifikationsrahmens klassifiziert (Abschnitt 5.1). Anschließend sind parallel oder nacheinander die einzelnen Perspektiven eines objektorientierten Anwendungssystems zu spezifizieren, d.h. die statische (Abschnitt 5.2), die funktionale (Abschnitt 5.3) und die dynamische Perspektive (Abschnitt 5.4) - jeweils noch unterteilt in die Intra- und Interobjektsicht. Vervollständigt wird die Spezifikation durch die Festlegung von Bedingungen und Regeln (Abschnitt 5.5). Abschnitt 5.6 stellt dann die Integration dieser unterschiedlichen Sichten zu einem Fachkonzept dar.

Der hier gewählte Weg, bei der Entwicklung einer neuen Methode auf Bewährtes zurückzugreifen, empfiehlt sich zum einen deshalb, weil viele Elemente bestehender Methoden und Techniken ihre Praxistauglichkeit bewiesen haben, zum anderen, da die Integration bereits bekannter Methoden und Techniken den Lernaufwand für neue Anwender vermindert und deshalb den Wechsel zu einer neuen Methode erleichtert [Wieringa95:1f].

Eine Zusammenfassung des vorgestellten Ansatzes für den fachlichen Entwurf von Anwendungssystemen und ein Ausblick auf zukünftige Entwicklungen schließen in Kapitel 6 dieses Buch ab.

Die diesem Buch zugrundeliegende Kernthese läßt sich in Abwandlung einer Feststellung von Lorenz[1] pointiert ausdrücken als:

> *Ein angemessenes Verständnis der Sprache eines Anwendungsbereichs ist die Bedingung der Möglichkeit für Anwendungsentwicklung überhaupt.*

Unabhängig davon, welche Erkenntnisse für die Anwendungsentwicklung nutzbar gemacht werden müssen, als sprachlich artikulierte sind sie auf eine angemessene sprachkritische Fundierung angewiesen. Die folgenden Kapitel sollen zeigen, wie dieses angemessene Verständnis der Sprache eines Anwendungsbereichs zu erreichen ist und wie aus diesem Verständnis heraus ein objektorientiertes Fachkonzept entwickelt werden kann.

---

1. „Allmählich setzte sich nämlich die Einsicht durch, daß ein angemessenes Verständnis von Sprache die Bedingung der Möglichkeit für Philosophie überhaupt ist" [Lorenz70:29]. Ähnlich wird Sprache nach K.-O. Apel nicht mehr nur als Gegenstand, sondern selber „als Bedingung der Möglichkeit von Philosophie ins Auge gefaßt" [Apel63:22]. Beide beziehen sich mit ihren Aussagen auf die Erkenntniskritik Kants mit seiner Untersuchung der Bedingungen der Möglichkeit von Erkenntnis überhaupt (vgl. „Kritik der reinen Vernunft" [Kant90] und dazu auch [Kambartel76:112; Boehme94:319f]; eine ausführliche Diskussion mit Bezug auf den Fachentwurf ist in Abschnitt 3.3 enthalten).

2 Gegenstandsbestimmung

Der Entwurf eines Anwendungssystems zur Unterstützung der Aufgabenträger in ihrem Anwendungsbereich ist ein anspruchsvolles und schwieriges Unterfangen, welches oft durch Termin- und Kostenüberschreitungen sowie Qualitätsmängel beeinträchtigt wird. Viele dieser Schwierigkeiten lassen sich auf Defizite in der fachlichen Spezifikation eines Anwendungssystems zurückführen. Diese Defizite bestehen in erster Linie darin, daß die fachlichen Anforderungen an das zu entwikkelnde Anwendungssystem nicht vollständig und eindeutig erhoben werden und die eingesetzte Entwurfsmethode letztlich keinen Hinweis bietet, wie ein Fachkonzept auf systematische Weise aus den Aufgabenstellungen des Anwendungsbereichs heraus konstruiert werden kann.

Gegenstand dieses Buches ist die Entwicklung eines sprachkritisch terminologiebasierten Ansatzes für den objektorientierten Fachentwurf mit dem Ziel einer benutzernahen systematischen Konstruktion des Fachkonzepts aus dem Fachwissen des Anwendungsbereichs heraus. Die kritische Rekonstruktion der informationsverarbeitenden Prozesse in den Anwendungsbereichen mit einer schrittweisen Erhebung, Präzisierung und Stabilisierung der Aufgabenstellung bildet die Grundlage für die anschließende objektorientierte Spezifikation des Fachkonzepts.

In den beiden folgenden Abschnitten 2.1 und 2.2 werden zur Bestimmung des Gegenstandsbereichs dieses Buches zunächst die Aufgaben, Tätigkeiten und Ziele des Fachentwurfs in Abgrenzung zu anderen Entwicklungsphasen verdeutlicht und die Auswahl des objektorientierten Paradigmas für die Organisation des Fachkonzepts als Ergebnis dieser Entwicklungsphase begründet. Eine Beschreibung bestehender Defizite in der Phase des Fachentwurfs leitet in Abschnitt 2.3 dann über zur eigentlichen Begründung des Themas dieser Buches.

2.1 Anwendungsentwicklungsprozeß

In der Anwendungsentwicklung - ebenso wie in anderen Ingenieursdisziplinen - hat es sich zur Lösung schwieriger Aufgabenstellungen als sinnvoll erwiesen, den Lösungsprozeß in einzelne Phasen zu unterteilen. Ein Vorgehensmodell legt die Arbeitsschritte jeder Entwicklungsphase zusammen mit den einzusetzenden Methoden und Werkzeugen im Rahmen des Anwendungsentwicklungsprozesses fest und gibt an, wie die einzelnen zu erarbeitenden Ergebnisse oder Ergebnistypen schrittweise zu dem gewünschten Gesamtergebnis geführt werden können [Gilb88; McDermid91:15/19f; Denert91:32; Chroust92:37f; Sommerville92]. Anstelle von *Vorgehensmodell*, *Prozeßmodell* oder *Phasenmodell* wird auch häufig von *Lebenszyklusmodell* gesprochen, falls hauptsächlich die zeitliche Abhängigkeit zwischen den einzelnen Entwicklungsphasen betont und eine Systemnutzungsphase integriert wird (vgl. [Davis88; Humphrey89:247f; Schach90:43; Pressman92:24f]).

2.1.1 Vorgehensmodelle

Ausgehend von den ersten *Code-and-fix-Modellen* [Boehm88:61] mit den beiden Phasen Programmierung und Fehlerbeseitigung, wurde ein Reihe unterschiedlicher Modelle zur Beschreibung des Entwicklungszyklus von Anwendungen vorgeschlagen [Davis88]. Die beiden bekanntesten und verbreitetsten klassischen Vorgehensmodelle sind das erstmals von Royce vorgestellte *Wasserfallmodell* [Royce70] und das *Spiralmodell* von Boehm [Boehm88]; andere vielversprechende Ansätze mit dem Ziel einer weitgehend automatischen Softwaregenerierung wie etwa *Transformationsmodelle* oder die *Operationale Spezifikation* (vgl. [Bauer82; Balzer83; Zave84; Agresti86]) konnten sich in der Praxis bisher nur teilweise durchsetzen.

Das Wasserfallmodell beruht auf der Vorstellung eines sequentiellen, rückkopplungsfreien Vorgehens, bei dem jede einzelne Entwicklungsphase vor dem Beginn der nächsten Phase vollständig abgeschlossen sein muß. Im Gegensatz dazu unterstellt das Spiralmodell ein zyklisches Vorgehen mit der wiederholten Durchführung der Arbeitsschritte Zielfestlegung, Alternativenbeurteilung, Entwurf, Verifizierung und Validierung sowie Phasenplanung in jeder einzelnen Entwicklungsphase. Beide Vorgehensmodelle wurden häufig modifiziert, wobei insbesondere das ursprüngliche Wasserfallmodell durch die Einbindung von Arbeitsschritten für ein Prototyping und durch die mögliche Wiederholung einzelner Phasen und Rückschritte über mehrere Phasen hinweg wesentlich verändert und dem Spiralmodell angenähert wurde.

Hinsichtlich einer objektorientierten Anwendungsentwicklung wird in der Literatur zumeist ein iteratives/inkrementelles Vorgehen nach dem Prinzip des *slowly growing system* empfohlen (vgl. [Jacobson92:448f; Cook94:339; Berard93:49ff; Pomberger93:29; Firesmith93:16; Coleman94:242; Henderson-Sellers94:267ff; Martin95; Waldén95; Booch96]). Inkrementelle Anwendungsentwicklung wird bei Schach sehr anschaulich folgendermaßen beschrieben:

> Software is built, not written. That is to say, software is constructed step by step, in the same way that a building is constructed. While a software product is in the process of being developed, each step consists of additional pieces

that are added to what has gone before. On one day the design is extended, the next day another module is coded. The construction of the complete product proceeds incrementally in this way until the product is finished. [Schach90:59]

Das inkrementelle Vorgehen basiert auf der Zerlegung des Gesamtsystems in einzelne Inkremente oder Cluster [Meyer90; Meyer95]. Die einzelnen Cluster werden getrennt entwickelt und schrittweise zu einem Gesamtsystem verbunden. Aus der Sicht des gewünschten Endprodukts überlappen sich die Lebenszyklen der einzelnen Inkremente. Während einzelne Inkremente beispielsweise schon vollständig implementiert und verifiziert wurden, befinden sich andere Inkremente noch in der Entwurfsphase (vgl. Abbildung 2-1, rechts unten).

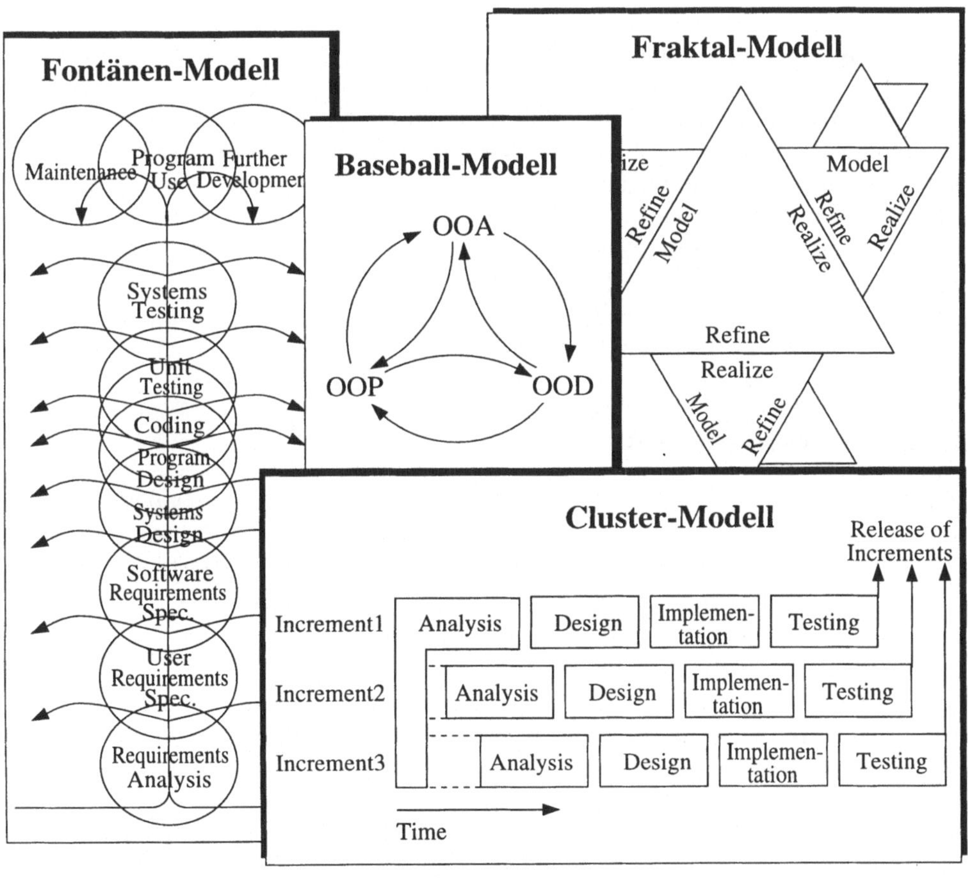

Abb. 2-1: Vorgehensmodelle für die objektorientierte Anwendungsentwicklung

Meyer beschreibt das Vorgehen bei der Cluster-Entwicklung nach dem Wasserfall-modell. Henderson-Sellers und Edwards [Henderson-Sellers90; Henderson-Sellers94] empfehlen in ihrem *Fontänen-Modell* ein stärker iteratives Vorgehen, bei dem die einzelnen Phasen nicht vollständig abgeschlossen und sequentiell durchlaufen werden müssen, sondern einzelne stabilisierte Teilergebnisse bereits an die nachfolgenden Phasen weitergereicht werden können (vgl. Abb. 2-1).

Allen Vorgehensmodellen für die objektorientierte Anwendungsentwicklung gemeinsam ist die Betonung der sehr viel stärkeren Vernetzung der einzelnen Entwicklungsphasen - beispielsweise im *Fraktal-Modell* von McGregor und Sykes [McGregor92:41], im *Baseball-Modell* von Coad und Nicola [Coad93:12] oder im *Whirlpool-Modell* von Williams [Williams96:41]. Weitgehend Einigkeit herrscht bei den meisten Autoren darüber, daß die frühen Entwicklungsphasen möglichst umfassend durchzuführen sind, um bereits in einem frühen Projektstadium ein gutes Verständnis der fachlichen Aufgaben einer geplanten Anwendung zu erhalten (vgl. [Jacobson92:448; Coleman94:242; Henderson-Sellers94:269f; Waldén95]).

Um die Aufgaben und Ziele der Phase des *Fachentwurfs* (*Analysis*) gegenüber anderen Entwicklungsphasen zu verdeutlichen und abzugrenzen, sollen nachfolgend die einzelnen Phasen des Anwendungsentwicklungsprozesses detaillierter erläutert werden. Hinzuweisen bleibt, daß neben diesen phasenorientierten Vorgehensmodellen natürlich weitere Ansätze existieren. Im Bereich der Konstruktion von Datenbankanwendungen führte Senkos *Data Independent Accessing Model (DIAM)* [Senko73] beispielsweise zu abstraktionsebenenorientierten Vorgehensmodellen, wie sie in [Wedekind80] oder [Ortner83] beschrieben werden.

2.1.2 Entwicklungsphasen

Vorgehensmodelle können nach der Art der Beschreibung der einzelnen Entwicklungsphasen in *aktivitätenorientiert*, *ergebnisorientiert* und *entscheidungsorientiert* klassifiziert werden [Dowson87:37f]. Aktivitätenorientierte Vorgehensmodelle beschreiben die Aufgaben der einzelnen Phasen in Form von Arbeitsplänen, welche die einzelnen durchzuführenden Aktivitäten detailliert vorgeben. Im Gegensatz dazu legen ergebnisorientierte Modelle nur die Eigenschaften des zu entwickelnden Phasenergebnisses fest, ohne detailliert Auskunft über die Arbeitsschritte zur Erreichung dieses Ziels anzugeben. Entscheidungsorientierte Modelle regeln die Vorgehensweise durch Vorgabe von situationsabhängigen Entscheidungsmustern, welche zu bestimmten Entwicklungstätigkeiten führen. Diese idealtypischen Modelle treten in der Praxis eher in Mischformen auf, wobei heutzutage in der objektorientierten Anwendungsentwicklung die ergebnisorientierte Vorgehensbeschreibung dominiert (vgl. [Rumbaugh91; Embley92; Jacobson92; Cook94; Coleman94; Henderson-Sellers94; Waldén95]).

Objektorientierte Vorgehensmodelle unterscheiden sich hinsichtlich der möglichen *Durchgängigkeit* der Entwicklungsergebnisse und der *Umkehrbarkeit* des Entwurfsprozesses von klassischen Vorgehensmodellen - *reversibility* und *seamlessness* werden vor allem von Waldén und Nerson hervorgehoben [Waldén95]. Glass, Yourdon und Wieringa [Glass91; Yourdon94:30; Wieringa95:6] weisen jedoch darauf hin, daß die Verbindung und Vernetzung einzelner Entwicklungsphasen zu einem Vorgehensmodell für die objektorientierte Anwendungsentwicklung nur als eine spezielle Ausprägung allgemeiner Problemlösungszyklen - wie etwa aus dem *Systems Engineering* bekannt [Checkland81; Daenzer86:26ff; Wilson90:101] - anzusehen ist.

Obwohl unterschiedliche Vorgehensmodelle einzelne Entwicklungsphasen zwar häufig weiter differenzieren, unterschiedliche zyklische und iterative Abhängigkeiten zwischen den Phasen festlegen oder mehrere Phasen zusammenfassen, lassen sich im Entwicklungsprozeß im wesentlichen doch die folgenden sechs Phasen unterscheiden [Pomberger90:219; Pressman92:25] (vgl. zur Terminologie [Steinbauer90:59; Yourdon94:31]):

   ① Voruntersuchung (*Planning*)

   ② **Fachentwurf (*Analysis*)**

   ③ Systementwurf (*Design*)

   ④ Erzeugung (*Implementation*)

   ⑤ Einführung (*Installation*)

   ⑥ Nutzung (*Use*)

Neben diesen Phasenaktivitäten sind als notwendige Querschnittsfunktionen - also Tätigkeiten, die keine eigentlichen Projektphasen bilden, sondern projektbegleitend in allen Phasen durchgeführt werden müssen - hauptsächlich die *Qualitätssicherung*, das *Projektmanagement*, die *Dokumentationsverwaltung* und das *Konfigurationsmanagement* zu regeln. Speziell im objektorientierten Entwurf kommt dabei wegen der anzustrebenden Wiederverwendung von Bausteinen dem Konfigurationsmanagement und der Qualitätssicherung im Rahmen eines *Total Quality Management* eine zentrale Bedeutung zu.

In der **Voruntersuchung** wird zunächst das Ziel - die Vision - einer zu entwickelnden Anwendung bestimmt und der Anwendungsbereich abgegrenzt. Aufgaben in der Voruntersuchung sind weiterhin die Festlegung von Qualitätsmerkmalen unter

Berücksichtigung der Zielumgebung, Wirtschaftlichkeitsbetrachtungen mit Ressourcenanalysen, Schwachstellenanalysen der zu ersetzenden Anwendungsysteme, eine Risikoanalyse bezüglich der Einführung oder Nicht-Einführung der neuen Anwendung, Beschreibungen der Schnittstellen zu anderen Systemen und die Entwicklung erster Lösungsansätze oder Lösungsalternativen [Gilb88:27ff; Steinbauer90:59; Schach90:69ff; Pressman92:65ff]. Im Falle einer Entscheidung für die Projektdurchführung sind zusätzlich Regelungen bezüglich der Projektdokumentation und der notwendigen Qualitätssicherungsmaßnahmen in der Vorstudie oder dem Pflichtenheft als Ergebnis der Voruntersuchung zu verankern.

Wichtige Instrumente der Voruntersuchung sind die Methoden der Strategischen Informationsplanung - etwa *Business Systems Planning, Critical Success Factors Analysis, Value Chain Analysis, Strategic Option Generator, Strategy Set Transformation, Customer Resource Life Cycle Analysis* oder *Information Engineering* (vgl. [Schieber97]) -, um die Abstimmung der Anwendungsentwicklung mit den übergeordneten Organisationszielen sicherzustellen [Chroust92:150].

Basierend auf den Ergebnissen der Voruntersuchung, wird im **Fachentwurf** das fachliche Lösungskonzept für die geplante Anwendung entwickelt. Dieses Lösungskonzept soll ausschließlich problemorientiert und zielsystemunabhängig formuliert sein, Beschränkungen von seiten der Implementierungs- und Organisationsumgebung werden nicht berücksichtigt [Hagelstein88; Davis90:121; Steinbauer90:60]. Mehr als alle anderen Phasen der Systementwicklung ist der Fachentwurf geprägt von der intensiven Zusammenarbeit unterschiedlichster Personen in ihren Rollen als Benutzer oder Anwender, Auftraggeber, Fachexperte, Systemanalytiker und Entwickler (vgl. [Mambrey83] und zum *Joint Application Design (JAD)* [Wood89; August91]). Das Ergebnis des Fachentwurfs ist ein Fachkonzept, d.h. eine Spezifikation, welche die fachlich notwendigen Leistungen der gewünschten Anwendung festlegt:

> What is of interest to computer scientists [and software engineers and their managers] is whether a program performs its intended task. To determine this, a precise and independent description of the desired program behavior is needed. Such a description is called a specification. [Liskov86:3]

Im **Systementwurf** wird, abhängig von den einzusetzenden Betriebsmitteln und den daraus folgenden Beschränkungen, auf der Grundlage des Fachkonzepts die Gesamtarchitektur der Anwendung mit den einzelnen Komponenten oder Objektmodulen entworfen [Booch86; Constantine90; Nagl90:41ff; Jacobson92:196ff; Berard93:225ff]. Die im Fachkonzept spezifizierten Objekttypen werden im Systementwurf in Softwaremodule transformiert. Dabei sind Lösungskonzepte für die Prozeßsteuerung, die Verwaltung persistenter Objekte, die Gestaltung der Benutzungsschnittstelle und insbesondere für die Verteilung (Partitionierung/Allokation) der Objekte (vgl. [Shatz93; Rasmussen96; Orfali96; Orfali96a]) zu entwikkeln. Die Lösungskonzepte des logischen Systementwurfs mit der Festlegung der Gesamtarchitektur der Anwendung sollten sich an Entwurfsmustern orientieren [Pree94; Gamma95; Buschmann96]. Durch die Nutzung zielsystemabhängiger Architektur-Rahmen oder *Frameworks* - am bekanntesten dürften hier der Klassiker *MacApp^{TM}* für Macintosh-Rechner und die Implementierung des Entwurfsmusters *Model-View-Controller (MVC)* als Framework in Smalltalk-80 sein - wird sowohl die Effizienz des Systementwurfs verbessert, als auch eine gewisse Standardisierung der Anwendungen sichergestellt. Aufgrund der zunehmenden Anforderungen an die Benutzungsschnittstelle beim Einsatz reaktiver Systeme verlagern sich die Aufgaben der Gestaltung von Systemschnittstellen und die Benutzermodellierung (vgl. etwa [Shneiderman92; Preece94]) immer mehr vom Systementwurf in den Aufgabenbereich des Fachentwurfs [Yourdon94:279f].

Das systemabhängige DV-Konzept als Ergebnis des Systementwurfs bildet die Grundlage für die folgende **Implementierung**. Während sich der Systementwurf als ein „Programmieren im Großen" mit der Architektur des Gesamtsystems aus Teilsystemen und Modulen beschäftigt - also die Außensicht auf die Module dominiert -, erfolgt in der Implementierungsphase das schrittweise Ausformulieren dieser Module im Sinne eines „Programmieren im Kleinen" mit der Dominanz der Modulinnensicht (zur Unterscheidung von „Programmieren im Großen" und „Programmieren im Kleinen" und zum Architekturbegriff vgl. [DeRemer76] und insbesondere [Nagl90:17ff, 47f]). Die im DV-Konzept spezifizierten Komponenten werden in die Konstruktionselemente der gewählten Implementierungssprache übertragen und die physischen Daten- oder Objektstrukturen der eingesetzten Zielsysteme erzeugt. Die einzelnen Objektmodule werden verifiziert und Dokumente zum Nachweis durchgeführter Qualitätssicherungsmaßnahmen in Reviews angelegt [Fagan86].

Im Unterschied zur konventionellen Implementierung ist die objektorientierte Implementierungsphase vom Zusammenfügen bereits vorgefertigter Komponenten einer Bibliothek geprägt. Um eine erhöhte Wiederverwendbarkeit entwickelter Objektmodule zu gewährleisten, sind diese weitestgehend zu verallgemeinern, um aus projektspezifischen Programmfragmenten wiederverwendbare Softwarekomponenten zu schaffen [Meyer90; Biggerstaff92; Pomberger93:125]. Der immer höhere Abstraktionsgrad entwickelter und angebotener Softwarekomponenten wird dazu führen, daß die Prüfung von Wiederverwendungsmöglichkeiten auch fester Bestandteil der Aufgaben in früheren Entwurfsphasen wird. Die Reduzierung von Entwurfskomplexität durch die „Kapselung dieser Komplexität" in Komponenten (vgl. [Cox95:5]) muß durchgängig im gesamten Entwicklungszyklus als Querschnittsaufgabe sowohl unter dem Aspekt der Entwicklung als auch der Verwendung verankert werden.

In der **Einführung** werden alle in der Implementierung erstellten Programmteile konfiguriert und auf den Zielsystemen installiert. Die gesamte Anwendung wird beim Kunden unter Betriebsbedingungen getestet und gegenüber den Anforderungen validiert. Die Fertigstellung der Anwendungsdokumentation für Wartung und Betrieb schließt diese Phase mit einem lauffähigen, vollständig in seiner Entwicklung und seinem aktuellen Zustand dokumentierten Gesamtsystem ab. Mit der Freigabe der Anwendung beginnt die eigentliche **Nutzung** mit den operativen Wartungstätigkeiten des Betriebs. Änderungen und Erweiterungen können zur Wiederholung einzelnen Phasen bis hin zur Wiederholung des gesamten Entwicklungszyklus führen [Shneidewind87; Lehner91; Maryhauser94].

2.1.3 Fachentwurf

Innerhalb des Anwendungsentwicklungsprozesses rücken immer stärker die frühen Phasen *Voruntersuchung* und *Fachentwurf* in den Mittelpunkt des Forschungsinteresses [Chroust92:21]: Die Phase Voruntersuchung oder Planung, weil jede Anwendungsentwicklung im Kontext des jeweiligen organisationellen Geschehens - das gegebenenfalls im Rahmen eines Business Engineering selbst neu zu gestalten ist - verankert werden muß und sich dementsprechend die Begründung für eine Anwendung aus der strategischen Informationsplanung ergeben sollte [Ward 90:73ff]; die Phase Fachentwurf, weil alle Bemühungen um eine effektive und effiziente Implementierung von Anwendungen vergeblich sind, wenn die Aufgabenstellung nicht richtig verstanden wurde, mit der „Gefahr, daß eine völlig falsche Lösung optimal implementiert wird" [Sneed89:14] (vgl. dazu [Partsch91:14]).

Das Ziel des Fachentwurfs ist die Entwicklung eines Fachkonzepts, welches die fachlich notwendigen Leistungen einer Anwendung zu dessen Zweckerfüllung im Anwendungsbereich in *korrekter, vollständiger, konsistenter, eindeutiger, verständlicher, prüfbarer, begründbarer, kommentierter* und *leicht veränderbarer* Form und Weise festlegt (vgl. zur Festlegung dieser Spezifikationsattribute [Thayer90; Davis93:181]).

Neben diesen *funktionalen Anforderungen* [Ramamoorthy84; IEEE610.12; IEEE830] an die Systemlösung sind im Fachentwurf auch *nicht-funktionale Anforderungen* wie Qualitätseigenschaften, Mengengerüste, Terminvereinbarungen, notwendige Schnittstellenprotokolle, Datenschutzvorgaben usw. festzulegen [Gilb88:134ff; Stokes91:16/8; Partsch91:33ff; Davis93:194ff]. Die Erhebung fachlicher Testfälle, die Konzipierung der Benutzungsschnittstelle und ein erster Entwurf des Benutzerhandbuchs ist empfehlenswert, da diese Entwicklungsaktivitäten helfen, Mängel im funktionalen Teil des Fachkonzepts zu entdecken oder zu vermeiden [Mittermeir90:254; Pressman92:176].

Im Fachentwurf soll keine Entscheidung über eine systemtechnische Realisierung vorweggenommen werden. Die Entwicklung des fachlichen Konzepts eines Anwendungssystems darf deshalb zum einen nicht eingegrenzt werden auf die Entwicklung des softwaretechnischen Teils [Hagelstein88:211; Davis90:121]. Zum anderen soll die Spezifikation des Fachkonzepts zielsystemunabhängig sein [Stokes91:16/3; Davis93:192; Pomberger93:41]. Ob eine fachliche Funktion manuell durchgeführt oder software-/hardwaretechnisch implementiert wird, ist im Fachentwurf zunächst irrelevant.

Die Unabhängigkeit des Fachkonzepts gegenüber einem konkreten Zielsystem ist durch die von McMenamin und Palmer eingeführte Unterscheidung zwischen der *Systemessenz* und der *Systeminkarnation* zu erreichen [McMenamin84]. Die Systemessenz umfaßt die fachlichen Aufgaben und Eigenschaften einer Anwendung ohne Berücksichtigung der zugrundeliegenden Technologie. Die Essenz ist aus der Sicht des Anwenders die eigentliche Begründung dafür, daß das System überhaupt konstruiert wird oder existiert. Demgegenüber beschreibt die Systeminkarnation die technologischen Charakteristika und Einschränkungen, welche sich durch die Implementierung der Systemessenz ergeben (vgl. [Jacobson92:116; Yourdon94:33; Cook94:134]). Die gewünschte Konzentration des fachlichen Entwurfs auf die Systemessenz wird erreicht durch die Annahme einer idealen Technologie oder Realisierungsumgebung (beliebige Anzahl von Prozessoren mit unbegrenzter Leistungsfähigkeit, unbegrenzte Speicher, beliebig schnelle Übertragungswege; vgl. auch die Unterscheidung in *essentielle*, *abgeleitete* und *implizite* Anforderungen bei [Blum93a]). Die wichtigsten Einflußfaktoren bei der Entwicklung eines Fachkonzepts zur Beschreibung dieser Systemessenz verdeutlicht Abbildung 2-2 auf der folgenden Seite.

Durch die Vorstudie als Ergebnis einer Voruntersuchung oder Planungsphase werden die Ziele und Rahmenbedingungen eines Anwendungsentwicklungsprojektes vorgegeben. In einer Rekonstruktionsphase sind zunächst die fachlich notwendigen Leistungen einer Anwendung durch die kritische Rekonstruktion der informationsverarbeitenden Aktivitäten im Anwendungsbereich zu ermitteln. In der Rekonstruktionsphase steht die Untersuchung des Anwendungsbereichs und der in Zusammenhang mit informationsverarbeitenden Prozessen übliche Gebrauch fachsprachlicher Termini im Vordergrund. Gegenstand dieser Teilphase ist die material (d.h. mit Bezug auf die Fachsprache und die fachsprachliche Praxis) begründete Rekonstruktion derjenigen Fachbegriffe, welche die Informationsverarbeitung im Anwendungsbereich bewirken [Ortner83:238; Ortner94].

Das Ergebnis der Rekonstruktionsphase ist eine fachsprachliche Beschreibung der informationsverarbeitenden „Theorie" eines Anwendungsbereichs. Diese bildet die fachliche Grundlage für die folgende objektorientierte Spezifikationsphase.

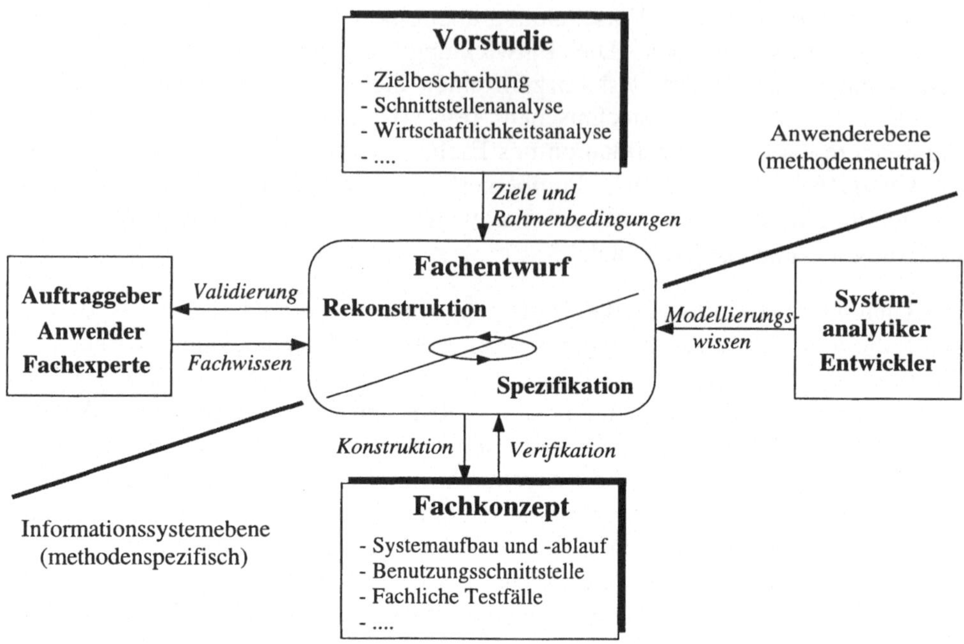

Abb. 2-2: Umfeld und Einflußfaktoren des Fachentwurfs

Das Ergebnis der Spezifikationsphase ist ein Fachkonzept, welches die Leistungen einer Anwendung in einer für die Systementwicklung geeigneten Form, also in entsprechenden Spezifikationssprachen oder Diagrammethoden, eindeutig festlegt. Abgeschlossen wird der Fachentwurf durch die Verifikation - geprüft wird hier die Korrektheit, d.h. wurden die Leistungen des zu entwickelnden Anwendungssystems richtig spezifiziert? - und die Validierung - geprüft wird hier die Erfüllung der fachlichen Anforderungen, d.h. wurden die richtigen Leistungen spezifiziert? - der Entwicklungsergebnisse [Boehm84:75].

Das wesentliche Kennzeichen des Fachentwurfs gegenüber anderen Phasen der Anwendungsentwicklung ist der Übergang des Entwurfsprozesses von der Ebene der Anwender oder Benutzer zur Informationssystemebene (ähnlichen Abgrenzungen sind mit *application domain/implementation domain* bei [Blum93] und *problem-oriented/computer-oriented* bei [Hagelstein88] zu finden). Die Rekonstruktionsphase ist sowohl *zielsystemunabhängig* - nur die fachliche Aufgabenstellung, d.h. die Systemessenz wird beschrieben, von der konkreten Implementierungsumgebung wird abstrahiert - als auch *methodenneutral* durchzuführen.

Die Forderung nach Methodenneutralität meint, daß die Repräsentation fachlicher Aufgaben nicht durch (softwaretechnische) Lösungskonzepte und Beschreibungskategorien spezifischer Entwurfsmethoden eingeschränkt werden darf. Die Rekonstruktion soll sich an den fachlichen Aufgabenstellungen - ausgedrückt durch die jeweiligen fachsprachlichen Termini - orientieren und diese noch nicht hinsichtlich der Kategorien eines softwaretechnischen Lösungsparadigmas und der damit verbundenen Einteilung eines Gegenstandsbereichs (etwa Objekte und Nachrichten im objektorientierten Ansatz) filtern. Das in der folgenden Spezifikationsphase zu konstruierende Fachkonzept ist zwar ebenfalls *zielsystemunabhängig* formuliert, die Beschreibung der fachlichen Aufgaben einer Anwendung erfolgt aber in einer für die Anwendungsentwicklung geeigneten *methodenspezifischen* - also in einer durch ein bestimmtes softwaretechnisches Lösungsparadigma vorgegebenen - Organisationsform.

2.2   Entwurfsmethoden

Die Entwicklung im Bereich der Methoden für den Fachentwurf kann im wesentlichen als eine Suche nach geeigneten Kriterien für die Organisation eines Anwendungssystems aus zunächst elementaren Bausteinen betrachtet werden. Obwohl in einigen frühen Arbeiten von Dijkstra bereits methodologische Vorschläge für die Organisation von Anwendungssystemen enthalten sind [Dijkstra65:214ff; Dijkstra68a], setzte erst im Anschluß an die Software-Engineering-Konferenzen der NATO 1968 in Garmisch und 1969 in Rom eine umfassende Theoriebildung für den Entwurf großer Anwendungssysteme ein (vgl. [DeRemer76]). Diese Theoriebildung war notwendig, da die zunehmende Durchdringung unterschiedlichster Anwendungsbereiche mit Informations- und Kommunikationstechnologie und der damit verbundene steigende Umfang zu bewältigender Problemstellungen zu einer - auch heutzutage noch feststellbaren - defizitären Situation in der Anwendungsentwicklung führten. Ausgelieferte Produkte wiesen häufig nicht die geforderte Qualität auf, wurden nicht termingerecht fertiggestellt und sprengten oft den geplanten Kostenrahmen [Boehm79].

In den Arbeiten von DeRemer und Kron, Belady, Parnas, Brooks oder Booch werden diese Probleme in der Anwendungsentwicklung auf die besonderen, komplexitätsbegründenden Eigenschaften des Artefakts Anwendungssystem und hier hauptsächlich des softwaretechnischen Teils zurückgeführt [DeRemer76; Belady79; Parnas85; Brooks87; Booch94:5ff]. Als komplexitätsbegründende Eigenschaft wird in erster Linie die notwendige Konformität mit dem Anwendungssystemkontext genannt [Brooks87:11]. Nur eingebettet in den Anwendungskontext vermögen Anwendungssysteme gegebene Aufgaben sinnvoll zu lösen. In den Schnittstellen und Interaktionsmustern zwischen Anwendungssystem und Anwendungskontext spiegelt sich die Komplexität des Anwendungsbereichs wider

und bestimmt damit die Anwendungssystemkomplexität. Dabei führt die gegenseitige Beeinflussung von Anwendungssystem und Anwendungsbereich dazu, daß
Anwendungen einem permanenten, frühzeitig zu antizipierenden Änderungspro-
zeß unterliegen [Lehman85]. Die leichte Änderbarkeit von Programmstrukturen
ermöglicht zwar deren flexible Anpassung an veränderte Kontexte, die Konsequenzen einer Änderung sind allerdings schwer vorhersehbar, da Programmstrukturen sich durch große Unregelmäßigkeiten auszeichnen und die Immaterialität von
Software mit dem Fehlen geometrischer Abstraktionen nur eine unzureichende
Visualisierung der Abhängigkeiten zwischen Programmstrukturen ermöglicht.

Da das Verhalten einer Anwendung - zumindest auf Digitalrechnern - nur durch
eine diskrete Funktion beschreibbar ist und damit geringe Eingabeschwankungen
beliebig große Zustandswechsel des Gesamtsystems nach sich ziehen können, nennen Parnas und Booch als weiteren wichtigen Grund für die Komplexität von
Anwendungssystemen auch die große Anzahl unterschiedlicher Systemzustände,
welche in der Spezifikation und bei Programmänderungen in der Verhaltensbe-
schreibung zu berücksichtigen sind [Parnas85:1328; Booch94:7].

Komplexität ist allerdings keine Objekteigenschaft per se oder die Eigenschaft
einer Objektbeschreibung, welche nur durch die Anzahl der Systemteile und ihrer
Beziehungen bestimmt wird. Untersuchungen aus der Systemforschung zeigen,
daß Gegenstände einem Betrachter vorwiegend aufgrund der Vielzahl möglicher
Perspektiven und Beschreibungskomponenten komplex erscheinen [Ashby73;
Rosen77; Klir85]. Komplexität darf deshalb nicht nur als eine Objekteigenschaft
angesehen werden, sondern muß als eine Beziehung zwischen den Eigenschaften
des zu entwickelnden Anwendungssystems und den Interessen, Fähigkeiten und
Vorstellungen der Systembetrachter verstanden werden [Flood87; Flood90:20].

Die Komplexität eines Systems im Fachentwurf ist in diesem Sinne abhängig von
der subjektbezogenen Informationsmenge, welche notwendig ist, das System zu
spezifizieren und Unbestimmtheiten in der Systembeschreibung auszuschließen.
Simon hat in seinen Arbeiten „The Architecture of Complexity" [Simon62] und
„The Sciences of the Artificial" [Simon85] hervorgehoben, daß die mögliche
Bewältigung dieser Komplexität im Systementwurf durch die Organisation und die
Repräsentation eines geplanten Systems beeinflußt wird. Die Abhängigkeit der
Problembewältigung von der Form der Problemrepräsentation wird deutlich am
Beispiel der Einführung der arabischen Ziffern und des Stellenwertsystems in der
Arithmetik, welche das Rechnen gegenüber der römischen Notation stark verein-
fachte. Mit der Organisation ist die fortgesetzte Komposition oder Partition eines
Systems in weitgehend unabhängige Einheiten oder Teilsysteme mit einfachen
Schnittstellen gemeint, wobei die schwächsten Interaktionen zwischen den Teilsy-
stemen der oberen Ebenen stattfinden sollten und die stärksten Interaktionen sich
innerhalb der Teilsysteme der unteren Ebenen ereignen.

Im Fachentwurf lassen sich grundsätzlich zwei Paradigmen für die Organisation eines Anwendungssystems unterscheiden. Verwendet man den Begriff *Paradigma* im Sinne Kuhns für die geltenden methodologischen Prinzipien und konstituierenden Bestandteile sowie die gemeinschaftsstiftende Theorie eines bestimmten Gegenstandsgebiets [Kuhn76], so können hinsichtlich der Entwurfsmethodik nach einer vorparadigmatischen Phase bis etwa Mitte der sechziger Jahre im wesentlichen das *Strukturierte Paradigma* und das *Objektorientierte Paradigma* unterschieden werden.

Das Strukturierte Paradigma basiert auf der Dichotomie von Daten und Funktionen und überträgt damit die Neumannsche Rechnerarchitektur mit der Unterscheidung von Prozessor und Speicher auf die Organisation von Anwendungssystemen (vgl. [Backus78:614ff]). Im Gegensatz dazu gründet das objektorientierte Paradigma gerade auf der Integration von Daten und Funktionen zu einer Einheit, eben dem Objekt. Strukturierte Entwurfsmethoden verfolgen als abstraktive Ansätze vor allem eine Komplexitätsreduzierung durch unterschiedliche Systemsichten mit einer schrittweisen Zerlegung des Gesamtsystems, wobei die Beschreibung der unterschiedlichen Sichten mit (unselbständigen) Beschreibungseinheiten (Daten, Funktionen) zu Integrationsproblemen führen kann (s.u.). Objektorientierte Entwurfsmethoden stellen als kompositive Ansätze die Wiederverwendung einzelner Komponenten im Sinne selbständiger Beschreibungseinheiten (Objekte) in den Vordergrund. Der Entwurf erfolgt primär bottom-up, von einzelnen Komponenten ausgehend wird das Gesamtsystem organisiert.

2.2.1 Strukturierter Fachentwurf

In den Anfängen der strukturierten Anwendungsentwicklung konzentrierten sich die Forschungsbemühungen zunächst auf die Gestaltung von Programmiersprachen, z.B. bezüglich der Einführung von Sprachkonstrukten für die Bildung von Unterprogrammen und Blöcken, der Typisierung von Daten oder der Strukturierung des Kontrollflusses [Wirth66]. Mit der Arbeit von Böhm und Jacopini, welche nachwiesen, daß jedes Programm durch die drei Kontrollstrukturen *Sequenz, Iteration* und *Selektion* beschrieben werden kann, wurde die theoretische Grundlage für die strukturierte Programmierung gelegt [Böhm66]. Vor allem die Vermeidung der wegen ihrer Seiteneffekte als wesentliche Fehlerquelle identifizierten Sprungbefehle erhöhte die Zuverlässigkeit und Wartbarkeit von Programmen sehr [Dijkstra68; Knuth74].

Die Einführung dieser neuen Sprachkonzepte im Rahmen der strukturierten Programmierung auf der Implementierungsebene erforderte eine ähnliche Entwicklung im fachlichen Entwurf vor allem großer Anwendungssysteme [DeRemer76].

Basierend auf der Trennung von Funktionen und Daten als dem grundlegenden Organisationsprinzip strukturierter Entwurfsmethoden, lassen sich vier Ausrichtungen des Entwurfsprozesses unterscheiden[2].

Funktionsorientierter Entwurf

Der funktionsorientierte Entwurf ist ausgerichtet an den Sprachmitteln imperativer, strukturierter Programmiersprachen mit ihrer Möglichkeit der funktionalen Abstraktion als einer schrittweisen Verfeinerung von Anwendungen in kleinere Komponenten wie Module, Funktionen oder Blöcke [Dijkstra72].

Im funktionsorientierten Entwurf wird ein Anwendungsbereich hierarchisch hinsichtlich seiner Aufgabenstruktur zerlegt. Einzelne Teilaufgaben werden schrittweise detaillierter beschrieben und in eine der drei genannten Kontrollstrukturen *Sequenz*, *Iteration* und *Selektion* eingebettet. Daten werden jeweils nur aus Sicht ihrer konkreten Verwendung im Rahmen der Schnittstellenbeschreibung einzelner Funktionen definiert und verfeinert, für die Strukturierung des Anwendungssystems spielen sie nur eine untergeordnete Rolle. In seiner für den funktionsorientierten Entwurf grundlegenden Arbeit „Program Development by Stepwise Refinement" beschreibt Wirth dieses Vorgehen wie folgt:

> Program construction consists of a sequence of *refinement steps*. In each step a given task is broken up into a number of subtasks. Each refinement in the description of a task may be accompanied by a refinement of the description of the data which constitute the means of communication between subtasks. [Wirth71:226]

---

2. In der Literatur werden Entwurfsparadigma und Entwurfsausrichtung, d.h. die Fragestellung, nach welchen Kriterien die Organisation eines Anwendungssystems entsprechend dem jeweiligen Entwurfsparadigma erfolgt, häufig nicht getrennt und der Begriff Paradigma für jede mögliche Ausrichtung des Entwurfsprozesses gebraucht (vgl. [Sneed89; Coad91:18ff; Fichman92; Raasch91:75ff]).
Die Verwendung des Begriffs *Paradigma* in diesem Buch soll allerdings nicht bedeuten, daß damit auch Kuhns und Feyerabends wissenschaftstheoretische Auffassung und insbesondere ihre Inkommensurabilitätsthese (die These, daß neue Paradigmen mit einem völligen Bruch tradierter Begriffsrahmen verbunden sind) vertreten wird (vgl. [Feyerabend65; Feyerabend72; Kuhn76]).
Die folgenden Abschnitte sollen gerade zeigen, daß neue Konzepte in der Anwendungssystementwicklung ihre Bedeutung wesentlich daher erhalten, daß sie ihre historischen Vorgänger einbetten [Bartels94], objektorientierte Konzepte sich durch die Integration und Erweiterung der Konzepte strukturierter Entwurfsmethoden auszeichnen (zur Kontinuität und Diskontinuität solcher Entwicklungen siehe [Basalla88:26ff]).
Weiterhin wird mit der Unterscheidung in ein strukturiertes und ein objektorientiertes Paradigma für die Organisation eines Anwendungssystems auch nicht behauptet, es gebe in der Anwendungssystementwicklung nur diese beiden Paradigmen (eine guten Überblick über verschiedene Paradigmen - mit Schwerpunkt auf die Entwicklungen in Skandinavien - geben Hirschheim und Klein [Hirschheim92]).

Neben den Arbeiten von Wirth ist stellvertretend für diese Ausrichtung des Entwurfs das *Hierarchy plus Input-Process-Output (HIPO)* [IBM74; Katzan80] zu nennen. Dem *Informations Systems Design (ISD)* [Mills88] liegt ebenfalls die schrittweise Verfeinerung als Strukturierungsprinzip zugrunde.

Die ausschließlich funktionsorientierte Ausrichtung des Entwurfs wurde von Parnas kritisiert [Parnas72]. Da Wechselwirkungen und Seiteneffekte zwischen einzelnen Funktionen schwer überschaubar sind, können Änderungen und Erweiterungen nur mit großem Aufwand durchgeführt werden. Eine mögliche Wiederverwendbarkeit entwickelter Lösungen ist praktisch nicht gegeben. Aufbauend auf früheren Arbeiten von Dijkstra zur hierarchischen Unterteilung von Programmkomponenten und von Hoare zur Typisierung von Daten, schlug Parnas deshalb eine an den relevanten Datenstrukturen ausgerichtete Zerlegung einer Anwendung in voneinander weitgehend unabhängige, hierarchisch angeordnete Komponenten oder Module vor [Parnas72:1056f].

Ein Modul faßt eine Reihe von Funktionen oder Teilmodule auf eine Datenstruktur zusammen und stellt diese über definierte Schnittstellen zur Verfügung (Datenkapselung). Alle Implementierungsdetails spezifizierter Funktionen und Daten sind außerhalb des Moduls nicht sichtbar (Geheimnisprinzip). Dieses Konzept des modularen Entwurfs wurde von Constantine, Yourdon, Myers und mehreren Mitarbeitern präzisiert und zur Methode *Structured Design (SD)* weiterentwickelt [Yourdon79]. Gute Darstellungen des modularen Designs einzelner Anwendungsbausteine im Rahmen des Systementwurfs sind bei Page-Jones und Stevens zu finden [Page-Jones80; Stevens81].

Datenflußorientierter Entwurf

Parnas und Constantine leiteten mit ihrem Hinweis auf die wichtige Rolle der Datenstrukturen für das Moduldesign eine Entwicklung ein, die den Entwurf einer Anwendung nicht mehr primär an den Funktionen eines Systems ausrichtete, sondern an den Daten, welche von den Funktionen bearbeitet und zwischen ihnen ausgetauscht werden müssen. Funktionen werden im datenflußorientierten Entwurf zwar weiterhin spezifiziert, ihre Rolle ist aber reduziert auf die Beschreibung der Transformation eingehender Datenflüsse in ausgehende Datenflüsse. „The whole analysis is based on data flows; other aspects are not to be modelled" [Floyd86:25].

Im datenflußorientierten Entwurf wird die Funktionsstruktur aus der Verknüpfung zusammenhängender Datenflüsse abgeleitet. Neben Datenflüssen und Funktionen bilden Datenspeicher für die persistente Ablage von Daten und Terminatoren zur Beschreibung von Datenquellen und Datensenken die konstituierenden Elemente des Entwurfs (vgl. [DeMarco78; Page-Jones80]). Ausgehend von einem Kontextdiagramm zur Darstellung der obersten Systemebene, besteht eine vollständige

Systembeschreibung aus mehreren hierarchisch angeordneten Datenflußdiagrammen (DFD), d.h. von durch Datenflüsse verbundenen Funktionen, Datenspeichern und Terminatoren, einem Datenlexikon zur Definition der Datenflüsse und Datenspeicher sowie Beschreibungen der einzelnen Funktionen in den Datenflußdiagrammen.

Der datenflußorientierte Entwurf integriert den funktionsorientierten Entwurf und den Modularisierungsansatz von Parnas und Constantine dadurch, daß die Analyse und der Entwurf der Datenflüsse einer Anwendung in der Phase Fachentwurf die Grundlage für die anschließende Modularisierung einer Anwendung im Systementwurf bilden [DeMarco78:297ff]. Die ersten vollständig auf dem datenflußorientierten Ansatz basierenden Entwurfsmethoden veröffentlichten DeMarco als sog. *Structured Analysis (SA)* [DeMarco78] und mit einer geringfügig abweichenden Notation Gane und Sarson als *Structured Systems Analysis (SSA)* [Gane79]. Ward und Mellor sowie Hatley und Pirbhai präsentierten einige Jahre später Echtzeiterweiterungen für die parallele Behandlung von Daten- und Kontrollprozessen [Hatley87; Ward91].

Datenorientierter Entwurf

Nachdem der Schritt vom funktionsorientierten zum datenflußorientierten Entwurf vollzogen war, lag es nicht mehr fern, die Systemarchitektur direkt aus den relevanten Datenstrukturen einer Anwendung abzuleiten. Warnier und Orr mit ihrer Methode *Data Structured Systems Development (DSSD)* [Orr77; Warnier81]) sowie Jackson mit *Jackson System Development (JSD)* [Jackson75; Jackson83] entwickelten Methoden für den datenorientierten Entwurf, um aus der Struktur der Ein- und Ausgabedaten die Programmstruktur abzuleiten.

Die zunehmende Verbreitung von Datenbanksystemen, die Entwicklung des Informationsmanagements, verbunden mit der Betonung der Daten als unabhängiger Organisationsressource und Forderungen nach einer organisationsweiten integrierten Datenverarbeitung [Ortner91; Ortner91a], verlangten aber andere Ansätze, um der angestrebten Emanzipation der Daten von den sie verarbeitenden Funktionen zu entsprechen. In seiner grundlegenden Arbeit „The Entity-Relationship Model: Toward a Unified View of Data" präsentierte Chen eine Methode für die anwendungsübergreifende und systemunabhängige Modellierung von Daten [Chen76]. Chens Idee, Zusammenhänge zwischen Daten durch die Einführung von Datentypen, Attributen und Beziehungstypen unabhängig von den Funktionen darzustellen und damit die konzeptionelle Voraussetzung für den Entwurf von Datenbanken zu schaffen, wurde in der Folgezeit in vielen bekannten Arbeiten weiterentwickelt (vgl. etwa [Smith77; Codd79; Hammer81; Wedekind81; Tsichritzis82; Ortner83; Abiteboul87]).

In dieser Form des datenorientierten Entwurfs hat sich die Anwendungsentwicklung zunächst auf den Entwurf eines Datenmodells zur Repräsentation der Datenstrukturen einer geplanten Anwendung zu konzentrieren. Diese Anwendungsdatenmodelle können schrittweise organisationsweit integriert oder mit einem bereits vorhandenen Datenmodell abgeglichen werden, um die angestrebte Integration der Informationsverarbeitung durch den Aufbau einer integrierten Datenverwaltung zu ermöglichen. Das Funktionsmodell wird auf der Grundlage dieses - als sehr stabil angenommenen - konsolidierten Anwendungsdatenmodells entwickelt.

Einen guten Überblick über die Vielzahl entwickelter unterschiedlicher semantischer Datenmodelle mit ihren verschiedenen Konzepten geben [Brodie84; Hull87; Peckham88; Batini92; Heuer92:147ff; Vossen 94; Elmasri94]. Bekannte Methoden für die datenorientierte Anwendungsentwicklung sind das *Information Engineering (IE)* von Martin [Martin89/90], die *Object-Oriented System Analysis (OOSA)* von Shlaer und Mellor [Shlaer88; Shlaer91] sowie die *Natural language Information Analysis Method (NIAM)* von Nijssen und Halpin [Nijssen89]. Verbreitete Methoden, welche auf einer gleichberechtigten datenflußorientierten und datenorientierten Ausrichtung des Entwurfsprozesses basieren, sind die *Structured Analysis and Design Technique (SADT)* [Ross85] und *Structured Systems Analysis and Design Methodology (SSADM)* [SSADM90].

Ereignisorientierter Entwurf

Trotz des Erfolgs dieses datenorientierten Fachentwurfs - Datenmodellierung wurde eine etablierte Aufgabe jeder Entwicklungstätigkeit - war nicht ausreichend klar, wie die relevanten Daten einer Anwendung überhaupt zu bestimmen seien. Daneben erforderte die Ausbreitung reaktiver Anwendungssysteme, also von Systemen, die auf unterschiedliche Ereignisse aus der Systemumwelt in festgelegter Weise reagieren müssen, neue Ansätze im Entwurfsprozeß. McMenamim und Palmer trugen diesen Forderungen mit ihrer ereignisorientierten Ausrichtung des Entwurfsprozesses zur Erstellung des Funktions- und des Datenmodells Rechnung [McMenamin84].

Im ereignisorientierten Entwurf - auch als *Event Response Analysis* oder *Event Response Modeling* [Winblad90:177; Ward93:305] bezeichnet - werden ausgehend von den aus dem Anwendungskontext eintreffenden Ereignissen die geplanten Systemreaktionen mit den jeweils notwendigen Ein- und Ausgabedaten festgelegt. Die Funktionen der Anwendung werden anschließend so strukturiert, daß jede Funktion vollständig für die Erarbeitung der Systemantwort als Reaktion auf ein Ereignis zuständig und verantwortlich ist. Vervollständigt wird ein Entwurf durch die Einführung von Datenspeichern und Funktionen für die Verwaltung dieser Speicher.

Auf der Grundlage der Arbeit von McMenamin und Palmer zum ereignisorientierten Entwurf konzipierte Yourdon die Methode *Modern Structured Analysis (MSA)* [Yourdon89] und die *Yourdon Systems Method (YSM)* [YourdonInc93].

Die Anwendung strukturierter Entwurfsmethoden mit ihrer Übertragung der Neumannschen Prinzipien für den Bau von Datenverarbeitungsanlagen auf die Organisation von Softwaresystemen zeigte in der Praxis allerdings eine Reihe von Mängeln. Insbesondere die Schwierigkeiten beim Abgleich der Daten- und Funktionsstrukturen, entstehende Phasenbrüche sowie die mangelnde Erweiterbarkeit und Wiederverwendbarkeit von Entwicklungsergebnissen führten zu Forderungen nach neuen Ansätzen im Fachentwurf (vgl. dazu [Ferstl91:478f; Coad91:18ff; Jacobson92:74ff]).

Die im Bereich der Künstlichen Intelligenz in Verbindung mit Sprachen wie *Prolog, Lisp* und *OPS5* aufgezeigten Möglichkeiten eines *logikorientierten, funktionalorientierten* oder *regelorientierten* Entwurfs (vgl. dazu etwa [Kowalski74; Backus78; Brownston85; Hughes89; Ambler92]) lösen sich zwar weitgehend von der Neumannschen Architektur und werden in der Anwendungsentwicklung auch zunehmend in Zusammenhang mit hybriden Sprachkonzepten diskutiert [Hailpern86; Zave89]. Als eigenständige, umfassende Entwurfsmethodiken für den Fachentwurf konnten sie sich bisher jedoch nicht durchsetzen.

Erst mit dem *objektorientierten Paradigma* scheint ein erfolgsversprechender Ansatz zur Lösung der genannten Defizite strukturierter Methoden gefunden. Bemerkenswert ist die Tatsache, daß seit der ersten Vorstellung objektorientierter Konzepte in der von Dahl und Nygaard entworfenen Sprache Simula [Dahl66] bis zur Verbreitung und allgemeinen Akzeptanz der Objektorientierung ziemlich genau die von Kuhn als minimaler Zeitraum für einen Paradigmenwechsel angegebenen 25 Jahre vergangen sind. Inzwischen werden objektorientierte Konzepte in viele andere Forschungsrichtungen der Informatik und benachbarte Disziplinen integriert, wobei diese - beispielsweise die Künstliche Intelligenz mit Wissensrepräsentationsformalismen wie semantischen Netzen und frameartigen Sprachen (vgl. etwa [Quillian68; Minsky75; Bobrow77]) - auch umgekehrt einen großen Einfluß auf die Entwicklung objektorientierter Konzepte ausübten.

Zunehmend diskutiert wird auch die Verbindung objektorientierter Konzepte mit dem *Business Reengineering* oder *Workflow-Management* (vgl. [Jacobson94; Taylor95; Jablonski95b; Kueng96]). Die Objektorientierung scheint geeignet, bei *prozeßorientierten* Ausrichtungen des Entwurfsprozesses die Integration von Anwendungssystemen über Prozeßgrenzen hinaus sicherzustellen und damit der Gefahr der Entwicklung von Insellösungen durch die isolierte Betrachtung einzelner Prozesse zu begegnen [Graham94:319ff].

2.2.2 Objektorientierter Fachentwurf

Erste Methoden für den fachlichen Entwurf objektorientierter Anwendungen wurden ab Anfang der neunziger Jahre vorgestellt (vgl. etwa die Übersichten in [Champeaux92; Monarchi92; Stein93; Embley95]). Ähnlich der gewählten Einteilung für die Vorstellung strukturierter Entwurfsmethoden lassen sich auch für diese objektorientierten Entwurfsmethoden unterschiedliche Ausrichtungen des Entwurfsprozesses auf der Grundlage des Objekts als konstituierender Basiseinheit unterscheiden [Liang94].

Der ereignisorientierte Ansatz findet sich beispielsweise im *Object-Oriented Analysis & Design (OOA&D)* [Martin92; Martin95] und in der Szenarien-basierten Entwurfsmethode *Object-Oriented Software Engineering (OOSE)* [Jacobson92; Jacobson94]. Eine eher datenorientierte Ausrichtung des Entwurfsprozesses empfehlen Coad und Yourdon [Coad91] in ihre *Object Oriented Analysis (OOA)* und Rumbaugh et al. in der *Object Modeling Technique (OMT)* [Rumbaugh91] (vgl. [Bonfatti94:110]). Das *Responsibility-Driven Design (RDD)* [Wirfs-Brock90] richtet den Entwurf primär an der Funktionalität einer Anwendung bzw. an den Verantwortlichkeiten der einzelnen Objekte zur Erbringung dieser Funktionalität aus.

Wie viele neue Paradigmen integriert auch die Objektorientierung bewährte Konzepte ihrer Vorgänger, wie funktionale Abstraktion, Datentypisierung, das Geheimnisprinzip oder die von Parnas geforderte Datenkapselung. Ähnlich nutzen objektorientierte Entwurfsmethoden aus der strukturierten Anwendungsentwicklung bekannte Basistechniken wie ERM/DFD-Diagramme oder Petrinetze (vgl. etwa [Kappel91]).

Mit dem Aufkommen der zweiten Generation objektorientierter Entwurfsmethoden wie *Object-Oriented Conceptual Modeling (OOCM)* [Dillon93], *Semantic Object Modeling Approach (SOMA)* [Graham94:213ff], *Fusion* [Coleman94], *Syntropy* [Cook94] oder *Business Object Notation (BON)* [Waldén95] werden zunehmend auch Ansätze einer Verbindung *logikorientierter* und *regelorientierter* Repräsentationsformalismen mit objektorientierten Konzepten diskutiert (vgl. dazu etwa [Martin95:213] oder zu Integration von Fuzzy-Logik [Dillon93:200ff] und [Graham94:260ff]). Deren Integration zu einer dann eher als hybrid zu bezeichnenden Entwurfsmethode ist allerdings noch nicht vollständig gelungen. Noch nicht ausreichend gelöst sind vor allen Dingen die aus der Wissensrepräsentation bekannten Probleme hybrider Repräsentationen bezüglich inferenzieller Lücken und Redundanzen.

Wesentliche Begriffe der Objektorientierung werden immer noch uneinheitlich definiert und teilweise schlagwortartig verwendet. Da trotz der Normierungsbemühungen der *OMG* und der *Object Database Management Group (ODMG)* [Soley92; Cattel94; Soley95:18ff; OMG95] weiterhin Unterschiede im Sprachgebrauch und in der intendierten Bedeutung wichtiger objektorientierter Konzepte bestehen und dabei auch Meinungsunterschiede bezüglich der hinreichenden und notwendigen Eigenschaften objektorientierter Anwendungen deutlich werden, sollen nachfolgend die wichtigsten Konzepte der Objektorientierung hinsichtlich des *Fachentwurfs* eingeführt und der in diesem Buch gewählte Sprachgebrauch erläutert werden.

Objektorientierte Anwendungssysteme entstehen aus der Konfiguration und Kooperation mehrerer Objekte eines Objektsystems. Grundlegendes Konstruktionselement objektorientierter Anwendungen ist das Objekt.

- **Objekt**. Das Objekt ist als Träger von *Merkmalen (Attribute, Fähigkeiten)* die Basiseinheit zur Strukturierung und Beschreibung eines objektorientierten Anwendungssystems. Attribute beschreiben die internen statischen, zeitinvarianten Merkmale eines Objekts, sie stellen gewissermaßen das Objektgedächtnis dar. Das Verhalten eines Objekts wird durch seine Fähigkeiten (Methoden) bestimmt. Jedes Objekt hat eine eindeutige *Identität*, diese ist verschieden und unabhängig von seinen charakterisierenden Merkmalen.

Einen Meilenstein für die Entwicklung objektorientierter Konzepte stellte die Einführung abstrakter Datentypen durch Liskov und Zilles dar [Liskov74] (vgl. auch [Guttag77]). Abstrakte Datentypen beschreiben Datenstrukturen durch die Menge ihrer ausführbaren Operationen und erfüllen damit das Geheimnisprinzip und die von Parnas geforderte Datenkapselung. Nierstrasz bezeichnet die Datenabstraktion oder die Kapselung der Objektmerkmale als das zentrale objektorientierte Konzept [Nierstrasz89].

- **Kapselung**. Attribute bzw. Attributwerte und die Implementierung der Objektfähigkeiten sind außerhalb eines Objekts nicht sichtbar. Objekte kapseln ihre Attribute zusammen mit den Fähigkeiten, welche die Zustandsänderungen im Rahmen der Lebenszyklen eines Objekts bewirken können. Zustandsbetrachtungen und -änderungen eines Objekts sind ausschließlich im Rahmen der Ausführung der Objektfähigkeiten möglich und können nur durch das Eintreten objektspezifischer Ereignisse ausgelöst werden.

Objektspezifische Ereignisse, welche die Fähigkeiten eines Objekts aktivieren, werden durch den Austausch von Nachrichten (*message passing*) ausgelöst:

- **Objektinteraktion**. Objekte interagieren mit anderen Objekten durch
  Nachrichtenaustausch. Empfängt ein Objekt eine ihm verständliche Nachricht, so wird eine zugeordnete Fähigkeit aktiviert. Die Menge aller Nachrichten, auf die ein Objekt in geplanter Weise reagieren kann, d.h. für die
  es definierte Fähigkeiten besitzt, wird als sein *Protokoll* bezeichnet.

Objektinteraktionen bestimmen das Verhalten und den Lebenszyklus der einzelnen
Objekte eines Objektsystems. Der mögliche Zustandsraum eines Objektes ergibt
sich aus dem kartesischen Produkt der Attributwerte und der Beziehungen mit
anderen Objekten im Objektsystem. Neben dynamischen, zeitlich begrenzten
Beziehungen zwischen Objekten im Rahmen eines Nachrichtenaustausches können Objekte auch statisch verbunden werden. Insbesondere lassen sich einzelne
Objekte fortgesetzt zu komplexen Objekten aggregieren. Objekte können außer
zahl- oder textwertigen Attributen (oft als *Werte, Literale* oder *unveränderbare
Objekte* bezeichnet) auch Bestandteile haben, welche selbst Objekte sind.

Während über die Bedeutung dieser Konzepte für die Objektorientierung weitgehend Einigkeit herrscht, lassen sich bezüglich der Bedeutung des Klassenkonzepts
und der Vererbung zwei Ansichten unterscheiden. Lieberman, Stein, Agha oder
Ungar und Smith sehen Vererbung als eine dynamische Teilhabe an den Eigenschaften anderer Objekte durch *Delegation*. Objekte werden nicht als Instanzen
definierter Objekttypen angesehen, sondern entstehen durch die Replikation *prototypischer* Objekte (mit einer möglichen Merkmalsergänzung, vgl. etwa
[Lieberman86; Stein87; Ungar87]). Im Gegensatz zu diesem in Sprachen wie *Self*
oder *Actors* verwirklichten Delegationskonzept basieren Sprachen wie etwa *Smalltalk* oder *Eiffel* auf einem anderen Ansatz zur Festlegung der Objektmerkmale und
Vererbungslinien:

- **Objekttyp**. Ein Objekttyp beschreibt die gemeinsamen Merkmale klassifizierter Objekte. Alle Objekte eines Objekttyps haben die gleichen Fähigkeiten und Attribute. Sie verfügen über das gleiche Protokoll und besitzen
  den gleichen potentiellen Zustandsraum. Die Objekte eines Objekttyps
  heißen auch dessen *Instanzen* oder *Exemplare*.

Die Implementierung eines Objekttyps in einer objektorientierten Sprache wird oft
als *Klasse* bezeichnet [Martin92:21; Cattel94:15]. Eine Klasse dient als Schablone
(Schema) für die Erzeugung von Objektinstanzen als ihren Aktualisierungen. Sie
enthält alle Festlegungen, die für die Kreierung der Instanzen notwendig sind.

- **Vererbung**. Objekttypen lassen sich in Generalisierungs- oder Spezialisierungshierarchien anordnen. In einem oder mehreren Supertypen defi nierte Merkmale werden fortgesetzt an Subtypen und deren zugeordnete Instanzen vererbt. In Subtypen können einzelne ererbte Merkmale modifiziert und erweitert werden.

Weitere zentrale, für den Fachentwurf allerdings weniger wichtige objektorientierte Konzepte sind *Polymorphismus, Generizität* und die *späte Bindung* (vgl. etwa [Heuer92:211ff]).

2.3   Zielsetzung

Nachdem in den beiden vorigen Abschnitten der Gegenstandsbereich hinsichtlich des *objektorientierten Fachentwurfs* bestimmt und abgegrenzt wurde, soll nun die Wahl des Themas dieses Buches begründet werden. Dazu werden bestehende Defizite in der Phase des objektorientierten Fachentwurfs von Anwendungssystemen erläutert und ausgehend von der Untersuchung der Gründe für diese Defizite dann der in diesem Buch vorgeschlagene Lösungsansatz zu ihrer Verminderung oder Beseitigung erläutert.

2.3.1   Bestehende Defizite

In Untersuchungen objektorientierter Entwurfsmethoden und in Erfahrungsberichten über deren praktischen Einsatz in Entwicklungsprojekten werden eine Reihe von Defiziten publizierter objektorientierter Entwurfsmethoden genannt (vgl. etwa [Champeaux92; Fichman92:36ff; Kaschek93:145ff; Høydalsvik93; Graham93: 228ff; Coleman94:8ff]). Fichman kritisiert die unzureichende Unterstützung bei der Modellierung globaler Systemdynamik und objektübergreifender Funktionalität, die beschränkten Möglichkeiten einer Partitionierung großer Anwendungen in einzelne Teilsysteme und die mangelnde Wiederverwendung früherer Entwicklungsergebnisse im fachlichen Entwurfsprozeß.

Ein wiederholt genannter Mangel ist auch das Fehlen einer formalen Semantik vorgeschlagener Notationen (vgl. [Cook94:xv]). Da Notationen oft nur informell und unpräzise eingeführt oder an einigen Beispielen erläutert werden, bleibt die genaue Bedeutung einer Repräsentation häufig unklar. Eine formale und präzise Beschreibung der Bedeutung aller Repräsentationskonstrukte, wie sie weitgehend für die *Object/Behavior Diagrams (OBD)* [Kappel91] oder Sprachen wie *Troll* [Saake93], *Object-Z* [Duke94] oder *LCM* [Feenstra93] gegeben wird, ist nach wie vor die Ausnahme. Weiterhin nehmen nur wenige Methoden eine explizite Einordnung der unterstützten Beschreibungsaspekte in einem Spezifikationsrahmen vor [Weg92; Champeaux93:21]. Da auch zumeist kein Metaschema aller Repräsentationskonstrukte der Entwurfsmethoden angegeben wird (vgl. als Ausnahme etwa *Object-Oriented System Analyis (OSA)* [Embley92]), bleiben Zusammenhänge zwischen unterschiedlichen Beschreibungsteilen einer Anwendung häufig unklar und lassen sich deshalb auch nur schwer integrieren (vgl. die Kritik an *OMT* in [Kaschek93:145f]).

Ein weiterer Mangel ist das Fehlen von Richtlinien, die aufzeigen, wie ein objektorientiertes Fachkonzept auf systematische Weise ausgehend von der informationsverarbeitenden Praxis und den Aufgabenstellungen eines Anwendungsbereichs entwickelt werden kann. Wenn Quibeldey-Cirkel etwa behauptet, „Die ureigenen Denk- und Verhaltensweisen des Menschen orientieren sich am Objekt" [Quibeldey-Cirkel94:160] oder bei Meyer zu lesen ist: „The objects are just there for the picking!" [Meyer88:51], dann weichen diese Autoren durch ihren Hinweis auf die „Natürlichkeit" der Objektorientierung letztendlich nur dem Problem aus, zu erklären, wie ein Anwendungssystem nach den fachlichen Gegebenheiten, d.h. hinsichtlich seines Zwecks in einem Anwendungsbereich, zu entwerfen ist. Die Kritik an dieser Anschauung bringt Cook auf den Punkt: „The world does not consist of objects sending each other messages, and we would have to be seriously mesmerised by object jargon to believe that it does" [Cook94:6]. Ähnliche, teilweise empirisch belegte Kritik ist in [Barros92; Vessey94; Moynihan94; Opdahl94:211f] zu finden, welche darauf hindeutet, daß die Apologeten der Objektorientierung die Mächtigkeit objektorientierter Konzepte schlicht mit „Natürlichkeit" verwechseln.

Kritisch zu hinterfragen sind in diesem Zusammenhang auch die heutzutage im Software Engineering populären Prototyping-Ansätze, welche „den Mangel an Verständnis und Übersicht in einen technischen Näherungsprozeß aufzulösen" versuchen und das Konzipieren einer Anwendung im Sinne von „auffassen; in sich aufnehmen; in Worte fassen" [Pflüger94:255] durch ein mehr oder weniger willkürliches Experimentieren ersetzen [Meyer95:61ff] .

Prototyping kann zwar zur Phasenergebnisabsicherung, zur Stabilisierung unklarer Aufgabenstellungen und für die Entwicklung der Benutzungsschnittstelle notwendig und sinnvoll sein. Gerade in einer objektorientierten Anwendungsentwicklung ist es durchaus empfehlenswert, einzelne kritische und unklare Aufgabenstellungen prototypisch zu realisieren, um frühzeitig ihren Nutzen im Anwendungsbereich simulativ zu untersuchen und damit ihre zweckdienliche Anpassung zu erreichen. Während aber bei den üblichen modellbasierten Ansätzen das Fachwissen der Anwender expliziert wird und damit überprüft und begründet werden kann, bleibt beim Prototyping dieses Fachwissen häufig implizit im generierten Code. Empirische Untersuchungen belegen, daß Prototyping deshalb auf jeden Fall in eine methodische Vorgehensweise einzubinden ist [Gooma83; Alavi91; Pérez94].

Alle durch Prototyping erreichten Entwicklungsergebnisse sollten evaluiert und dokumentiert (rekonstruiert) werden, um im späteren Lebenszyklus einer Anwendung - bei der Wartung, Änderung und Erweiterung - Rückschlüsse auf den Zweck einer bestimmten implementierten Funktionalität sicherzustellen und damit auch das grundlegende Problem einer tendenziellen Beeinflussung der erhobenen Anforderungen durch die Implementierungsumgebung des Prototyps zu minimieren.

Ähnliche Schwierigkeiten wie beim Einsatz des Prototyping können sich aus der häufig vertretenen Forderung ergeben, bei der Entwicklung eines Anwendungssystems möglichst frühzeitig formale Spezifikationssprachen einzusetzen, um die inhärente Mehrdeutigkeit der natürlichen Sprache zu umgehen [Ramamoorthy84; Meyer85; Partsch91:59]. Letztlich wird durch diese Forderung nach einer frühzeitigen Formalisierung zumindest metasprachlich - d.h. hinsichtlich der Fachsprache der Benutzer - aber bereits jenes Verständnis von Aussagen über Sachverhalte eines Anwendungsbereichs vorausgesetzt, um deren eindeutige Interpretation es im Fachentwurf objektsprachlich - als Objektsprache fungiert eine spezielle Entwurfsmethode bzw. Diagramm- oder Spezifikationssprache - eigentlich zunächst geht, da man sich bei der Festlegung der Semantik formaler Spezifikationssprachen letztlich indirekt immer einer natürlichen Sprache bedienen muß, um einen Zirkelschluß formaler Definitionen zu vermeiden (vgl. [Lorenzen87:100] und dazu auch [Bar-Hillel70; Balzer78; Luft87:418; Hall90:12f; Naur92:469f]).

Auf Probleme beim verfrühten Einsatz formaler Spezifikationssprachen, welche sich primär an den Anforderungen der Systementwicklung orientieren und nicht an den Problemstellungen des Anwendungsbereichs, macht auch Blum aufmerksam mit seiner Feststellung: „One of the limits of the formal methods is that their linguistic constructs may offer little insight into the application domain problem to be solved. [...] That is, the formalism masks our understanding of the application intent" [Blum93:228]. Ähnlich weisen Züllighoven und Gryczan darauf hin, daß eine hinsichtlich des Systementwurfs geeignete und notwendige Formalisierung der Aussagen eines Fachkonzepts in einer für den Entwickler verständlichen Spezifikationssprache nicht unbedingt die geeignete Darstellungsform für andere am Entwurf beteiligte Personen ist:

> Die Anwender müssen sich in einer Sprach- und Denkwelt bewegen, die nicht ihre eigene ist, in der aber die Entwickler zu Hause sind. Anwender sind bei dem Versuch, ein solches Ausdrucksmittel zu verstehen, von dem Entwickler abhängig. Je mehr sie sich auf diese fremden Ausdrucksmittel und die damit verbundenen Denkweisen einlassen, desto stärker wird die Einflußmöglichkeit der Entwickler. Entsprechend werden die Chancen der Anwender, ihre eigenen Vorstellungen zur Systementwicklung einzubringen, durch softwaretechnisch motivierte Methoden minimiert. [Gryczan92:266]

Dieses *linguistische Modellmonopol* [Bråten73] des Entwicklers führt zu einem Ungleichgewicht zwischen den Personen, welche die fachliche Problemstellung formulieren und validieren, und denjenigen Personen, welche das Anwendungssystem zur Lösung dieser Problemstellung entwickeln sollen. Anstatt die erhobenen Anforderungen und das fachliche Lösungskonzept zunächst in der Fachsprache des Anwendungsbereichs und der Sprachwelt des Anwenders darzustellen, werden „erste Modelle über Ist- und Sollvorstellungen in Darstellungsformen repräsentiert, die der Sprachwelt der Entwickler entstammen" [Gryczan92:266]. Werden erhobene Anforderungen unmittelbar in die Sprachwelt des Entwicklers projiziert - beispielsweise in Form von Datenflußdiagrammen -, so sind mangelhafte oder verkürzte Problembeschreibungen wahrscheinlich (vgl. beispielsweise die Kritik an *SADT* in [Valder84:327]). Wo eine frühzeitige Formalisierung noch nicht möglich ist, kann der Zwang zur Formalisierung nur bewirken, daß Aussagen unterbleiben oder über das hinausgehen, was tatsächlich zu sagen ist [Ludewig93:289]. Die Herstellung eines notwendigen gemeinsamen Verständnisses von Aussagen über Sachverhalte eines Anwendungsbereichs wird damit aber auf jeden Fall von vornherein erschwert.

Notwendig ist ein Lösungsansatz, der sowohl die Verständlichkeit der Entwicklungsergebnisse für den Anwender als auch die notwendige Präzision der fachlichen Aussagen über Sachverhalte eines Anwendungsbereichs für die Systementwicklung gewährleistet. Da die sachgerechte Erschließung eines Anwendungsbereichs ohne Beteiligung der Anwender und Fachexperten nicht ratsam und effizient ist, wirksame Benutzerbeteiligung aber nur in deren gewohnter Darstellungsform und unter Einsatz der in der Fachabteilung verwendeten Terminologie erfolgen kann, wird in diesem Buch ein anderer Lösungsansatz zur Beseitigung des Konflikts zwischen der Verständlichkeit einer Sprache für den Anwender und der notwendigen Eindeutigkeit der Problembeschreibung für die Systementwicklung vorgeschlagen.

2.3.2 Lösungsansatz

Der fachliche Entwurf eines Anwendungssystems läßt sich als ein sprachlicher (Re-)Konstruktionsprozeß auffassen. Sowohl die Erschließung eines Anwendungsbereichs als auch die Spezifikation und die anschließende Verwendung eines Anwendungssystems geschieht in sprachlichen Handlungen. Objekte dieses Sprechens und Handelns sind die Dinge und Geschehnisse des jeweiligen Anwendungsbereichs. Die Ordnung dieser Dinge und Geschehnisse im Rahmen der informationsverarbeitenden Aktivitäten eines Anwendungsbereichs wird durch die eingeführte Fachterminologie bestimmt. Betrachtet man Anwendungsentwicklung als einen Prozeß der Konstruktion und Transformation sprachlicher Ausdrücke, so läßt sich eine Fundierung des Fachentwurfs von Anwendungen in der systematischen Rekonstruktion der Fachtermini eines Anwendungsbereichs erreichen.

Als methodologische Grundlage für die Rekonstruktion dieser Terminologie bietet sich der von Lorenzen in Zusammenarbeit mit Kamlah, Schwemmer und Lorenz formulierte sprachkritische Ansatz des Konstruktivismus Erlanger Provenienz[3] an [Lorenz70; Schwemmer71; Kamlah73; Lorenzen80; Lorenzen87; Lorenzen94]. Sprachkritik meint hier die schrittweise und kontrollierte Entwicklung gebrauchssprachlicher Aussagen über Begebenheiten eines Anwendungsbereichs hin zu Aussagen einer normierten Sprache. Dies heißt nicht, die Gebrauchssprache eines Anwendungsbereichs für grundsätzlich reformbedürftig zu halten und sie durch eine Kunstsprache ersetzen zu wollen. Mit Patzig gilt es festzuhalten:

> Daß die natürliche Sprache der Logik bedarf, wenn sie in Stand gesetzt werden soll, reine Darstellungsformen, speziell in den Wissenschaften und in der Philosophie zu übernehmen, enthält keinen Tadel an der natürlichen Sprache. Man wird auch das menschliche Auge nicht deshalb tadeln, weil es bei wissenschaftlichen Untersuchungen nicht ohne Mikroskope, bis hin zum Elektronenmikroskop, und nicht ohne Teleskope auskommt. Es ist keine Geringschätzung des Auges, wenn entsprechende Geräte gebaut und in der Wissenschaft gebraucht werden. Die Ungenauigkeit der Verkehrssprache ist, anders betrachtet, willkommene Elastizität, die Mehrdeutigkeit der Sprache dient der Kürze der Mitteilung und der Sparsamkeit des Vokabulars. [Patzig81:26]

Hinsichtlich der Ziele einer Anwendungsentwicklung und einer gewünschten Automatisierung informationsverarbeitender Tätigkeiten muß aber die intersubjektive Verständlichkeit und Nachprüfbarkeit der Aussagen zu Sachverhalten eines Anwendungsbereichs für *alle* am Entwurfsprozeß beteiligten Personen sichergestellt sein. Erst durch diese Verständlichkeit und Nachprüfbarkeit kann überhaupt die Geltung der einer Anwendung zugrundeliegenden sprachlichen Normen erreicht und damit auch der inhärent normative Charakter jedes Anwendungssystems im Anwendungsbereich legitimiert werden.

Selbstverständlich wird von Fachexperten und Anwendern nicht verlangt, nur noch „normsprachlich" zu sprechen. Vielmehr wird nur gefordert, daß geäußerte Aussagen im Zusammenhang mit der Anwendung im Zweifelsfall in normsprachliche Formulierungen übersetzt und damit Mißverständnisse aufgrund unterschiedlicher Wortverwendungsweisen auf ein Minimum reduziert werden können. Mehrdeutig-

---

3. Janich schlägt die Bennenung »Methodischer Konstruktivismus« [Janich93a:32] vor. Leinsle [Leinsle92:2] übernimmt stattdessen den von Lorenz eingeführten Namen »Dialogischer Konstruktivismus« [Lorenz86]. Auf jeden Fall soll damit die Abgrenzung sowohl zum Konstruktiven Realismus Wallners (vgl. [Wallner92]) als auch zum radikalen Konstruktivismus Maturanas, Foersters und Glaserfelds (vgl. für die Informatik etwa [Floyd92]) hervorgehoben werden.

keiten und Vagheiten sollen normsprachlich durch explizite Regeln für die Bildung (formal) korrekter Sätze in einer Grammatik und durch die Festlegung eines kontrollierten Wortschatzes in einem Lexikon im Sinne eines fachlichen Begriffswörterbuchs vermieden werden.

Die Bedeutung normsprachlicher Aussagen ergibt sich eindeutig aus den Bedeutungen der einzelnen Termini und den festgelegten syntaktischen Beziehungen zwischen den Aussagegliedern (*Fregesches Prinzip,* wonach sich die „Bedeutung eines Ausdrucks aus der Bedeutung seiner Teile und der Art ihrer Kombination" ergibt [Bierwisch83:79]). Da sowohl die Grammatik als auch das Lexikon der Normsprache explizit eingeführt werden, ist die übliche, im Fachentwurf zu den genannten Interpretationsproblemen führende Unterscheidung von Sprachstufen - objektsprachlich ausgedrückte Modelle werden metasprachlich interpretiert (wobei diese u.U. mehrfach iterierte Metasprache letztlich die Umgangssprache ist) - hinfällig, da die Konstruktion von Aussagen vollständig in der Normsprache erfolgt. Ortner beschreibt die mit der Einführung einer solchen Sprache verbundene Idee wie folgt:

> In diesem Beitrag wird vorgeschlagen, das Sprachproblem zwischen Entwicklung und Anwendungsbereichen durch die Einführung einer sowohl in der Grammatik als auch im Lexikon gegenüber der gewachsenen, natürlichen Sprache eingeschränkten, in ihrem Charakter aber noch „natürlich" wirkenden reglementierten Sprache zu lösen. Die Sprache sollte so aufgebaut sein, daß es dem Anwender nicht schwerfällt, die Einschränkungen in Grammatik und Lexikon zu akzeptieren, während ihm das Ziel, eine dadurch bessere Formalisierbarkeit der Ergebnisse in den nachfolgenden Entwicklungsphasen zu erreichen, verborgen bleiben kann. [Ortner95:149]

Eine sprachkritisch konstruktive Sicht des Entwicklungsprozesses wurde von Wedekind, Luft und später in erster Linie für den Bereich der Datenmodellierung von Ortner vertreten [Wedekind80; Wedekind81; Luft81; Luft82; Ortner83]. Curth und Wyss formulierten einen ähnlichen Ansatz für das Information Engineering [Curth88:40ff]. Eine erste, sehr programmatische Arbeit für die objektorientierte Anwendungsentwicklung stellt [Wedekind92] dar. Gunia untersuchte die sprachkritische Entwicklung von Expertensystemen [Gunia94]. Einen allgemeinen, auf Sprachkritik beruhenden Konstruktionsansatz für die Anwendungsentwicklung schlägt Ortner vor (*Konstanzer Sprachkritik-Programm für das Software Engineering KASPER* [Ortner94; Ortner95; Ortner97]).

Dieses Buch zeigt, wie ausgehend von einer sprachkritischen Rekonstruktion der Fachterminologie eines Anwendungsbereichs auf der Grundlage einer normierten Sprache ein objektorientiertes Fachkonzept spezifiziert werden kann. Die Normsprache nimmt dabei eine Mittlerrolle zwischen der im Fachbereich üblichen

Gebrauchssprache und formalen Konstruktions- oder Spezifikationssprachen ein (zu dieser *Zwischensprachenfunktion* vgl. [Schnelle73:93; Wunderlich80:21]).

Die Entwicklung dieser Normsprache ist allerdings nur *ein* wichtiges Konzept zur Lösung und Verminderung der genannten Probleme im Fachentwurf. Neben der Wahl geeigneter Darstellungsmittel müssen auch Lösungen entwickelt werden, welche die Vollständigkeit einer Spezifikation sicherstellen und zeigen, wie eine Übereinstimmung bezüglich der Beurteilung repräsentierter Sachverhalte erzielt werden kann. Im folgenden Kapitel *Grundlagen* werden deshalb alle Aufgabenfelder und die Lösungskonzepte des in diesem Buch entwickelten *T*erminologiebasierten *A*nsatzes für die *O*bjektorientierte *S*pezifikation *(TAOS)* vorgestellt und in ein Vorgehensmodell für den Fachentwurf integriert. Vorher werden in diesem Kapitel noch kurz das Anwendungsbeispiel, welches zur Verdeutlichung von *TAOS* dient, erläutert sowie die im Text gewählten typografischen Konventionen und metasprachlichen Symbole zur Syntaxnotation beschrieben.

2.4   Erläuterung des Anwendungsbeispiels

Als Anwendungsbeispiel zur Illustration des vorgestellten Ansatzes für den objektorientierten Fachentwurf dient in den folgenden Kapiteln in erster Linie die im Rahmen eines Projektkurses an der Universität Konstanz durchgeführte Konzeption eines Informationssystems für eine wissenschaftliche Bibliothek [Benzing95]. Der Entwurf ist eingegrenzt auf die Aufgabenfelder Publikationsverwaltung, Benutzerverwaltung und Ausleihverwaltung aus der Funktionsbereichen *Literaturvermittlung* und *Literaturverwaltung*. Die *Literaturerwerbung* für den Bestandsaufbau und die Bestandsvermehrung sowie die *Literaturerschließung* für die Katalogisierung werden nur kurz gestreift (eine ähnliche Eingrenzung bei der Modellierung einer Bibliothek findet sich in einem Beispiel von Feenstra und Wieringa [Feenstra95]). Vorbild für die Literaturvermittlung und die Literaturverwaltung einer solchen wissenschaftlichen Bibliothek sind integrierte Universitätsbibliotheken mit Präsenz- und Ausleihbeständen in Freihand- und Magazinaufstellungen, wie sie seit Mitte der sechziger Jahre im Zuge der Universitätsneugründungen in der Bundesrepublik eingerichtet wurden.

Die Publikations- und Ausleihverwaltung umfaßt die Aufgaben des Ausleihverkehrs von der Vormerkung und Bereitstellung eines Exemplars über die Ausleihe, Verlängerung, Rückgabeaufforderung, Mahnung und Rückgabe bis zum Exemplarverlust. Die Benutzerverwaltung umfaßt alle Aufgaben von der Aufnahme eines Benutzers mit der Ausweisausgabe über die Sperrung und die Wiederzulassung am Ausleihverkehr bis hin zur Abwicklung der Kündigung und Terminierung. Als Bibliotheksbenutzer gelten zum einen unterschiedliche Personengruppen

(Mitarbeiter, Studenten, Externe), zum anderen können aber auch Institutionen, vor allem andere Bibliotheken, die im Rahmen einer kooperativen Bestandsvermittlung am überregionalen Leihverkehr teilnehmen, als Benutzer auftreten.

Daß im Rahmen des vorliegenden Buches diese beiden Aufgabenbereiche der Literaturvermittlung natürlich nicht umfassend und vollständig praxisgerecht beschrieben werden können - allein eine einigermaßen vollständige Auflistung aller bibliographisch wichtigen Merkmale einer Publikation nach den *Regeln für die alphabetische Katalogisierung (RAK)* müßte wenigstens fünfzig bis sechzig Einträge (Attribute oder sog. Kategorien) umfassen -, ergibt sich aus der Intention als Anwendungsbeispiel: Ziel ist weniger die Beschreibung eines Anwendungsbereichs als diejenige von *TAOS* . Die Auswahl des Gegenstandsbereichs Bibliothek ist hauptsächlich dadurch motiviert, daß dieser sicherlich jedem Leser zumindest aus der Rolle des Bibliotheksbenutzers vertraut ist. Bei dennoch auftretenden Verständnisschwierigkeiten sei als einführende Literatur zum Bibliothekswesen [Hacker92] empfohlen.

2.5 Syntaxbeschreibung und typografische Konventionen

In diesem Buch wird die Syntax sprachlicher Ausdrücke durch die folgenden metasprachlichen Symbole einer erweiterten *Backus-Naur-Form (BNF)* notiert:

$\triangleq$	$\equiv$	definiert als
symbol	$\equiv$	terminales Symbol (Schlüsselwörter zusätzlich fett)
<Symbol>	$\equiv$	nichtterminales Symbol
I	$\equiv$	Alternative
II	$\equiv$	Liste
(...)	$\equiv$	Vorrangsklammerung
[...]	$\equiv$	optionales Sprachelement
(...)*	$\equiv$	n-fache Wiederholung mit $n \geq 0$
(...)$^+$	$\equiv$	n-fache Wiederholung mit $n \geq 1$

Um in Produktionsregeln einzelne objektsprachliche Zeichen von metasprachlichen Symbolen zu unterscheiden, werden diese in Hochkommata eingeschlossen. Beispiele für Regeln gemäß dieser Notation sind etwa:

<Objekttyp> $\triangleq$ **objecttype** <Objekttypname> [<Attribute>] [<Beziehungen>]...

<Attribute> $\triangleq$ **attributes** [<Nominator>] <Attributspezifikation>

<Nominator> $\triangleq$ **identifier** (<Attributname> II '**+**')$^+$ '**;**'

Die Vereinbarung eines Objekttyps wird eingeleitet durch das terminale Symbol
»objecttype«. Diesem Schlüsselwort folgt fakultativ der Name des Objekttyps und
optional die Deklaration der Attribute, Beziehungen usw. Attributvereinbarungen
bestehen aus dem terminalen Symbol *»attributes«*, einem optionalen Nominator
und den eigentlichen Attributspezifikationen. Eine Nominatordeklaration wird eingeleitet durch *»identifier«*, diesem folgen ein oder mehrere durch »+« getrennte
Attributnamen. Abgeschlossen wird eine Nominatordeklaration durch den Strich-
punkt. Würden Objekte eines Objekttyps BENUTZER (Objekttypnamen werden in
Kapitälchen notiert) beispielsweise durch ihren Vor- und Zunamen eindeutig identifiziert, könnte die Deklaration eines Nominators nach dieser Syntax lauten:

> *objecttype* BENUTZER
>   *attributes*
>   *identifier* Vorname + Zuname;
>   :::

Abschließend sollen noch kurz die im bisherigen Text bereits verwendeten typografischen Konventionen zur Abgrenzung unterschiedlicher Zeichenverwendungs-
arten expliziert werden:

- *Hervorhebungen*: Einzelne besondere Ausdrücke wie etwa *termini technici*
  werden durch Kursivdruck oder alternativ durch Fettdruck hervorgehoben.

- *Zitate*: Wörtliche Zitate werden in doppelte Anführungszeichen („“) gesetzt.
  Längere wörtliche Zitierungen sind durch einen eigenen Absatz gekennzeichnet.

- *Erwähnungen*: Um die *Erwähnung* (*mention*) von Ausdrücken gegenüber
  ihrem *Gebrauch* (*use*) abzugrenzen (vgl. zur Unterscheidung von *mention*
  und *use* [Quine40; Lyons77:8ff]), werden Erwähnungen im Text durch den
  Doppelpfeil (»«) ausgezeichnet. Innerhalb einer Erwähnung zeigen Anführungszeichen (‘’) weitere Erwähnungen an.

Beispiele für Erwähnungen sind in der folgenden Aussage mit »Königsberg« gegeben: »‘Königsberg’ benennt Kaliningrad« und »‘Königsberg’ hat 10 Buchstaben«.
Um die Lesbarkeit zu verbessern, werden jedoch wie üblich Zeichenkonstanten für
bestimmte in ihrer Verwendung normierte Wörter (etwa ∀ oder ∨ für den Allquantor und den Adjunktor), für anonyme Konstanten oder Metavariablen (etwa a für
irgendeinen Eigennamen oder A für eine Aussage) und für Variablen wie x oder y
autonym (als Namen für sich selbst) verwendet und deshalb nicht in Anführungszeichen gesetzt [Hartmann90:23]. In dem Satz »∀ bezeichnet den Allquantor oder
Generalisator« wird »∀« beispielsweise ohne Anführungszeichen notiert.

3 Grundlagen

Im Fachentwurf soll, ausgehend von zunächst vagen und widersprüchlichen Anforderungen und Zielvorstellungen, schrittweise ein vollständiges und eindeutiges Fachkonzept entwickelt werden, das von allen am Entwurfsprozeß beteiligten Personen mitgetragen wird:

> Software requirements engineering is the discipline for developing a complete, consistent unambiguous specification -- which can serve as a basis for common agreement among all parties concerned -- describing what the software product will do (but not how it will do it; this is to be done in the design specification). [Boehm79:47]

Die Vollständigkeit einer Spezifikation, die Eindeutigkeit der gewählten Repräsentation und die erzielte Übereinstimmung bezüglich der Beurteilung aller Anforderungen und fachlicher Aussagen lassen sich als die drei wesentlichen Eigenschaften eines Fachkonzepts auffassen. Pohl und Jarke bezeichnen *specification*, *representation* und *agreement* als die zentralen Dimensionen des Requirements Engineering [Pohl93; Pohl94; Jarke93:101] (vgl. Abbildung 3-1).

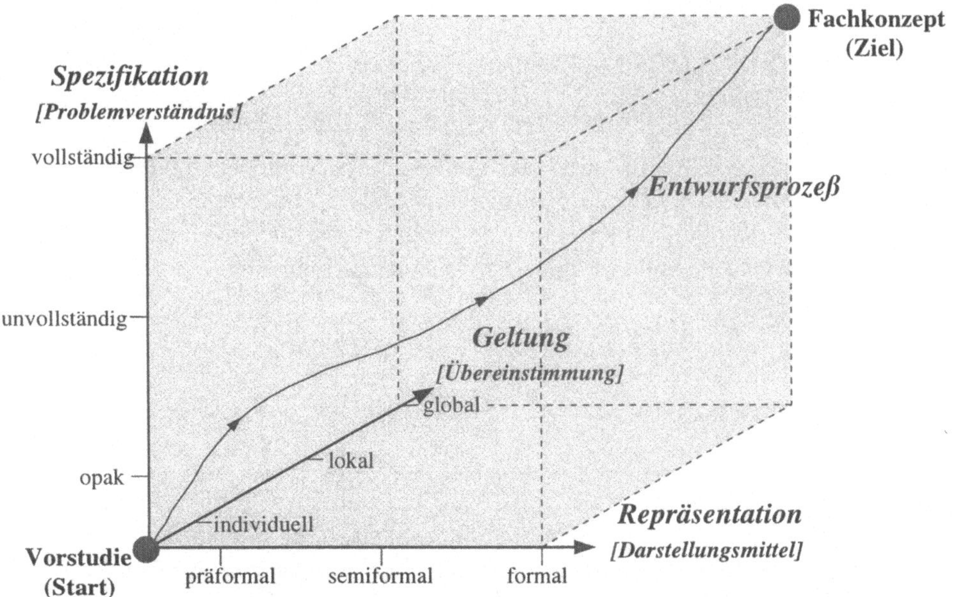

Abb. 3-1: Fachlicher Entwurfsprozeß (angelehnt an [Pohl94:246])

Ähnlich drückt dies Martin aus, wenn er feststellt: „the objective of requirements analysis is to obtain a clear, complete, agreed-upon requirements specification for a feasible software application" [Martin88:19]. In Anlehnung an [Pohl94:246] veranschaulicht Abbildung 3-1 den Prozeß des fachlichen Entwurfs hin zu einem Fachkonzept nach dieser Dreiteilung in Zusammenhang mit dem jeweiligen erreichten Problemverständnis, dem Formalisierungsgrad der gewählten Darstellungsmittel und dem erzielten Geltungsbereich der Entwurfsergebnisse.

Ausgehend von den Forderungen Boehms und Martins an die Eigenschaften eines Fachkonzepts und der Charakterisierung des Entwurfsprozesses durch Pohl, werden die Grundlagen und Lösungskonzepte des vorgeschlagenen Ansatzes für den objektorientierten Fachentwurf in drei Bereiche unterteilt:

- SPEZIFIKATION - *Was* soll im Fachentwurf spezifiziert werden?

- REPRÄSENTATION - *Womit* sollen die Ergebnisse dargestellt werden?

- GELTUNG - *Wie* sollen *gemeinsame* Ergebnisse erarbeitet und begründet werden?

Die einzelnen Lösungskonzepte zu diesen drei Bereichen werden in den Abschnitten 3.1 bis 3.3 vorgestellt. In Abschnitt 3.4 werden diese Lösungskonzepte in einem Vorgehensmodell für den Fachentwurf zusammengefaßt.

- ENTWURFSPROZESS - *Wann* soll im Fachentwurf welcher Arbeitsschritt erfolgen?

Die Erläuterung des Entwurfsprozesses anhand eines Vorgehensmodells mit den beiden Phasen *normsprachliche Rekonstruktion* und *objektorientierte Spezifikation* leitet über zu den Kapiteln 4 und 5, in welchen detailliert die einzelnen Schritte des fachlichen Entwurfs gemäß der phasenweisen Aufteilung des Vorgehensmodells beschrieben werden.

3.1   Spezifikation

Ein Ziel des Fachentwurfs ist die Vollständigkeit und ausreichende Präzision des Fachkonzepts. Es soll alle relevanten fachlichen Aussagen enthalten, welche zum Verständnis der Aufgabenstellung erforderlich sind, *und sonst nichts* [Stokes91:16/3]. Seit Anfang der achtziger Jahre wurden eine Reihe von Rahmenwerken, Dokumentationsstandards und Richtlinien dafür entwickelt, welche Aussagen bezüglich

der Eigenschaften eines Anwendungssystems im Fachkonzept enthalten sein sollten (vgl. etwa [Dorfman90; Davis93:194ff]). Aufgrund ihrer Ordnungsfunktion
geben Rahmenwerke Hinweise, welche Aspekte eines Systems in welcher Form
beschrieben werden müssen und wie diese Teilbeschreibungen ergebnisorientiert
zu einem Gesamtmodell zu integrieren sind.

Rahmenwerke wurden sowohl für die Dokumentation der Informationssystemar-
chitektur ganzer Organisationen als auch für die Spezifikation einzelner Anwendungssysteme entwickelt (vgl. beispielsweise [AMICE89:42ff; Krcmar90:399;
Weg92; Champeaux93:21; Scheer94; Evernden96]). Ein unternehmensweiter
Architekturrahmen für die Informationsverarbeitung bestimmt als relevante
Beschreibungskategorien beispielsweise *Daten, Funktionen, Lokationen, Aufgabenträger, Unternehmensziele* und *Prozesse* [Zachman87; Sowa92]. Demgegenüber unterscheidet ein Entwicklungsrahmen für den fachlichen Entwurf eines
einzelnen Anwendungssystems nach einer strukturierten Methode die Komponenten *Funktionsmodell, Datenmodell* und *Vorgangsmodell* zur Beschreibung der
fachlichen Leistungen einer Anwendung sowie die Komponenten *Benutzungsschnittstelle* und *-handbücher, Testdaten* und *Testfälle* zur Festlegung nicht-funk-
tionaler Anforderungen (vgl. [Steinbauer90:61]).

Konzentriert auf die Beschreibung der fachlichen Leistungen einer Anwendung,
wird nachfolgend ein Spezifikationsrahmen für den objektorientierten Fachentwurf
entwickelt.

3.1.1 Spezifikationsrahmen

Um eine isolierte, komplexitätsreduzierende Entwicklung sich ergänzender Teilbeschreibungen eines Anwendungssystems zu ermöglichen, hat es sich im Fachentwurf als sinnvoll erwiesen, unterschiedliche Modellperspektiven, Sichten oder
Projektionen zu unterscheiden [Partsch91:62]. Drei Perspektiven werden zur Spezifikation eines Anwendungssystems als wesentlich angesehen [Olle91:12f;
Davis93:33; Graham94:224; Cook94:21]:

- **Statik**. Die statische Sicht - alternativ auch als *data view, type view* oder
  informational aspect bezeichnet - beschreibt die zeitinvariante Anordnung der Bausteine einer Anwendung, d.h. ihre Organisation und ihre
  strukturellen Beziehungen zueinander.

- **Funktionalität**. Die funktionale Sicht - *process view, mechanism, algo-
  rithm* oder *functional aspect* - charakterisiert die Systemwirkungen, also
  die transformationsbezogenen zeitinvarianten Verrichtungen der einzelnen Bausteine und des ganzen Anwendungssystems.

- **Dynamik**. Die dynamische Sicht - *control view, time view, state view* oder
  behavioral aspect - stellt die zeitlichen Veränderungen bzw. kausalen
  Abhängigkeiten dieser Einheiten dar, d.h. ihre Lebenszyklen mit den relevanten Ereignissen und daraus resultierende Systemabläufe oder Prozesse.

Die Einführung unterschiedlicher Projekten auf eine Anwendung reduziert die
Entwurfskomplexität, weil die sichtenspezifische Informationsmenge geringer ist
als diejenige Informationsmenge, welche zur vollständigen Beschreibung der Anwendung notwendig wäre. Die Einführung von Sichten bietet aber auch den Vorteil, den Fachentwurf an den häufig sichtenspezifischen Kenntnissen der an der
Entwicklung beteiligten Personen in ihren unterschiedlichen Rollen ausrichten zu
können. Während Fachanwender oder Benutzer Anwendungen häufig gut als
Ereignissequenzen oder Szenarien beschreiben können, neigen Fachexperten eher
zu einer funktionsorientierten Sicht. Systemanalytiker und Entwickler wiederum
tendieren eher dazu, eine Anwendung über ihre statischen Eigenschaften, d.h. die
jeweiligen Daten- oder Objektstrukturen zu begreifen (vgl. [Flood90:56;
Davis90:124; Martin92:93]; zu unterschiedlichen Sichtweisen der Beteiligten
siehe auch [Finkelstein92]).

Die Unterscheidung dieser drei klassischen Perspektiven ist sowohl für einen Entwurf nach strukturierten Methoden (vgl. etwa [Hatley87:373; Yourdon89]) als
auch für den objektorientierten Entwurf (vgl. [Rumbaugh91:6; Embley92:8ff;
Coleman94:36ff]) möglich: „Any system can be viewed from three perspectives -
data, function and *time*" [Wilkie93:349]. Im objektorientierten Entwurf werden die
dynamische und die funktionale Sicht auch zusammenfassend als *Verhaltenssicht*
und die statische Sicht als *Struktursicht* bezeichnet (vgl. [Vossen94:347ff]).
Obwohl bis auf das *Responsibily-Driven Design (RDD)* [Wirfs-Brock90] und die
Object Behavior Analysis (OBA) [Rubin92] alle verbreiteten objektorientierten
Analyse- und Entwurfsmethoden die Spezifikation diese drei Sichten durch mehr
oder weniger geeignete Modellierungstechniken unterstützen [Stein93:327], ist
häufig der Zusammenhang zwischen den entwickelten Modellen der einzelnen
Perspektiven unklar [Hayes91].

Die Entwicklung eines Spezifikationsrahmens dient dazu, die Zusammenhänge
und Abhängigkeiten zwischen den einzelnen Teilbeschreibungen der unterschiedlichen Perspektiven eines objektorientierten Anwendungssystems zu verdeutlichen.
Neben dieser Integrationsleistung können durch einen solchen Rahmen sowohl die
für einzelne Teilbeschreibungen jeweils geeignetsten Modellierungsmethoden oder
Diagrammtechniken bestimmt als auch bestehende Entwurfsmethoden auf ihre
Vollständigkeit bezüglich der Unterstützung der Beschreibungsaspekte untersucht
werden.

Um die abgestimmte und vollständige Spezifikation eines objektorientierten Anwendungssystems aus einzelnen Teilbeschreibungen sicherzustellen und weiterhin die einzelnen Teilbeschreibungen gut gegeneinander abgrenzen zu können, werden in diesem Rahmen orthogonal zu den Perspektiven *statisch, funktional* und *dynamisch* eine *interne* und eine *externe* Objektsicht zur Beschreibung der Intra- und der Inter-Objektebene eingeführt [Schienmann94].

- **Intern.** Die interne Objektsicht beschreibt die interne, nach außen nicht sichtbare Struktur der Objekte durch die Menge ihrer Attribute und das interne Verhalten durch die Menge ihrer Fähigkeiten und ihrer Wandlungen.

- **Extern.** Die externe Objektsicht beschreibt die nach außen sichtbare Struktur durch die Menge der Beziehungen zu anderen Objekten. Das nach außen sichtbare Verhalten wird definiert durch die Interaktionen mit anderen Objekten und die Reihenfolgen, in welchen diese Interaktionen stattfinden.

Zur Unterscheidung zwischen einer Intra-Objektsicht und einer Inter-Objektsicht schreibt Cook:

> Traditional approaches to software development make a strong distinction between data and processing. This distinction lies at the heart of the design of programming languages as COBOL, C and Pascal, and also at the heart of traditional data-processing architectures which separate the shared database from the programs which access it. With the advent of object technology this traditional distinction is beginning to break down, to be replaced by the distinction between the *insides* and the *outsides* of objects. [Cook94:17]

Cook hält diese Unterscheidung zwischen einer Innensicht und einer Außensicht zwar für wesentlich, in *Syntropy* [Cook94] als der von ihm mitentwickelten objektorientierten Entwurfsmethode ist diese aber dennoch nicht konsequent umgesetzt.

In *TAOS* wird in allen drei genannten Perspektiven (statisch, funktional und dynamisch) zwischen einer internen und externen Sicht differenziert. Diese Gegenüberstellung in einem Spezifikationsrahmen verbindet somit abstraktive und kompositive Sichtweisen. Indem die aus dieser Gegenüberstellung resultierenden Beschreibungsaspekte des Spezifikationsrahmens Merkmalsarten der Objekttypen werden (vgl. Abschnitt 4.2.2 und Abbildung 4-11), wird eine integrierte Spezifikation des Objektsystems gewährleistet (vgl. Kapitel 5).

Abbildung 3-2 auf der nächsten Seite stellt den für *TAOS* entwickelten Spezifikationsrahmen für objektorientierte Anwendungen dar.

Objektsicht	statisch	funktional	dynamisch
intern	① *Attribute*	③ *Fähigkeiten*	⑤ *Wandlungen*
		⑦ *Einschränkungen*	
extern	② *Beziehungen*	④ *Interaktionen*	⑥ *Reihenfolgen*

Abb. 3-2: Spezifikationsrahmen für objektorientierte Anwendungen

Die statische Sicht beschreibt den internen Aufbau der Objekte anhand ihrer Attribute (①) und die Beziehungen (②) zwischen den Anwendungsobjekten. Die interne Funktionalität einzelner Objekte ist durch ihre Fähigkeiten (Methoden/ Operationen/Dienste ③) bestimmt. Die objektübergreifende Funktionalität ergibt sich aus den Objektinteraktionen (④) mittels Nachrichtenaustausch, welcher durch Botschaftenprotokolle spezifiziert wird. Die möglichen Wandlungen (⑤), d.h. die Zustände und Zustandsübergänge einzelner Objekte und daraus resultierende Abläufe oder Reihenfolgen (⑥), also die interne und die externe Kontrollogik, werden in der dynamischen Sicht festgelegt. Vervollständigt wird das Objektschema durch die Angabe von Einschränkungen als Invarianten oder Integritätsbedingungen (⑦) für die Reglementierung von Merkmalen der Anwendungsobjekte und Regeln für die Spezifizierung bedingter Aktionen. Einschränkungen sind aspektübergreifend festgelegt, d.h. sie können Aussagen zu beliebigen Aspekten enthalten und verknüpfen.

Vergleicht man verbreitete objektorientierte Entwurfsmethoden daraufhin, inwieweit alle in diesem Spezifikationsrahmen festgelegten Beschreibungsaspekte eines objektorientierten Anwendungssystems durch entsprechende Modellierungstechniken spezifizierbar sind, so werden bei den einzelnen Methoden unterschiedliche Mängel deutlich.

Selbst elaborierte Methoden wie *OMT* oder *Object-Oriented Analysis and Design (OOA/D)* [Booch94] unterstützen beispielsweise die Modellierung der globalen Dynamik eines Objektsystems (⑥) bisher nur unzureichend. Beide Methoden beschreiben die interne Objektdynamik (⑤) durch Zustandsgraphen, angelehnt an die *statecharts* von Harel [Harel87]. Die sich aus dem kartesischen Produkt der internen Dynamik dieser Objekte ergebenden Systemabfolgen sind im Rahmen der von diesen Methoden bereitgestellten Modellierungstechniken - beispielsweise

Ereignisdiagramme oder wiederum *statecharts* in *OMT* - nur unbefriedigend spezifizierbar (vgl. dazu auch die Kritiken in [Hayes91:175; Fowler91:204; Fichman92:36f]; in der Folgeversion von *OMT* bzw. der *Unified Modeling Language (UML)* [Booch96b] sollen diese Mängel allerdings teilweise behoben werden). Im Gegensatz dazu ist beispielsweise in der Methode *OOA&D* von Odell und Martin [Martin92; Martin95] die globale Dynamik eines Objektsystems mit den dort zur Verfügung stehenden Ablaufdiagrammen sehr gut zu beschreiben, Mängel sind hier allerdings bei der Beschreibung der Objektinteraktionen (④) erkennbar.

Auf der Grundlage des Spezifikationsrahmens wird in Kapitel 5 der objektorientierte Entwurf eines Anwendungssystems beschrieben. Für jeden Beschreibungsaspekt werden die relevanten Beschreibungsteile im Sinne von Konstruktionselementen vorgestellt und ihre Anwendung an Beispielen verdeutlicht. Zur Beschreibung der statischen Beziehungen (②) werden in Abschnitt 5.2.2 als Beziehungswirkungen beispielsweise Art/Gattungs-Beziehungen und Rollen als inklusive Beziehungen, verschiedene Arten von Aggregationen, die Konnexions- und Assoziationsbeziehung sowie die Hypostasierung für Instantiierungsbeziehungen zwischen Objekttypen eingeführt. Zur weiteren Charakterisierung einer Beziehung dienen Beziehungsmerkmale wie die Beziehungsbeteiligung, das Beziehungsverhältnis, die Existenzabhängigkeit, die Exklusivität, die Ordnung oder Rollenangaben.

3.1.2 Konstruktionsprinzipien

Der Spezifikationsrahmen legt die notwendigen Teilbeschreibungen eines objektorientierten Anwendungssystems fest. Bei der Spezifikation dieser Teilbeschreibungen sind als primäre Konstruktionsprinzipien die *Abstraktion* (Konverse: *Konkrektion*) und die *Komposition* (Konverse: *Partition*) zu unterscheiden [Ortner95a; Martin95:73]. Ähnlich nennen Yeh und Zave sowie Davis mit *projection, abstraction* und *partitioning* drei Konstruktionsprinzipien [Yeh80; Davis90: 122], wobei die Teilbeschreibungen des Spezifikationsrahmens den von ihnen genannten Projektionen entsprechen.

Beide Konstruktionsprinzipien werden häufig nur in einer sehr eingeschränkten Bedeutung - etwa die Abstraktion als Grundlage für die Klassifikation (Subsumtion) von Objekten zu Objekttypen oder für die Generalisierung (Inklusion) von Objekttypen in einer Typhierarchie - behandelt. Abstraktion und Komposition finden als Konstruktionsprinzipien aber für alle Beschreibungsteile des Spezifikationsrahmens Anwendung. Attribute und Fähigkeiten können beispielsweise verallgemeinert oder zu komplexen Attributen und Fähigkeiten zusammengefaßt werden. Ebenso lassen sich einzelne Zustände und Zustandsübergänge und daraus resultierte Abfolgen aggregieren oder generalisieren (vgl. auch [Cauvet94]).

Abstraktion

Grundlage der Abstraktionshandlung ist das bezüglich einer Äquivalenzrelation invariante Reden über Eigenschaften von Gegenständen, wobei mit Gegenständen ganz allgemein alle konkreten oder abstrakten Dinge und Geschehnisse eines Gegenstandsbereichs gemeint sind. Vollzogen wird eine Abstraktion dadurch, daß ausgehend von einem Gegenstandsbereich, für den eine Äquivalenzrelation definiert ist, die Betrachtung von Aussagen über den Gegenstandsbereich eingeschränkt wird auf Aussagen, die bezüglich der definierten Äquivalenzrelation invariant gültig sind. Eine Aussage über eine Eigenschaft von Gegenständen ist invariant, wenn sie allen in der Äquivalenzrelation stehenden Gegenständen zukommt.

Diese von Lorenzen auf der Grundlage von Frege erarbeitete Abstraktionstheorie (eine zusammenfassende Darstellung der Fregeschen Abstraktionstheorie gibt Thiel in [Thiel85]) führt die Konstruktion abstrakter Gegenstände auf eine besondere Rede über konkrete Gegenstände und ihre Eigenschaften zurück [Lorenzen62; Lorenzen87:161ff]. Abstraktion wird damit als eine rein *logische* und nicht als eine *mentale* Operation verstanden [Mittelstraß74:197]. Angezeigt wird diese besondere, eingeschränkte Redeweise über konkrete Gegenstände durch sogenannte Abstraktoren, welche explizit in einem Abstraktionsschema bezüglich einer vorgegebenen Äquivalenzrelation zu vereinbaren sind. Ein Abstraktionsschema läßt sich beispielsweise angeben als (vgl. [Schröder80:38]):

$$\alpha a \; \varepsilon \; P =_{def} \forall x \; (x \sim_\alpha a \to x \; \varepsilon \; P) \tag{3.1-1}$$

Allen durch x referenzierten Gegenständen, welche bezüglich der durch den Abstraktor α angezeigten Äquivalenzrelation $\sim_\alpha$ mit a ähnlich sind, kommt der gleiche Terminus oder Prädikator P zu wie dem durch a benannten Gegenstand. α ist ein Abstraktor, der anzeigt, welche Äquivalenzrelation der jeweiligen Abstraktion zugrunde liegt. Abhängig von der jeweiligen Äquivalenzrelation ($\sim$) - neben der dargestellten Parität ($\sim_\alpha$) beispielsweise die Identität ($\equiv$) oder die Synonymität (syn.) - und der jeweiligen Sprachebene sind unterschiediche Arten der Abstraktion zu unterscheiden [Schneider70:128f]. Notwendige Merkmale von Äquivalenzrelationen sind die Reflexivität, die Symmetrie und die Transitivität (vgl. die konstruktive Einführung von Äquivalenzrelationen bei [Hartmann90:147]):

$$\bullet \; \textit{Reflexivität}: \qquad \forall x \; (x \sim x) \tag{3.1-2}$$
$$\bullet \; \textit{Symmetrie}: \qquad \forall xy \; (x \sim y \wedge y \sim x)$$
$$\bullet \; \textit{Transitivität}: \qquad \forall xyz \; (x \sim y \wedge y \sim z \to x \sim z)$$

Die auf der Parität von Gegenständen beruhende Abstraktion bildet im Fachentwurf die Grundlage für die Einführung von Objekttypen und die Anordnung dieser Objekttypen in Inklusionsbeziehungen (vgl. [Ortner95a]). Dabei beruht die Abstraktion von Termini zu ihren Begriffen und anschließend zu den Objekttypen als ihren Repräsentanten in objektorientierten Systemen auf der *Synonymität* der Termini. Sollen Termini als (intensional) synonym eingeführt werden und damit z.B. Aussagen zur Verwendung von »Literat« auch für Termini wie »Schriftsteller«, »writer« oder »écrivain« gelten (negativ fomuliert: soll von der jeweiligen Lautgestalt der Termini *abgesehen* werden [Kamlah73:86]), so liegt diesem Übergang von Termini zu dem durch sie dargestellten Begriff - mit dem Abstraktor α für »Begriff« - das folgende Abstraktionsschema zugrunde (vgl. dazu [Janich74: 77; Lorenzen87:165; Wedekind92:20]):

$$\alpha P =_R \alpha Q =_{def} \overline{\forall} A_R(X)\ (A_R(P) \leftrightarrow A_R(Q)) \tag{3.1-3}$$

αP und αQ sind bezüglich eines Regelsystems R logisch gleich ($=_R$), wenn alle für P geltenden Aussagen A_R auch für Q gelten und umgekehrt. Der indefinite Allquantor $\overline{\forall}$ bedeutet, daß die Aussageform $A_R(X)$ mit X als Merkmalsvariable auch für jede über die bisher zur Verfügung stehenden Ausdrucksmittel hinausgehende Erweiterung des Aussagenbereichs gelten soll (unbestimmter Variabilitätsbereich [Lorenzen65:10]). Eine im Regelsystem R invariante Aussage $A_R(P)$ über P ist damit eine Aussage $A_R(\alpha P)$ über den *Begriff* P. Der Begriff P - oft in Betragsstrichen als $|P|$ oder $|P|_R$ geschrieben - ist in diesem Sinne auch als die Intension des Prädikators zu verstehen. Der *Begriff* »Schriftsteller« oder »|Schriftsteller|« (oder »|écrivain|« usw.) stellt somit die Bedeutung der oben genannten Termini »Literat«, »Schriftsteller«, »writer« und »écrivain« dar.

Das folgende Beispiel von Thiel verdeutlicht eingängig dieses Prinzip der Abstraktion [Thiel85:38]: Die Aussage: »'Einhorn' ist leer« (»leer« hier im Sinne von »hat keine Extension«, d.h. *ext*(Einhorn) = Ø) soll auch bei der Ersetzung durch einen synonymen Prädikator wie etwa den englischen Ausdruck »unicorn« gültig bleiben. Da auch die Aussage »'unicorn' ist leer« gelten soll, ist eine auf der Äquivalenzbeziehung der Synonymität beruhende Abstraktion zu vollziehen. Mit »Einhorn« für P, den Abstraktor »Begriff« für α und der (Meta-)Prädikation »ist leer« für A_R wäre dieses Abstraktionsschema nach Thiel zu lesen als [Thiel85:39]:

P	FÜR	»Einhorn«	(3.1-4)
αP	FÜR	der Begriff »Einhorn«	
P ε leer	FÜR	»Einhorn« ist leer	
$\alpha P\ \varepsilon$ leer	FÜR	der Begriff »Einhorn« ist leer	

Das Charakteristische des vorgestellten Abstraktionsverfahrens liegt in dem besonderen, hervorgehobenen Reden über Eigenschaften von Gegenständen. Während im üblichen Sprachgebrauch und in der traditionellen Abstraktionstheorie mit Abstraktion im allgemeinen ein Absehen (von lat. *abstrahere*, abziehen) von Eigenschaften gemeint ist (vgl. etwa [Mikkola64:10; Oeser69:15ff; Schneider70]), gründet die moderne Abstraktionstheorie in Anschluß an Frege gerade auf deren Hervorheben.

In der traditionellen Abstraktionstheorie ist der „abstrakte Gegenstand gleichsam der Rest, der übrigbleibt, wenn bestimmte und ausdrücklich genannte Merkmale nicht mehr berücksichtigt werden" [Janich74:78]. Um zu abstrahieren, müßten deshalb die in Zusammenhang mit einer Anwendung gerade nicht relevanten und deshalb nicht „zu berücksichtigenden" Merkmale eines Terminus bekannt gemacht werden, um in der Abstraktion den dadurch negativ ausgegrenzten Terminus in der Rede einzuführen. Dagegen werden in der Abstraktionstheorie nach Frege für die abstrahierende Rede nur die positiv bestimmten Merkmale angegeben (vgl. dazu weitere Abstraktionsschemata in [Wedekind92:19ff]).

Die Abstraktion führt neue Modellierungsgegenstände einer abstrakten Ebene durch eingeschränktes invariantes Reden über Gegenstände einer konkreten Ebene ein. Sie basiert auf einer vorgegebenen Äquivalenzrelation zwischen Gegenständen. Die Abstraktion führt zu einer neuen Sprachebene; auf abstrakter Sprachebene sind nur bezüglich der Äquivalenzrelation invariante Aussagen über Gegenstände der darunterliegenden konkreten Sprachebene von Interesse. Neben der Abstraktion ist das zweite wichtige Konstruktionsprinzip die Komposition (vgl. [Martin95:73ff]).

Im Gegensatz zur Abstraktion führt die *Komposition* neue Gegenstände durch die Zusammensetzung vorhandener Gegenstände *auf der gleichen Sprachebene* ein. Beide Konstruktionsprinzipien werden in der Literatur häufig nicht ausreichend abgegrenzt. In [Mattos90; Embley92:46] werden beispielsweise Aggregate wie die Zusammenfassung mehrer Schiffe zu einem Konvoi formal falsch als Mengen oder Klassen und damit als abstrakte Gegenstände beschrieben (vgl. zur Unterscheidung von Aggregaten und Klassen auch [Sinowjew75:497f; Wessel84:349f]). Im folgenden soll deshalb auf die Komposition als Konstruktionsprinzip im Fachentwurf genauer eingegangen werden.

Komposition

Bücher bestehen aus einzelnen Kapiteln. Kapitel setzen sich zusammen aus Absätzen. Absätze bestehen aus Sätzen. Sätze enthalten Wörter. Aus den Bauteilen Motor und Getriebe läßt sich ein Antrieb konstruieren. Schiffe werden zu Konvois und Bücher zu Buchbeständen zusammengefaßt. Diese Zusammenfassung oder Komposition von Teilen zu einem neuen Ganzen basiert im Gegensatz zur Abstraktion nicht auf der Äquivalenz von Gegenständen, sondern auf ihrer *Dependenz* [Ortner83:44]. Eine Melodie ist nicht eine Ansammlung ähnlicher Töne, ein Antrieb nicht eine Menge einzelner Elemente, erst die Ordnung und gegenseitige Abhängigkeit der jeweiligen Teile bezüglich des Ganzen formen eine Melodie oder einen Antrieb. Die Komposition faßt Gegenstände zu neuen Gegenständen zusammen, um die Eigenschaften, welche sich aus der Abhängigkeit oder Verbindung dieser (Teil-)Gegenstände ergeben, in einem Ganzen zu beschreiben.

Ein schönes Beispiel für eine Komposition nennt Burge [Burge77: 97]: „The stars that presently make up the Pleades galactic cluster occupy an area that measures 700 cubic light years". Das Wort »occupy« bezieht sich in dieser Aussage weder auf einen einzigen Stern noch auf die Menge aller Sterne, sondern auf eine ausgewählte Gruppe von Sternen. Die Plejaden als Sternengruppe haben die Eigenschaft Ausdehnung mit dem Wert 700 Kubiklichtjahre, der natürlich nicht von anderen Sternen oder Sternengruppen geteilt wird.

In ähnlicher Weise entsteht durch die Zusammenfassung mehrerer Schiffe ein bestimmter Konvoi, dem die Eigenschaften eines „Konvoi-Ganzen" (von Schiffen) zukommen. Der durchschnittliche Kraftstoffverbrauch des Konvois oder die Gesamttonnage sind keine Eigenschaften einzelner Schiffe, sondern Eigenschaften der Summe aller Schiffe in genau diesem Konvoi.

Durch eine Komposition gebildete Ganzheiten sind keine abstrakten Gegenstände wie beispielsweise Mengen oder Klassen, sondern Gegenstände der gleichen Sprachebene wie ihre Teile. Ein Stern ist nicht *Element* der Menge Plejaden, sondern *Teil* des Ganzen Plejaden und fortgesetzt Teil aller weiter aggregierten Sternengruppen (da die Element-Beziehung $\in$ nicht transitiv ist, kann ein bestimmter Stern auch nicht *Element* aggregierter Sternengruppen sein, vgl. [Weingartner81]).

Ganzheiten oder Aggregate der beschriebenen Art entstehen nicht durch invariantes Sprechen über Eigenschaften ihrer Elemente, sondern durch die Verbindung einzelner Teile zu einem Ganzen aufgrund einer bestimmten Dependenz zwischen den Teilen im Rahmen des Ganzen. Da diese Zusammenfassung zu einem Ganzen nicht aufgrund der Ähnlichkeit der Teile, sondern aufgrund einer Dependenz zwischen ihnen erfolgt, können sowohl ähnliche als auch unähnliche Teile zu einem Ganzen verbunden werden - etwa mehrere Sterne zu einem Sternenhaufen oder ein Motor, ein Getriebe und eine Karosserie zu einem Auto.

Dependenz ($\leftrightarrow$) ist zunächst als zweistellige Beziehung mit den Merkmalen Reflexivität und Transitivität einzuführen:

- *Reflexivität:* $\forall x\, (x \leftrightarrow x)$ (3.1-5)
- *Transitivität:* $(x \leftrightarrow y \wedge y \leftrightarrow z \rightarrow x \leftrightarrow z)$

Wie bei der Äquivalenz ist auch bei der Dependenzrelation eine Präzisierung hinsichtlich des die Dependenz bestimmenden Merkmals möglich. Eine Aussage wie »Person x ist abhängig von Person y« wäre beispielsweise zu präzisieren zu »Eine Person x ist abhängig von einer Person y *bezüglich ihrer Solvenz*«. Eine Person x ist nur solvent, wenn auch Person y solvent ist, d.h. eine Eigenschaft eines Gegenstands x wird durch Eigenschaften eines anderen Gegenstands bedingt oder mitbestimmt. Gemäß der transitiven Eigenschaft der Dependenzrelation kann aus der finanziellen Abhängigkeit einer Person x von einer Person y und von y zu z auf die finanzielle Abhängigkeit der Person x von der Person z geschlossen werden [Simons87:255ff].

Im Rahmen einer Komposition von Gegenständen ist die Dependenz zwischen den Teilen zu unterscheiden von der Dependenz zwischen den Teilen und dem Ganzen. Abhängigkeit zwischen Teilen ist als eine mindestens vierstellige Beziehung der Form »Teil t_1 ist abhängig von Teil t_2 bezüglich des Merkmals m im Ganzen g« anzugeben, die Abhängigkeit zwischen Teilen und Ganzen kann durch die dreistellige Beziehung »Das Ganze g ist abhängig von Teil t bezüglich des Merkmals m« ausgedrückt werden. Dabei sind folgende drei Unterscheidungen zu der Art der Abhängigkeit notwendig:

- *Existenz $\Leftrightarrow$ Funktion*
  Existenzabhängigkeit eines Gegenstands x von einem Gegenstand y bedeutet, daß aus der Existenz von Gegenstand x die Existenz von y folgt. Funktionale Abhängigkeit eines Gegenstands x von einem Gegenstand y meint, daß ein Gegenstand x die Eigenschaft E_1 nur besitzen kann, wenn Gegenstand y die Eigenschaft E_2 besitzt.

- *Einseitig $\Leftrightarrow$ Wechselseitig*
  Einseitige Abhängigkeit eines Gegenstands x von einem Gegenstand y besteht, wenn y eine Eigenschaft oder die Existenz von x bestimmt. Bei wechselseitiger Abhängigkeit gilt diese gegenseitig, d.h. x bestimmt y und umgekehrt.

- *Teil/Teil $\Leftrightarrow$ Teil/Ganzes*
  In Teil/Ganze-Beziehungen sind die möglichen Abhängigkeiten zwischen den Eigenschaften von Teilen zu unterscheiden von der Abhängigkeit der Eigenschaften zwischen den Teilen und dem Ganzen.

Falls lediglich bestimmte Eigenschaften eines Gegenstands im Anwendungskontext relevant sind, können funktionale Abhängigkeiten auch oft zur Festlegung von Existenzabhängigkeiten führen. Verliert beispielsweise eine Ehefrau durch Tod ihren Ehepartner, so kann diese wechselseitige funktionale Abhängigkeit zwischen zwei Personen bezüglich des Familienstands in einer Anwendung neben der Löschung eines diese Ehe repräsentierenden Beziehungsobjekts auch zur Löschung des die Ehefrau repräsentierenden Objekts führen, sofern in einer Anwendung eben nur ledige, verheiratete oder geschiedene, nicht aber verwitwete Personen von Interesse sind (vgl. *notional dependence*, [Simons87:297]).

Für die formale Beschreibung von Teil/Ganze-Beziehungen wurden eine Reihe von Logiken entwickelt (vgl. etwa [Rescher55; Roosen-Runge66; Bunge77:26ff; Burge77; Lewis91]). Die Mengenlehre, bzw. die Russellsche Klassen- oder Typenlogik, eignet sich für die formale Beschreibung aggregativer Beziehungen nicht, da in der Typenlogik eine Menge oder Klasse als eine Abstraktion ihrer Elemente, d.h. als ein abstraktes Objekt betrachtet wird [Quine78]. Eine Menge oder ein Mengenobjekt entsteht durch Abstraktion aufgrund einer Aussage bezüglich eines gemeinsamen Merkmals der Elemente, die diese Menge bilden. Ein solches Mengenobjekt gehört damit logisch einer anderen Ebene als die eingehenden Elemente an.

Die am weitesten entwickelte und umfassendste Theorie von Teil und Ganzem ist unter der Bezeichnung »Mereologie« bekannt. Die Mereologie wurde von Lesniewski mit formalsprachlichen Mitteln entwickelt und von Leonhard und Goodman - aufbauend auf Arbeiten von Whitehead und Tarski - zu einem geschlossenen axiomatischen, auf der Prädikatenlogik gründenden *Individuenkalkül* ausgebaut. Simons gibt einen umfassenden Überblick der verschiedenen Ansätze mit ihren Weiterentwicklungen und formuliert ein vollständiges axiomatisches System für Teil/Ganze-Beziehungen [Simons87]. Eine ausführliche Darstellung der Mereologie hinsichtlich des objektorientierten Entwurfs ist in [Wedekind92:35ff; Schienmann94a:9ff] zu finden.

Ein Gegenstandsbereich wird in der Mereologie als bereits in Einheiten untergliedert angenommen, wobei zwischen diesen Einheiten dann die Teil/Ganze-Beziehung erklärt wird. Komplexe Objekte oder Aggregate werden in der Mereologie als vom gleichen logischen Typ wie die jeweiligen Teilobjekte aufgefaßt. Ein Ganzes ist definiert als die Fusion oder Summierung einzelner Teile. Aus einzelnen Teilen zusammengesetzte Ganze, genauer die Bezeichner für diese zusammengesetzten Teile, werden in der Mereologie durch eine Kennzeichnung eingeführt:

$$\textit{Kennzeichnung}: \kappa P =_{\text{def}} \iota_x \, \forall_y \, (y \circ x \leftrightarrow \exists_z \, (P(z) \land z \circ y)) \tag{3.1-6}$$

Ein Ganzheit P (gekennzeichnet durch κP) ist definiert als das Objekt ι_x, welches sich mit denjenigen Objekten y überlappt (Symbol: o), die sich mit einem Objekt z, welches die Aussageform P(z) erfüllt, überlappen (zwei Objekte überlappen sich genau dann, wenn sie ein gemeinsames Teil haben). Ein bestimmtes Anwendungsprogramm in einer blockorientierten Programmiersprache ist dasjenige Objekt, welches alle und genau diejenigen Objekte als Teile enthält, welche einige Blöcke dieses Programms als Teile enthalten. Folgende vier Axiome werden von Simons als Grundlage eines axiomatischen Systems für die Beschreibung von Teil/Ganze-Beziehungen (Symbol: <) gewählt [Simons87:37][4]:

- *Irreflexivität/Asymmetrie:* $\quad \forall xy\ (x < y \rightarrow \neg\ (y < x))$ $\hspace{3em}$ (3.1-7)
- *Transitivität:* $\quad \forall xyz\ (x < y \wedge y < z \rightarrow x < z)$
- *Schwache Zusatzregel:* $\quad \forall xy\ (x < y\ \rightarrow \exists z\ (z < y \wedge \neg\ (z\ o\ x)))$
- *Allgemeine Summierungsregel:* $\quad \exists x\ P(x) \rightarrow \exists x\ \forall y\ (y\ o\ x \leftrightarrow \exists z\ (P(z) \wedge y\ o\ z))$

Für echte Teil/Ganze-Beziehungen gilt, daß kein Gegenstand Teil von sich selber ist (1. Axiom). Wenn x Teil eines Objekts y und y Teil eines Objekts z ist, dann ist x auch Teil von z, d.h. ein Objekt ist fortgesetzt Teil aller übergeordneten Ganzen (2. Axiom). Das dritte Axiom gewährleistet, daß ein Ganzes (y) nicht nur aus einem Teil (x) bestehen kann, da zwei Objekte mereologisch identisch sind, wenn sie aus denselben Teilen bestehen. Ein Ganzes y muß neben einem Teil x deshalb noch zumindest ein weiteres - von Teil x verschiedenes - Teil z haben, um wirklich ein von x verschiedenes Ganzes zu sein. Das letzte Axiom sichert die allgemein mögliche Fusion von Teilen zu Ganzen, d.h. jedes Teil kann grundsätzlich mit jedem Teil zusammengefaßt werden, wobei die Existenz des resultierenden Ganzen vorausgesetzt ist.

Die Teil/Ganze-Beziehung ist im Fachentwurf sowohl als eine Beziehung zwischen konkreten Objekten oder Instanzen als auch auf Schemaebene als eine Verbindung zwischen Objekttypen zu behandeln (vgl. dazu [Tsichritzis82:16; Ortner83:85f]). Ein Objekt als Instanz eines Objekttyps AUSLEIHE entsteht beispielsweise aus der Verbindung individueller Instanzen der Objekttypen AUSLEIH-EXEMPLAR und BENUTZER. Ebenso wie aus der Inbeziehungsetzung eines

---

4. Da aufgrund der Axiomatisierung eine Gegenstandsgliederung bereits vorausgesetzt wird, sind mereologisch Abhängigkeiten zwischen Gegenständen nicht mehr beschreibbar. Dies ist insofern bemerkenswert, als die Mereologie von Lesniewski ursprünglich mit Rückgriff auf die Lehren von Twardowski und Husserl als ontologisches System entwickelt wurde, Husserl [Husserl13] sich aber gerade sehr ausführlich mit der Analyse (ontologischer) Abhängigkeiten zwischen Teilen und Ganzen beschäftigt hat. Einschränkungen und offene Fragen hinsichtlich der Eignung der Mereologie für die Anwendungssystementwicklung - etwa die angenommene Transitivität von Teil/Ganze-Beziehungen (vgl. etwa die entgegengesetzten Standpunkte in [Cruse79; Winston87]) - werden in [Schienmann94a] diskutiert.

Ausleihexemplars mit einem Benutzer eine Ausleihe entsteht, lassen sich auf Typebene ein oder mehrere Objekttypen zu einem neuen Objekttyp verbinden. Die Zusammenfassung von Merkmalen zu einem Objekttyp als Ganzes erfolgt unter Bezugnahme und abhängig von der Zusammenfassung von Merkmalen anderer (Teil-)Objekttypen.

Die Komposition der Objekttypen AUSLEIHEXEMPLAR und BENUTZER führt zum Typ AUSLEIHE. Die Konstruktion des Objekttyps AUSLEIHE erfolgt durch Bezugnahme auf die Merkmale von AUSLEIHEXEMPLAR und BENUTZER, die Attribute und Fähigkeiten der Teilobjekttypen werden Teil der Attribute und Fähigkeiten von AUSLEIHE. Objektorientierte Programmiersprachen oder Datenbanksysteme bieten entsprechende Tupel-, Mengen- oder Listenkonstruktoren für die Bildung von Objekttypen aus Teilobjekttypen an (vgl. [Heuer92:401ff;Vossen94:348f]).

Abbildung 3-3 faßt die Beschreibung der Abstraktion und der Komposition noch einmal an einem einfachen Beispiel zusammen.

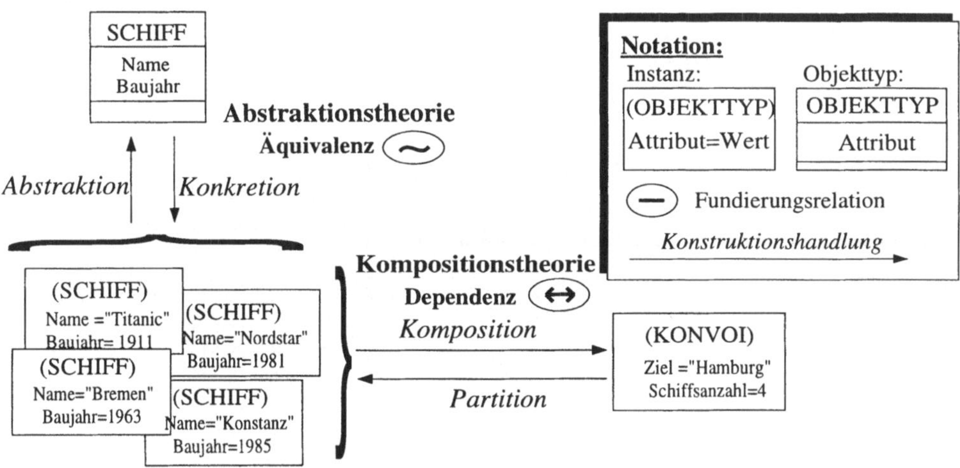

Abb. 3-3: Konstruktionsprinzipien der Anwendungsentwicklung

Komposition und Abstraktion sind *orthogonale* Konstruktionsprinzipien im Fachentwurf. Die Anordnung von Objekten oder Objekttypen in Aggregationshierarchien ist orthogonal zur definierten Typhierarchie dieser Objekte aufzufassen [Kim90:16; Booch94:14]. Die Fundierungsrelation der Abstraktionstheorie ist die Äquivalenz von Gegenständen (~). Die Abstraktion führt zu einem Wechsel der Sprachebene. Abstrakte Rede über SCHIFF wird als invariante Rede über konkrete Schiffe interpretiert.

Die Fundierungsrelation der Kompositionstheorie ist die Dependenz (↔). Die
Komposition führt zu keinem Wechsel der Sprachebene, die Rede über Teile und
Ganze ist vom gleichen logischen Typ. Die zu einem Konvoi zusammengefaßten
Schiffe sind ebenso konkrete Objekte wie die aus ihnen gebildeten Konvois.

Die Ergebnisse des Entwurfsprozesses etwas vorwegnehmend, stellt die Abbildung 3-4 einige auf der Abstraktion und der Komposition basierende Beziehungen
zwischen Objekttypen (Aspekt ② des Spezifikationsrahmens) aus dem Bibliotheksbeispiel dar, um die zentrale Rolle dieser Konstruktionshandlungen für den
Entwurfsprozeß zu verdeutlichen. Die Notation dieser Beziehungen erfolgt in der
Diagrammsprache von *TAOS* (siehe auch Abschnitt 5.2.2 und Abbildung 5-13 zur
ausführlichen Beschreibung der Notation und des gesamten Beispiels).

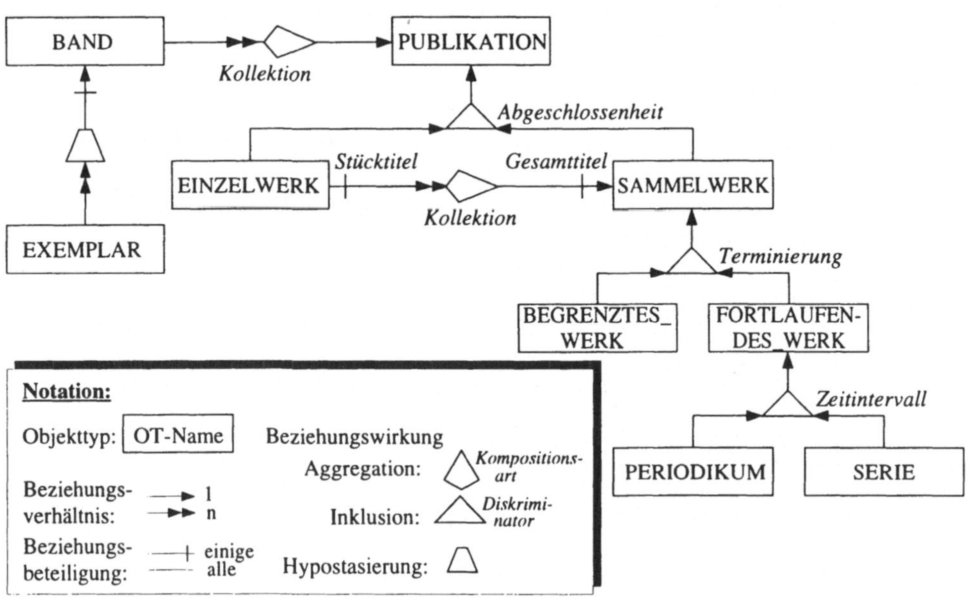

Abb. 3-4: Beispiele für Abstraktions- und Kompositionsbeziehungen

In einer Bibliothek verwaltete Publikationen können in Einzelwerke und Sammelwerke unterschieden werden. Ein Einzelwerk ist eine in sich abgeschlossene Publikation eines Verfassers, welche zur zusammenhängenden Veröffentlichung vorgesehen ist. Demgegenüber fassen Sammelwerke Publikationen mehrerer unterschiedlicher Verfasser zusammen. Fortlaufende, in regelmäßigen zeitlichen
Abständen erscheinende Sammelwerke heißen »Periodikum«, der Terminus
»Serie« bezeichnet demgegenüber unregelmäßig erscheinende fortlaufende Sam-

melwerke. Eine Publikation - ob Sammelwerk oder Einzelwerk - kann in mehreren Bänden als Teilpublikationen erscheinen, wobei von jedem Band wiederum mehrere einzelne Exemplare in der Bibliothek vorhanden sein können.

Eine Instanz des Objekttyps PUBLIKATION oder dessen Subtyps EINZELWERK ist beispielsweise die Publikation mit dem Sachtitel »Logisch-semantische Propädeutik« von E. Tugendhat und U. Wolf. Ein anderes Einzelwerk ist die Publikation mit dem Sachtitel »Metaclasses and Their Application« und dem Titelzusatz »Data Model Tailoring and Database Integration« von W. Klas und M. Schrefl. Dieses Einzelwerk ist als Stücktitel Teil eines Sammelwerks, genauer einer Instanz des Objekttyps SERIE mit dem Gesamttitel »Lecture Notes in Computer Sciene« und den Herausgebern G. Goos, J. Hartmanis und J. van Leeuwen. Ein Sammelwerk bildende Publikationen mit n Einzelwerken werden durch n Instanzen von EINZELWERK in der Rolle der Stücktitel und durch genau eine Instanz eines Subtyps von SAMMELWERK in der Rolle des Gesamttitels repräsentiert.

Die einzelnen Bände eines Einzelwerks oder eines Sammelwerks werden durch Instanzen von BAND repräsentiert. Ein Beispiel für ein in mehreren Bänden erschienenes Einzelwerk ist etwa die Publikation »Semantics« von J. Lyons, welche als »Semantics 1« und »Semantics 2« mit jeweils unterschiedlicher ISBN vorliegt. Demgegenüber sind die genannten Titel »Logisch-semantische Propädeutik« und »Metaclasses and Their Application« nur als einzelner Band erschienen.

Konkrete Bibliotheksexemplare als Ausprägungen dieser Bände werden durch Instanzen von EXEMPLAR repräsentiert. Zur genannten, in einem Band mit der ISBN 3-15-008206-4 erschienenen Publikation »Logisch-semantische Propädeutik« existieren an der UB Konstanz beispielsweise elf ausleihbare Exemplare mit unterschiedlichen Verbuchungsnummern. Die gemeinsamen Eigenschaften dieser Exemplare - die Verfassernamen, der Titel oder die ISBN - werden durch Instanzen von BAND (etwa die ISBN) oder PUBLIKATION (Titel, Verfasser) beschrieben. Die individuellen Eigenschaften der konkreten Exemplare, welche von dieser Publikation in der Bibliothek existieren - etwa ihre unterschiedlichen Signaturen und Verbuchungsnummern - werden durch elf Instanzen von EXEMPLAR (genauer dessen Subtyp AUSLEIHEXEMPLAR) repräsentiert.

Zwischen BAND und EXEMPLAR besteht eine Abstraktionsbeziehung der *Hypostasierung* (vgl. Abbildung 3-5; von Wieringa wird diese Beziehung als *instantiation relationship* bezeichnet [Wieringa95:59f]). Eine Hypostasierung liegt vor, wenn Subtypen eines Objekttyps vergegenständlicht und als Instanzen unter einem anderen Objekttyp im Sinne eines *Metatyps* zusammengefaßt werden. Sie beruht auf einer zweifachen Subsumtion; in diesem Fall von einzelnen Exemplaren zu Bänden als Exemplartypen und von diesen wiederum zum Objekttyp BAND. In diesem

Sinne sind Instanzen von BAND auch Subtypen von EXEMPLAR (Bände werden in Abbildung 3-5 durch ihre Sachtitel - etwa »Logisch-semantische Propädeutik« -, Exemplare durch ihre Signaturen - etwa »lbs203/t93a:a« und »lbs203/t93a:b« - benannt).

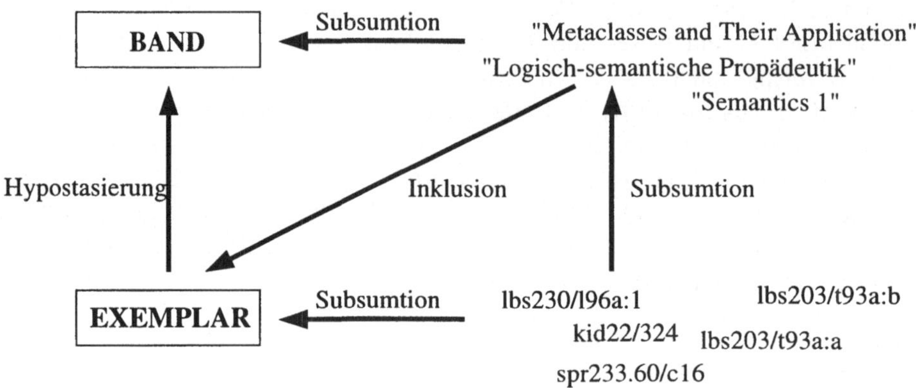

Abb. 3-5: Hypostasierung

3.1.3 Satzbildungsregeln

Das Fachkonzept eines Anwendungssystems soll alle für die folgende Systementwicklung notwendigen Aussagen in ausreichender Präzision enthalten (vgl. [Yeh80; Partsch91:48ff; Davis93:185f]).

> Completeness of a requirements specification demands that there are no 'gaps' in the requirements, i.e. that the requirements specification describes all, and only, the relevant facets of the desired system. [Stokes91:16/6]

Neben *Spezifikationsrahmen* und *Konstruktionsprinzipien* sind *Satzbildungsregeln* die dritte Säule zur Bestimmung der zu spezifizierenden Aspekte einer Anwendung. Satzbildungsregeln (syn. Satzmuster oder Satzbaupläne) geben an, welche fachlichen Aussagen über Sachverhalte eines Anwendungsbereichs in welcher Form festzulegen sind. Satzbaupläne dienen als Konstruktionsmuster zur Zusammensetzung relevanter Fachaussagen aus definierten Fachtermini [Wedekind92:70; Ortner94]. Als Muster stellen sie die Präzision der Aussagen eines Fachkonzepts sicher. Statt »Gute Antwortzeit« kann ein Satzbauplan für eine Aussage zum Zeitverhalten einer Anwendung beispielsweise die Präzisierung zu »Die Antwortzeit von 95% aller Transaktionen soll innerhalb eines halben Jahres nach Systemeinführung unter 1 Sek. liegen« vorschreiben.

Die mit einer solchen Präzisierung von Aussagen häufig verbundene Quantifizierung und Operationalisierung ermöglicht auch eine bessere Verifizierung und Validierung von Spezifikationsergebnissen (vgl. [Pressman92:631ff]).

Um Satzbildungsregeln zu erarbeiten, ist zunächst zu klären, welche Arten von Aussagen gemäß der Einteilung des Spezifikationsrahmens im Fachentwurf relevant sind. Gebrauchssprachliche Aussagen zu einer Bibliotheksverwaltung sind beispielsweise:

- Attribute   *[Eine Publikation hat einen Titel.]*   (3.1-8)

- Beziehungen   *[Ein Einzelwerk ist eine Publikation.]*

- Wandlungen   *[Gesperrte Benutzer sind nach der Zahlung aller Mahngebühren wieder leihberechtigt.]*

- Reihenfolgen   *[In der Katalogisierung werden beschaffte Bücher erst inventarisiert, danach formal und inhaltlich erschlossen, danach als Neuanschaffungen für die Ausleihe bereitgestellt.]*

- Fähigkeiten   *[Ein Benutzer kann ausleihbare Exemplare vormerken.]*

- Interaktionen   *[Nach der Rückgabe eines vorgemerkten Exemplars wird dem Vormerker die Bereitstellung mitgeteilt.]*

Drei Beispiele für Einschränkungen zu Vormerkungen sind:

- Einschränkungen   *[Freie Exemplare können nicht vorgemerkt werden.]*

  [Ein Exemplar kann nicht mehrfach vom selben Benutzer vorgemerkt werden.]

  [Ein ausgeliehenes Exemplar kann nicht vom Ausleiher selber vorgemerkt werden.]

Sieht man von möglichen Flexionen ab, so könnte nach dieser Auflistung als ein mögliches gebrauchssprachliches Satzmuster für die Attribution die Aussageform »Ein ... hat ein ...« bestimmt werden. Für die Behauptung einer Subordinationsbeziehung wäre die Aussageform »Ein ... ist ein ...« festzulegen. Die Bedeutung einer Aussage ergibt sich danach aus der Bedeutung der festgelegten Aussageform und der Bedeutung der eingesetzten Termini. „Die Bedeutung eines Satzes (z.B. »Alle Schwäne sind weiß«) hängt ab von der Bedeutung der Satzform (z.B. »alle...sind...«) *und* der Bedeutung der inhaltlichen Wörter" [Tugendhat89:92].

Entsprechende Satzbaupläne sind für alle im Fachkonzept zu beschreibenden Sachverhalte zu entwickeln. Für die in Abbildung 3-6 auszugsweise dargestellten verschiedenen Arten von Einschränkungen (genauer: Bedingungen; Aspekt ⑦ im Spezifikationsrahmen) sind also Satzmuster festzulegen, die angeben, in welcher Form die jeweilige Einschränkung zu spezifizieren ist.

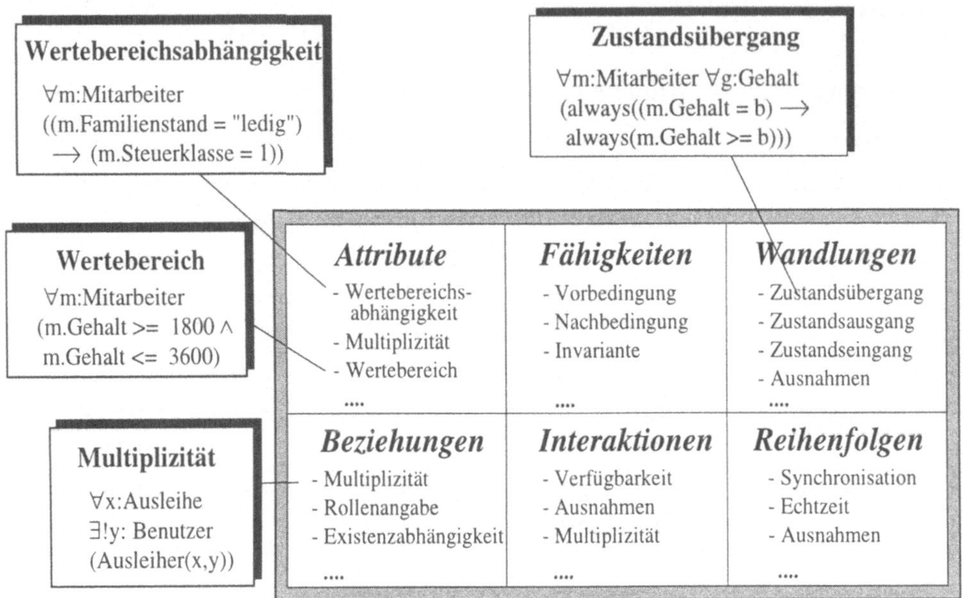

Abb. 3-6: Verschiedene Arten von Einschränkungen

Die dabei gewählte Repräsentationsform, d.h. ob die Satzmuster für prädikatenlogische Ausdrücke oder für umgangsprachliche Aussagen entwickelt werden, ist aus Spezifikationssicht zunächst irrelevant. Obwohl eine Formalisierung häufig eine Präzisierung begünstigt, dürfen Formalisierung und Präzisierung im Sinne einer differenzierteren Spezifikation nicht verwechselt werden (vgl. [Hall90]). Sachverhalte können sowohl natürlichsprachlich als auch in einer formalen Notation präzise oder unpräzise ausgedrückt werden, wie an der unscharfen und der präziseren natürlichsprachlichen Aussage »Die Enzyklopädie ist teuer« und »Die Enzyklopädie kostet 198.- DM« und den prädikatenlogischen Ausdrücken »teuer(Enzyklopädie)« oder »kosten(Enzyklopädie,198,DM)« deutlich wird.

In diesem Buch steht die Entwicklung der Satzmuster für die Normsprache im Vordergrund. Das Festlegen dieser normsprachlichen Satzbaupläne ist vergleichbar mit dem Entwurf der Syntax einer Spezifikations- oder Programmiersprache. Mittels Form- oder Strukturwörtern (Partikeln) - ihre Rolle entspricht Schlüsselwörtern, vordefinierten Ausdrücken oder Konstanten in Programmiersprachen - werden zunächst normsprachliche Aussageformen angegeben. Normsprachliche Aussagen ergeben sich dann durch die Ersetzung der Leerstellen der Aussageformen durch Wörter aus dem Lexikon (vgl. [Lorenzen80:81]).

Im Gegensatz zu Programmiersprachen, welche sich an den Anforderungen der Systementwicklung orientieren und für die effektive und effiziente Implementierung einer Anwendung auf bestimmten Rechnerarchitekturen konzipiert sind, soll die Normsprache zur eindeutigen und verständlichen Kommunikation zwischen allen am Entwurfsprozeß beteiligten Personen dienen. Während eine Programmiersprache deshalb nach Kriterien wie Minimalität oder Orthogonalität der Sprachkonzepte zu beurteilen ist (vgl. etwa die genannten Kriterien für das Sprachendesign in [Horowitz84:35ff]), steht bei der Normsprache die Verständlichkeit, Eindeutigkeit und ausreichende Präzision (Differenzierung) der Aussagen im Vordergrund.

Als ein einfaches Beispiel für diese Bestimmung normsprachlicher Aussagenmuster kann die Aussageform zur *Inklusionsbeziehung* (auch als *Subordination* oder *Hyponymie-Relation* bezeichnet [Lyons63]) zwischen zwei Prädikatoren dienen. Für Inklusionsbeziehungen gilt, daß Gegenstände, welche unter das Hyponym Pr_1 fallen, auch unter das Hyperonym Pr_2 fallen müssen: $\forall x\ (x\ \varepsilon\ Pr_1 \rightarrow x\ \varepsilon\ Pr_2)$. In der Infixnotation lautet die normsprachliche Aussageform für die Inklusion:

- *Inklusion*: Pr_1 (ist_ein | $\sqsubset$) Pr_2 (3.1-9)
  Beispiel: Serie ist_ein Fortlaufendes_Werk *bzw.*
                          Serie $\sqsubset$ Fortlaufendes_Werk

Die Inklusionsbeziehung wird normsprachlich durch das Symbol $\sqsubset$ oder alternativ den Ausdruck »ist_ein« angezeigt - ähnlich wie in der Umgangssprache diese Beziehung üblicherweise durch »ist ein« ausgedrückt wird.

Die Inklusionsbeziehung läßt zunächst offen, ob die Unterordnung im Sinne einer Rollenbeziehung oder im Sinne einer Art/Gattungs-Beziehung zu verstehen ist. Für Art/Gattungs-Beziehungen gilt, daß die Extension des untergeordneten Hyponyms grundsätzlich eine Teilmenge der Extension des Hyperonyms ist. In Rollenbeziehungen sind hingegen die (potentiellen) Extensionen gleich. Weiterhin können sich die aktuellen Extensionen der Rollenprädikatoren durch Migration der Rollen der bezeichneten Gegenstände ändern, für Art/Gattungs-Beziehungen gilt dies offensichtlich nicht [Wieringa95a:72]. Rollenbeziehungen werden durch »ist_Rolle_von« oder durch $\sqsubseteq$ ausgedrückt. Art/Gattungs-Beziehungen sind normsprachlich durch »ist_Art_von« oder $\sqsubseteq$ anzugeben.

- *Art/Gattungs-Beziehung*: Pr_1 (ist_Art_von | $\sqsubseteq$) Pr_2 (3.1-10)
  Beispiel: Sammelwerk ist_Art_von Publikation *bzw.*
                              Sammelwerk $\sqsubseteq$ Publikation

- *Rollenbeziehung*: Pr_2 (ist_Rolle_von | $\sqsubseteq$) Pr_2
  Beispiel: Student ist_Rolle_von Person *bzw.*
                              Student $\sqsubseteq$ Person

Während eine bestimmte Serie als eine Art von Sammelwerk nie ein Periodikum werden kann, können Personen durchaus zunächst in der Rolle als Student und anschließend in der Rolle als Mitarbeiter Bibliotheksbenutzer sein.

Gemäß dem Anwendungsebenenpaar (*application level pairs*) nach dem *Information Resource Dictionary Standard IRDS* [ISO/IEC90] sind neben solchen Aussagen auf Schema- oder Repositoryebene *(IRD-level)* im Fachentwurf auch *singuläre* Aussagen und *generelle* (allgemeine) Aussagen als *partikuläre*, existenzquantifizierte oder *universale*, allquantifizierte Aussagen zu berücksichtigen. Ergebnisse von Szenarien- und Gebrauchsfallanalysen (*use cases* [Jacobson92]) sind beispielsweise im Normalfall eine Menge von singulären oder generellen Aussagen auf Anwendungsebene (*application level*). Erst durch Abstraktion gelangt man von diesen singulären oder generellen Aussagen zu den für die Schemaentwicklung eigentlich interessanten Aussagen auf Repository-Ebene. Entsprechend diesem Wechsel von Intensions-/Extensionspaaren müssen Aussagenmuster sowohl die Beschreibung der Ausprägungsebene als auch die Beschreibung der Schemaebene erlauben.

Ein Beispiel für ein solches Aussagenpaar sind die beiden umgangssprachlichen Aussagen »lbs234/22 ist ausleihbar« und »Ein Exemplar hat einen Ausleihstatus«. Die erste Aussage beschreibt den Sachverhalt, daß ein mit »lbs234/22« benanntes Exemplar ausleihbar ist. Der durch diese Aussage dargestellte Sachverhalt ist eine konkrete Ausprägung des durch die zweite Aussage beschriebenen Sachverhalts, daß Exemplare einen Ausleihstatus besitzen. Normsprachlich wäre die erste Aussage durch »lbs234/22 σ ausleihbar« mit der Teilungskopula σ für das Zusprechen eines Zusatzprädikators im Sinne eines umgangssprachlichen Adjektivs oder Adverbs auszudrücken. Das Satzmuster lautet hier »N σ q«, wobei N für einen Nominator (Eigenname oder Kennzeichnung) und q für einen Zusatzprädikator zur Bezeichnung einer Dingeigenschaft steht. Die zweite Aussage würde normsprachlich hingegen als eine Partizipationsbeziehung zwischen zwei Prädikatoren nach dem Muster »$Pr_1 < Pr_2$« beschrieben, würde also mit »Exemplar« für Pr_1 und »Ausleihstatus « für Pr_2 lauten: »Exemplar $<$ Ausleihstatus« (vgl. Abschnitt 5.2.1).

Entsprechend den am Entwurf beteiligten Personen müssen Aussagen in unterschiedlichen Repräsentationssprachen darstellbar sein. Im folgenden Abschnitt sollen deshalb die für den Fachentwurf geeigneten und notwendigen Repräsentationssprachen untersucht werden. Vorher gilt es noch darauf hinzuweisen, daß die in diesem Abschnitt eingeführten Lösungskonzepte - Spezifikationsrahmen, Konstruktionsprinzipien und Satzbildungsregeln - natürlich nur einen methodischen Rahmen zur Sicherstellung der Vollständigkeit und der Präzision einer Spezifikation bieten können. Die grundsätzliche Problematik, zu bestimmen, wann ein ausreichendes Problemverständnis erreicht und eine Spezifikation vollständig ist, kann den Verantwortlichen methodisch nicht abgenommen werden, da Umfang und Vollständigkeit immer in bezug zur erreichten Stabilität der Aussagen und ihrer Bewertung durch die beteiligten Personen gesehen werden muß.

> The notion of 'completeness' of a requirement specification is problematic. There is no analytic procedure for determining when the users have told the developers everything that they need to know in order to produce the system required. This is true both because there is no easy way of telling what are all the functions that the system is expected to do, and because there is no simple way of determining when the requirements contain enough information to overcome the difference in experience and education between the users and the development team. [McDermid91a:II/3]

3.2 Repräsentation

Repräsentationssprachen umfassen allgemein eine Menge von Repräsentationskonstrukten zusammen mit Vorschriften für die korrekte Anordnung von Repräsentationsstrukturen als Ausprägungen dieser Konstrukte und Angaben, wie die Merkmale dieser Strukturen hinsichtlich der Eigenschaften des repräsentierten Bereichs zu interpretieren sind (Wahrheitswerte, Modelle) [Brachman85a:xiii; Reimer91:9f].

3.2.1 Formalisierungsgrad und Darstellungsart

Häufig wird die Ansicht vertreten, daß im Fachentwurf die frühzeitige Verwendung einer formalen Sprache - gemeint ist damit meist ein in seiner Syntax und seiner Semantik durch formal-logische Kalküle oder Funktionen festgelegter Repräsentationsformalismus - als Problembeschreibungs- oder Objektsprache notwendig ist, um die inhärenten Vagheiten und Mehrdeutigkeiten der Umgangssprache zu vermeiden. Zur eindeutigen und widerspruchsfreien Beschreibung von Anwendungen wurden deshalb eine Vielzahl unterschiedlicher formaler Spezifikationssprachen - etwa modellbasierte Sprachen wie *Z* und *VDM* oder algebraische Sprachen wie *LOTOS* - entwickelt (vgl. etwa [Fraser94:79]). Als objektorientierte Spezifikationssprachen mit einer formalen, ableitbaren Syntax und einer formalen Semantik wären etwa *Object-Z* [Duke94], *Troll* [Saake93] oder *LCM (Conceptual Modeling Language)* [Feenstra93] zu nennen.

Dieser Forderung nach dem Einsatz formaler Spezifikationssprachen ist soweit zuzustimmen, als *Resultate* des fachlichen Entwurfs mit formalen, eindeutigen und für den Systementwickler (unmiß-)verständlichen Ausdrucksmitteln spezifiziert sein sollten. Vor allem bei der Entwicklung sicherheitskritischer Systeme können durch eine frühzeitige Formalisierung unterschiedliche Interpretationen von Aussagen oder Inkonsistenzen aufgedeckt und eine automatische Code- und Testfallgenerierung ermöglicht werden (vgl. [Meyer85; Barroca92]).

Empfehlungen für einen frühzeitigen Einsatz formaler Sprachen dürfen allerdings nicht verkennen, daß die Festlegung der Semantik dieser formalen Sprachen auf einer Metaebene letztlich doch wieder umgangssprachlich erfolgt [Janich74:48]. Damit wird auf metasprachlicher Ebene jenes Verständnis von zu formalisierenden Sachverhalten bereits vorausgesetzt, um deren Festlegung es auf objektsprachlicher Ebene zunächst geht. Mit formalen, auf dieser Interpretationssemantik beruhenden Sprachen läßt sich deshalb nur die Korrektheit formaler Ableitungen innerhalb der Sprache selber eindeutig entscheiden. Die Herstellung eines eindeutigen und gemeinsamen Verständnisses von Aussagen zu Sachverhalten eines Anwendungsbereichs auf objektsprachlicher Ebene ist damit jedoch nicht möglich [Luft81; Luft82] (vgl. dazu auch die Forderungen Naurs [Naur92:468f]).

Eine Formalisierung von Entwicklungsergebnissen kann sinnvoll nur in einem entsprechenden Klärungs- und Verstehensprozeß - d.h. in einer gemeinsamen kommunikativen Praxis - durchgeführt werden. Diese Klärung wird aber nicht dadurch unterstützt, daß Aussagen frühzeitig von einer den Beteiligten verständlichen Sprache in eine ihnen weniger geläufige und unverständliche Sprache übersetzt werden [Partsch91:19; Blum93:228]. Unbestritten bleibt zwar, daß die mit einer Formalisierung häufig verbundene strukturelle Präzisierung von Aussagen zu neuen Einsichten in Zusammenhänge des Anwendungsbereichs führen kann und so erst eine vollständige und widerspruchsfreie Spezifikation möglich wird [Wordsworth92:4] (vgl. die Diskussion zu formalen Methoden in [Saiedian96] und die Erwiderung Halls zu Kritiken bezüglich des Einsatzes formaler Methoden [Hall90]).

Allerdings kann anfänglich fragmentiertes, unvollständiges und widersprüchliches terminologisches Wissen erst als Ergebnis des Entwurfsprozesses und einer dabei durchgeführten Konsensbildung mit einer Klärung und Präzisierung der Fachtermini konsistent und formalisiert repräsentiert werden (vgl. [Balzer78; Fraser94]).

In diesem Klärungsprozeß ist der Einsatz semiformaler, präformaler oder informeller Sprachen schon allein deshalb notwendig, um bei umfangreichen Aufgabenstellungen nicht in jedem Entwicklungsschritt der Verpflichtung einer vollständigen Formalisierung nachkommen zu müssen und damit auch der Gefahr einer Über- oder Unterspezifikation zu unterliegen [Ludewig93; Jarke93:106]. Dies umso mehr, als semiformale grafische Sprachen wie Datenflußdiagramme, Transitionsgraphen oder Entity-Relationship-Diagramme im Gegensatz zu formalen Sprachen sehr gute Strukturierungsmöglichkeiten bieten und Zusammenhänge zwischen den Entwicklungsergebnissen besser veranschaulichen [McDermid91a].

Diese Sprachen sind semiformal, da entweder nicht alle Repräsentationskonstrukte in ihrer Bedeutung eindeutig festgelegt sind oder aber Repräsentationen in diesen Sprachen häufig noch informelle Annotationen enthalten. Mit dem Ziel, die Vorteile formaler und semiformaler Sprachen zu verbinden, beschäftigen sich eine Reihe sehr interessanter Arbeiten mit der Formalisierung semiformaler Sprachen und der Integration dieser unterschiedlichen Sprachwelten [Hagelstein88; Semmens92].

Neben formalen und semiformalen Sprachen sind auch nicht formalisierte Beschreibungsmittel - etwa Texte, Audio oder Video oder multimediale Formen der Repräsentation - im Fachentwurf zumindest im Sinne von *Erläuterungssprachen* unverzichtbar. Bereits Frege hat darauf hingewiesen, daß gebrauchssprachliche Erläuterungen notwendig sind, „wenn es um ein vorläufiges Verständnis dessen geht, was man meint, oder auch, wenn man mit der Präzisierungsarbeit beginnt" [Gabriel72:36]. Ihre ausschließliche Verwendung ist wegen der schon genannten Nachteile (Inkonsistenz, Mehrdeutigkeit, Vagheit usw.) sicherlich nicht empfehlenswert [Ramamoorthy84; Spillner94].

Aufgrund ihrer Ausdrucksmächtigkeit und wegen ihrer Verständlichkeit sind informelle Beschreibungsmittel jedoch häufig das einzige Mittel für die Kommunikation mit dem Benutzer, d.h. für die Erhebung der Anforderungen und für die Vermittlung und Validierung der Spezifikationsergebnisse [Fickas88:38; Stokes91:16/4]. Ein Beispiel für eine informelle grafische Darstellungstechnik sind die von Checkland in der *Soft Systems Methodology (SSM)* eingeführten *Rich Pictures*, welche sich gut für die frühen Phasen des Entwurfsprozesses eignen [Checkland81; Checkland90:45ff; Patching90:53ff].

Zusammenfassend läßt sich feststellen, daß die Heterogenität der am Fachentwurf beteiligten Personen in ihren unterschiedlichen Rollen und die Verschiedenheit der durchzuführenden Aufgaben von der Aussagensammlung bis zur Verifikation und Validierung der Entwurfsergebnisse den Einsatz vielfältiger, den jeweiligen Personen und Entwurfsphasen angepaßter Repräsentationssprachen mit unterschiedlichem Formalisierungsgrad (präformal, semiformal, formal) und unterschiedlichen Darstellungsarten (textuell, grafisch, tabellarisch) erfordern. Erst die Verbindung dieser unterschiedlichen Sprachen im Fachentwurf kann den teilweise miteinander inkompatiblen Anforderungen an Ausdrucksstärke, Verständlichkeit, Eindeutigkeit, Strukturiertheit und Minimalität der gewählten Repräsentationen gerecht werden [Olle91:263ff; Stokes91:16/11].

Die mit einer Formalisierung verbundene Entkontextualisierrung der Entwicklungsergebnisse - der fortschreitende Kontextverlust ist beispielsweise nach den von Fillmore in [Fillmore68; Fillmore87] genannten Arten der Indexikalität (personale, lokale, temporale, diskursive und soziale Deixis) zu charakterisieren - kann sinnvoll erst auf der Grundlage eines fachsprachlichen Klärungsprozesses durchgeführt werden. Ein Beispiel dafür, wie Sachverhalte in verschiedenen Formalisierungsgraden und Darstellungsarten beschrieben werden können, zeigt Abbildung 3-7.

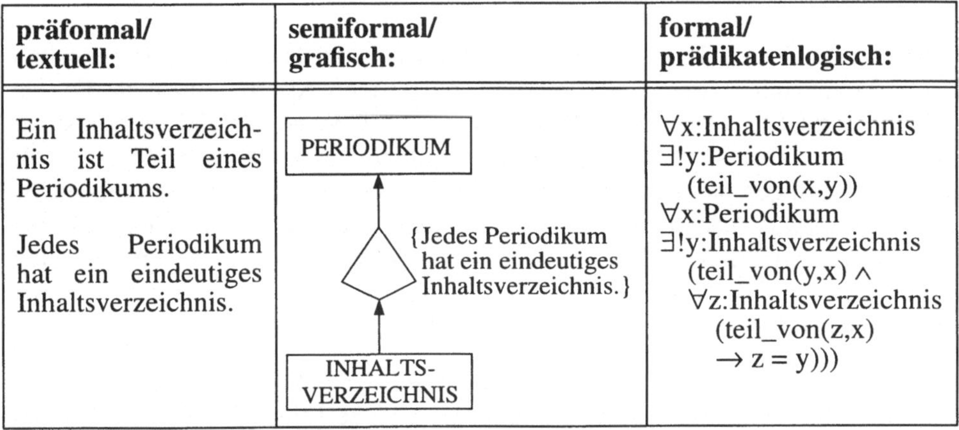

präformal/ textuell:	**semiformal/ grafisch:**	**formal/ prädikatenlogisch:**
Ein Inhaltsverzeichnis ist Teil eines Periodikums. Jedes Periodikum hat ein eindeutiges Inhaltsverzeichnis.		$\forall$x:Inhaltsverzeichnis $\exists$!y:Periodikum (teil_von(x,y)) $\forall$x:Periodikum $\exists$!y:Inhaltsverzeichnis (teil_von(y,x) $\wedge$ $\forall$z:Inhaltsverzeichnis (teil_von(z,x) $\rightarrow$ z = y)))

Abb. 3-7: Unterschiedliche Formalisierungsgrade und Darstellungsarten

3.2.2 Sprachenhierarchie - Normsprache

Ein mehrsprachiger Ansatz im Fachentwurf vermeidet, daß Personen von der Systementwicklung ausgeschlossen werden, weil ihnen eine bestimmte Notation fremd ist oder sie diese nicht ausreichend beherrschen. Um die Probleme gängiger Transformationsansätze bezüglich der Kontrolle von Entwurfsmodifikationen und dem Auftreten von Inkonsistenzen zwischen unterschiedlichen Repräsentationen zu vermeiden, soll eine *Normsprache* als zentrale Instanz zur Rekonstruktion aller Entwicklungsergebnisse im Fachentwurf eingeführt werden.

Anstelle des von Lorenzen zur Bezeichnung einer solchen Sprache eingeführten Terminus »Orthosprache« (*orthos*, griech. richtig) [Lorenzen73; Lorenzen87:22] wird in diesem Buch der Terminus »Normsprache« verwendet, um nicht den falschen Eindruck zu erwecken, die *einzig richtige* Sprache zu konstruieren. Dieser Anspruch müßte grundsätzlich daran scheitern, daß Gegenstandskategorien als rational begründete Konstruktionen einer bestimmten, sich im Sprachhandeln ergebenden Weltsicht aufzufassen sind [Schneider75:112; Mittelstraß89:316] und deshalb durchaus unterschiedliche, rational begründete Gegenstandseinteilungen und damit auch verschiedene Unterscheidungen von Wortarten und Aussageformen möglich sind ([Mittelstraß74:154ff]; vgl. dazu die Abschnitte 3.4, 4.1.2 und 4.3.1).

Die Normsprache soll „als Modellsprache zur Kritik und zur Reorganisation der Umgangssprache verwendet werden können" [Janich74:45]. Unbestimmtheiten und Vagheiten von Aussagen werden durch die explizite (inhaltliche) Normierung des erlaubten Wortschatzes in einem Lexikon und durch festgelegte Regeln für die Bildung (formal) korrekter Sätze in einer Grammatik vermieden. Die Normsprache ist als die um umgangssprachliche Defekte bereinigte Fachsprache eines Anwendungsbereichs aufzufassen, d.h. als eine konstruktiv aufgebaute *Logiksprache*, in der jedes Wort zirkelfrei und ausdrücklich in seiner Verwendung definiert ist [Janich74:43ff]. Logik wird hier allerdings nicht nur in einem eingeschränkten Sinn als die Lehre vom richtigen Schließen, sondern umfassend als Lehre von *Begriff*, *Urteil* und *Schluß* aufgefaßt (vgl. [Tugendhat89:11ff]).

Liegt eine solche disambiguierte Normsprache vor, so wird gefordert, daß sich prinzipiell jede in einer anderen Entwurfssprache oder Diagrammtechnik formulierte Aussage normsprachlich rekonstruieren lassen muß. Ebenso erfolgen Übersetzungen oder Transformationen von einer Entwurfssprache in eine andere nicht direkt, sondern über den Zwischenschritt einer normsprachlichen Rekonstruktion [Lorenzen87:53]. Abbildung 3-8 auf der folgenden Seite verdeutlicht diese zentrale Funktion der Normsprache im Zusammenhang mit anderen im Fachentwurf einzusetzenden Repräsentationssprachen.

Für die Kommunikation mit dem Anwender und Fachexperten, d.h. für die Erhebung des Fachwissens und die Validierung der Entwurfsergebnisse, ist die *Gebrauchssprache* des jeweiligen Anwendungsbereichs in der Funktion als Erläuterungssprache im Fachentwurf unverzichtbar. Die Unterscheidung zwischen einem Lexikon und einer Grammatik ließe sich zwar auch auf der Ebene der jeweiligen Gebrauchssprache treffen. Für diese läßt sich aber weder eine vollständige Grammatik angeben, noch dürfte zu Beginn einer Anwendungsentwicklung ein explizites, ausreichend präzises Verzeichnis aller Fachbegriffe eines Anwendungsbereichs vorliegen.

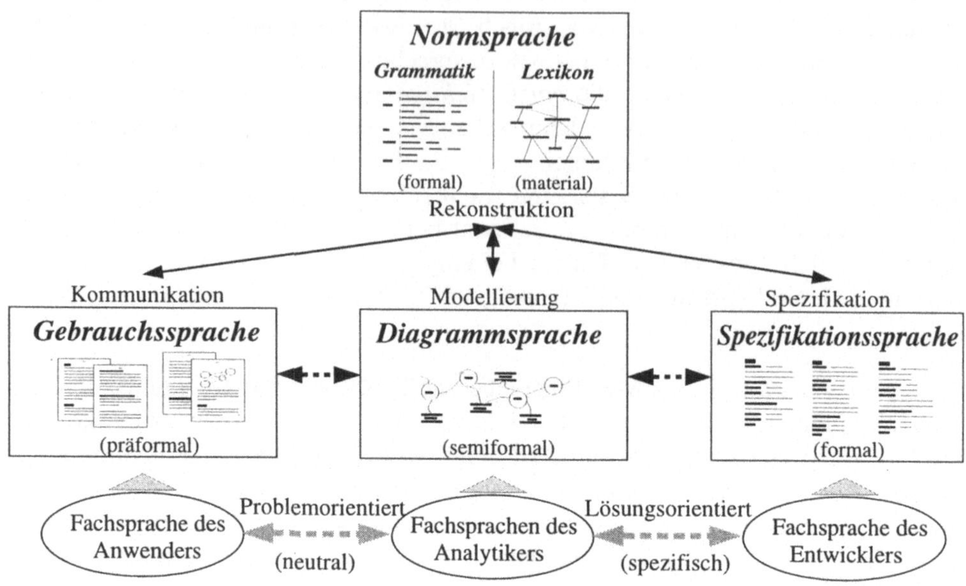

Abb. 3-8: Sprachen im Fachentwurf

Der Einsatz von *Diagrammsprachen* ist sinnvoll zur strukturierten Darstellung und damit zur Veranschaulichung von Entwurfsergebnissen. Eine wachsende Bedeutung erhalten objektorientierte, formale *Spezifikationssprachen*. Auch wenn für viele Anwendungen der Einsatz semiformaler Diagrammsprachen sicherlich ausreichend sein dürfte, können deren mangelnde Ausdrucksmächtigkeit oder höhere Qualitätsansprüche und Sicherheitsanforderungen eine zumindest teilweise Spezifikation des Fachkonzepts in Sprachen wie *Object-Z* oder *Troll* erforderlich machen. Sicherlich ist die vollständige Formalisierung umfangreicher Aufgabenstellungen ohne Zwischenschritte zur Zeit kaum praktikabel. Der folgenden Feststellung von Cook kann aber nur zugestimmt werden: „We do not believe formal specification should be applied everywhere in every case but we think it is a useful technique that every designer should have available" [Cook94:20].

Die herausgehobene Rolle der Normsprache in diesem mehrsprachigen Ansatz ergibt sich aus ihrer Rekonstruktions- und ihrer Konsolidierungsfunktion im Fachentwurf. Ihre Funktion ist vergleichbar mit der Rolle von *Zwischensprachen* (*Interlanguage*) in Übersetzungsprogrammen oder mit der von Schnelle beschriebenen *Standardsprache* [Schnelle73:79ff]. Schnelle beschreibt die Idee der Einführung einer Standardsprache folgendermaßen:

> Wie wir festgestellt haben, soll die Standardsprache von der Gemeinsprache
> nicht grundsätzlich in ihren Wörtern und Konstruktionen abweichen, sondern
> nur soweit, als dies zur Beseitigung von Mehrdeutigkeiten und Vagheiten,
> sowohl des Vokabulars als auch der Kombination der Wörter, notwendig ist.
> Die Standardsprache schränkt dadurch in gewisser Weise die kontextabhän-
> gige und von anderen Zwecken als denen der Darstellung bestimmte Variabi-
> lität der Gemeinsprache ein, ebenso wie deren Eleganz im Hinblick auf
> einfachere schematische Beherrschbarkeit. [Schnelle73:93]

Die Wörter der Standardsprache oder Normsprache unterscheiden sich von Wörtern der Umgangssprache dadurch, daß sie nicht erst in einem bestimmten Anwendungskontext eine bestimmte Bedeutung annehmen, sondern als Terminologie
eines Gegenstandsbereichs für stets dieselbe Verwendung vorgesehen sind
[Kamlah73:68].

Die Normierung stellt sicher, daß Aussagen unabhängig vom konkreten Handlungsvollzug für alle am Entwurfsprozeß Beteiligten unmißverständlich formuliert
sind, wobei das Auseinanderfallen von Syntax und Semantik in einer solchen normierten Sprache eben immer nur für begrenzte Anwendungsbereiche zu vermeiden
ist (vgl. die Ausführungen von Schneider in [Schneider92:502]). Durch die Normierung werden mögliche Mißverständnisse aufgrund unterschiedlicher Wortverwendungsweisen auf ein Minimum reduziert und die prinzipielle Beurteilungsmöglichkeit jeder Aussage ermöglicht [Hartmann90:10; Schneider92: 478]. Normsprachliche Aussagen beschreiben auch außerhalb ihrer Einbettung in Handlungs-
vollzüge in ihrer Darstellungsfunktion Sachverhalte des Anwendungsbereichs
eindeutig und dienen damit dazu, „den Übergang von 'empraktischem' zu theoreti-
schem Sprechen zu stabilisieren" [Patzig81:25].

Als rationale, nicht-empirische Sprache ist die Normsprache mit anderen Kunst-
sprachen und hier hauptsächlich mit der Prädikatenlogik vergleichbar. Erweiterungen der Prädikatenlogik erster Stufe werden auch häufig für die Spezifikation von
Anwendungssystemen eingesetzt. Während prädikatenlogische Ausdrücke in der
Tradition des logischen Atomismus Russellscher Prägung allerdings weder hinsichtlich der Wortarten noch hinsichtlich der Aussageformen eine Ähnlichkeit mit
der Gebrauchssprache aufweisen, orientiert sich die Normsprache nach den Vorschlägen Lorenzens in ihrem Aufbau bezüglich der Wortarten und der Satzbaupläne an der natürlichen Sprache. Ähnlich wie in der natürlichen Sprache werden
in der Normsprache unterschiedliche Wortarten zur Bezeichnung von Dingen und
Geschehnissen unterschieden. Elementare normsprachliche Ausdrücke können
nicht nur, wie in der Prädikatenlogik, komplexe Subjektbereiche, sondern auch
komplexe Prädikatorenbereiche bilden. Der Satz »Müller entleiht das Exemplar
mit dem Bibliotheksausweis« wäre normsprachlich beispielsweise folgendermaßen zu rekonstruieren:

- *Natürliche Sprache* [Müller leiht das Exemplar mit dem   (3.2.11)
  Bibliotheksausweis aus]
- *Normsprache*   [Müller | π | ausleihen | ι Exemplar |
  mit-Bibliotheksausweis]
- *Satzbauplan*   [N | π | P | ι Q_1 | Q_2^I]

Eine »Müller« benannte Person führt die Handlung »ausleihen« eines Exemplars mittels eines Bibliotheksausweises durch. Als Variable (genauer: Schemabuchstabe) für Eigennamen fungiert N, π symbolisiert die Tatkopula (lies: »tut«). Die Tatkopula zeichnet die Aussage syntaktisch als eine Tataussage aus.

Zur Bezeichnung der Tat selber dient P als Variable für Tatprädikatoren. ι ist der Demonstrator für »dies«; Q_1 und Q_2 stellen Variablen für Dingprädikatoren dar. »mit-Bibliotheksausweis« ist indirektes Objekt zu »entleihen« im Sinne eines durch das Kasusmorphem »mit-« zusammengesetzten Eigenprädikators zur Bezeichnung des für die Handlung erforderlichen Gegenstandes. Lorenzen nennt dies den Mittelfall und wählt ein hochgestelltes »I« - deshalb Q_2^I -, um weitere Fälle (Gebefall, Werkfall) zu unterscheiden [Lorenzen87:47]. Die senkrechten Striche geben die Unterteilung der normsprachlichen Satzglieder wieder. Der Nominator N steht an der *Subjektstelle* S, die Kopula ε an der *Kopulastelle* K, der Prädikator P an der *Prädikatstelle* P, der Dinghauptprädikator Q_1 an der ersten *Objektstelle* O_1 als direktes Objekt, das indirekte Objekt Q_2^I steht an der zweiten Objektstelle. Die normierte Aussage besteht also aus den Satzgliedern [S | K | P | O_1 | O_2] [Hartmann90:23f].

Lorenzen [Lorenzen73; Lorenzen80; Lorenzen87] und - auf seinen Arbeiten aufbauend - Hartmann [Hartmann90] haben die Entwicklung einer Normsprache nur skizziert und jeder Wissenschaft die Erarbeitung und Einführung einer solchen rationalen Kunstsprache mit hinreichend vielen Satzbildungsregeln selbst anheim gestellt [Lorenzen87:53]. Für den Fachentwurf stellt sich deshalb die Aufgabe, eine endliche Menge von Satzbauplänen zu erarbeiten, die als Konstruktionsregeln zur Zusammensetzung relevanter Fachsätze aus den im Lexikon bestimmten Fachtermini genutzt werden können. Bisher unzureichend ausgearbeitet sind insbesondere Satzmuster für die in der Anwendungsentwicklung wichtigen Schemaaussagen zur Darstellung von Sachverhalten über Beziehungen zwischen Prädikatoren oder Fachbegriffen auf der intensionalen Ebene.

Zwei einfache Beispiele für solche Aussagen sind die bereits kurz dargestellte Subordination oder die Kontrarität zwischen Prädikatoren. In einer Bibliotheksanwendung führt die generelle Aussage »$\forall$x (x ε Person $\rightarrow$ x ε Benutzer)« intensional zu einer Subordinationsbeziehung zwischen dem Prädikator »Person« und dem Prädikator »Benutzer«: »Person $\sqsubseteq$ Benutzer«. Die generelle Aussage »$\forall$x (x ε Person

→ x ε' Institution ∧ x ε Institution → x ε' Person)« behauptet eine Kontrarität zwischen Prädikatoren: »Person ╫ Institution« (das normsprachliche Symbol ╫ dient zur Darstellung der Kontrarität). Eine Abstraktion bezüglich synonymer Prädikatoren führt schließlich zu Aussagen über Beziehungen zwischen Fachbegriffen: »PERSON ╫ INSTITUTION« und »PERSON ⊏ BENUTZER« (zur Verdeutlichung wurden die Fachbegriffe hier in Blockschrift notiert).

Durch eine anschließende Paraphrasierung normsprachlicher Aussagen kann eine an die Umgangssprache angenäherte Darstellung von Sachverhalten angestrebt werden. Die Ersetzung des Symbols ⊏ durch die Paraphrase »Eine ... ist ein ... « führt etwa zur Aussage »Eine PERSON ist ein BENUTZER«. Da es sich bei der Subordinationsbeziehung »PERSON ⊏ BENUTZER« im besonderen um eine Art/Gattungs-Beziehung handelt, kann diese Beziehungsaussage auch zur Aussage »PERSON ⊑ BENUTZER« spezialisiert werden. Die Ersetzung von ⊑ durch die gleichbedeutende Phrase »Eine ... ist eine Art von ... « führt zur Aussage »Eine PERSON ist eine Art von BENUTZER«, wobei durch die Flexion der Phrasenwörter eine bessere Lesbarkeit erreicht werden kann.

Aus Sicht der Normsprache ist diese Paraphrasierung allerdings nur ein „Entgegenkommen" gegenüber dem Anwender. Dabei ist sowohl die Zuordnung der entsprechenden Phrasen zu den Symbolen als auch die Wahl der Symbole selber willkürlich (vgl. [Wessel84:177]). Lorenzen selber schlägt beispielsweise für die Prädikation »N ε P« verschiedene Phrasenbildungen oder Lesearten vor (vgl. [Lorenzen87:187]): »N hat die Eigenschaft P«, »P kommt N zu« oder einfach »N ist P« [Kambartel76:123], wobei die Kopula ε eben durch »hat die Eigenschaft«, »kommt ...zu« oder »ist« ersetzt wird. In Kapitel 4 werden bei der Erläuterung der normsprachlichen Ausdrücke und Symbole auch Vorschläge zur ihrer Paraphrasierung durch alternative Ausdrücke durch die Klammerschreibweise »(lies: ...)« gemacht - etwa zum Symbol ε (lies: »ist«), oder zum Symbol ι (lies: »dies«). Bei der Entwicklung der Satzbaupläne wird jedoch die symbolische Schreibweise weitgehend beibehalten und lediglich die Ersetzung von Symbolen wie etwa ⊏ durch gleichbedeutende Zeichenkonstanten wie etwa »ist_ein« beschrieben, da diese die unmißverständlichste und knappste Form der Darstellung von Ausdrükken gewährleistet [Rescher64:174].

Die Paraphrasierung normsprachlicher Aussagen mit der aus Gründen einer besseren Lesbarkeit auch notwendigen Berücksichtigung der Flexion aller enthaltenen Phrasenwörter ist aus Sicht des Fachentwurfs sicherlich wünschenswert und anzustreben. Die Beschreibung dieser Phrasierung würde jedoch durch die dann notwendige Konzentration auf syntaktisch-morphologische Zusammenhänge vom eigentlichen Ziel der Darstellung des Aufbaus einer normierten Sprache wegführen.

Ein Beispiel für diese Übergänge zwischen den im Fachentwurf einzusetzenden Sprachen gibt Abbildung 3-9.

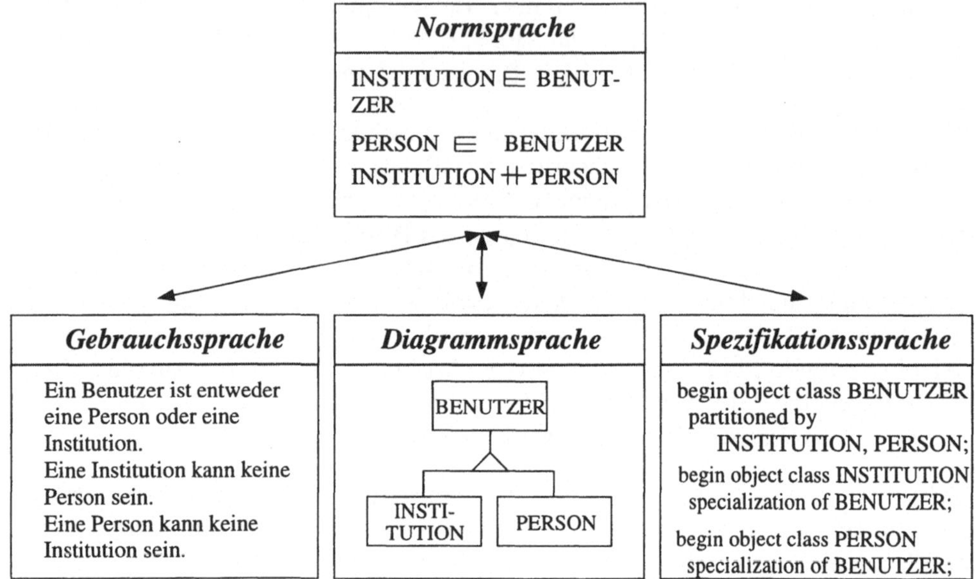

Abb. 3-9: Übergang in andere Sprachen

Gebrauchssprachliche Aussagen zu Art/Gattungs- und Kontraritätsbeziehungen werden rekonstruiert und in eindeutige normsprachliche Repräsentationen überführt. Von der normsprachlichen Darstellung ausgehend, werden die Aussagen weiter in die Repräsentationskonstrukte der verwendeten Diagrammsprache oder Spezifikationssprache transformiert bzw. modifiziert. Als Diagrammsprache wurde hier beispielhaft *OMT* nach [Rumbaugh91] gewählt, als Spezifikationssprache dient die *Conceptual Modeling Language LCM 3.0* von Feenstra und Wieringa [Feenstra93].

Zur Verdeutlichung der Funktion der Normsprache in einem angestrebten mehrsprachigen Konstruktionsansatz für den Fachentwurf werden in diesem Buch neben der Normsprache (alternativ auch *TAOS-N* genannt) auch eine Diagrammsprache (*TAOS-D*) und eine Spezifikationssprache (*TAOS-S*) entwickelt. Die grafische Diagrammsprache basiert auf einer Erweiterung der *Objekttypenmethode (OTM)* von Wedekind und Ortner [Wedekind79; Ortner89] um dynamische und funktionale Beschreibungsaspekte. *TAOS-S* dient als textuelle Spezifikationssprache zur Beschreibung der für den Fachentwurf wesentlichen objektorientierten Konzepte nach dem Spezifikationsrahmen.

Alternativ könnten auch andere Sprachen als Spezifikationssprache (etwa wie in Abbildung 3-9 dargestellt *LCM* oder *Troll* [Saake93]), als Diagrammsprache (etwa *OMT* bzw. die *UML*) oder auch als Normsprache (etwa *Begriffliche Graphen* [Sowa84] oder die *Montagueschen Struktursysteme* [Montague74] mit der Übertragung Dowtys auf die lexikalische Semantik [Dowty79]) gewählt werden. Die Einführung einer neuen Diagrammsprache und einer neuen Spezifikationssprache ist in diesem Buch zum einen darin begründet, daß vorhandene Sprachen einige aus der Sicht des Autors wichtige objektorientierte Konzepte für den Fachentwurf zum gegenwärtigen Zeitpunkt noch nicht unterstützen - etwa unterschiedliche Arten von Aggregationsbeziehungen, die Hypostasierung, Kapselung der Fähigkeiten durch Botschaftsprotokolle -, zum anderen aber auch nicht der Aufteilung des Spezifikationsrahmens bei der Modellbeschreibung folgen. Die Orientierung der Normsprache am Orthosprachenprogramm Lorenzens ergibt sich aus der gegebenen Einbettung in die konstruktivistische Methodologie.

Nachdem die Funktion der einzelnen Sprachen im Fachentwurf geklärt ist, muß bezüglich des Repräsentationsaspekts noch die wichtige Rolle der normsprachlichen Unterscheidung zwischen einer Grammatik und einem Lexikon thematisiert werden. Diese Unterscheidung führt im Fachentwurf zum Ansatz einer materialen Systementwicklung [Ortner94; Ortner95].

3.2.3 Materiale Systementwicklung

Entwurfsergebnisse sollten im Fachentwurf nicht nur auf ihre Korrektheit bezüglich der Einhaltung bestimmter morphologischer und syntaktischer Regeln, sondern auch auf korrekte inhaltliche Zusammenhänge hin untersucht werden können [Ortner95:149f]. Für die Anwendungsentwicklung bedeutet diese Forderung, daß sowohl Mittel für die sprachliche Repräsentation von Gegenständen eines Anwendungsbereichs als auch Regeln für die Bildung korrekter Repräsentationsstrukturen (Satzbaupläne) unter Verwendung dieser Sprachstandards zu entwickeln sind.

Der Idee Ortners liegt die Trennung der Terminologie zur Beschreibung von Sachverhalten in einer Lexikonkomponente von der Beschreibung der Sachverhalte selber zugrunde. Die Terminologie eines Anwendungsbereichs ist nicht nur im Rahmen ihrer Implementierung als exklusiver Teil konkreter Anwendungen zu betrachten, sondern muß als eigenständiger Teil des Entwicklungssystems getrennt von den jeweiligen Anwendungen verwaltet werden. Durchgeführte terminologische Bestimmungen sind so direkt als Grundlage für die Rekonstruktion und Spezifikation eines Anwendungssystems einsetzbar.

Ziel dieses Ansatzes ist die möglichst umfassende und frühzeitige Wieder- und Weiterverwendung von Entwicklungsergebnissen. Wiederverwendbarkeit soll bereits im Fachentwurf durch die Nutzung rekonstruierter Fachbegriffe erreicht werden und sich nicht auf die Phasen Implementierung oder Design im Sinne des Nutzens von Codefragmenten oder Klassenspezifikationen beschränken. Die Bezeichnung *material* für diesen Ansatz in der Systementwicklung deutet auf den inhaltlichen Bezug der Fachtermini zu Gegenständen außerhalb der eingeführten Sprache oder des Anwendungssystems hin. Als Komponenten einer Entwicklungssprache werden nicht nur eine Syntax, sondern auch eine normierte, materiale Terminologie des Anwendungsbereichs für den fachlichen Entwurf eingesetzt, um Anwendungen im Sinne von Sprachwerken zu konstruieren.

Eine elementare Aussage »Müller ε Mitarbeiter« (lies: »Müller ist Mitarbeiter«) mit der Struktur »N ε P« kann beispielsweise inhaltlich durch Austausch des Eigennamens N an der Subjektstelle oder durch Austausch des Prädikators P zur Bezeichnung der zugesprochenen Eigenschaft an der Prädikatstelle verändert werden. Obwohl inhaltlich unterschiedlich, bleibt die Form der Aussagen, d.h. »N ε P« für »Müller ε Mitarbeiter« oder »Meier ε Person«, gleich. Eine Prüfung der Geltung dieser Aussagen kann sich nicht ausschließlich auf Regeln für die Manipulation von Formeln berufen, sondern muß eben auch auf themenbezogene (topische) Daten aus der „Materie" des jeweiligen Gegenstandsbereichs Bezug nehmen (vgl. [Kambartel71:57]). In einem materialen Ansatz wird diese Bezugnahme im Entwicklungssystem durch ein Lexikon hergestellt, in welchem die normierte materiale Terminologie des Anwendungsbereichs verwaltet wird.

Die folgende Feststellung von Lorenzen kennzeichnet treffend die Idee einer materialen Systementwicklung: „Die Wörter werden aus einem Lexikon entnommen und dann nach einer Syntax zusammengesetzt" [Lorenzen80:81]. Erfolgt diese Zusammensetzung nicht nach den mehrdeutigen Regeln empirischer Grammatiken, sondern nach den eindeutigen Regeln der Normsprache, und beziehen sich getroffene Sprachregelungen eben auch auf die in den Sätzen auftretenden Wörter, kann sowohl die syntaktische also auch die semantische Korrektheit und Eindeutigkeit aller fachlichen Aussagen überprüft und gewährleistet werden. Die inhaltliche Korrektheit einer Aussage »Müller ε Person« könnte beispielsweise aus der Korrektheit der Aussagen »Müller ε Mitarbeiter« und »Mitarbeiter ⊑ Person« geschlossen werden.

Abbildung 3-10 auf der folgenden Seite verdeutlich die Idee materialer Systementwicklung und die Funktion der Normsprache. Natürlichsprachliche Aussagen werden nach normsprachlichen Satzmustern rekonstruiert, alle vorkommenden Fachwörter in ihrer Bedeutung festgelegt und in einer terminologischen Komponente (Lexikon) verwaltet. Der eigentliche Entwurf oder die Spezifikation eines Anwendungssystems erfolgt erst nach dieser normsprachlichen Rekonstruktion. Ähnliche Forderungen und erste Ansätze zu einer Kontrolle und Verwaltung der

Terminologie eines Anwendungsbereichs in einem Lexikon für die Nutzung in der Anwendungsentwicklung finden sich bei [Sowa92a] und in den Arbeiten zum *LIKE*-Projekt (*Linguistic Instruments in Knowledge Engineering*) [Buitelaar92] bzw. zum *COLOR-X*-Projekt (*Conceptual Linguistically-based Object-oriented Representation language for Information and Communication Systems*) [Burg94; Burg95]. Ein formaler Rahmen zur Festlegung und Verwaltung solcher Terminologien mit der Vorgabe einer terminologischen Logik ist beispielsweise in der Wissensrepräsentation in der Entwicklung der KL-ONE-Sprachen zu finden [Brachman85a: Woods92]. Ansätze zu einer Terminitheorie finden sich in den Arbeiten von Sinowjew und Wessel [Sinowjew75:375ff; Wessel84:308ff].

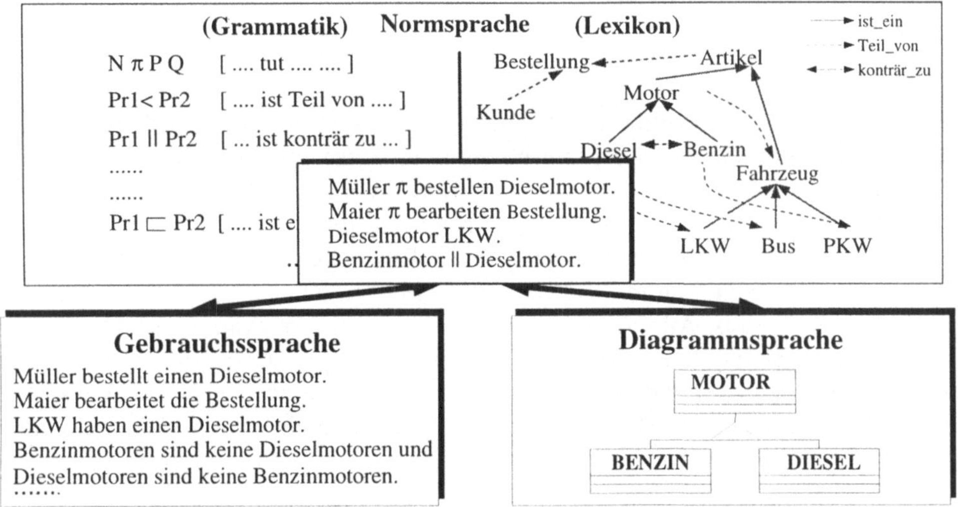

Abb. 3-10: Materiale Systementwicklung

3.3   Geltung

Das Ergebnis des Fachentwurfs soll ein gemeinsames, von allen Beteiligten getragenes Fachkonzept sein. Mehrere Personen in ihren unterschiedlichen Rollen mit unterschiedlichen Sichtweisen und Zielvorstellungen müssen dazu einen Konsens über die zu modellierenden Sachverhalte des Anwendungsbereichs erzielen. Da zu vermittelnde Sachverhalte zunächst in sprachlicher Form auftreten, die Sprache ihrerseits aber die Erkenntnismöglichkeiten absteckt, ist im Rahmen eines Einigungsprozesses ein gemeinsames terminologisches Verständnis herzustellen und zu begründen.

In einem Rekonstruktionsprozeß mit den Schritten Aussagensammlung, Wörterbestimmung und Aussagennormierung sollen alle Anforderungen und Aufgaben bezüglich der einzuführenden Anwendung ermittelt, präzisiert und stabilisiert werden. Verschiedene Sichtweisen und Auffassungen werden schrittweise vereinheitlicht und zu einer gemeinsamen, konsistenten und integrierten Beschreibung der fachlichen Lösung der zu entwickelnden Anwendung zusammengeführt.

3.3.1 Rekonstruktion

Um auf systematische, konstruktive Weise die fachliche Lösung eines Anwendungssystems zu entwickeln, sind im wesentlichen zwei Aufgaben zu lösen: zum einen ist ein *geeigneter Anfang* als Grundlage und Ausgangspunkt erster Entwicklungsschritte festzulegen, zum anderen muß ein *gesichertes Fortschreiten* im Entwurfsprozeß sichergestellt sein.

Als geeigneter Anfang wird die (Sprach-)Praxis des Anwendungsbereichs bestimmt. Die Rekonstruktion beginnt bei empragmatischen Sprachhandlungen, die unmittelbar mit nichtsprachlichem Handeln verbunden sind. Das Herstellen der fachsprachlichen Lösungsbeschreibung erfolgt schrittweise durch Bedeutungsfestsetzung und Normierung auf dem Wege einer Rekonstruktion der Gebrauchssprache aus ihrer Verwendung in informationsverarbeitenden Tätigkeiten des Anwendungsbereichs heraus. Aussagen werden als richtig und relevant betrachtet, wenn sie in einem Diskurs als einem durch Argumentation gekennzeichneten Gespräch die Zustimmung der Beteiligten finden. Das Ergebnis einer solchen Rekonstruktion ist eine normsprachliche, transsubjektiv verständliche und verbindliche Beschreibung der informationsverarbeitenden Theorie eines Anwendungsbereichs.

Die gewählte Vorgehensweise für die sprachliche Rekonstruktion beruht auf der Empfehlung Schneiders, syntaktische Normierungen von Aussagen und semantische Festlegungen der Termini einer Fachsprache in der (Sprach-)Praxis des Gegenstandsbereichs zu gründen [Schneider75]. Die Rekonstruktion beginnt mit der Aussagensammlung, d.h. mit dem Erheben von Aussagen zu den informationsverarbeitenden Tätigkeiten des Anwendungsbereichs. Die so erhaltenen gebrauchssprachlichen Aussagen sind oft mißverständlich, unvollständig und widersprüchlich. Im folgenden Schritt werden deshalb zunächst die den Aussagen zugrundeliegenden Fachbegriffe inhaltlich geklärt und in einem Lexikon verwaltet. Nachdem so die Bedeutung der relevanten Termini festgelegt ist, werden im dritten Schritt die Aussagen nach den Regeln der normsprachlichen Grammatik normiert. Die fortgesetzte Wiederholung dieser drei Schritte ist als approximativer, infiniter Verstehensprozeß im Sinne einer *hermeneutischen Spirale* aufzufassen (vgl. [Lorenzen87:305f]). In diesem Konsensbildungsprozeß werden unterschiedliche Ziele, Interessen und Sichtweisen schrittweise vereinheitlicht und zu einer gemeinsamen Beschreibung des Fachwissens in Form einer normsprachlichen Aussagensammlung geführt (vgl. Abbildung 3-11 und zu den Einflußfaktoren dieser Konsensbildung auch [Habermas68]).

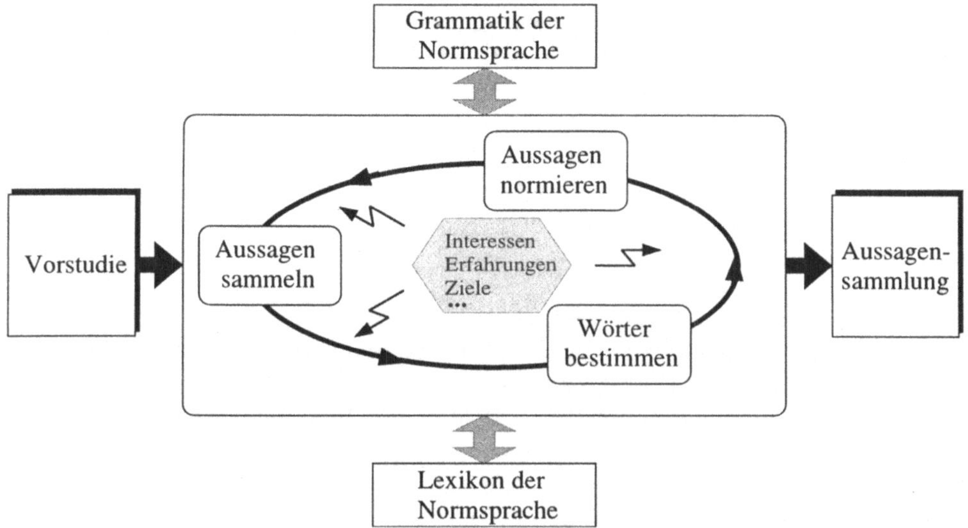

Abb. 3-11: Rekonstruktionsprozeß

Die durch den wechselnden Gegenstand begründete Ausrichtung dieser drei Teilphasen kann zusammenfassend als *pragmatisch-intentional, semantisch-material* und *syntaktisch-formal* charakterisiert werden:

- **Ausssagensammlung.** Die Rekonstruktion ist in der ersten Teilphase *pragmatisch-intentional* ausgerichtet. Gegenstand ist die Rekonstruktion der Regularitäten des zunächst kontextabhängigen Sprachgebrauchs im Anwendungsbereich.

- **Wörterbestimmung.** Die zweite Teilphase dient der *semantisch-materialen* Bestimmung der verwendeten Fachwörter. Ziel ist die vom aktuellen Kontext invariante Klärung und Fixierung der Verwendungsweise von Fachtermini im Anwendungsbereich.

- **Aussagennormierung.** Gegenstand der dritten Teilphase sind *syntaktisch-formale* Standardisierungen. Alle für die Spezifikation relevanten Aussagen sollen in eine Form gebracht werden, die nach den Regeln der normsprachlichen Grammatik detailliert Auskunft über die durch sie dargestellten Sachverhalte gibt.

Wesentlich für den hier vorgeschlagenen Weg ist die Einsicht, daß eine notwendige Formalisierung der Entwicklungsergebnisse bei den sprachlich verfaßten Sachzusammenhängen des Anwendungsbereichs zu beginnen hat und sich deshalb auch zunächst nicht nach den Erfordernissen und Beschreibungskategorien der Systementwicklung, sondern nach den Erfordernissen der jeweiligen Aufgabenträger und deren fachsprachlich begründetem Verständnis des Anwendungsbereichs zu richten hat. Die Formalisierung von Entwicklungsergebnissen ist erst dann sinnvoll, wenn die zu formalisierenden Sachverhalte bereits in einem Konsensbildungsprozeß geklärt wurden. Wie die von Zadeh entwickelte Fuzzy-Theorie zeigt, können in diesem Rekonstruktionsprozeß durchaus auch Aussagen über zunächst vage Sachverhalte für die Anwendungsentwicklung nutzbar gemacht werden, wenn eine Konsensbildung hinsichtlich der notwendigen Quantifizierung vager Eigenschaften erzielt werden kann [Zadeh75].

Das Ziel des Rekonstruktionsprozesses ist es, die mit der Einführung und dem Einsatz eines Anwendungssystems verbundene implizite Setzung von Normen, d.h. dessen konstiuierenden Charakter für einen Anwendungsbereich, frühzeitig auf einer rationalsprachlichen Ebene in einem Begründungszusammenhang mit den Anwendern transparent zu machen. Die mit einer Anwendungsentwicklung verbundene Fragestellung ist nicht, *ob* Normen eingeführt werden sollen, sondern *wann* und durch *wen* diese Normen festzulegen sind und *wie* sie zur Geltung zu bringen sind.

Der inhärent normative Charakter einer Anwendungsentwicklung ist zum einen dadurch gegeben, daß jede Modellbildung selber bereits präskriptiven Charakter hat. Stachowiak stellt in seinem Standardwerk „Allgemeine Modelltheorie" beispielsweise fest: „Durch die Intentionalisierung der Erkenntnis ist diese, auch wo sie sich deskriptiv gibt, bereits normativ präformiert" [Stachowiak73:121]. Zum andern hat jedes Anwendungssystem im Anwendungsbereich insofern eine normative Funktion, als es Gesetzmäßigkeiten des Systemumgangs festlegt, wie Workflow-Systeme oder Beispiele aus dem Business Reengineering deutlich machen.

Durch die normsprachliche Rekonstruktion soll die Aufgabe und Verantwortung der Bedeutungsfestsetzung und Normierung zu implementierender Fachbegriffe nicht in einer späten Entwicklungsphase dem Programmierer übertragen werden, sondern im Fachentwurf von den Beteiligten und Betroffenen gelöst werden. Bevor die mit der Einführung der Anwendung verbundenen Normen in Kraft treten, können sie somit sachlich und logisch begründet und damit institutionell legitimiert werden. In einem positiven Sinne wirken solche Normierungen im Fachentwurf komplexitätsreduzierend, stabilisierend und typisierend. Sie sichern die kontinuierliche Geltung von Symbolsystemen und ermöglichen in Verbindung mit fachsprachlichen Kommunikationsakten die Koordination von Handlungen.

In der Literatur beschriebene Mißerfolge bei der Beteiligung der Benutzer in den frühen Phasen der Anwendungsentwicklung sind oft darauf zurückzuführen, daß von den Benutzern gefordert wurde, die Sprachen der Entwickler zu verstehen. Nicht die Entwickler, sondern die Benutzer sollten die „Sprachbarriere" überwinden und die von den Entwicklern als Darstellungs- und Kommunikationsmittel eingesetzten Modellierungsmethoden erlernen. Da das linguistische Modellmonopol bei den Entwicklern blieb, war jeder Dialog zwischen den Beteiligten zwangsläufig *asymmetrisch* zuungunsten der Benutzer, d.h. die Benutzer mußten sich, um den Dialog aufrechtzuerhalten, in Modellen der Entwickler ausdrücken (vgl. [Bråten73; Pasch94:92f]).

Der normsprachliche Ansatz führt hingegen zu einer *symmetrischen* Dialogsituation, vom Entwickler oder Systemanalytiker wird gefordert, die Terminologie eines Anwendungsbereichs kennenzulernen, vom Benutzer wird die Bereitschaft verlangt, an der Rekonstruktion mitzuwirken, Geltungsansprüche einzulösen und mangelhafte Praxis und Sprachregelungen kritisch neu zu gestalten. Dem Systemanalytiker, als dem für die Ergebnisse des Fachentwurfs letztlich Verantwortlichen, kommt von Anfang an die Rolle eines kritisch bei der Rekonstruktion mitwirkenden Akteurs zu. Nicht das passive Erheben von fachlichen Aussagen (Begriffe wie *elicitation* kennzeichnen diese Sicht [Stokes91:16/3]), sondern die aktive und kritische Funktion als Gestalter und Konstrukteur kennzeichnen die Rolle von *Systemanalytiker* oder *Wissensingenieur* in einem konstruktiven Ansatz. Diese aktive Rolle des „Analytikers" betont ähnlich Fickas (vgl. dazu auch [Graham93:346]):

> In our view, the production of such a specification is not so much a translation process as it is an interactive problem-solving process with both client and analyst involved sup-plying parts to the final product. [Fickas88:38]

Zwar herrscht inzwischen weitgehend Einigkeit, daß effektive und effiziente Anwendungsentwicklung eine Benutzerbeteiligung erfordert. Probleme bereitet aber oft die Frage, wie diese Benutzerbeteiligung zu gewährleisten ist, wie die Kommunikation und Kooperation zwischen allen am Entwicklungsprozeß beteiligten Gruppen mit ihren unterschiedlichen Sichtweisen Prioritäten und Gewichtungen organisatorisch geregelt und mit den gegebenen Anforderungen des Auftraggebers in Einklang gebracht werden kann (vgl. dazu [Finkelstein92; Rauterberg94; Andelfinger95]). Die Einbeziehung unterschiedlichster Interessengruppen hilft zwar, monopolistische Entscheidungen, welche zu einer Akzeptanzminderung der Anwendung führen können, zu vermeiden, erfordert jedoch die Klärung, auf welcher methodologischen Grundlage unterschiedliche Forderungen und Behauptungen zu begründen sind und wie eine Konsensbildung herbeizuführen ist.

3.3.2 Wahrheitstheorien

In einem konstruktiven Ansatz dürfen in diesem Prozeß der schrittweisen Erhebung, Präzisierung und Stabilisierung von Aussagen keine Argumentationslücken bei der Konsensbildung auftreten. Terminologische Fixierungen und Aussagen müssen schrittweise und zirkelfrei *begründet* werden. Verwendet man die Wörter *begründet* und *wahr* synonym [Janich74:85], so sollte eine für den Rekonstruktionsprozeß geeignete Begründungs- oder Wahrheitstheorie sowohl die Frage beantworten, was es bedeutet, eine Aussage zu Sachverhalten eines Anwendungsbereichs sei begründet, als auch eine Methode für diesen Begründungsprozeß anbieten, also sowohl die Frage nach dem Wahrheitsbegriff als auch die nach dem Wahrheitskriterium klären.

Nachfolgend sollen mit der *Korrespondenztheorie*, der *Kohärenztheorie* und der *Konsenstheorie* drei wichtige Wahrheitstheorien auf ihre Eignung für die Anwendungsentwicklung hin untersucht werden. Daneben existieren eine Reihe weiterer Wahrheitstheorien wie die *Redundanztheorie* oder die *pragmatische Wahrheitstheorie* mit unterschiedlichen Wahrheitsbegriffen und Wahrheitskriterien, zusammenfassende Darstellungen dieser unterschiedlichen Theorien sind in [Tugendhat89, 217ff; Skirbekk89; Lafont94] zu finden.

Nach der in den Naturwissenschaften und der Technik aufgrund ihrer kartesischen Tradition vorherrschenden rationalistischen Anschauung [Davis86] sind Aussagen wahr, wenn sie mit der Wirklichkeit übereinstimmen. Nach dieser zumeist auch in der Informatik vertretenen Auffassung gibt es einen von sprachlichen Gegebenheiten unabhängig existierenden und erfahrbaren Gegenstandsbereich, der - zumindest prinzipiell - auch sprachunabhängig zugänglich ist und erschlossen werden kann. In Aussagen referenzieren wir auf real existierende Gegenstände, welche aufgrund ihrer Eigenschaften und ihrer Beziehungen zu anderen Gegenständen gleichermaßen wahrnehmbar und intersubjektiv erfahrbar sind. Die Begründung von Aussagen ergäbe sich gemäß dieser Korrespondenztheorie durch ihre Übereinstimmung mit den Tatsachen des Anwendungsbereichs.

Obwohl die Korrespondenztheorie zunächst sicherlich dem allgemeinen Verständnis des Verhältnisses von Wirklichkeit und Wahrheit entspricht, kann sie letztlich nicht klären, was mit der Übereinstimmung von Aussage und Wirklichkeit genau gemeint ist. Um die Wahrheit oder Falschheit einer Aussage beurteilen zu können, müßte man ja bereits den Bewertungsmaßstab, d.h. die Wirklichkeit kennen. Da aber unklar ist, wie ohne Aussagen Tatsachen über diese Wirklichkeit behauptet werden können, ist auch unklar, wie diese Übereinstimmung von Aussagen und Tatsachen überhaupt widerspruchs- und zirkelfrei zu prüfen wäre (vgl. auch die Kritik zur Übereinstimmungstheorie in [Tugendhat89:223]).

Auf dieses Fehlen eines Wahrheitskriteriums und die Zirkelhaftigkeit der Korrespondenztheorie macht Habermas aufmerksam (vgl. auch [Habermas71:123ff]):

> Wenn wir dem Terminus 'Wirklichkeit' keinen anderen Sinn beilegen können als den, den wir mit Aussagen über Tatsachen verbinden, und die Welt als Inbegriff aller Tatsachen auffassen, dann könnte das Korrespondenzverhältnis zwischen Aussagen und Realität wiederum nur durch Aussagen bestimmt werden. [Habermas73:216]

Einer Begründung von Aussagen auf der Grundlage einer Abbild- oder Korrespondenztheorie steht letzlich die bereits von Kant formulierte Auffassung entgegen, eine objektive Erkenntnis der Wirklichkeit oder des „Dings an sich" sei nicht möglich [Kant90:BII25f]. Was ein Beobachter erkennt, d.h. seine sinnliche Wahrnehmung von Gegenständen, wird durch unterschiedliche individuelle Faktoren wie Erwartungshaltungen, Weltanschauungen, Erfahrungen u.ä. beeinflußt (vgl. [Chalmers89:27f; Flood90:119]). Ein treffendes Beispiel dazu gibt Kuhn: „„...als Aristoteles und Galilei schwingende Steine betrachteten, sah der erste einen gehemmten Fall, der zweite ein Pendel" [Kuhn76:164].

Daß die jeweilige Sprache einen wesentlichen Einfluß - allerdings sicher nicht eine vollständige Determinierung, wie manchmal von sprachphilosophischer Seite behauptet (vgl. etwa [Sukale88:160]) - auf die Erkenntnisfähigkeit des Subjekts ausübt, darauf wurde bereits frühzeitig von Vertretern des sogenannten „linguistic turn" in der Philosophie hingewiesen. Am prägnantesten drückt Wittgenstein die Bedingtheit der Erkenntnisfähigkeit durch die Sprache aus: „*Die Grenzen meiner Sprache* bedeuten die Grenzen meiner Welt" [Wittgenstein80:§5.6].

Die von Wittgenstein zunächst vertretene *Isomorphietheorie*, welche die Übereinstimmung von Wirklichkeit und Aussagen nicht als direkte Abbildung, sondern als Strukturgleichheit, d.h. als umkehrbar eindeutige Beziehung zwischen Aussage und Faktum versteht - „Der Satz ist ein Bild der Wirklichkeit" [Wittgenstein 80:§4.021] und „Das Bild besteht darin, daß sich seine Elemente in bestimmter Art und Weise zueinander verhalten." [Wittgenstein80:§2.14] -, führt allerdings zu ähnlichen Schwierigkeiten wie die Korrespondenztheorie. Auch hier ist unklar, wie Objekte der Wirklichkeit mit Begriffen korrespondieren und wie Aussagen als Bilder der Wirklichkeit zu verstehen sind. In seinen späteren Arbeiten hat Wittgenstein auch die Strukturgleichheit zwischen Sprache und Wirklichkeit bezweifelt und diese spezielle Form der Korrespondenztheorie stark modifiziert und z.T. aufgegeben.

Eine Umformulierung des Wahrheitsbegriffs der Korrespondenztheorie unternimmt Tarski [Tarski35] mit der *Adäquationstheorie*. Tarski ordnet die Begriffe »wahr« und »falsch« einer metasprachlichen Ebene zu und bezieht »Wahrheit«

nicht direkt auf das Verhältnis von Aussage zu Wirklichkeit, sondern auf das Verhältnis einer objektsprachlichen Aussage zu einer metasprachlichen Aussage (vgl. [Tugendhat60]). Eine metasprachliche Aussage »A« ist wahr, wenn A objektsprachlich gilt, sonst falsch: Die Aussage »Der Schnee ist weiß« ist wahr, wenn der Schnee weiß ist. Tarskis Wahrheitsbegriff basiert auf der Unterscheidung zweier Sprachebenen, wobei die Prädikate »wahr« und »falsch« zum Vokabular der Metasprache gehören.

Tarskis Wahrheitsbegriff ist somit zum einen nur für Aussagen in Sprachen anwendbar, deren formale Struktur bereits festgelegt ist, und für die zum anderen jederzeit angebbar ist, ob eine bestimmte Aussage der Objekt- oder der Metaebene angehört. Die Frage, wie diese formale Struktur der Aussagen zu erhalten ist und nach welchem Kriterium den Aussagen die Metaprädikate »wahr« oder »falsch« zugesprochen werden können, wird durch die Adäquationstheorie selber allerdings auch nicht beantwortet.

Ein für den Fachentwurf zunächst naheliegendes Kriterium zur Wahrheitsbestimmung von Aussagen bietet die *Kohärenztheorie* an. Diese von Neurath entwickelte und später von Rescher systematisch präzisierte Theorie behauptet, daß eine Aussage dann wahr ist, wenn sie mit anderen Aussagen kohärent ist, also zu keinen Widersprüchen führt. Statt durch die Übereinstimmung mit der Wirklichkeit wird die Wahrheit einer Aussage durch die Übereinstimmung mit anderen Aussagen bestimmt.

> Jede neue Aussage wird mit der Gesamtheit der vorhandenen, bereits miteinander in Einklang gebrachten Aussagen konfrontiert. Richtig heißt eine Aussage dann, wenn man sie eingliedern kann. Was man nicht eingliedern kann, wird als unrichtig abgelehnt. Statt die neue Aussage abzulehnen, kann man auch, wozu man sich im allgemeinen schwer entschließt, das ganze bisherige Aussagensystem abändern, bis sich die neue Aussage eingliedern läßt. [Neurath81:541]

Obwohl dieser Forderung nach der Widerspruchsfreiheit aller Aussagen eines Fachkonzepts grundsätzlich zuzustimmen ist, weist gerade die letzte Aussage Neuraths auf die hinsichtlich der Anwendungsentwicklung gravierenden Mängel dieser Theorie hin. Anhand welcher Kriterien ist zu entscheiden, welche Aussagen zu ändern sind? Weiterhin gilt: „Ein System von Aussagen kann ein Gebiet vollständig und widerspruchsfrei beschreiben und trotzdem falsch sein" [Andersson 92:373]. Innerhalb der Kohärenztheorie steht kein geeignetes Kriterium zur Beurteilung unterschiedlicher und inkompatibler Aussagensysteme zur Verfügung, da durch ihre Immanenz die Angemessenheit von Aussagen und Aussagensystemen letztlich nicht beurteilt werden kann.

In seinen „Philosophischen Untersuchungen" hat Wittgenstein darauf hingewiesen, daß sich die Gliederung eines Gegenstandsbereichs erst durch die Sprache, genauer im sprachlichen Handeln ergibt [Wittgenstein80a]. Ist deshalb ein sprachunabhängiger Zugang - ein Zugang „mit einem sprachlich nicht geprägten Blick" [Schneider92:21] - zu einem Anwendungsbereich nicht möglich, so ist auch eine medienunabhängige Beurteilung und Begründung von Sachverhalten eines Anwendungsbereichs nicht denkbar [Leinsle92:90ff]. Da zu vermittelnde Sachverhalte in sprachlicher Form erscheinen oder auch erst in Handlungsvollzügen konstituiert werden [Austin62; Searle69] und nur so für die Anwendungsentwicklung relevant sind, die Sprache ihrerseits aber die Möglichkeiten der Erkenntnis absteckt, muß im Rahmen eines Einigungsprozesses zunächst ein gemeinsames terminologisches Verständnis hergestellt werden.

> Daher ist es in einem ersten Schritt notwendig, daß Knowledge Engineer und Experte eine gemeinsame Sprache als Grundlage der zu schaffenden systematischen Domäne entwickeln, in der die Bedeutung der sprachlichen Darstellung standardisiert ist. [Lenz91:159]

Auf dieser gemeinsamen terminologischen Grundlage können im Rekonstruktionsprozeß unterschiedliche Auffassungen diskutiert und ein Konsens zwischen den unterschiedlichen Personen in einem Diskurs erzielt werden. Ein *Diskurs* ist zu verstehen als eine „durch Argumentationen gekennzeichnete Form der Kommunikation [...], in der problematisch gewordene Geltungsansprüche zum Thema gemacht und auf ihre Berechtigung hin untersucht werden" [Habermas73:214].

Gemäß dieser Auffassung bietet ein geeignetes Kriterium für die Begründung von Aussagen die *Konsenstheorie*. Nach dieser anfangs vor allem von Habermas vertretenen Theorie ist eine Aussage wahr, wenn sie allgemein - d.h. übertragen auf die Anwendungsentwicklung: von allen am fachlichen Entwurf beteiligten Personen in außersprachlichen Handlungssituationen - akzeptiert wird [Habermas73]. Die Frage, was Wahrheit ist, wird in der Konsenstheorie letztlich zugunsten der Angabe eines Wahrheitskriteriums umgangen. Im Sinne Freges bleibt das problematische Verhältnis von Wirklichkeit und Wahrheit ungelöst: „Was wahr sei, halte ich nicht für erklärbar" [Frege78:23]. Die Wahrheit von Aussagen wird durch interpersonale Verifizierung begründet, d.h. durch intersubjektives Verstehen in wechselseitigen Prozessen des Sprechens und Zuhörens, verbunden mit der Herstellung von Übereinstimmung (Homologie): „Die Wahrheit einer Aussage wird erwiesen durch Homologie" [Kamlah73:121]. Aussagen im Fachkonzept gelten demnach als wahr oder begründet, wenn sie gegenüber allen am Entwurfsprozeß beteiligten Personen zur Zustimmung gebracht wurden.

Als Bedingungen für diesen Prozeß der Konsensbildung nennt Kamlah die *Gutwilligkeit, Sachkundigkeit, Normalsinnigkeit, Vernünftigkeit* und *Sprachkundigkeit* aller Beteiligten [Kamlah73:118ff]. Ähnliche Bedingungen einer idealen Sprechsituation nennt Habermas [Habermas73:255f]. Den Kerngedanken dieser Konsensbildung drückt Kamlah wie folgt aus:

> Wenn auch jeder andere, der mit mir dieselbe Sprache spricht, der sachkundig und vernünftig ist, einem Gegenstand nach geeigneter Nachprüfung den Prädikator „P" zusprechen würde, dann habe auch ich das Recht zu sagen: „dies ist P" (dann kommt der Prädikator „P" diesem Gegenstand zu). Und wenn diese Bedingung erfüllt ist, dann darf ich ferner sagen: „die Aussage ,dies ist P' ist wahr" (dann kommt der Prädikator „wahr" dieser Aussage zu) oder auch: „die Behauptung ,dies ist P' ist berechtigt." [Kamlah73:120].

Noch weitgehender formuliert dies Habermas:

> Dieser Auffassung zufolge darf ich dann und nur dann einem Gegenstand ein Prädikat zusprechen, wenn auch jeder andere, der in ein Gespräch mit mir eintreten könnte, demselben Gegenstand das gleiche Prädikat zusprechen würde. Ich nehme, um wahre von falschen Aussagen zu unterscheiden, auf die Beurteilung anderer Bezug - und zwar auf das Urteil aller anderen, mit denen ich je ein Gespräch aufnehmen könnte (wobei ich kontrafaktisch alle die Gesprächspartner einschließe, die ich finden könnte, wenn meine Lebensgeschichte mit der Geschichte der Menschenwelt koextensiv wäre). Die Bedingung für die Wahrheit von Aussagen ist die potentielle Zustimmung aller anderen. [Habermas73:219]

Die Ergebnisse der Rekonstruktionsphase in Form der Aussagensammlung und der rekonstruierten Terminologie werden gemäß dieser Auffassung letztlich nicht hinsichtlich ihrer Übereinstimmung mit der Wirklichkeit, sondern hinsichtlich ihrer Angemessenheit und Zweckmäßigkeit im Rahmen der informationsverarbeitenden Tätigkeiten des Anwendungsbereichs durch die Beteiligten beurteilt. „Diese Begriffslehre ist keine Lehre von Seiendem, keine Ontologie, die Begriffe werden vielmehr als etwas unserm Handeln Zugehöriges eingeführt: Sie werden nicht ontologisch, sondern operativ interpretiert" [Lorenzen74:36]. Als Beispiele für Verfahren zur Steuerung von Dialogen, die zur Begründung von durch Aussagen dargestellten Sachverhalten führen sollen, können die von Lorenzen in Zusammenarbeit mit Lorenz erarbeitete dialogische Logik (vgl. dazu [Gethmann79]; zum dialogischen Wahrheitsbegriff siehe [Lorenz72]) und die weithin bekannte Argumentationslehre von Toulmin [Toulmin75] oder die *IBIS*-Methode (*issue-based information system*) von Kunz und Rittel [Kunz79] angesehen werden.

Die grundlegenden Gedanken dieses Abschnitts zusammenfassend, läßt sich sagen, daß die Korrespondenztheorie zwar der intuitiven Überzeugung Rechnung trägt, daß der Prüfstein für Wahrheit letztlich eine Gegegebenheit des Anwendungsbereichs sein muß: „Schließlich bedeutet Wahrheit eine Beziehung zur Wirklichkeit" [Wuchterl84:80]. Die Wahrheit eines durch eine Aussage dargestellten Sachverhalts muß also von etwas außerhalb der Sprache abhängen, in der diese Aussage formuliert ist. Ein durch die Aussage »Meyer ist der Autor von Büchern über Software Engineering« dargestellter Sachverhalt ist eine Tatsache (d.h. ist wahr), wenn Meyer existiert und ihm die Eigenschaft zukommt, »der Autor von Büchern über Software Engineering« zu sein.

Die Kohärenztheorie hält die Einsicht fest, daß alle im Fachentwurf formulierten Aussagen in Verbindung mit anderen Aussagen zu verstehen sind und in diesen Gesamtzusammenhang eingebettet sein müssen. Die genannte Aussage wäre beispielsweise mit zwei anderen Aussagen »Autoren von Büchern über Software Engineering sind nicht seriös« und »Meyer ist seriös« nicht vereinbar. Die Konsenstheorie befaßt sich nun mit der Fragestellung, wie Aussagen zu begründen sind, d.h. wie ihr Geltungsanspruch einzulösen ist. Ob Meyer als nicht seriös eingestuft wird oder aber die allgemeine Aussage, daß Autoren von Büchern über Software Engineering unseriös sind, als nicht haltbar und unbegründet zu verwerfen ist, muß in einem Diskurs geklärt werden.

Unter der pragmatischen Perspektive ihrer Relevanz für die Anwendungsentwicklung müssen *Konsenstheorie*, *Kohärenztheorie* und *Korrespondenztheorie* nicht unbedingt als gegensätzliche Theorien gesehen werden, sondern können als sich gegenseitig ergänzend betrachtet werden (vgl. etwa die Standpunkte von [Patzig80:92] und besonders [Teuwson94:161ff]). Demzufolge sollten im Fachentwurf rekonstruierte Aussagen zustimmungsfähig sein, mit anderen Aussagen zusammenpassen und unserer Anschauung der Wirklichkeit entsprechen, also konsensfähig, kohärent und wirklichkeitsadäquat sein [Teuwson94:165]. Die Diskussion dieser Wahrheits- oder Begründungstheorien erlaubt es nun, für die Begründung von Aussagen im Rekonstruktionsprozeß eine Reihe grundlegender Unterscheidungen zu treffen.

3.3.3 Begründung von Aussagen

Die Begründung von Aussagen läßt sich verstehen als die Bestimmung des Wahrheitswerts einer Aussage [Janich74:85]. Eine erste wichtige Unterscheidung für diesen Bestimmungsprozeß ist die Frage, ob dieser allein durch einen Rekurs auf sprachliche Regeln und terminologische Vereinbarungen gelingt oder ob zur Begründung Bezug auf die außersprachliche Wirklichkeit genommen werden muß.

- **Analytische Wahrheit**. Eine Aussage ist *analytisch* wahr, wenn ihre Wahrheit allein aufgrund ihrer logischen Form oder durch festgelegte Sprachregelungen bestimmt werden kann.

- **Synthetische Wahrheit**. Eine Aussage ist *synthetisch* wahr, wenn zur Bestimmung ihrer Wahrheit auf außersprachliche Gegebenheiten Bezug genommen werden muß.

Diese primäre, im wesentlichen auf Kant zurückgehende Unterscheidung ist insofern für den Fachentwurf interessant, als im ersten Fall der Wahrheitswert einer Aussage vom Entwicklungssystem durch formale/materiale Operationen selber bestimmt werden kann, während dies im zweiten Fall eben nicht möglich ist. Die Unterteilung in analytisch und synthetisch wahre Aussagen läßt sich in dieser Form allerdings nur für einen (normsprachlichen) Ansatz aufrechterhalten, bei dem sowohl die zulässigen Aussageformen oder Satzbaupläne in einer Grammatik verbindlich festgelegt sind, als auch die Bedeutung der einzelnen Termini, welche entsprechend dieser Formen zu Aussagen zusammengesetzt werden, in einem Lexikon explizit definiert ist (vgl. dazu die Kritik von Quine an der Unterscheidung analytisch/synthetisch in „Two dogmas of empiricism" [Quine53:20ff]).

Ein Beispiel soll die Unterscheidung zwischen analytisch und synthetisch wahren Aussagen verdeutlichen. Die folgenden beiden Sprachregelungen seien im Anwendungsbereich getroffen und im Entwicklungsystem, genauer in der Lexikonkomponente, abgelegt:

① *Prädikatorenregel:*   x ε Ausleihexemplar ⇒ x ε Bibliotheksexemplar   (3.3-1)
② *Definition:*   x ε Bibliotheksexemplar $=_{\mathrm{def}}$ x σ katalogisiert ∧ x σ ...

Die Prädikatorenregel ① legt fest, daß einem Gegenstand x, dem der Prädikator »Ausleihexemplar« zugesprochen wird, auch der Prädikator »Bibliotheksexemplar« zugesprochen werden darf. Dieser Übergang in der Rede von einem Artterminus zu einem Gattungsterminus wird durch den Regelpfeil ⇒ symbolisiert (vgl. Kap. 4.2.1). Als prädikatenlogischer Ausdruck wäre diese Prädikatorenregel anzugeben als: ∀x (x ε Ausleihexemplar → x ε Bibliotheksexemplar), d.h. alle Ausleihexemplare sind Bibliotheksexemplare. Durch ② wird ein Bibliotheksexemplar als ein Gegenstand definiert, der unter anderem die notwendige Eigenschaft hat, katalogisiert zu sein. Als Teilungskopula fungiert σ (lies: »hat [Eigenschaft]«) für das Zu- oder Absprechen eines Zusatzprädikators im Sinne eines normsprachlichen Adjektivs oder Adverbs. Betrachen wir nun die folgenden beiden Aussagen:

- Jedes Ausleihexemplar ist lesenswert.   (3.3-2)
- Jedes Ausleihexemplar ist katalogisiert.

Die erste Aussage ist damit gemäß der Unterscheidung analytisch/synthetisch als synthetisch zu klassifizieren. Ob diese Aussage wahr oder falsch ist, kann nicht aufgrund festgelegter Sprachregelungen bestimmt werden, sondern ist empirisch im Anwendungsbereich zu untersuchen. Dagegen kann die zweite Ausage allein aufgrund sprachlicher Vereinbarungen (Prädikatorenregel ①, explizite Definition ②) als wahr bestimmt werden, selbst wenn die Bedeutung von »katalogisiert« unbekannt ist.

Eine verfeinerte Unterscheidung analytischer Wahrheiten macht den Unterschied zwischen einem normsprachlichen Ansatz für die Anwendungsentwicklung und einem rein formalistischen Ansatz deutlich (vgl. [Lorenzen87:177ff]):

- **Logisch analytische Wahrheit**. Eine Aussage ist *logisch analytisch* wahr, wenn ihre Wahrheit allein aufgrund ihrer logischen Form, d.h. aufgrund ihrer Zusammensetzung von logischen Partikeln bestimmt werden kann.

- **Formal analytische Wahrheit**. Eine Aussage ist *formal analytisch* wahr, wenn ihre Wahrheit aufgrund ihrer logischen Form und zumindest einer Definition ermittelt werden kann.

- **Material analytische Wahrheit**. Eine Aussage ist *material analytisch* wahr, wenn ihre Wahrheit aufgrund ihrer logischen Form, zumindest einer Definition und weiteren sprachlichen Festsetzungen (Prädikatorenregeln) bestimmt werden kann.

In einem nur formalen Ansatz kann vom Entwicklungsystem lediglich der logisch-analytische Wahrheitswert von Aussagen geprüft oder abgeleitet werden. Beispielsweise können Aussagen gemäß Aussagenschemata wie »A $\land$ B $\rightarrow$ B« oder »A $\land \neg$ A«, d.h. tautologische und kontradiktorische Aussagen, logisch analytisch als wahr oder falsch bestimmt werden. Eine darüber hinausgehende Beurteilung des Wahrheitswertes von Aussagen wird in einem materialen Ansatz dadurch erreicht, daß in einem Lexikon zusätzliche terminologische Vereinbarungen (Definitionen, Prädikatorenregeln) verwaltet werden. So ist z.B. die Aussage »Jedes Ausleihexemplar ist katalogisiert« gemäß dieser Unterteilung *material analytisch* wahr, da zur Ermittlung des Wahrheitwerts eine Definition und eine Prädikatorenregel angewendet werden müssen.

Eine ähnliche Klassifizierung gibt Lorenzen für synthetische Wahrheiten an:

- **Empirische Wahrheit**. Eine Aussage ist *empirisch* wahr, wenn ihre Wahrheit nicht aufgrund sprachlicher Vereinbarungen, sondern mit Bezug auf systematisch gewonnene Erfahrungen und Einsichten im Anwendungsbereich begründet wird.

- **Formal synthetische Wahrheit**. Eine Aussage ist *formal synthetisch* wahr, wenn ihre Wahrheit - etwa die Aussage „Es gibt unendlich viele

Primzahlen" - durch formale Konstruktionsregeln (z.B. aus der Arithmetik oder Analysis) bestimmt werden kann.

- **Material synthetische Wahrheit**. Eine Aussage ist *material synthetisch* wahr, wenn zur Bestimmung ihrer Wahrheit zusätzlich zu Konstruktionsregeln Funktionsnormen von Meßgeräten, geometrische Homogenitätsbehauptungen etc. aufgeführt werden.

Abbildung 3-12 faßt diese Unterscheidungen Lorenzens in bezug auf unterschiedliche analytische und synthetische Wahrheiten zusammen.

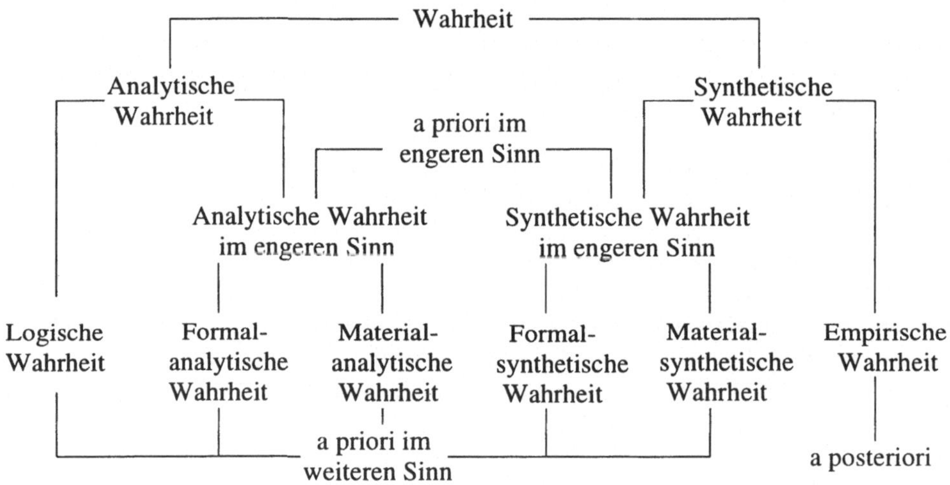

Abb. 3-12: Wahrheiten (angelehnt an [Lorenzen87:211])

Analytische Wahrheiten sind a priori, also unabhängig von der Erfahrung allein durch sprachliche Mittel bestimmbar. Im Gegensatz dazu ist die Begründung empirischer Wahrheiten auf jeden Fall von Erfahrungen abhängig. Empirische Wahrheiten können nur a posteriori bestimmt oder falsifiziert werden. Die Klassifizierung formal synthetischer und material synthetischer Wahrheiten als a priori kann insofern vertreten werden, als die Feststellung dieser Wahrheiten auf idealen Normen und auf diesen Normen beruhenden Maßstäben gründet. Material synthetisch sind beispielsweise die in einem Prozeßleitsystem durch Sensoren - etwa in der Gebäudeautomatisierung für Meßgrößen wie Temperatur, Druck etc. - gelieferten Meßwerte. Ihr Apriori nach Lorenzen begründet sich aus den Normen, auf denen diese Meßinstrumente beruhen, um überhaupt als Meßinstrumente anerkannt zu werden.

Bei den oben genannten Unterscheidungen der Wahrheiten ist nochmals zu betonen, daß sich diese nur sinnvoll im Rahmen einer explizit vereinbarten Normsprache mit fixierten Übereinkünften aller Sprachgebrauchsregeln treffen lassen und insofern die Quinesche Kritik gegen die Unterscheidung von analytisch und synthetisch in natürlichen Sprachen hier nicht gilt (vgl. dazu auch Searles Gegenargumente in Kap. I.2 [Searle69]).

3.4 Entwurfsprozeß

Im Fachentwurf wird, basierend auf den Ergebnissen der Voruntersuchung, das fachliche Lösungskonzept für eine geplante Anwendung entwickelt. Dieses Fachkonzept soll ausschließlich problemorientiert und zielsystemunabhängig sein - nur die fachlich notwendigen Leistungen einer Anwendung (die *Systemessenz* [McMenamin84]) werden beschrieben. Um die Wiederverwendbarkeit des Fachkonzepts auch bei einem Wechsel oder bei Erweiterungen der Implementierungsumgebung sicherzustellen, dürfen die enthaltenen Aussagen weder durch die Implementierungsumgebung beeinflußt werden noch sollten sie die Entscheidung für ein späteres Zielsystem vorwegnehmen [Partsch91:26; Davis93:192].

Diese Forderung nach einer Zielsystemunabhängigkeit des Fachentwurfs läßt sich ergänzen durch die Forderung nach einer *Entwurfsmethodenneutralität* [Ortner95]. Entwurfsmethodenneutralität meint, daß die Beschreibung fachlicher Zusammenhänge des Anwendungsbereichs nicht durch die Ausdrucksmächtigkeit einer softwaretechnisch ausgerichteten Entwurfsmethode mit ihren jeweiligen Repräsentationskonstrukten und dem dieser Methode zugrundeliegenden Lösungsparadigma bestimmt werden darf. Die Beschreibung von Dingen und Geschehnissen des Anwendungsbereichs sollte soweit wie möglich neutral gegenüber einem softwaretechnischen Lösungsparadigma sein, um zu vermeiden, daß fachliche Aussagen und Anforderungen bereits frühzeitig hinsichtlich einer bestimmten Anwendungssystemlösung gefiltert werden und der Entwurfsprozeß damit frühzeitig auf die Anforderungen von Systementwicklern eingeengt wird.

Begründet ist diese Forderung nach Methodenneutralität zum einen dadurch, daß die Beschreibung fachlicher Zusammenhänge nicht nur bei einem Wechsel des Zielsystems, sondern auch bei einem Wechsel der Entwurfsmethode wiederverwendbar sein sollten. Änderungen oder Erweiterungen eingesetzter Entwurfsmethoden - eine Möglichkeit, die in der sich sehr schnell ändernden OO-Methodenlandschaft nicht auszuschließen ist - dürfen nicht dazu führen, eigentlich stabile fachliche Zusammenhänge nun selber neu definieren zu müssen. Zum anderen ist diese Forderung begründet durch die nachgewiesene Beeinflussung der Wahrnehmung und des Denkens durch die jeweilige Sprache oder die gewählten Beschreibungsformen.

Wenn auch das komplexe Verhältnis zwischen Erkenntnis und Sprache noch nicht vollständig geklärt ist und je nach Standpunkt eine unterschiedliche Determiniertheit der Erkenntnis durch die Sprache vertreten wird [Vollmer81:138f], so belegen spätestens die Studien von Sapir und Whorf, daß von einer Sprache und ihrer Ausdrucksmächtigkeit ein nicht zu unterschätzender Einfluß auf die jeweilige Erkenntnisfähigkeit des Subjekts ausgeht [5]:

> Menschen, die Sprachen mit sehr verschiedenen Grammatiken benützen, werden durch diese Grammatiken zu typisch verschiedenen Beobachtungen und Bewertungen äußerlich ähnlicher Beobachtungen geführt. [Whorf63:20]

Erfolgt die Beschreibung der Aufgabenstellung einer Anwendung deshalb unmittelbar in Kategorien wie *Datenfluß*, *Funktion*, *Datenspeicher* oder *Terminator*, wie sie etwa strukturierte Entwurfsmethoden unterscheiden, so ist zumindest die Gefahr gegeben, daß Sachverhalte des Anwendungsbereichs, welche sich nicht auf einfache Art in diesen Kategorien ausdrücken lassen - beispielsweise *Geschäftsregeln* -, eben auch nicht „wahrgenommen" und spezifiziert werden. Auf die Gefahr, die Aufgabenstellung eines Anwendungsbereichs unmittelbar in *methodenspezifischen* Kategorien zu formulieren, machen auch Woodfield, Embley und Kurtz aufmerksam:

> Unfortunately, most software analysts view the world through 'programmer-colored glasses.' Most started as programmers, then became designers, and finally became analysts. As analysts try to record what is being expressed by non-computer scientists, they use concepts and representations learned when they were designers and programmers. This programmer-orientation can cause communication problems. [...] Their programmer-oriented paradigms prevent them from understanding and describing all aspects of a problem being stated by a user. [Woodfield90:441]

Aus diesem Grund ist auch Meyer zu widersprechen, wenn er empfiehlt, die objektorientierte Programmiersprache *Eiffel* durchgängig sowohl für die Implementierung als auch für das Design und die Analyse einer Anwendung einzusetzen. Dies würde letztlich dazu führen, daß Konzepte, welche von Eiffel nicht

---

5. Gegen eine vollständige Determiniertheit des Denkens durch die Sprache (vgl. dazu auch den Standpunkt von Humboldt [Humboldt35]) sprechen die Untersuchungen der sprachlichen Ontogenese, d.h. des Spracherwerbs von Kindern - Piaget vertritt sogar den Standpunkt, daß Sprache kein notwendiges Element des Denkens ist [Piaget70] -, und die Aphasieforschung, d.h. die Erforschung von Sprachstörungen, welche auf Gehirnschädigungen zurückzuführen sind. Deshalb scheint am ehesten ein sprachlicher Relativismus vertretbar, in dem Sinne, daß Sprache eben nur das Denken beeinflußt und unterschiedliche Weltbilder *nahelegt*, aber nicht festlegt.

unterstützt werden, z.B. Parallelität, auch vom Systemanalytiker nicht spezifiziert werden [Meyer92:xi].

Sicherlich treffen Repräsentationssprachen mit ihren Beschreibungskategorien immer (sprachliche) Unterscheidungen eines Gegenstandsbereichs oder legen diese Unterscheidungen nahe. Fachentwurf ist immer *sprachabhängig*. Mit Methodenneutralität steht deshalb auch nicht die Unhintergehbarkeit des Treffens von sprachlichen Unterscheidungen zur Diskussion, sondern nur die durch eine bestimmte Repräsentationssprache nahegelegte Gegenstandseinteilung im Sinne einer Unterscheidung von Gegenstandkategorien als Konstituenten eines Wirklichkeitsausschnitts für den Entwurf einer Softwarelösung [Janich74:49].

Im Rahmen des vorgestellten Ansatzes wird vorgeschlagen, die Beschreibung einer Anwendung zunächst nicht in softwaretechnischen Kategorien durchzuführen, sondern in einer normierten Sprache, deren Unterscheidungen im Sinne von Wortarten und Satzbauplänen sich an der natürlichen Sprache orientieren. Entsprechend diesem Ansatz werden im Fachentwurf eine Phase der *methodenneutralen* normsprachlichen Rekonstruktion der Terminologie eines Anwendungsbereichs und eine Phase der *methodenspezifischen* objektorientierten Spezifikation des Fachkonzepts unterschieden (vgl. Abbildung 3-13).

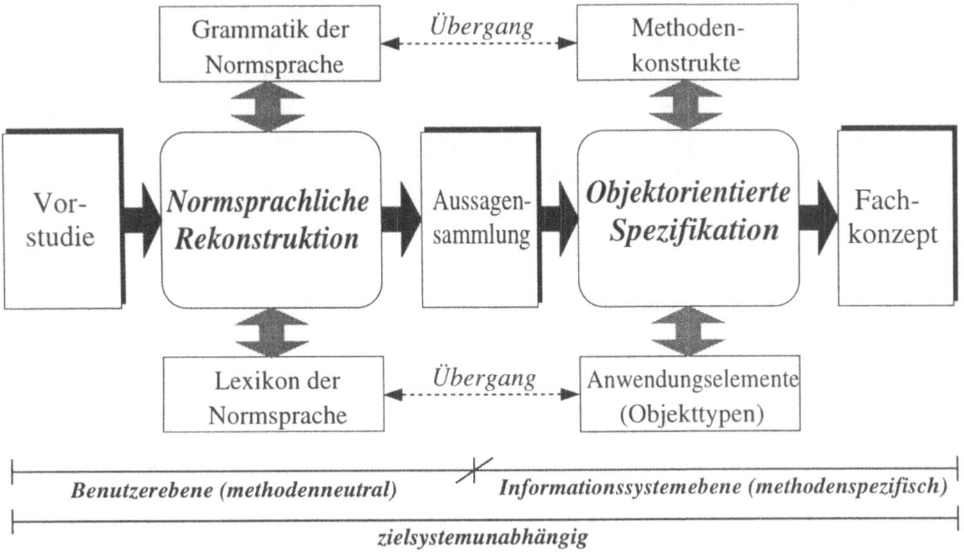

Abb. 3-13: Vorgehensmodell für den Fachentwurf

Die Aufteilung des Fachentwurfs in eine Rekonstruktionsphase und eine Spezifikationsphase orientiert sich am Übergang des Entwurfsprozesses von der Ebene der Benutzer und ihrer Fachterminologie zur Informationssystemebene mit den dabei relevanten softwaretechnisch bestimmten Beschreibungskategorien (ähnliche Unterscheidungen in *problem-oriented/computer-oriented* und *application domain/implementation domain* sind in [Hagelstein88:211; Blum93:223] zu finden.

In der Rekonstruktionsphase wird eine zielsystemunabhängige und methodenneutrale, an der Gegenstandseinteilung der Gebrauchssprache orientierte normsprachliche Beschreibung der informationsverarbeitenden Theorie der Anwendungsbereiche entwickelt. Verschiedene Sichtweisen und Auffassungen sowie auseinanderlaufende Zielvorstellungen werden in einem Konsensbildungsprozeß schrittweise vereinheitlicht und zu einer gemeinsamen Beschreibung des Fachwissens in Form einer strukturierten Gesamtheit von Fachbegriffen und Aussagen geführt. Das Ergebnis der Rekonstruktion ist eine normsprachliche Repräsentation des Fachwissens eines Anwendungsbereichs durch eine Menge von normierten Aussagen *und* eine Menge von rekonstruierten Prädikatoren oder Fachbegriffen als Lexikoneinträgen und entspricht damit Budins Definition von „Fachwissen als strukturierter Gesamtheit von Begriffen und Aussagen aller Art, die spezifische Handlungsbereiche konstituieren" [Budin94:57].

Auf der Grundlage dieses rekonstruierten Fachwissens wird in der folgenden Spezifikationsphase ein objektorientiertes Fachkonzept entwickelt. Dieses Fachkonzept bestimmt die fachlich notwendigen Eigenschaften und Leistungen des zu entwickelnden Anwendungssystems. Es beschreibt den Aufbau und die Abläufe des Anwendungssystems zu dessen Zweckerfüllung im Anwendungsbereich.

4 Normsprachliche Rekonstruktion

Das Ziel der ersten Teilphase des Fachentwurfs ist es, das sprachlich darstellbare Fachwissen des Anwendungsbereichs normsprachlich zu rekonstruieren und so für die folgende objektorientierte Spezifikationsphase nutzbar zu machen. Ausgangspunkt dieser Rekonstruktion ist die Beobachtung, daß die Verwendung der Fachsprache im Anwendungsbereich primär durch zwei Aspekte charakterisiert werden kann: zum einen durch den *Sachbezug* - fachsprachliche Äußerungen beziehen sich auf Gegenstände des Anwendungsbereichs -, zum anderen durch den *Personenbezug* - fachsprachliche Äußerungen treten Sprecher-Hörer-bezogen auf. Da die Bedeutung und Strukturierung sprachlicher Ausdrücke nicht losgelöst von ihrer Verwendung in Handlungen des Anwendungsbereichs verstanden werden kann, darf deshalb die für die Spezifikation sicherlich zentrale *Repräsentationsfunktion* der Fachsprache zunächst nicht von ihrer *Kommunikationsfunktion* getrennt betrachtet werden.

Die von Morris [Morris38; Morris81] stammende, nach dem Kriterium steigender Komplexität geordnete Reihenfolge für die semiotische Untersuchung von Sprachzeichen mit den Schritten Syntaktik, Semantik und Pragmatik muß deshalb im Rekonstruktionsprozeß umgedreht werden. Ein angemessenes Verständnis der Sprache eines Anwendungsbereichs dürfte nicht dadurch zu erreichen sein, daß zunächst syntaktische Beschreibungen von Sprachzeichengestalten entwickelt werden, danach eine Bedeutungszuordnung bzw. Explikation des Wahrheitsbegriffs erfolgt und erst im letzten Schritt der Bezug zu Sprecher und Hörer in Situationen des Sprachzeichengebrauchs hergestellt wird. Stattdessen sollte der fachliche Entwurf umgekehrt mit der Rekonstruktion der Zeichengebrauchshandlungen im Anwendungsbereich beginnen, erst danach können sinnvoll semantische und syntaktische Sprachzeichenbestimmungen erfolgen (vgl. [Schneider75:17f]).

Entsprechend dieser Vorgehensweise wird in diesem Kapitel gezeigt, wie in den drei Schritten *Aussagensammlung* (Abschnitt 4.1), *Wörterbestimmung* (4.2) und *Aussagennormierung* (4.3) normsprachliche Aussagen und Fachbegriffe pragmatisch zu gewinnen und zu begründen sind. Die fortgesetzte Wiederholung dieser drei Schritte darf nicht als Zirkel aufgefaßt werden, sondern muß als eine hermeneutische Spiralbewegung auf einer jeweils detaillierteren Beschreibungsebene verstanden werden (vgl. [Lorenzen87]). In einem approximativen Konsensbildungsprozeß werden verschiedene Sichtweisen und Auffassungen sowie auseinanderlaufende Zielvorstellungen vereinheitlicht und zu einer gemeinsamen Beschreibung des Fachwissens in Form einer normsprachlichen Aussagensammlung geführt. Dabei darf diese Rekonstruktion nicht als ein Prozeß der Transferierung oder Abbildung von empirisch erhobenem und mittels gegebener Spezifikationssprachen analysiertem Expertenwissen verstanden werden, sondern als ein pragmatisch fundierter Prozeß der kooperativen Wissenserzeugung, eben der (Re-) Konstruktion. Die Grundidee dieses Ansatzes wird in der folgenden Feststellung Lorenzens deutlich: „All constructions (reconstructions) start from practice with the language reduced to unelaborated talk within practice" [Lorenzen94:125].

4.1   Aussagensammlung

Ausgehend von der Sprache, welche im Anwendungsbereich zu Kommunikations- und Repräsentationszwecken verwendet wird, soll durch eine normsprachliche Rekonstruktion die schrittweise und systematische Entwicklung von Anwendungssystemen gelingen. Die Rekonstruktion des Fachwissens eines Anwendungsbereichs besteht aus einer Rekonstruktion der verfügbaren und in der Praxis eingesetzten sprachlichen Ausdrucksmittel, d.h. derjenigen Sprachzeichen, welche die Anwender gebrauchen, um sich im Anwendungsbereich verstehend und handelnd zurechtzufinden. Gegenstand der Aussagensammlung ist die Untersuchung der Regularitäten des zunächst situations- bzw. kontextabhängig gegebenen Sprachgebrauchs durch den Anwender.

Eine pragmatische Fundierung des Anwendungsentwicklungsprozesses wird in der Phase Aussagensammlung dadurch erreicht, daß sprachliche Unterscheidungen letztlich auf nichtsprachliche Handlungen zurückgeführt werden. Nach Lorenzen basiert der Aufbau einer Normsprache zur Darstellung des fachspezifischen Wissens auf schrittweise empraktisch eingeübten Wörtern. Empraktisch sind solche Sprachhandlungen, „die mit einer nichtsprachlichen Handlung zusammen gelernt werden, und zwar derart, daß die nichtsprachliche Handlung als Zweck der Sprachhandlung gelernt wird" [Lorenzen87:20].

Im Rahmen der Anwendungsentwicklung können sicherlich nicht alle zum Aufbau der Normsprache notwendigen Situationen empraktisch nachvollzogen werden. Die Festlegung des Sprachgebrauchs mittels Handlungen ist auch nur soweit notwendig, wie sie zur „Auszeichnung von Anfangsschritten" [Mittelstraß89:273] und damit zur Erzielung und Sicherstellung eines gemeinsamen Verständnisses aller Beteiligten erforderlich ist, wenn dieses Verständnis mit sprachlichen Mitteln allein nicht erzielt werden kann.

Zur Herstellung eines gemeinsamen Verständnisses kann es beispielsweise bei der Entwicklung einer Bibliotheksverwaltung notwendig sein, dem Systemanalytiker in einem Handlungskontext exemplarisch deutlich zu machen, was eine passive

Fernleihe ist oder wie ein Bibliotheksbenutzer ein einzelnes Buchexemplar vormerken kann. Dagegen dürfte es nicht erforderlich sein, den Gebrauch von Prädikatoren wie »Bibliotheksbenutzer« oder »Buchexemplar« empraktisch einzuüben.

Da die Untersuchung des Sprachgebrauchs zunächst ein Verständnis dessen voraussetzt, was Sprachzeichen überhaupt sind, wird nachfolgend zunächst der Zeichenbegriff anhand von Zeichenmodellen expliziert. Als Grundlagentheorie für die Untersuchung von Zeichen dient die Semiotik. Eine Berücksichtigung der Kommunikationstheorie ist für die Betrachtung des Sprachgebrauchs insoweit erforderlich, als Sprache handlungsbezogen zu betrachten heißt, zu untersuchen, wie Sprache als Mittel der Kommunikation eingesetzt wird und welche Regularitäten bei diesem zweckgerichteten Gebrauch von Sprachzeichen festzustellen sind. Hierbei gilt es zu beachten, daß in fachsprachlichen Kontexten häufig keine explizit dialogische Sprachsituation gegeben ist, da in der Kommunikation ein Partnerverhältnis von mehreren zu mehreren gegeben ist oder die Kommunikationspartner anonym sind und die Schriftlichkeit der Kommunikation dominiert [Schnelle 73:79ff; Fluck80:11ff; Sager80; Wüster91].

4.1.1 Zeichen- und Kommunikationsmodelle

Zur Erklärung dessen, was Zeichen - insbesondere Sprachzeichen - eigentlich sind, wurden eine Reihe unterschiedlicher Zeichenmodelle entwickelt, die den Zusammenhang der vier Grundelemente *Zeichenform*, *Zeicheninhalt*, *Zeichenbenützer* und *Bezeichnetes* beschreiben (vgl. dazu etwa [Eco72; Trabant76; Eco77; Tobin90; Sebeok94]).

In einer ersten Annäherung kann als wichtige Eigenschaft von Zeichen zunächst sicherlich ihre Stellvertreterrolle oder Hinweisfunktion, d.h. ihr Referenzbezug auf ein Bezeichnetes genannt werden: „Sie sind Zeichen, stehen für etwas anderes als was sie selbst sind, und vertreten das Bezeichnete" [Bühler27:78]. Im Straßenverkehr weist das Ausstrecken des linken Arms eines Fahrradfahrers als *nichtsprachliches* Zeichen darauf hin, daß dieser an der nächsten Abzweigung links abbiegen möchte; ähnlich entspricht die Verwendung *sprachlicher* Zeichen - etwa das Aussprechen von Wörtern wie »Buchexemplar« oder »Bibliotheksbenutzer« - Zeigehandlungen, wobei die Wörter anzeigen, welche Gegenstände in der Rede zum Zweck der Verständigung vergegenwärtigt oder eingeführt werden. Neben sprachlichen und nichtsprachlichen Zeichen lassen sich *parasprachliche* Zeichen unterscheiden, also nichtsprachliche Zeichen, die nur zusammen mit sprachlichen Zeichen auftreten - etwa die Intonation oder der Rhythmus beim Sprechen als Zeichen für die Stimmung des Sprechers.

Bedeutende Beiträge zum Verständnis von Sprachzeichen stammen von Saussure [Saussure69]. Sein dyadisches Zeichenmodell ging als Teilmodell fast unverändert in alle späteren Zeichenmodelle ein. Saussure beschränkte sich auf die Untersuchung der Beziehung zwischen Zeichenform (*signifiant*) als mündlichem oder schriftlichem Zeichenausdruck und Zeicheninhalt (*signifié*) oder Zeichenbedeutung als den beiden Konstituenten sprachlicher Zeichen, außersprachliche Gegenstände klammerte er in seinen Betrachtungen aus.

Gleichbedeutend zu *signifiant*/*signifié* verwendet Saussure das Begriffspaar *image acoustique*/*concept* und stellt fest: „Le signe linguistique unit non une chose et un nom, mais un concept et une image acoustique" [Saussure69:98] (Das sprachliche Zeichen verbindet nicht einen Gegenstand und einen Namen miteinander, sondern einen Begriff und ein Lautbild). Das Verhältnis zwischen Zeichenform und Zeicheninhalt wird von ihm als *arbiträre, konventionelle* und *assoziative* Relation charakterisiert [Saussure69:100ff]. Arbiträr oder willkürlich ist diese Zuordnung insofern, als die Zeichenform oder das Lautbild nicht durch den Zeicheninhalt bestimmt wird - eine vernachlässigbare Ausnahme sind hier onomatopoetische, lautmalende Ausdrücke wie etwa *Kuckuck* - und umgekehrt auch der Zeicheninhalt nicht aus der Zeichenform ableitbar ist.

Diese willkürliche Zuordnung ist innerhalb einer Sprachgemeinschaft durch Konventionen stabilisiert, wobei in fachsprachlichen Kontexten eine sehr viel weitergehende Explizitheit und Standardisierung dieser Konventionen gegeben ist als etwa in der Umgangssprache. Unter Assoziativität versteht Saussure die (kognitive) Inbeziehungsetzung von Gedächtnisinhalten, d.h. die mentale Repräsentation von Zeichen, welche heutzutage als Gegenstand der Psycholinguistik und Kognitionspsychologie untersucht wird.

Logisch konstruktiv läßt sich das Verhältnis zwischen eingeführten Zeichenformen oder Lautbildern einerseits und Begriffen als Wort- oder Zeicheninhalt andererseits - also nach Saussure das Verhältnis von *image acoustique* zu *concept* - als wechselseitige Abstraktion begreifen. Durch Absehen von der *Lautgestalt* einzelner (synonymer) Wörter gelangt man zum *Begriff*:

> Sehen wir von der Lautgestalt eines Terminus ab und achten nur auf seine normierte Verwendung (auch dann, wenn der Terminus durch Exempel und Prädikatorenregeln bestimmt wurde), so sprechen wir vom Begriff. Ein Begriff ist also nicht ein „gedankliches Gebilde", das der Verlautbarung im Wort voranginge, sondern zunächst nichts anderes als ein Terminus, jedoch abstrahieren wir von der beliebigen Lautgestalt eines Terminus, wenn wir ihn „Begriff" nennen. [Kamlah73:86]

Umgekehrt kann durch Aussagen, die von wechselnden Bedeutungen von (homonymen) Wörtern absehen, zur Lautgestalt abstrahiert werden.

> Machen wir Aussagen über ein Wort, die invariant sind gegenüber der wech-
> selnden Bedeutung dieses Wortes, dann sprechen wir von seiner Lautgestalt.
> So z.B. wenn wir sagen: „Das Wort ‚Tor' ist einsilbig." [Kamlah73:86]

Als Teilgebiete der linguistischen Semantik (nicht aber der semiotischen Semantik
Morrisscher Auffassung [Morris81]) beruhen die *Semasiologie* (Bedeutungslehre)
und die *Onomasiologie* (Bezeichnungslehre) auf diesen beiden, methodisch entgegengesetzten Abstraktionshandlungen.

Genau genommen liegt beim wechselseitigen Übergang vom Aussprechen eines
Wortes zu dem dadurch dargestellten Begriff allerdings eine zweifache Abstraktion
vor. Das Aussprechen oder Niederschreiben von »Buch«, »Buch« oder »*Buch*« ist
die aktuelle Verwendung eines Wortmusters oder Zeichenschemas. Das Zeichen-
schema selber ist in diesem Sinne ein Muster (*type*), welches im Sprachgebrauch
beliebig oft (als *token*) aktualisiert werden kann. Der Übergang vom aktuellen Zeichengebrauch zur Zeichenform als dessen (invariantem) Muster und von diesem
zum Zeicheninhalt - dargestellt beispielsweise als »|Buch|«-, sind zwei unter-
schiedliche Abstraktionsschritte.

Bereits Saussure hat mit der Einführung des Begriffspaars *langue* für die Sprache
als abstraktes Zeichensystem und *parole* für das Reden oder aktualisierte Sprechen
auf diese notwendige Unterscheidung zwischen *type* und *token* hingewiesen. Die
Unterscheidung zwischen langue und parole findet sich in ähnlicher Form wieder
in dem von Chomsky eingeführten Begriffspaar *Kompetenz* und *Performanz*.
Chomskys Unterscheidung diente allerdings hauptsächlich zur Bestimmung des
Gegenstands der Generativen Grammatik als Kompetenzforschung mit idealen
Sprecher/Hörer-Situationen (vgl. [Chomsky65:11ff]).

Saussure untersuchte ausschließlich die sprachimmanente Struktur und den
systemhaften Charakter von Sprache als abstraktem Zeichensystem, welches auf
syntagmatischen - Zeichenelemente können mit anderen Elementen zu größeren
Einheiten (Syntagmen) verbunden werden - und *paradigmatischen* - Zeichenelemente können in gegebenen Syntagmen ausgetauscht werden, solche Substituti-
onsklassen heißen Paradigmen - Regularitäten beruht.

Weiterentwickelt wurden die Gedanken Saussures von Morris auf der Grundlage
der Arbeiten von Peirce. Neben Zeichenform und Zeicheninhalt als den beiden zei-
cheninternen Konstituenten berücksichtigen sie in ihren Zeichenmodellen den
Referenzbezug von Zeichen, d.h. das Bezeichnete, und ausdrücklich die Zeichenbenützer als diejenigen, welche die Konventionen der Inbeziehungsetzung von
Zeichen und Bezeichnetem erst herstellen oder festlegen. Peirce unterscheidet drei
Arten der Beziehung zwischen Zeichen und referiertem Gegenstand [Peirce67/
70:324ff]: *Ikon*, *Index* und *Symbol*.

Die Beziehung von Zeichen zu Bezeichnetem beruht bei Ikonen auf einer Ähnlichkeit (etwa bei Piktogrammen), bei Indizes auf einem Folgeverhältnis (etwa Rauch als Zeichen für Feuer). Im Gegensatz dazu erfolgt dieser Bezug bei Symbolen aufgrund von willkürlichen Konventionen bzw. impliziten oder expliziten Verwendungsregeln (vgl. [Peirce55:104ff]). Ikon, Index und Symbol beschreiben Eigenschaften der Beziehung von Zeichen und Bezeichnetem und keine Zeichenklassen, wie häufig falsch dargestellt wird [Eco72:201; Sebeok94:21].

Da in sprachlichen Systemen der *symbolische* Charakter der Zeichenelemente dominiert und deshalb ihr Referenzbezug durch die Zeichenbenützer erst herzustellen ist, muß ein Zeichenmodell, das symbolische Zeichensysteme beschreiben möchte, auch den Zeichenbenützer als vermittelnde, die Verwendungsregeln von Zeichen festlegende Instanz berücksichtigen [Peirce55:274ff]. Der von Peirce [Peirce55:98f] ausgearbeitete und von Morris [Morris38] präzisierte Zusammenhang zwischen Zeichenform, Zeicheninhalt, Bezeichnetem und Zeichenbenützer läßt sich anschaulich als triadisches Zeichenmodell darstellen (Abbildung 4-1; einen Vergleich verschiedener Zeichenmodelle gibt [Eco77:30ff]).

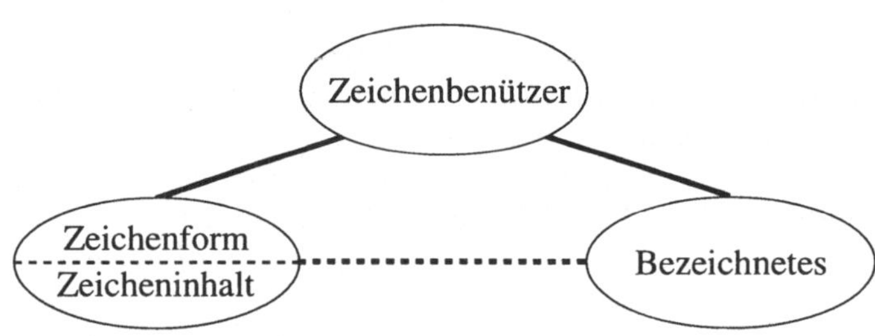

Abb. 4-1: Triadisches Zeichenmodell

Konstituierende, sich „gegenseitig notwendigerweise voraussetzende" Elemente [Hjelmslev 74:53] eines Zeichens sind *Zeichenform* und *Zeicheninhalt*. Die Referenzfunktion eines Zeichens auf ein *Bezeichnetes* ist nur mittelbar gegeben, d.h. dieser Bezug wird erst durch die *Zeichenbenützer* hergestellt. „A sign, or *representamen*, is something which stands to somebody for something in some respect oder capacity" [Peirce55:99]. Ausgehend von diesem Modell, bestimmte Morris als die drei wesentlichen semiotischen Betrachtungsebenen die *Pragmatik,* die *Semantik* und die *Syntaktik* (vgl. [Morris38; Morris88:92ff]). Carnap übernahm diese Dreiteilung von Morris [Morris38] und erläutert ihre Bedeutung folgendermaßen (in späteren Arbeiten erweiterte Morris allerdings sein Verständnis der Semiotik und modifizierte die gegenseitige Abgrenzung dieser drei Bereiche, vgl. [Morris88]):

> If in an investigation explicit reference is made to the speaker, or, to put it in
> more general terms, to the user of a language, then we assign it to the field of
> *pragmatics*. (Whether in this case reference to designata is made or not
> makes no difference for this classification). If we abstract from the user of the
> language and analyze only the expressions and their designata, we are in the
> field of *semantics*. And if, finally, we abstract from the designata also and
> analyze only the relations between the expressions, we are in (logical) *syntax*.
> [Carnap48:9]

Peirce und Morris betonen, daß auf der pragmatischen Ebene bei der Untersuchung des Zeichengebrauchs - der sog. *Semiosis* [Peirce55:284ff; Morris81:363ff] - nicht von den Zeichenbenützern und dem Gebrauchskontext abgesehen werden darf. Da das mit der Einführung einer Normsprache verbundene Ziel aber gerade die benutzer- und kontextinvariante Bedeutungsfestlegung der Fachwörter ist, muß konsequenterweise als Grundlage für die normsprachliche Festlegung begrifflicher Zusammenhänge auf der semantischen Ebene ein Zeichen- oder Begriffsmodell eingeführt werden, das von genau diesen Zeichenbenützern und ihrem konkreten, situationsabhängigen Zeichengebrauch abstrahiert. Im nächsten Abschnitt wird deshalb ein Zeichenmodell (Begriffsmodell) eingeführt, das einerseits von den Zeichenbenützern absieht, andererseits aber die für die Bedeutungsfestlegung wichtigen Zusammenhänge zwischen Zeichenform, Zeicheninhalt und Bezeichnetem präzisiert (vgl. Abbildung 4-11).

Indem Peirce und Morris die wesentliche Rolle der Zeichenbenützer auf der pragmatischen Ebene thematisierten, leiteten sie eine Entwicklung ein, die nicht mehr nur die Muster und Regelmäßigkeiten der Sprache als abstraktes System (langue), sondern auch die Muster und Regelmäßigkeiten des Sprachgebrauchs (parole) als Manifestationen dieses abstrakten Systems im kommunikativen Umgang zu verstehen versuchte. Saussures Zeichenverständnis wurde damit umfassend durch eine handlungsbezogene Perspektive erweitert, nach der Reden (oder Schreiben) als Aktualisierung von Zeichenschemata ebenso als Handlung aufzufassen ist, wie beispielsweise das Tangotanzen als Aktualisierung verschiedener erlernter Grundschritte und Figuren des Tangotanzes betrachtet werden kann. Knapp drückt dies Kamlah aus, wenn er schreibt: „Zeichen sind vereinbarte Handlungsschemata" [Kamlah73:62].

Zur Beschreibung der grundlegenden Funktionen dieser Aktualisierungen von Zeichen als Handlungsschemata in Kommunikationssituationen wurden eine Reihe unterschiedlicher Kommunikationsmodelle entwickelt. Das in diesem Zusammenhang in der Informatik oft beschriebene Modell von Shannon und Weaver [Shannon49] ist hier allerdings weniger zweckmäßig, da in diesem Modell vollständig von Inhalt und Referenz der übermittelten Zeichen abgesehen wird, um die den Übertragungsprozessen zugrundeliegenden (technischen) Gesetzmäßigkeiten zu beschreiben. Zum Verständnis der Kommunikationsprozesse in den frühen Phasen der Anwendungsentwicklung eignen sich eher sprach- und sozialwissenschaftliche Kommunikationsmodelle (vgl. [Lehner95:142f]). Interessant ist vor allen Dingen das in jüngster Zeit wieder populär gewordene *Organon-Modell* von Bühler [Bühler34:24ff] und Jakobsons *Kommunikationsmodell* [Jakobson60; Jakobson 80:81ff].

Bühler nennt im Organon-Modell (*organon*, griech. Werkzeug) drei Funktionen von Sprache, welche im Rahmen der Kommunikation als Zeichenübertragung von einem Sender zu einem Empfänger zu unterscheiden sind [Bühler34:28ff]: Sie dient dazu, Gegenstände bzw. Sachverhalte zu repräsentieren (*Darstellungsfunktion*), Emotionen auszudrücken (*Ausdrucksfunktion*) und den Kontakt zwischen Individuen herzustellen, zu erhalten und abzubrechen (*Appellfunktion*). Bühler empfand die Darstellungsfunktion als die weitaus wichtigste und interessanteste: „Ich denke es war ein guter Griff PLATONS, wenn er im Kratylos angibt, die Sprache sei ein *organum*, um einer dem anderen etwas mitzuteilen über die Dinge.“ [Bühler34:24] (vgl. auch [Bühler27:47ff]). Abbildung 4-2 stellt Bühlers sehr einprägsames Organonmodell dar.

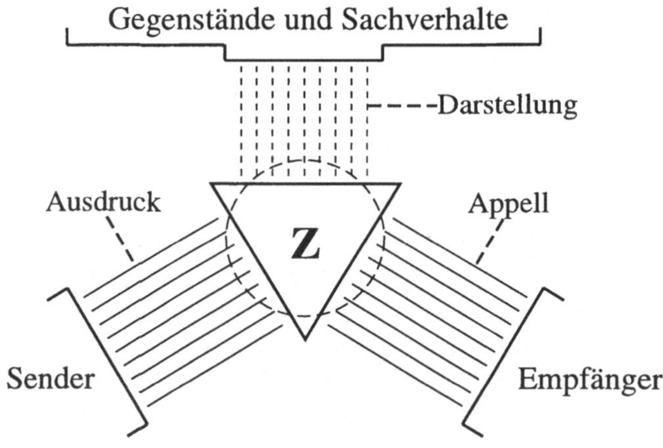

Abb. 4-2: Organonmodell von Bühler [Bühler34:28]

Jakobsons Kommunikationsmodell (vgl. Abbildung 4-3) ist als eine Erweiterung der Arbeiten Bühlers aufzufassen. Für den Fachentwurf ist dieses Modell hauptsächlich wegen der Berücksichtigung einer metasprachlichen Funktion interessant. Ähnlich wie Bühler unterscheidet Jakobson bezüglich Sender und Empfänger eine *emotive* und eine *konative* Funktion. Unter emotiv versteht Jakobson die ausschließlich senderbezogene Funktion, verbunden mit der Sprachäußerung Stimmungen im Kommunikationsprozeß auszudrücken. Demgegenüber ist die konative (appellative) Funktion ausschließlich empfängerbezogen, d.h. durch die Rede können beim Empfänger bestimmte (verhaltens- oder gefühlsmäßige) Reaktionen bewirkt werden.

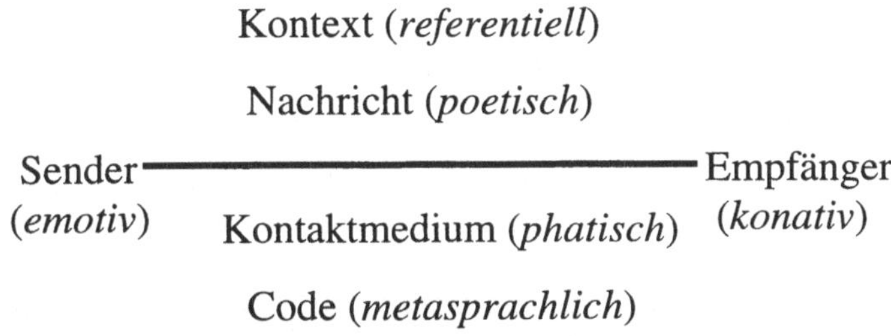

Abb. 4-3: Kommunikationsmodell von Jakobson [Jakobson60]

Neben emotiver und konativer Funktion unterscheidet Jakobson vier weitere Funktionen sprachlicher Kommunikation, die in konkreten Äußerungen unterschiedlich ausgeprägt auftreten. Die *referentielle* Funktion - sprachliche Äußerungen können auf außersprachliche Gegebenheiten Bezug nehmen - entspricht Bühlers Darstellungsfunktion. Weniger wichtig in der fachsprachlichen Kommunikation sind die *poetische* und die *phatische* Funktion von Äußerungen. Mit poetischer (ästhetischer) Funktion ist gemeint, daß sprachliche Äußerungen in ihrer Darstellungsart variiert werden können, etwa als Reim. Dienen Äußerungen in erster Linie dem Herstellen, Aufrechterhalten oder Abbrechen einer Kommunikationsverbindung - etwa das »Hallo?« am Telefon -, so dominiert ihrer phatische Funktion.

Wesentlich für das Verständnis von Kommunikation in der Anwendungsentwicklung ist Jakobsons Hinweis auf die *metasprachliche* Funktion sprachlicher Äußerungen, d.h. das Reden über das Reden. Üblicherweise steht bei der Sammlung von Aussagen zunächst deren referentielle Funktion im Vordergrund. Anwender, Fachexperten und Systementwickler beziehen sich in ihren Äußerungen auf Gegenstände und Sachverhalte des Anwendungsbereichs. Immer dann, wenn in diesem Kommunikationsprozeß Teile nicht verstanden oder akzeptiert werden, muß diese sachbezogene, objektsprachlich dominierte Rede zugunsten einer metasprachlich dominierten Reflexion unterbrochen werden. Metasprachliche Reflexion im Sinne Jakobsons wird in der Kommunikation normalerweise nicht explizit gemacht [Schlieben-Lange79:76]. Als diskursive Verständigung tritt sie erst in den Vordergrund, wenn Teile der sachbezogenen Rede in Frage gestellt werden.

Deutlich angezeigt wird der Wechsel von der sachbezogenen Ebene zur meta-sprachlichen Ebene der Kommunikation etwa durch Äußerungen wie »Was meinen Sie damit?«, »Ist das wirklich so?«, »Meinen Sie das wörtlich?« oder »Dem kann so aber nicht zugestimmt werden!«.

Eine ähnliche Unterscheidung trifft auch Habermas mit seiner Differenzierung zwischen *kommunikativem Handeln* und *Diskurs* als Kommunikationsformen:

> Wir können mithin zwei Formen der Kommunikation (oder der »Rede«) unterscheiden: *kommunikatives Handeln* (Interaktion) auf der einen Seite, *Diskurs* auf der anderen Seite. Dort wird die Geltung von Sinnzusammenhängen naiv vorausgesetzt, um Informationen (handlungsbezogende Erfahrungen) auszutauschen; hier werden problematisierte Geltungsansprüche zum Thema gemacht, aber keine Informationen ausgetauscht. In Diskursen suchen wir ein problematisiertes Einverständnis, das im kommunikativen Handeln bestanden hat, durch Begründung wiederherzustellen: in diesem Sinne spreche ich fortan von (diskursiver) *Verständigung*. [Habermas71:115]

Die von Habermas gewählten Bezeichnungen zur Unterscheidung dieser beiden Formen der Kommunikation dürfen allerdings nicht insofern mißverstanden werden, als auch der *Diskurs* eine Form des *kommunikativen Handelns*, des Sprach-handelns ist: „Sprechen ist Handeln" [Schneider75:11].

4.1.2 Sprachhandeln

„Unser Zugang zu den Dingen und unser Umgang mit ihnen vollzieht sich im Sprachhandeln" [Leinsle92:90]. Diese für die Erschließung eines Anwendungsbe-reichs wesentliche Grundthese konstruktiver Anwendungsentwicklung gilt es nachfolgend zu erläutern. Vom Handlungscharakter des Sprechens ausgehend, wird die Frage, wie Wissen über die Gegenstände des Anwendungsbereichs zu erheben ist, transformiert zur Frage des Gegenstandsbezugs des Handelns: in wel-cher Weise erfassen wir Gegenstände im handelnden Umgang mit ihnen?

Um die Voraussetzungen und Implikationen dieser pragmatisch fundierten Aus-richtung des Entwicklungsprozesses deutlich zu machen, wird zunächst der Begriff des Handelns geklärt, um dann vertiefend das Sprachhandeln zu betrachten. Die Explizierung des Handlungsbegriffs ist zum einen dadurch motiviert, daß die Erschließung bzw. Rekonstruktion eines Anwendungsbereichs in (Sprach-)Hand-lungen erfolgt. Zum anderen können aber natürlich die Gegenstände dieses (Sprach-)Handelns ihrerseits wieder Handlungen sein - ein Ziel der Anwendungs-entwicklung ist ja gerade die geeignete Automatisierung dieser Handlungen, etwa als Transaktionen in Datenbanksystemen.

Mit dem Ziel einer begrifflichen Klassifikation anhand von unterscheidenden Merkmalen läßt sich *Handeln* zunächst als beabsichtigtes *Tun* eines Handelnden begreifen (vgl. [Gethmann87:220]). Harras drückt dies durch die Gleichung »Handlung = Tun + Absicht« aus [Harras83:19]. Angelehnt an den intentionalistischen Standpunkt Ryles [Ryle52] und Wrights [Wright77] darf die Absichtlichkeit oder Intention aber nicht als eigene Handlungskomponente interpretiert werden, vielmehr besteht die Absicht im Tun selber, also darin, bewußt handelnd eine bestimmtes Handlungsziel zu verfolgen (vgl. dazu [Kambartel80:98f]).

Handeln als beabsichtigtes und damit ausdrücklich auch personengebundenes Tun [Kamlah72:34ff; Lorenzen87] - Beispiele sind etwa das Ausleihen oder Lesen eines Buches durch einen Bibliotheksbenutzer - läßt sich nach Gethmann unterscheiden von *Verhalten* als nicht beabsichtigtem Tun - wie etwa das Niesen einer Person während des Lesens. *Tun* als Oberbegriff von Handeln und Verhalten ist veranlaßtes *Geschehen*, nicht veranlaßte, selbständig ablaufende Geschehnisse sind demgegenüber *Vorgänge* [Gethmann87:220] oder *Bewegungen* [Lorenzen80: 79; Hartmann90:49]. Diese Unterscheidungen zur Einordnung und Abgrenzung von Handlungen zusammenfassend, schreibt Leinsle:

> Methodisch kann eine Handlung deshalb verstanden werden als eine 'Verhaltung' in Beantwortung einer Aufforderung und um eines Zweckes willen. Die Aufforderung entspricht der Veranlassung, die Zweckgerichtetheit der Beabsichtigung durch das Subjekt. [Leinsle92:36]

Weiter unten fügt Leinsle an: „Handlungen sind zudem *zeitliche Abläufe*. Darin unterscheiden sie sich im alltäglichen Verständnis von den 'Dingen' unserer Welt" [Leinsle92:36]. Mit *Gegenstand* als Oberbegriff von *Geschehnis* und *Ding* ergibt sich damit die in Abbildung 4-4 auf der folgenden Seite dargestellte Einordnung von Handlungen in ein mögliches, in dieser Form sicherlich unvollständiges Klassifizierungsschema für Gegenstände. *Gegenstand* ist nach Tugendhat alles, „wofür man das Wort 'etwas' gebrauchen kann" [Tugendhat89:147] und was damit prinzipiell durch einen Eigennamen oder eine Kennzeichnung benennbar ist.

Als allgemeine Konstruktionsprinzipien für Gegenstände gelten gemäß diesem Klassifizierungsschema die Abstraktion und Komposition auch für Handlungen. Als Subsumtion führt die Abstraktion von individuellen, konkreten (raumzeitlichen) Handlungen zum Handlungstyp. Extensional kann eine Menge von Handlungen unter einem Handlungstyp als dessen Aktualisierungen subsumiert werden. Goldmann führt zur Unterscheidung von Handlungstyp und aktualisierter Handlung in Anlehnung an die Peircesche Unterscheidung von type und token in [Goldman70:10] die Termini *act-types* und *act-tokens* ein.

Durch Abstraktion können Inklusionsbeziehungen zwischen Handlungstypen gebildet werden, beispielsweise die Abstraktion des Handlungstyps »Laufen« zum Handlungstyp »Fortbewegen«. Orthogonal zur Abstraktion lassen sich durch eine Komposition Handlungen oder Handlungstypen zu komplexen Handlungen oder Handlungstypen zusammensetzen. Das konkrete Prüfen eines Exemplaranschaffungsvorschlags durch die Sachbearbeiterin Müller am 21.03.1995 um 13$^{\underline{15}}$ ist beispielsweise eine Aktualisierung des Handlungstyps »Exemplaranschaffungsvorschlagsprüfung«. Alle aktualisierten Prüfungen von Exemplaranschaffungsvorschlägen werden unter diesen Handlungstyp subsumiert. Die Komposition dieses Handlungstyps mit »Exemplaranschaffungsvorschlagserfassung« und »Exemplaranschaffungsvorschlagsbestätigung« führt zum Handlungstyp »Exemplaranschaffungsvorschlagsannahme«.

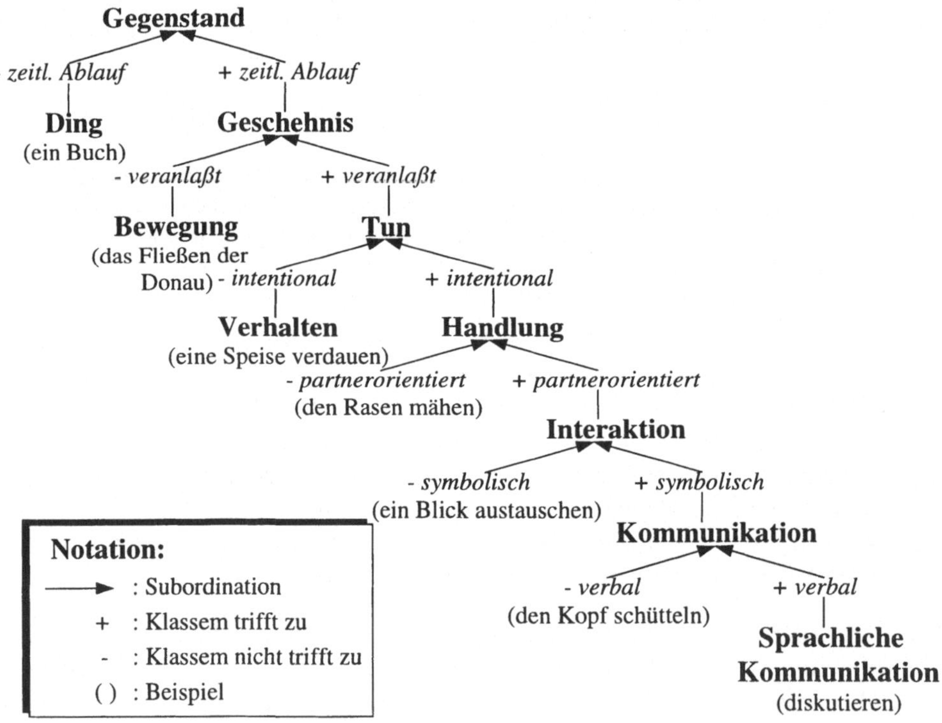

Abb. 4-4: Einordnung von Handlungen in ein Klassifizierungsschema für Gegenstände

Eine konkrete Handlung als Aktualisierung eines Handlungsschemas ist aufgrund der bisherigen Unterscheidungen ein zeitlich abhängiges zweckgerichtetes Tun aufgrund einer Veranlassung oder Aufforderung. *Veranlassung* ist zu verstehen als das Vorliegen einer Situation, die das Handlungssubjekt zur Aktualisierung eines Handlungsschemas anregt. Eine Veranlassung ist etwa die Aufforderung »Leihe dieses Exemplar aus!«, worauf die oder der Aufgeforderte eine konkrete Handlung des Handlungstyps »Exemplarausleihe« ausführen - oder auch unterlassen - kann. Die wiederholte Möglichkeit der Aktualisierung eines solchen Handlungsschemas auf eine Aufforderung hin ist sowohl Hinweis für die Handlungskompetenz des Handelnden als auch Voraussetzung für die Lehr- und Lernbarkeit von Handlungen und damit für deren Verstehbarkeit. Die potentiell wiederholbare Aktualisierung von Handlungen in Lehr- und Lernsituationen zur Sicherstellung des Verstehens wird deshalb oft als ein primäres Charakteristikum von Handlungen genannt (vgl. dazu [Gethmann79:69f; Lorenzen87:243ff; Lorenz90:95f; Leinsle92:34ff]) - Lorenz fordert gar: „Was nicht zu verstehen ist, soll auch nicht Handlung genannt werden" [Lorenz70:153].

Zusammenfassend rekonstruiert Leinsle eine Handlung als eine zeitlich gebundene, lehr- und lernbare, wiederholbare und zweckgerichtete Befolgung einer Aufforderung durch eine Person (vgl. [Leinsle92:246]). Diese von Leinsle genannten Eigenschaften von Handlungen dürften als notwendige Voraussetzungen für eine mögliche Automatisierung von Geschehnissen des Anwendungsbereichs angesehen werden. Geschehnisse, die im Sinne der Klassifizierung von Abbildung 4-4 keine Handlungen sind, also etwa nicht-veranlaßte Bewegungen oder nicht-intentionales Verhalten, sind in der Anwendungsentwicklung nur insofern relevant, als diese Bewegungen oder dieses Verhalten zu simulieren oder zu kontrollieren sind und damit für die Anwendung selbst wiederum ein Handlungscharakter gegeben ist.

Dieser Handlungscharakter von Geschehnissen ist für eine konstruktive Anwendungsentwicklung insofern wesentlich, als aufgrund der genannten Handlungscharakteristika eine pragmatische Fundierung des Entwicklungsprozesses möglich wird. Entsprechend Dinglers Feststellung: „Es sind also stets *Handlungen*, auf die es ankommt. Und es ist möglich [...], *zuletzt alles auf Handlungen zurückzuführen*" [Dingler31:90], können durch den Rückgriff auf wiederholbare, lehr- und lernbare Handlungen nämlich auch theoretische Konstrukte pragmatisch begründet werden. Die Einführung von Junktoren und Quantoren in der dialogischen Logik durch Lorenz und Lorenzen ist ein Beispiel für diese operative Lösung des Anfangsproblems [Lorenz72; Lorenzen87:61ff].

Da das Erreichen von Handlungskompetenz und das Verstehen einer Handlung letztlich gleichgesetzt wird - verwiesen wird im Konstruktivismus gern auf Kants bekannte Formel, daß wir nur verstehen, was wir machen können (vgl. dazu [Janich93]) -, ist die Lehr- und Lernbarkeit von Handlungen Voraussetzung für eine *verläßliche* pragmatische Fundierung. In diesem Sinne würde beispielsweise

ein pragmatisch fundiertes Verstehen oder Erlernen des Handlungsschemas
»Exemplarvormerkung« im Wechsel von *Anführungshandlungen* und *Ausführungshandlungen* bestehen [Lorenz90:113f] - etwa in der exemplarischen, wiederholten Demonstration der Handlung durch den Fachexperten und im Nachahmen des Systemanalytikers. Der Systemanalytiker versteht diese Handlung - hat die notwendige (Handlungs-) Kompetenz für die Implementierung dieser Handlung in einem Anwendungssystem erreicht -, wenn er das allgemeine Handlungsschema »Exemplarvormerkung« situationsgerecht aktualisieren kann und damit die notwendigen Voraussetzungen (Vorbedingungen) und Wirkungen (Nachbedingungen) sowie das Verlaufsschema (Algorithmus) der Handlung erlernt hat.

Solche expliziten Lernsituationen werden sicherlich in der Anwendungsentwicklung weitgehend die Ausnahme bleiben, da die Beteiligten nicht alles „von vorne" lernen müssen, sondern eher eine Sprachreformsituation vorliegt, „in der im wesentlichen die Umgangssprache von Auswüchsen und Unklarheiten gesäubert wird" [Looser74:115]. Methodisch dienen diese (fingierten) Lernsituationen vor allem dazu, sprachliche Handlungsschemata letztlich auf nicht-sprachliche Handlungen zurückführen zu können - etwa das Erlernen eines Zeichenhandlungsschemas »CD-ROM« für ein Dingschema durch das Zeigen auf eine konkrete CD-ROM und das Aussprechen des Wortes »CD-ROM« (vgl. dazu auch [Lorenz70:167; Kamlah73:98]).

In der Anwendungsentwicklungspraxis wird sich dieses Handeln deshalb auch meist auf die sprachliche Kommunikation im Sinne einer symbolischen, verbalen Interaktion beschränken (vgl. Abbildung 4-4; die Klassifizierung sprachlicher Kommunikation ist [Linke91:171] entnommen, eine umfangreichere Klassifikation verschiedenster sprachlicher Kommunikationsformen aus soziolinguistischer Sicht gibt [Kniffka80:27]). Dabei erlaubt die Repräsentationsfunktion der Sprache in der Kommunikation die Bezugnahme auf Gegenstände, ohne daß die Gegenstände selber zur Exemplifizierung von Aussagen gegenwärtig sein müssen. Systemisch wird durch diese Bezugnahme auf Gegenständen in Aussagen deren sprachliche Unterscheidung vorausgesetzt.

Als grundlegende Unterscheidungshandlung verbindet die *Prädikation* nicht-sprachliches und sprachliches Handeln (vgl. dazu [Mittelstraß67; Schneider79]). In der Prädikation wird zunächst auf einen Gegenstand Bezug genommen und anschließend diesem Gegenstand eine Eigenschaft zugesprochen oder abgesprochen (vgl. die hervorragende Untersuchung der Prädikation von Strawson [Strawson72:175ff]). Prädikation als *Bezugnahme* (Referenz) und *Beschreibung* (Deskription) wird besonders deutlich in der situationsbezogenen Deixis, d.h. der hinweisenden Geste auf einen Gegenstand und der näheren Beschreibung des durch diese Geste in der Rede eingeführten Gegenstands, dargestellt etwa durch

Aussagen wie »Dieser Gegenstand ist ein Buch« oder »Dieser Gegenstand ist kein Microfiche«. Bezugnahme und Beschreibung sind keine unterschiedlichen Teilhandlungen der Prädikation: erst die Verbindung von Bezugnahme und Beschreibung führt zur Gliederung eines Gegenstandsbereichs:

> Gegenstände bestimmen und Aussagen über sie machen sind keine - am Anfang - trennbaren Tätigkeiten. Die Gegenstände »gibt es nicht« schlicht, vielmehr werden sie aus der zunächst ungegliederten Umgebung nach gewissen Gesichtspunkten ausgegrenzt. Jeder Prädikator ist ein solcher Gesichtspunkt. [Lorenz76:255]

Als „sprachlich fundamentale Handlung" [Mittelstraß74:150] bildet die Prädikation den Ausgangspunkt der (sprachlichen) Orientierung im Anwendungsbereich und somit das methodische Fundament einer sprachlichen Rekonstruktion und eines normierten Sprachaufbaus. Das Handlungsschema der Prädikation wird sprachlich aktualisiert durch das Prädizieren. Da der in dieser Handlung einem Gegenstand zugesprochene Prädikator wiederum als Aktualisierung eines Handlungsschemas aufzufassen ist - Prädikatoren sind vereinbarte Zeigehandlungsschemata [Kamlah73:62] -, kann die Zirkelhaftigkeit sprachlicher Festlegungen letzlich nur durch Rückgriff auf nichtsprachliche Lehr- und Lernsituationen vermieden werden.

Aufgrund dieser pragmatischen Grundlegung muß der Gegenstandsbezug sprachlicher Aussagen und damit die Repräsentationsfunktion der Sprache durchgängig handlungsbezogen verstanden werden [Leinsle92:109]. Sprachliche Schemata sind keine Abbilder von „wirklichen" Strukturen des Anwendungsbereichs, sondern pragmatisch begründete Konstruktionen als Ergebnis zweckgerichteten Handelns aufgrund von Vereinbarung - also Sprachhandeln.

Zur Untersuchung und Beschreibung gegebenen Sprachhandelns im Anwendungsbereich wurden in der linguistischen Pragmatik eine Reihe von Forschungsrichtungen verfolgt. Als linguistisch-pragmatische Grundlage bekannter Erhebungstechniken sind für die Anwendungsentwicklung besonders die folgenden vier Bereiche relevant:

- **Indexikalische Ausdrücke.** In einigen grundlegenden Arbeiten von Bar-Hillel, Montague und Lewis wird untersucht, wie die Bedeutungsbestimmung von kontextabhängigen Aussagen mit indexikalischen, deiktischen Ausdrücken (etwa »ich«, »morgen« oder »hier«) durch die Beschreibung der Äußerungsumstände dieser Aussagen möglich wird (vgl. [Cresswell 73:109; Schnelle73:236ff]). Von Cresswell wird dieser Forschungsbereich als „semantische Pragmatik" bezeichnet [Cresswell73:238].

- **Sprechakte.** Vom Handlungscharakter des Sprechens ausgehend, untersucht die Sprechakttheorie, welche Arten von Handlungen mit Äußerungen vollzogen werden und welche Regularitäten in diesem Handlungsvollzug auftreten können. Beeinflußt durch die späten Arbeiten Wittgensteins [Wittgenstein80a], trugen inbesondere Austin und Searle [Austin62; Searle69] wesentlich zur Klärung sprachlicher Handlungsmuster bei.

- **Implikaturen.** Als „pragmatische Pragmatik" [Cresswell73:238] bezeichnet, dienen die von Grice eingeführten Implikaturen dazu, den vom Sprecher intendierten, aber nicht explizit verbalisierten Bedeutungsgehalt einer Äußerung in einem Reinterpretationsprozeß offenzulegen. Ausgehend von der Kooperationsbereitschaft der Gesprächspartner [Grice 75:45], werden Äußerungen dahingehend reinterpretiert, daß sie mit den vier Konversationsmaximen - *Relevanz, Wahrheit, Klarheit* und *Information* (Leech nennt noch *Höflichkeit* [Leech89]) - verträglich sind.

- **Diskursanalyse.** Die sehr stark verhaltenswissenschaftlich ausgerichtete Diskursanalyse versucht Fragen der Produktion und des Verstehens größerer sprachlicher Einheiten - als mündliche Kommunikationsform Gespräche, als schriftliche Kommunikationsform Texte - zu klären (vgl. [Coulthard86; Givón89]). Als Teil einer pragmatisch fundierten Diskursanalyse gilt heutzutage auch die Textlinguistik - Mey bezeichnet dieses Bereich zusammenfassend als „Makropragmatik" [Mey93:181].

Inzwischen sind diese teilweise sehr unterschiedlichen Ansätze in eine Vielzahl von Erhebungs- bzw. Rekonstruktionstechniken und Entwicklungsmethoden eingeflossen, wobei vor allem die Sprechakttheorie in der Folge der Arbeiten von Winograd und Flores im Bereich des Workflow-Managements und der Bürokommunikation Beachtung fand [Winograd86]. Der starke anglo-amerikanische Einfluß führte allerdings leider zum einen dazu, daß die sehr viel ältere Tradition linguistischer Methoden in der Anwendungsentwicklung im skandinavischen Raum nur wenig beachtet wurde (vgl. etwa [Floyd89; Andersen91; Hirschheim92; Johannesson95]), zum anderen, daß auch interessante alternative Ansätze - im Bereich der Sprechakttheorie etwa die Arbeiten von Wunderlich oder von Habermas zu einer allgemeinen kommunikativen Handlungstheorie [Wunderlich76; Habermas81] - nicht die gebührende Aufmerksamkeit fanden.

4.1.3 Erhebungstechniken

Beim Einsatz von linguistischen Methoden und auf diesen Methoden beruhenden Erhebungstechniken gilt es in einer konstruktiven Anwendungsentwicklung zu beachten, daß die Untersuchung und Explikation gegebenen Sprachhandelns in der Phase Aussagensammlung nur der erste Schritt im Rekonstruktionsprozeß ist. Voraussetzung für den Einsatz von Erhebungstechniken ist deshalb die Kommunizierbarkeit und intersubjektive Überprüfbarkeit der erzielten Ergebnisse, um in einem rationalen Prozeß deren Legitimation bzw. globale Geltung herstellen zu können (vgl. zur Notwendigkeit der Begründung und Ergebniskorrektur auch [Morik87]).

Aus dieser Forderung folgt beispielsweise, daß beim *(Rapid) Prototyping* die Nachdokumentation der Prototypingergebnisse organisatorisch sichergestellt werden muß. Bemerkenswert ist in diesem Zusammenhang die Tatsache, daß auch die Autoren des *KADS*-Ansatzes (*Knowledge Acquisition and Documentation System*) [Breuker89; Wielenga92] eine Abkehr von der Vorgehensweise des Rapid Prototyping vollziehen und stattdessen eine stufenweise Untersuchung und Dokumentation einer Problemstellung in einem Analysemodell empfehlen. Ansonsten sind abhängig vom jeweiligen Erhebungszweck und dem Erhebungskontext die jeweils angemessenen Erhebungstechniken auszuwählen und kombiniert einzusetzen.

Einen Überblick wichtiger - in der Literatur zum Software Engineering und zur Wissenakquisition empfohlener und bewerteter - Erhebungstechniken gibt die Abbildung 4-5 auf der folgenden Seite (eine umfangreiche Verweisliste ist [Boose93] zu entnehmen). Alle Erhebungstechniken werden aus der Sicht des Erhebenden hinsicht des *Erhebungsziels*, der *Erhebungsart*, des *Erhebungsaufwands* und ihrer *Eignung*, relevante Aussagen zu den im Spezifikationsrahmen festgelegten Beschreibungsaspekten zu liefern, beurteilt.

Anhand des Erhebungsziels wird angegeben, ob sich eine bestimmte Erhebungstechnik eher für die *Sammlung* von Aussagen (*collection*), für die *Verfeinerung* (*refinement*) oder für die *Kontrolle* (*verification* und *valididation*) von bereits erhobenem Wissen eignet (vgl. [Guida94:215f]). Die Erhebungsart gibt an, wie die Erhebungsquelle ihr Wissen zur Verfügung stellt. Erhebende Instanz und Quelle können miteinander in einem *Dialog* kommunizieren, die Erhebungsquelle kann ihr Wissen in einem *Monolog* weitergeben oder die Wieder- bzw. Weitergabe von Wissen ist nur in einem Problemlösungsprozeß durch *Selbsterkenntnis* - Karbach spricht von *indirekten Erhebungstechniken* [Karbach90:92ff] - möglich. Durch den Erhebungsaufwand wird der Ressourceneinsatz, d.h. inbesondere die Erhebungszeit mit notwendiger Vor- und Nachbereitung, beurteilt. Durch die Gegenüberstellung mit den im Spezifikationsrahmen festgelegten Beschreibungsaspekten wird schließlich angegeben, inwieweit sich diese Techniken zur Aussagenerhebung spezifischer Beschreibungsaspekte eignen (vgl. dazu [Cordingley89:158; Lenz 91:196; Biébow94]; Einschränkungen werden als integraler Bestandteil der übrigen Beschreibungsaspekte nicht gesondert aufgeführt).

Bewertungskriterium / Erhebungstechnik	Erhebungsziel	Erhebungsart	Erhebungsaufwand	Eignung für die Beschreibungsaspekte					
				statisch		funktional		dynamisch	
				Attribute	Beziehungen	Fähigkeiten	Interaktionen	Wandlungen	Reihenfolgen
Tutorielles Interview	S	M	M	=?	=?	+	=?	=?	+
Strukturiertes Interview	S,V	D	M	+	+	+	=?	=?	+
Textfragmentierung	S	M	M	=?	+	+	=?	=?	+
Texttransformation	S	M	H	+	+	=?	+	=?	+
Fokussiertes Interview	S,V,K	D	H	+	+	++	+	+	++
Construct-Sorting	V,K	S	M	+	++	-	-	-	-
Konstruktgitter	V,K	S	M	++	++	-	-	-	-
Kreativitätstechniken	S,V,K	D	G	=?	=?	=?	=?	=?	+
Schriftliche Befragung	S	M	M	+	+	+	=?	=?	=?
Lautes Denken	S,V,K	M	H	=?	=?	+	=?	+	+
Workshop	S	D	H	+	+	+	=?	=?	=?
Indirekte Beobachtung	V,K	M	M	-	-	+	=?	-	+
Direkte Beobachtung	V,K	D	H	=?	=?	+	+	=?	+
Mitarbeit	S,V,K	S	H	=?	=?	++	+	+	++
retro. Protokollanalyse	V,K	S	H	-	-	+	=?	=?	++
begl. Protokollanalyse	V,K	S	M	-	-	+	+	+	++
Aufgabenanalyse	S,V,K	S	H	+	=?	++	+	=?	=?
Prototypentheorie	V,K	S	H	+	++	=?	-	-	-
Conceptual Clustering	V,K	S	M	+	++	=?	-	-	-
Review	V,K	D	M	=?	=?	+	=?	+	++
Szenarienanalyse	S,V,K	S	H	=?	-	+	+	++	++
Use Cases	S,V,K	S	M	=?	-	+	++	+	++
CRC-Cards	S,V,K	S	H	+	=?	++	++	=?	+

Erhebungsziel	*Erhebungsart*	*Erhebungsaufwand*	*Eignung*
S: Sammlung	*D: Dialog*	*H: Hoch*	*++: Sehr gut:*
V: Verfeinerung	*M: Monolog*	*M: Mittel*	*+: Gut*
K: Kontrolle	*S: Selbsterkenntnis*	*G: Gering*	*=?: Bedingt*
			-: Schlecht

Abb. 4-5: Beurteilung von Erhebungstechniken

Nach Abb. 4-5 eignet sich beispielsweise die *Indirekte Beobachtung* für die Verfeinerung und Kontrolle erhobener Aussagen. Die Erhebungsart ist ein Monolog, der Erhebende übt keinen unmittelbaren Einfluß auf die Erhebungsquelle aus. Der Aufwand für die Erhebung ist mäßig, notwendig ist ein ausreichendes Vorwissen von seiten des Erhebenden. Die indirekte Beobachtung eignet sich zur Erhebung von Aussagen über die Reihenfolge und die Art von Tätigkeiten, ansonsten ist sie eine wenig effektive und effiziente Erhebungstechnik [Guida94:227].

Geordnet ist diese Liste von allgemeineren hin zu immer spezifischeren, zeitlich im Rekonstruktionsprozeß später einsetzbaren Erhebungstechniken. Um sich in einer ersten Orientierungsphase mit dem Anwendungsbereich vertraut zu machen und erste Problemcharakteristika zu identifizieren, empfehlen sich in frühen Zyklen des Rekonstruktionsprozesses die Durchführung eines Tutorials, das Führen von Interviews und Fachgesprächen sowie das Lesen von Fachliteratur (Textfragmentierung, Texttransformation). Durch Workshops, Protokollanalysen und fokussierte Interviews mit Szenarien- oder Aufgabenanalysen werden in späteren Zyklen des Rekonstruktionsprozesses gezielt weitere Aussagen erhoben.

Neben diesen *epipraktischen* Erhebungstechniken (vgl. [Bühler34:164] - die Gegenstände der Rede sind in der Erhebungssituation nicht unmittelbar präsent) ist es oft sinnvoll und notwendig, *empraktische* Techniken (vgl. [Bühler34:155f] - die Gegenstände der Rede sind vorhanden oder werden explizit durch nichtsprachliche Handlungen hergestellt) zur Aussagensammlung einzusetzen. Durch empraktische Techniken wie Mitarbeit oder teilnehmende Beobachtung lassen sich bekannte Schwierigkeiten der Wissensakquisition bzw. des Requirements Engineering zumindest teilweise vermindern. Diese Schwierigkeiten liegen u.a. darin, daß die Fachexperten ihr Fachwissen nicht artikulieren können (*knowledge engineering paradoxon*, vgl. [Laske89:4; Kurbel90:487]), Fachabteilungen nur sehr vage Vorstellungen vom späteren Einsatzbereich eines Anwendungssystems besitzen und Anwender oder Fachexperten die durch die Einführung eines Anwendungssystems bewirkten Veränderungen im Anwendungsbereich nicht frühzeitig antizipieren.

Bei einer solchen Klassifizierung und Beurteilung verschiedenster Erhebungstechniken auf der Grundlage der genannten Literatur ist zu beachten, daß in einer konkreten Erhebungssituation eine Reihe weiterer Einflußfaktoren - etwa die Art und Komplexität des Anwendungsbereichs, die Verfügbarkeit von Wissensquellen und der Wissensstand befragter Personen (Laie bis Experte) - berücksichtigt werden müssen, um die geeignete Erhebungstechnik auszuwählen (vgl. [Shadbolt89; LaFrance89; Lenz91:157ff]).

4.1.4 Ergebnis der Phase Aussagensammlung

Im Zyklus des Rekonstruktionsprozesses ist das Ergebnis der Phase Aussagensammlung eine Liste umgangssprachlicher Aussagen. Für die Entwicklung einer Bibliotheksverwaltung könnte ein erhobenes umgangssprachliches Szenario nach der Notation von Rumbaugh [Rumbaugh91] etwa folgendermaßen lauten (Abbildung 4-6):

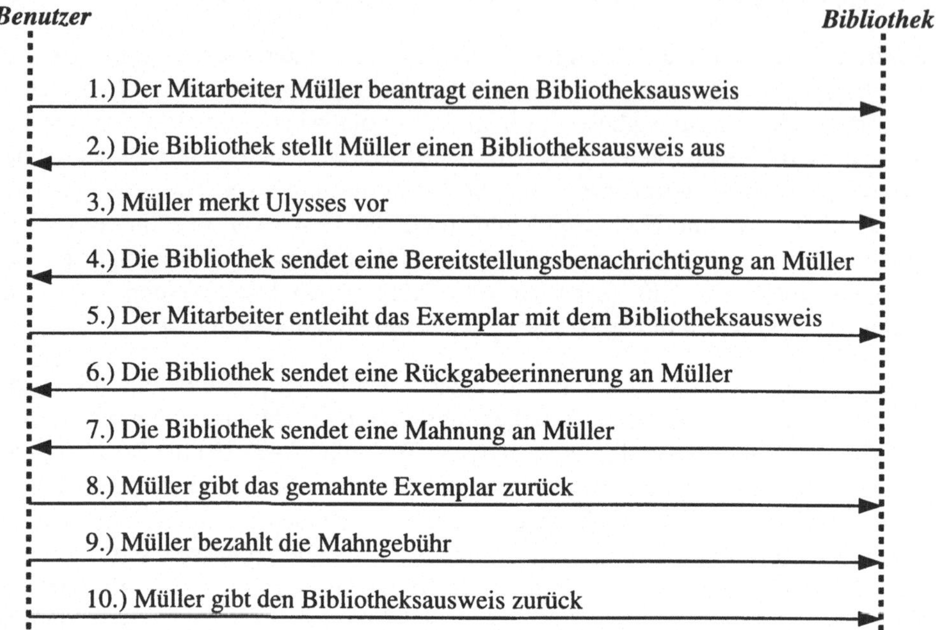

Abb. 4-6: Einfaches Szenario in einer Bibliothek

Untersucht man die so erhobenen Aussagen genauer, so stellt man häufig syntaktische und semantische Mehrdeutigkeiten und Widersprüchlichkeiten fest. Beispielsweise ist die fünfte Aussage des dargestellten Szenarios syntaktisch mehrdeutig, da die Präpositionalphrase »mit dem Bibliotheksausweis« sowohl als selbständige Konstituente der Verbalphrase als auch alternativ als Attribut von »das
Exemplar« abzuleiten wäre (vgl. [Buchholz94:6]). Abbildung 4-7 stellt die beiden
möglichen Syntaxbäume dar.

Trotz solcher oder ähnlicher Ambiguitäten werden potentiell mehrdeutige Aussagen zwar durch die Einbeziehung des jeweiligen Ko- und Kontextes und durch das
Welt- und Fachwissen der beteiligten Personen in einer konkreten Äußerungssitua-
tion zumeist richtig interpretiert. Da im weiteren Entwicklungsprozeß dieser Ko-
text als nichtsprachliche Äußerungsumgebung aber verloren geht und auch nicht
bei allen am Entwurfsprozeß Beteiligten die notwendige Kompetenz zur richtigen,
die ursprüngliche Intention des Sprechers treffenden Interpretation vorausgesetzt
werden kann, sollten alle erhobenen umgangssprachlichen Aussagen in eine (syntaktisch und semantisch) eindeutige Repräsentation überführt werden.

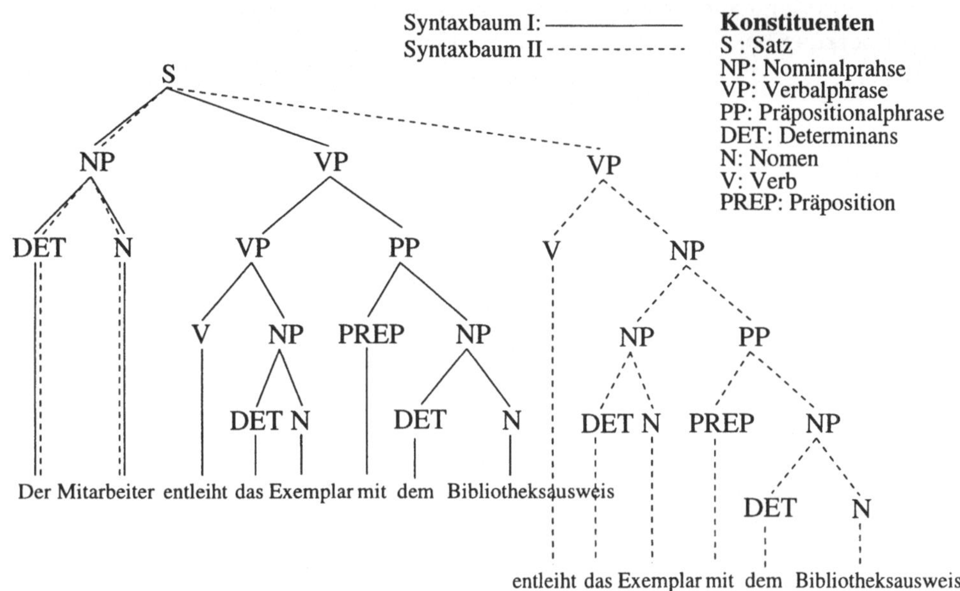

Abb. 4-7: Syntaktische Ambiguität

Bevor syntaktische Mehrdeutigkeiten jedoch geklärt und normsprachlich beseitigt
werden können, müssen zunächst die in den Aussagen enthaltenen Fachwörter
(Prädikatoren) in ihrer Bedeutung bestimmt und festgelegt werden. Was ist eine
Rückgabeerinnerung oder ein *Bibliotheksausweis*? Sind *Mitarbeiter* eine besondere Art von *Bibliotheksbenutzern*, welche Arten von *Bibliotheksbenutzern* werden
unterschieden? Durch diese semantisch-materiale Bestimmung von Wörtern können anschließend auch häufig syntaktische Mehrdeutigkeiten in Sätzen aufgelöst
werden. Die beschriebene Mehrdeutigkeit könnte beispielsweise durch die Bestimmung der möglichen Rollen (Kasusrahmen) des Verbs »entleihen« beseitigt werden. Syntaxbaum II würde als falsche Ableitung verworfen, da die Argumente in
dem für »entleihen« festgelegten Kasusrahmen nur die Ableitung gemäß Syntaxbaum I zulassen würden (vgl. [Fillmore87; Bierwisch88]). Weitere Beispiele für zu
klärende Fragestellungen hinsichtlich der enthaltenen Fachwörter in den einzelnen
Aussagen des Szenarios wären etwa:

(1) Durch welche Merkmale sind Mitarbeiter als Bibliotheksbenutzer zu beschreiben? Wodurch unterscheiden sie sich von anderen Benutzerarten?

(2) Welche Voraussetzungen muß eine Person erfüllen, um als Benutzer zugelassen zu werden und einen Bibliotheksausweis zu erhalten? Was passiert im
Falle eines Verlusts des Ausweises?

(3) Kann ein Benutzer nur einzelne Exemplare vormerken oder ist auch eine Titel-
     vormerkung bei Mehrfachexemplaren möglich?

(4) Wie lange werden Exemplare zur Ausleihe bereitgestellt? Sind unterschiedli-
     che Bereitstellungsfristen für Exemplare möglich?

(5) Muß der Bibliotheksausweis bei der Ausleihe vorliegen? Kann auch eine an-
     dere Person stellvertretend Exemplare ausleihen?

(6) Wie lange können Exemplare ausgeliehen werden? Sind unterschiedliche Aus-
     leihfristen für Exemplare möglich?

(7) Werden gemahnte Benutzer vom Ausleihverkehr ausgeschlossen? Wieviel
     Tage nach der Rückgabeerinnerung erfolgt die Mahnung?

(8) Muß mit der Exemplarrückgabe die Mahngebühr bezahlt werden? Muß der
     Bibliotheksausweis in diesem Fall vorgelegt werden?

(9) Wie hoch ist die Mahngebühr? Gibt es verschiedene Stufen von Mahngebüh-
     ren?

(10) Welche Voraussetzungen müssen erfüllt sein, damit die Mitgliedschaft eines
     Benutzers beendet werden kann (keine Exemplare ausgeliehen, alle offenen
     Mahngebühren bezahlt, Ausweis zurückgegeben)?

Zur Klärung dieser Fragen ist in einem schrittweisen Prozeß von der aktuellen
Situation des Zeichengebrauchs durch den Anwender zu abstrahieren, um die
Bedeutung normsprachlicher Wörter invariant gegenüber dem Gebrauch in einzel-
nen Anwendungskontexten zu bestimmen und festzulegen.

Der folgende Abschnitt 4.2 beschreibt, wie normsprachliche Wörter in ihrer
Bedeutung zu klären und im Lexikon festzuhalten sind. Der Abschnitt 4.3 behandelt dann die syntaktisch korrekte Verbindung dieser Wörter zu normsprachlichen
Aussagen. Durch die Bedeutungsfestlegung aller normsprachlicher Wörter in
einem Lexikon und durch syntaktische Regeln für die Bildung korrekter und eindeutiger Aussagen mittels dieser Wörter in einer Grammatik soll dann die für die
Systementwicklung notwendige Eindeutigkeit, Präzision und Verständlichkeit
sprachlicher Ausdrücke erreicht werden. Mißverständnisse aufgrund unterschiedlicher Wortverwendungsweisen und unpräzisem Sprachgebrauch dürften so auf ein
Minimum reduziert werden.

Abschließend sei noch darauf hingewiesen, daß die Sammlung der Aussagen durch
unterschiedlichste Werkzeuge unterstützt werden kann. Stellvertretend sei etwa
das *Knowledge Mining Center KMC* [Turk96] zu nennen, welches die Durchführung von strukturierten Interviews durch multimediale Formen der Wissensakquisition unterstützt.

4.2   Wörterbestimmung

Die Regeln des Gebrauchs sprachlicher Ausdrücke werden in der Umgangssprache zumeist nicht eindeutig explizit formuliert, sondern häufig intuitiv erfaßt und verstanden. Mißverständnisse infolge unpräzisen Sprachgebrauchs oder aufgrund syntaktischer und lexikalischer Ambiguitäten sind hierbei letztlich nicht auszuschließen:

> Die Sätze unserer Sprache des Lebens überlassen manches dem Erraten. Und das richtige Erraten wird durch die begleitenden Umstände möglich. Der Satz, den ich ausspreche, enthält nicht immer alles Erforderliche, manches muß aus der Umgebung, aus meinen Handbewegungen oder Blicken ergänzt werden. Aber eine für den wissenschaftlichen Gebrauch bestimmte Sprache darf nichts dem Erraten überlassen. [Frege73:108]

Ein Vergleich der beiden folgenden Aussagen macht diese Forderung Freges deutlich:

> Ein Benutzer darf dasselbe Buch nicht mehrmals vormerken.
> Ein Benutzer darf das gleiche Buch nicht mehrmals vormerken.

Umgangssprachlich wird zwischen Identität und Gleichheit bzw. zwischen dem Gebrauch von »dasselbe« und »das gleiche« häufig nicht ausreichend unterschieden. Solange unklar ist, ob »Buch« ein einzelnes konkretes Buchexemplar mit einer eindeutigen Verbuchungsnummer bezeichnet oder aber eine bestimmte Publikation im Sinne eines Buchtyps mit einer eindeutigen ISBN meint, ist fraglich, ob ein Benutzer sich nur nicht mehrmals in die Vormerkliste desselben, identischen Buchexemplars eintragen darf (in andere Exemplare dieser Publikation aber sehr wohl), oder ob es Benutzern auch nicht erlaubt sein soll, mehrere Exemplare des gleichen Buchtyps vorzumerken (üblicherweise ist nur Fall 1 verboten, Fall 2 aber erlaubt).

Ähnliche Interpretationsprobleme können im Entwicklungsprozeß durch die Verwendung von Homonymen oder Polysemen auftreten. Aus dem Ko- und Kontext gerissen, ist die Bedeutung eines Satzes wie »Der Apparat ist aktualisiert« aufgrund der lexikalischen Mehrdeutigkeit von »Apparat« unklar; »Apparat« kann sowohl eine Literaturzusammenstellung (*Handapparat* oder *Semesterapparat*) als auch das Leseartenverzeichnis als Gesamtheit der textkritischen Angaben in einer kritischen Ausgabe (*Kritischer Apparat*) oder die Menge von Bibliographien einer Bibliothek (*Bibliographischer Apparat*) bezeichnen. Ähnlich wird »Titel« mehrdeutig verwendet, sowohl im Sinne eines Sachtitels - wie in der Aussage »Das Exemplar hat den Titel 'Ulysses'« - als auch im Sinne einer Publikation - etwa wie in »Diesen Titel führen wird nicht!«. In der Literatur wird auch häufig die homonyme Verwendungsweise von Partikeln diskutiert. Wessel nennt - „ohne dabei jedoch Vollständigkeit anzustreben" [Wessel76:93] - beispielsweise acht logisch unterschiedliche Verwendungsweisen von »ist«, verschiedene logische Funktionen von »aber« untersucht Wunderlich [Wunderlich80:48].

Verständnisschwierigkeiten bereiten jedoch auch Synonyme, falls durch zusätzliche konnotative Merkmale keine vollständige Bedeutungsgleichheit gegeben ist. Winston zählt beispielsweise für das Wort »Teil« in der englischen Sprache etwa vierzig Wörter, welche eine ähnliche, zumeist aber engere kontextabhängige Bedeutung haben [Winston87], Roget nennt fast 400 Synonyme für »Teil« [Roget62].

Nachfolgend wird der Prozeß der Klärung und eindeutigen Bestimmung der Bedeutung von Prädikatoren erläutert. Prädikatoren sind die im Rekonstruktionsprozeß eigentlich interessanten normsprachlichen Vollwörter zur Bezeichnung der Gegenstände des Anwendungsbereichs, welche bei einer formalen Sprache (als Objektsprache des Entwicklers) ausgeklammert werden.

4.2.1 Vorgehensweise der Prädikatorenbestimmung

Die Klärung und Festlegung der Bedeutung von Prädikatoren läßt sich in drei Schritte unterteilen:

① **Exemplarische Einführung.** Die exemplarische Einführung dient dazu, erste, dem Systemanalytiker unbekannte Prädikatoren in einem gemeinsamen Handlungskontext situationsabhängig mit dem Fachexperten empraktisch einzuüben.

② **Prädikatorenregeln.** Durch Prädikatorenregeln wird die Verwendungsweise von Prädikatoren untereinander reguliert. Eingeführte und in ihrer Verwendung durch solche Regeln vereinbarte Prädikatoren heißen *Termini*. Zusammen mit den Prädikatorenregeln bilden diese Termini eine *Terminologie*.

③ **Explizite Definition.** Durch explizite Definitionen wird die Verwendungsweise und damit die Bedeutung von eingeführten und durch Prädikatorenregeln regulierten Termini fixiert.

Während Prädikatorenregeln und explizite Definitionen als eigentliche *logische Verfahren* der Terminologiebildung anzusehen sind - durch sie werden aufgrund logischer Regeln neue Termini eingeführt und die Bedeutung gegebener Termini bestimmt -, ist die exemplarische Einführung noch ein notwendiges „außerlogisches Verfahren" [Dölling77:41], da sie nicht durch logische Regeln fixierbar ist.

Die dargestellte Vorgehensweise zur Bestimmung der Prädikatoren kann auch als eine *Explikation* im Carnapschen Sinne, d.h. als eine Überführung unpräziser, vorwissenschaftlicher Wörter in präzise Begriffe einer Wissenschafts- oder Fachsprache, verstanden werden [Carnap66]. Die drei von Pawlowski genannten Phasen der Explikation [Pawlowski80:161] - 1.) Wahl des Explikandums als des zu präzisierenden Worts der Gebrauchssprache, 2.) Erste, einleitende Erläuterung des Explikandums, 3.) Präzise Bestimmung des *Explikats* als des präzisierten Fachbegriffs und Integration in das Begriffsystem der Fachsprache - finden sich wieder in den genannten Schritten zur Bedeutungsbestimmung.

Ähnlich wie bei einer Explikation müssen präzisierte und in ihrer Bedeutung festgelegte normsprachliche Wörter nicht durch eine andere Zeichenform oder neue Symbole gegenüber den jeweiligen gebrauchssprachlichen Wörter ausgezeichnet werden. Durch die Einführung neuer Zeichen könnten Mißverständnisse bezüglich der intendierten Bedeutung verwendeter Wörter zwar von vornherein vermieden werden; in der Praxis wird man jedoch meist die gebrauchssprachlich eingeführten und bekannten Wörter (genauer: Wortformen) beibehalten und falls notwendig explizit die jeweilige Sprachebene *Gebrauchssprache/Normsprache* auszeichnen.

Diese Beibehaltung der Wortformen gilt vornehmlich für die im Anwendungsbereich üblichen Fachwörter; die Einführung neuer Zeichen für präzisierte Funktions- oder Strukturwörter - beispielsweise $\vee$ und $\wedge$ für das wahrheitsfunktionale, d.h. den Wahrheitswert der komplexen Aussage bestimmende, »oder« und »und« - kommt wegen der relativen Geschlossenheit und Begrenztheit dieser Wortarten natürlich sehr viel eher in Frage.

Exemplarische Einführung

Die Verwendungsweise erster, unbekannter Prädikatoren kann nach Lorenzen „ausgehend von Situationen, in denen lediglich empraktisch geredet wird, d.h., in denen Reden mit nichtsprachlichen Handlungen 'verbunden' werden" [Lorenzen 87:25], gelehrt und gelernt werden. In Kap. 4.1.2 wurde auf die Notwendigkeit dieser Einübung in einem Handlungszusammenhang hingewiesen. Der Fachexperte erläutert in dieser im Fachentwurf alltäglichen Situation dem noch unkundigen Systemanalytiker die Verwendungsweise eines Prädikators durch hinweisende Gesten auf den zu bezeichnenden Gegenstand oder durch das demonstrative Ausführen einer Handlung in Verbindung mit der (verbalen) Zuordnung des einzuführenden Prädikators (vgl. die ausführliche Darstellung dieser exemplarischen Einführung als elementare Prädikation in [Strawson72; Strawson74:83ff]).

Auf die Notwendigkeit, dieses Lehren und Lernen erster unbekannter Prädikatoren methodisch in einen Handlungszusammenhang einzubetten, hat erstmals ausführlich Wittgenstein hingewiesen. Er bezeichnete dieses Verfahren der Verbindung von sprachlichen Äußerungen mit den von Lehrenden und Lernenden ausgeführten Handlungen als „hinweisendes Lehren der Wörter" [Wittgenstein80a:§6].

Den Gebrauch von Prädikatoren wie »Buch«, »Microfiche« oder »Fernleihschein« kann ein Fachexperte beispielsweise konkret durch Herausgreifen verschiedener präsenter Dinge zusammen mit dem Zusprechen oder Absprechen dieser Prädikatoren verdeutlichen: »Dieser Gegenstand ist ein Buch« oder »Dieser Gegenstand ist keine Microfiche« (vgl. mit Kap. 4.1.2). Mit ε und ε' als Kopulae für das Zu- oder Absprechen einer Eigenschaft (lies: »ist« und »ist nicht« oder »ist kein«), ι als Demonstrator (lies: »dies«), o als sog. Leerprädikator zur Bezeichnung beliebiger Gegenstände, und Q als Schemabuchstabe bzw. anonyme Konstante zur Bezeichnung von Dingen, folgen diese beiden elementaren Prädikationen der Form »$\iota\, o\, \varepsilon$ Q« bzw. »$\iota\, o\, \varepsilon$' Q«.

Ähnlich wie Dingprädikatoren können auch Geschehnisprädikatoren durch solche illokutionären Akte eingeübt werden [Thiel73:101; Lorenzen87:37]. Neben der Erläuterung anhand von Beispielen und Gegenbeispielen kommt bei Handlungen aber auch das gemeinsame Einüben in Frage: „Doch die angessene Einübung von Handlungsprädikatoren ist das *gleichzeitige Erlernen der Handlungen* selbst. Nicht allein tritt an die Stelle des Hinzeigens das Vormachen, sondern das Nachmachen muß dazukommen" [Kamlah72:40]. Schritte dieses Einübens sind: 1.) Demonstrative Ausführung der Handlung durch den Experten, 2.) Aufforderung zum Nachahmen, 3.) Nachahmen durch den Lernenden, 4.) Bestätigung oder Korrektur. Konkret heißt dies beispielsweise, daß der Fachexperte zum Vermitteln der Bedeutung des Prädikators »vormerken« die Handlung des Vormerkens zusammen mit dem Aussprechen dieses Handlungsprädikators vorführt und anschließend den Systemanalytiker auffordert, selber eine Vormerkung durchzuführen, um zu überprüfen, ob die Handlung und damit auch der Gebrauch des diese Handlung bezeichnenden Prädikators richtig verstanden wurde.

Wie Wittgenstein betont, ist das in einen Handlungszusammenhang eingebettete Einüben im Grunde Voraussetzung für jegliches Verstehen der Verwendungsweise von Prädikatoren [Wittgenstein80]. Die in [Kamlah73:27] noch als erster Lernschritt gewählte exemplarische Einführung von *Dingprädikatoren* - als Beispiel etwa die Aussage »Dies ist ein Fagott« - wurde deshalb von Lorenzen [Lorenzen87:26f] und später auch von [Hartmann90:22f] ersetzt durch das Erlernen von *Handlungsprädikatoren* in Einführungs- und Ausführungshandlungen, erst danach folgt das Erlernen von Dingprädikatoren.

Wesentlich im Zusammenhang dieser Arbeit ist, daß nichtsprachliche Handlungen als mögliche Kontrolle für das richtige Erlernen der in einer Gemeinschaft gültigen Verwendung von Fachwörtern dienen können. Der Gebrauch erster Prädikatoren wird „inmitten der Lebenspraxis" [Thiel73:117] eingeübt. Zwischen dem Erlernen von Hauptprädikatoren und Zusatzprädikatoren (vgl. Abschnitt 4.3.1) besteht nur insofern ein Unterschied, als Hauptprädikatoren zumeist vor Zusatzprädikatoren erlernt werden. Die Einführung von Zusatzprädikatoren wie »ausleihbar«, »bereitgestellt« oder »vermißt« erfolgt sinnvollerweise erst, nachdem der Hauptprädikator »Exemplar« eingeübt wurde und damit der durch die Zusatzprädikatoren näher zu charakterisierende Gegenstandsbereich bereits geordnet bzw. bestimmt ist.

Im Rahmen dieses Buches soll die methodologisch sicherlich interessante Fragestellung der Auszeichnung erster Entwicklungsschritte nicht weiter vertieft werden, da jedes angegebene Verfahren für erste Schritte letztlich nur eine offensichtlich recht zuverlässig funktionierende und gegen Mißverständnisse abgesicherte Praxis des Lernens (fach-)sprachlicher Ausdrücke expliziert (vgl. [Leipold 82:103]).

Eine empraktisch kontrollierte Einübung von Prädikatoren ist in der Anwendungsentwicklung jedenfalls immer nur dann erforderlich, wenn ein gemeinsames Verständnis allein mit sprachlichen Mitteln nicht erzielt werden kann. In den meisten Fällen wird das Welt- und Fachwissen der am Entwurfsprozeß Beteiligten aber ausreichend für eine sachbezogene, ausschließlich epipraktische Rede sein. Anstatt beispielsweise die Handlung des Buchentleihens in Lehr- und Lernsituationen wiederholt durchzuführen, dürfte es genügen, diese Situation *parasprachlich* zu fingieren, etwa durch »Stellen Sie sich vor, Sie entleihen ein Exemplar und....« (zum Verhältnis von *Para-* oder *Erläuterungssprache* und einzuführender Normsprache siehe [Lorenzen87:22ff; Hartmann90:11f]).

Ähnlich kann der Gebrauch abstrakter Prädikatoren durch sog. Standardgeschichten verdeutlicht werden [Lorenzen87:22]. In Geschichten mit fiktivem Charakter werden Dinge und Handlungen so thematisiert, daß die Bedeutung der verwendeten Prädikatoren verständlich wird. Beispiele für solche Standardgeschichten sind die biblischen Gleichnisse. Bekannt dürfte hier das Gleichnis vom „barmherzigen Samariter" in Lukas 10/29-37 sein, in welchem Jesus als Antwort auf die Frage „Wer ist mein Nächster?" den Gebrauch von Prädikatoren wie »Nächster« und »barmherzig« erläutert.

Prädikatorenregeln

Die weitere Stabilisierung und Regulierung der Verwendung exemplarisch eingeführter Prädikatoren erfolgt in einem zweiten Schritt durch Prädikatorenregeln
(vgl. [Lorenzen73:240ff; Thiel73:102ff; Lorenzen87:179ff]). Prädikatorenregeln
legen sprachliche Normen zum Gebrauch von Prädikatoren durch Normierung von
Beziehungen (Übergängen) untereinander fest. Die Verwendung von Prädikatoren
in einem Anwendungsbereich wird abhängig von der Verwendung anderer Prädikatoren vereinbart.

Die folgende Prädikatorenregel erlaubt, in einer Bibliotheksverwaltung allen
Gegenständen, welchen der Prädikator »Mitarbeiter« zugesprochen wird, auch den
Prädikator »Person« zuzusprechen:

$$x \; \varepsilon \; \text{Mitarbeiter} \Rightarrow x \; \varepsilon \; \text{Person} \qquad (4.2\text{-}1)$$

Der Regelpfeil $\Rightarrow$ (lies: »gehe über zu«) erlaubt den Übergang von der links vom
Pfeil stehenden Aussage, dem *Antecedens*, zu der rechts stehenden Aussage, dem
Succedens. Durch die Prädikatorenregel (4.2-1) wird eine Subordinationsbeziehung zwischen »Mitarbeiter« und »Person« behauptet. Aus der Zulässigkeit dieser
Prädikatorenregel ist die Wahrheit der Aussage »$\forall$x (x ε Mitarbeiter $\rightarrow$ x ε Per-
son)« abzuleiten. An diesem Beispiel wird deutlich, daß Prädikatorenregeln alter-
nativ auch als mengenalgebraische Beziehungen ausgedrückt werden können -
zwischen der Menge der Mitarbeiter und der Menge der Personen besteht ein
Inklusionsverhältnis - und als kategoriale Aussagen bereits in der Syllogistik von
Aristoteles behandelt wurden.

Prädikatorenregeln entsprechen den *Analyzitäts-* oder *Bedeutungspostulaten*
Carnaps [Carnap52]. Ebenso wie Bedeutungspostulate sind sie materialsprachliche
Festlegungen zur semantischen Beschreibung von Prädikatoren auf einer objektsprachlichen Ebene. Sie ermöglichen eine material-analytische Bedeutungsnor-
mierung von Prädikatoren ohne Rückgriff auf eine metasprachliche Inter-
pretationsebene.

Durch Prädikatorenregeln wird in Abhängigkeit von einem gegebenen Prädikator
Pr_1 das Zusprechen (affirmativer Fall) oder das Absprechen (negativer Fall) eines
anderen Prädikators Pr_2 erlaubt. Prädikatorenregeln folgen damit dem Muster (vgl.
[Lorenzen87:179; Hartmann90:53]):

- Affirmativ: $\quad x_1, x_2, ...x_n \; \varepsilon \; Pr_1 \Rightarrow x_1, x_2, ...x_n \; \varepsilon \; Pr_2 \qquad (4.2\text{-}2)$
- Negativ: $\quad\;\; x_1, x_2, ...x_n \; \varepsilon \; Pr_1 \Rightarrow x_1, x_2, ...x_n \; \varepsilon' \; Pr_2$

Ist ein durch den Regelpfeil angezeigter Übergang in beide Richtungen erlaubt - womit im affirmativen Fall eine Synonymität, im negativen Fall eine Kontradiktion zwischen zwei Prädikatoren behauptet wird -, kann abkürzend auch der Doppelpfeil $\Leftrightarrow$ (lies: »gehe wechselseitig über zu«) verwendet werden [Thiel73:104]. Die beiden Prädikatorenregeln

$$x \, \varepsilon \, \text{Benutzerkarte} \Rightarrow x \, \varepsilon \, \text{Ausweis} \qquad \textit{und} \qquad (4.2\text{-}3)$$
$$x \, \varepsilon \, \text{Ausweis} \Rightarrow x \, \varepsilon \, \text{Benutzerkarte}$$

können also zur Regel »x ε Benutzerkarte $\Leftrightarrow$ x ε Ausweis« zusammengefaßt werden.

Das explizite Verbot des Übergangs in einer Prädikatorenregel wird durch $\nRightarrow$ (lies: »gehe nicht über zu«) ausgedrückt. Durch das Verbot des Übergangs können semantisch sinnlose oder nur metaphorisch gemeinte Ausdrücke - vgl. etwa Chomskys bekanntes Beispiel „Colorless green ideas sleep furiosly" [Chomsky57] - ausgeschlossen werden:

$$x \, \varepsilon \, \text{idea} \nRightarrow x \, \varepsilon \, \text{colorless} \qquad \textit{und} \quad x \, \varepsilon \, \text{idea} \nRightarrow x \, \varepsilon' \, \text{colorless} \qquad (4.2\text{-}4)$$

Dieses explizite Verbot des Übergangs muß streng von der Erlaubnis des Übergangs mit dem anschließenden Absprechen des Prädikators durch $\Rightarrow$ und ε' unterschieden werden.

Zweckmäßigerweise wird aber sowohl das Verbot der Übergangs als auch das Absprechen eines Prädikators nur dann ausdrücklich durch Prädikatorenregeln reguliert, wenn im Sprachgebrauch „die Gefahr von Verwechslungen und Mißverständnissen besteht" [Kamlah73:75], da ansonsten willkürlich beliebig viele, aber unfruchtbare Regeln eingeführt werden könnten. Das folgende Zitat Freges gilt insofern auch und gerade für die Aufstellung von Prädikatorenregeln: „Definitionen bewähren sich durch ihre Fruchtbarkeit. Solche, die ebensogut wegbleiben könnten, ohne eine Lücke in der Beweisführung zu öffnen, sind als völlig werthlos zu verwerfen" [Frege77:81].

Häufig verwendete Formen von Prädikatorenregeln sind insbesondere:

- *Synonymität*: $x_1, x_2, ...x_n \, \varepsilon \, \text{Pr}_1 \Leftrightarrow x_1, x_2, ...x_n \, \varepsilon \, \text{Pr}_2$ (4.2-5)

- *Subordination*: $x_1, x_2, ...x_n \, \varepsilon \, \text{Pr}_1 \Rightarrow x_1, x_2, ...x_n \, \varepsilon \, \text{Pr}_2$ (4.2-6)

- *Kontrarität*: $x_1, x_2, ...x_n \, \varepsilon \, \text{Pr}_1 \Rightarrow x_1, x_2, ...x_n \, \varepsilon' \, \text{Pr}_2$ *und*   (4.2-7)
  $x_1, x_2, ...x_n \, \varepsilon \, \text{Pr}_2 \Rightarrow x_1, x_2, ...x_n \, \varepsilon' \, \text{Pr}_1$

Beispiele für diese Regeln sind im Falle der Synonymität etwa: »x ε Vorakzession ⇔ x ε Bestellvorbereitung« oder »x ε Serie ⇔ x ε Schriftenreihe«; für die Subordination: »x ε Periodikum ⇒ x ε Sammelwerk« und für die Kontrarität: »x ε Periodikum ⇒ x ε' Serie«. Gemäß den beiden ersten Prädikatorenregeln darf in einer Bibliothek allen Handlungen, welchen der Prädikator »Vorakzession« zugesprochen wird, auch der Prädikator »Bestellvorbereitung« zugesprochen werden, und es dürfen alle Serien auch als Schriftenreihen bezeichnet werden. Nach der dritten Prädikatorenregel ist jedes Periodikum auch ein Sammelwerk. Mit der vierten Regel werden unregelmäßig erscheinende Serien gegenüber regelmäßig erscheinenden Periodika abgegrenzt.

Selten tritt der Fall ein, daß zwei Prädikatoren kontradiktorisch sind und damit aus dem Zusprechen eines Prädikators das Absprechen eines anderen Prädikators folgt. Beispiele für kontradiktorische Prädikatoren sind die Wortpaare »belebt« und »unbelebt« oder »natürlich« und »künstlich«. Eine Kontradiktion folgt dem Muster:

- *Kontradiktion*: $\quad x_1, x_2, \dots x_n \, \varepsilon \, Pr_1 \Leftrightarrow x_1, x_2, \dots x_n \, \varepsilon' \, Pr_2 \qquad oder \qquad$ (4.2-8)

$$x_1, x_2, \dots x_n \, \varepsilon \, Pr_2 \Leftrightarrow x_1, x_2, \dots x_n \, \varepsilon' \, Pr_1$$

Neben elementaren Ausdrücken der Form »$x_i \, \varepsilon \, Pr$« können in Prädikatorenregeln als Antecedens oder Succedens auch komplexe prädikative Ausdrücke $A(x_i)$ mit beliebigen Quantoren und Junktoren auftreten. Die folgende Prädikatorenregel erlaubt etwa den Übergang von einer Aussage, in der einem Gegenstand x der Prädikator »Student« zugesprochen wird, zu Aussagen, in welchen von diesem Gegenstand behauptet wird, eine Person zu sein und Exemplare ausleihen zu dürfen:

$$x \, \varepsilon \, Student \Rightarrow \quad x \, \varepsilon \, Person \, \wedge \qquad\qquad (4.2\text{-}9)$$
$$x \, \gamma \, ausleihen \, Exemplar$$

γ ist die normsprachliche Fähigkeitskopula (lies: »kann«). Sie drückt aus, daß x die Fähigkeit zur Aktualisierung der Handlung »ausleihen« hat. Alle Festlegungen von Prädikatorenregeln sollten allerdings möglichst *axiomatisch* erfolgen, d.h. aus einer ausgewählten Teilmenge von Prädikatorenregeln sollten sich alle Verwendungsnormen von Wörtern in Sätzen analytisch ableiten lassen. Festgelegt seien beispielsweise die beiden folgenden Regeln:

$$x \, \varepsilon \, Person \Rightarrow x \, \varepsilon \, Benutzer \qquad und \qquad\qquad (4.2\text{-}10)$$
$$x \, \varepsilon \, Benutzer \Rightarrow x \, \gamma \, ausleihen \, Exemplar$$

Die Regel (4.2-9) ist danach teilweise redundant, da (4.2-10) zusammen mit der Regel »x ε Student $\Rightarrow$ x ε Person« die Aussage »x γ ausleihen Exemplar« impliziert.

Durch die Kombination verschiedener Prädikatorenregeln bzw. logischer Erweiterungen von Antecedens und Succedens können die verschiedensten Beziehungen zwischen Termini ausgedrückt werden (vgl. etwa [Rescher64:24]). Eine (wechselseitige) Kontrarität zwischen den Kohyponymen »Person« und »Institution« bezüglich des Hyperonyms »Benutzer« wird etwa durch die folgenden Regeln ausgedrückt:

$$x \ ε \ \text{Person} \lor x \ ε \ \text{Institution} \Rightarrow x \ ε \ \text{Benutzer} \qquad (4.2\text{-}11)$$
$$x \ ε \ \text{Person} \Rightarrow x \ ε' \ \text{Institution}$$
$$x \ ε \ \text{Institution} \Rightarrow x \ ε' \ \text{Person}$$

Schließlich können durch Prädikatorenregeln nicht nur die Verwendungsweisen von verschiedenen Prädikatoren, sondern auch die Merkmale *eines* Prädikators bestimmt werden, etwa die Merkmale *Symmetrie* oder *Asymmetrie* für einen zweistelligen Prädikator Pr:

- *Symmetrie*: $\qquad x_1, x_2 \ ε \ \text{Pr} \Rightarrow x_2, x_1 \ ε \ \text{Pr}$ $\qquad\qquad$ (4.2-12)

- *Asymmetrie*: $\qquad x_1, x_2 \ ε \ \text{Pr} \Rightarrow x_2, x_1 \ ε' \ \text{Pr}$ $\qquad\qquad$ (4.2-13)

Ausgehend von diesen Prädikatorenregeln, wird im letzten Schritt die Verwendungsweise von Prädikatoren durch explizite Definitionen festgelegt. Nach den beiden bisher beschriebenen Schritten zur Prädikatorenbestimmung gilt es hinsichtlich der Definition als letztem Schritt festzuhalten, „daß wir Definitionen nicht als Definitionen von Dingen, Gegenständen oder Ideen verstehen, sondern als Bestimmung von Wortgebrauch" [Gabriel72:117]. Nur diese Interpretation von Definitionen ist aufgrund der pragmatischen Grundlegung durch die exemplarische Einführung zulässig.

Explizite Definition

Ähnlich wie durch Prädikatorenregeln wird durch eine explizite Definition die Verwendungsweise eines Terminus - des *Definiendums* - in Abhängigkeit von der Verwendung bereits bekannter Termini - des *Definiens* - vereinbart. Im Unterschied zu Prädikatorenregeln ist diese Vereinbarung aber vollständig und abgeschlossen, d.h. Definiendum und Definiens sind äquivalent und gegenseitig ersetzbar [Rescher64:30]. Aufgrund der Definition ist eindeutig geklärt, wie der definierte

Prädikator zu gebrauchen ist, welche Gegenstände durch diesen Prädikator bezeichnet werden können und welche nicht. Mit »$\overset{\text{def}}{=}$« als Definitionszeichen ist das Schema für eine explizite Definition angebbar als:

$$Definiendum \quad \overset{def}{=} \quad Definiens \qquad\qquad (4.2\text{-}14)$$

$$x_1, x_2, ...x_n \; \varepsilon \; Pr \quad \overset{def}{=} \quad A(x_1, x_2, ...x_n)$$

Der einzuführende Terminus auf der linken Seite wird durch die Aussageform $A(x_i)$ eindeutig bestimmt, wobei alle in $A(x_i)$ vorkommenden Termini bereits eingeführt sein müssen. Diese Art von Definitionen nennt man explizit, da ihre Formulierung sowohl Regeln für die Einführung als auch für die Eliminierung des durch die Definition eingeführten Terminus enthält. Jedes durch eine Definition gemäß dem Schema (4.2-14) eingeführte Definiendum kann jederzeit durch den Definiens $A(x_i)$ ersetzt werden, da aus der Definition selber keine Aussagen ableitbar sind, welche nicht bereits aus $A(x_i)$ ableitbar wären (Kriterium der Nichtkreativität [Suppes66:154; Essler70:71]).

Explizite Definitionen sind abzugrenzen von *impliziten Definitionen*, inbesondere *axiomatischen Definitionen* und *Kontextdefinitionen*. Diese sind im Rahmen des vorgestellten Rekonstruktionsprozesses nicht relevant, da hier ein Terminus als Teil eines Postulatsystems bzw. relativ zum Gebrauch anderer Termini festgelegt wird (zur berühmten Diskussion zwischen Frege und Hilbert, inwieweit axiomatische Definitionen überhaupt als Definitionen aufzufassen sind, siehe [Carnap56:§8] und [Essler70:111ff; Gabriel72:30ff]).

Einen Spezialfall bilden die häufig auch als implizite Definitionen beschriebenen *induktiven* bzw. *rekursiven Definitionen*, da diese operativ in explizite Definitionen überführbar sind [Sinowjew75:396f,401]. Beispiele für solche Definitionen sind etwa Gleichungssysteme, welche die Werte unbekannter Variablen nur implizit bestimmen; die Werte können aber durch Anwendung eines Algorithmus explizit gemacht werden.

Rekursive Definitionen werden in der Anwendungsentwicklung, in erster Linie in der logischen Programmierung, sehr oft eingesetzt. Eine rekursive Definition ist etwa die Festlegung von »Vorfahre« in der Form »x ist Vorfahre von y« wenn gilt: »x ist Elternteil von y oder Elternteil eines Vorfahren von y«. Als elementares Prologprogramm wäre diese Definition durch die beiden folgenden Regeln auszudrükken: »vorfahr(x,y) :- elternteil(x,y). vorfahr(x,y) :- elternteil(x,z), vorfahr(z,y)«. Mit einem sicheren Endekriterium sind solche rekursiven Definitionen nicht zirkulär, da in jedem Rekursionsschritt die Definition auf unterschiedliche Gegenstände x, y und z angewendet wird.

Einfache Beispiele für explizite Definitionen gemäß (4.2-14) sind:

$$x \; \varepsilon \; \text{Handlung} \quad \overset{\text{def}}{=\!=} \quad x \; \varepsilon \; \text{Tun} \wedge x \; \varepsilon \; \text{Absicht} \qquad (4.2\text{-}15)$$

$$x, y \; \varepsilon \; \text{Tante} \quad \overset{\text{def}}{=\!=} \quad \exists z \; (x,z \; \varepsilon \; \text{Schwester} \wedge y,z \; \varepsilon \; \text{Kind}) \qquad (4.2\text{-}16)$$

$$x, y \; \varepsilon \; \text{existenzabhängig} \quad \overset{\text{def}}{=\!=} \quad x \; \varepsilon \; \text{existieren} \to y \; \varepsilon \; \text{existieren} \qquad (4.2\text{-}17)$$

Die Definition (4.2-15) folgt dem bereits von Aristoteles angegebenen Muster, nach dem ein Terminus durch die Angabe der nächsthöheren Gattung (genus proximum) und des artspezifischen Unterschieds (differentia spezifica) zu definieren ist (vgl. mit Abbildung 4-3). Bereits Leibniz hat allerdings darauf hingewiesen, daß *genus proximum* und *differentia spezifica* gleichberechtige „Ideen" sind [Gabriel 72:99] - »Mensch« kann beispielsweise sowohl als »lebendiges Vernunftwesen« als auch als »vernünftiges Lebewesen« definiert werden, ebenso kann »Handlung« sowohl als »absichtliches Tun« als auch als »getane Absicht« verstanden werden.

Daß auch andere Definitionsarten möglich sind, zeigen (4.2-16) und (4.2-17) (vgl. zu verschiedenen Definitionsarten [Rescher64:36f; Sinowjew75:394]). Der Terminus »Tante« wird als Relation der Form »x ist Tante von y« wenn »x ist Schwester von jemandem z, dessen Kind y ist« definiert. Die letzte Definition definiert die Existenzabhängigkeit eines Gegenstands x von einem Gegenstand y als Subjunktion. Aus der Existenz von x folgt die Existenz von y. Nach dem Kontrapositionsprinzip (d.h. der Äquivalenz: $p \to q \leftrightarrow \neg q \to \neg p$) folgt damit, daß, falls y nicht existiert, auch x nicht existiert (zur Diskussion des Existenzprädikators in der Modallogik siehe [Gamut91] und den dazu kontroversen Standpunkt von Tugendhat in [Tugendhat89:185f]).

Ähnlich wie bei der üblichen Infixnotation algebraischer Operatoren kann auch bei mehrstelligen Prädikatoren eine Infixnotation festgelegt werden, um die durch die Reihenfolge der Variablen festgelegte Interpretationskonvention besser verständlich zu machen. Da letztlich die Entscheidung für eine bestimmte Zeichenform des Prädikators willkürlich ist (vgl. [Gabriel72:42f]), solange die unten genannten Regeln für die Aufstellung expliziter Definitionen eingehalten werden, kann durch Veränderungen dieser Form eine bessere Lesbarkeit normsprachlicher Aussagen angestrebt werden.

Zwei Beispiele für solche morpho-syntaktischen Modifikationen wären etwa die Ersetzung von »Tante« und »existenzabhängig« durch:

$$x \; \text{ist\_Tante\_von} \; y \quad \overset{\text{def}}{=\!=} \quad \exists z \; (x \; \text{ist\_Schwester\_von} \; z \wedge y \; \text{ist\_Kind\_von} \; z) \qquad (4.2\text{-}18)$$

$$x \; \text{ist\_existenzabhängig\_von} \; y \quad \overset{\text{def}}{=\!=} \quad x \; \varepsilon \; \text{existieren} \to y \; \varepsilon \; \text{existieren} \qquad (4.2\text{-}19)$$

Ein Vorteil dieser morpho-syntaktischen Veränderungen besteht zusätzlich darin, daß die Stelligkeit eines Prädikators deutlicher wird, da Prädikatoren wie »Tante« oder »existenzabhängig« zunächst nicht unmittelbar als mehrstellige Prädikatoren bzw. *Relatoren* einsichtig sind (ähnlich kann beispielsweise »Kunde« sowohl als einstelliger als auch als zweistelliger Prädikator »x ist Kunde von y« verstanden werden kann). Aus normsprachlicher Sicht sind die beiden Definitionen (4.2-16) und (4.2-18) sowie (4.2-17) und (4.2-19) grundsätzlich bedeutungsgleich und austauschbar. Als Synonyme stellen »Tante« in (4.2-16) und »ist_Tante_von« in (4.2-18) den gleichen *Begriff* dar (vgl. Kap. 3.1.2 und [Lorenzen87:188f]).

Diese Bedeutungsgleichheit wäre durch die folgende Definition eines *einstelligen* Prädikators »Tante« nicht mehr gegeben:

$$x \in \text{Tante} \quad \overset{\text{def}}{=\!=} \quad \exists y,z \; (x \text{ ist\_Schwester\_von } z \wedge y \text{ ist\_Kind\_von } z) \qquad (4.2\text{-}20)$$

Die Relatoren »Tante« in (4.2-16) und »ist_Tante_von« in (4.2-18) bezeichnen *Beziehungen* zwischen zwei Personen. Demgegenüber dient der *homonyme* einstellige Prädikator »Tante« in (4.2-20) zur Bezeichnung der Eigenschaft einer Person, eine Tante zu sein. Die Nichte oder der Neffe interessieren hier nicht. Um solche Homonymität von Prädikatoren auszuschließen, darf ein Prädikator nur in einer expliziten Definition als Definiendum auftreten.

Korrekte explizite Definitionen müssen folgende Kriterien erfüllen [Rescher 64:41ff; Suppes66:152ff; Pawlowski80:31ff]:

- Die Definition ist eine logische Äquivalenz. Definiendum und Definiens sind ohne Bedeutungsänderung in verschiedenen Kontexten austauschbar.
- Das Definiendum ist atomar. Es darf keine (wahrheitsfunktionalen) Junktoren oder Quantoren enthalten.
- Definiendum und Definiens enthalten dieselben freien Variablen. Im Definiendum kommt jede Variable nur genau einmal vor.
- Das Definiendum ist nur in einer Definition festgelegt, es sei denn, mehrfache Definitionen sind aus dem System der bisherigen Aussagen ableitbar.
- Die Definition ist nicht zirkulär. Im Definiens auftretende Definienda sind eliminierbar (gilt für rekursive Definitionen).

Alle Bedingungen sind auch ohne Beweis leicht einzusehen (eine ausführliche Darstellung mit Begründung kann [Essler70:75ff] entnommen werden).

Zum letzten Punkt ist anzufügen, daß zur Vermeidung von Zirkelfehlern das Definiens fortgesetzt auch nicht im Definiendum von Definitionen enthalten sein darf, in welchen Termini des aktuellen Definiendums festgelegt werden. Um diese Zirkularität zum einen zu vermeiden, andererseits aber das Kriterium der Nichtkreativität von Definitionen zu erfüllen, müssen entsprechend der vorgestellten Vorgehensweise erste grundlegende Termini als Fundament für die Festlegung weiterer Termini empraktisch eingeübt werden: „Bei der Aufstellung terminologischer Regeln muß gesichert werden, daß der durch terminologische Regeln ermöglichte definitorische Regreß nach endlich vielen Schritten bei einem exemplarisch eingeführten Prädikator endet" [Kambartel71:53].

In einer Bibliothek sei etwa die folgende Definition des Prädikators »Benutzer« gegeben:

$$x \varepsilon \text{ Benutzer } \overset{\text{def}}{=\!=} \quad (x \varepsilon \text{ Person} \vee x \varepsilon \text{ Institution}) \wedge \qquad\qquad (4.2\text{-}21)$$
$$\exists k \, (x \text{ Kennung } k) \wedge$$
$$\exists a \, (x \text{ Anschrift } a) \wedge$$
$$\exists b \, (x \text{ Benutzerstatus } b) \wedge$$
$$\exists d \, (x \text{ Aufnahmedatum } d) \wedge$$
$$x \, \gamma \text{ ausleihen Exemplar} \wedge$$
$$x \, \gamma \text{ vormerken Exemplar}$$

Nach dieser Definition ist ein Benutzer entweder eine Person oder eine Institution (etwa eine andere Bibliothek). Ein Benutzer hat eine Kennung, eine Anschrift, einen Benutzerstatus, wurde zu einem bestimmten Datum als Benutzer aufgenommen und kann Exemplare entleihen oder vormerken. Damit diese Definition von »Benutzer« korrekt ist, müssen alle verwendeten Prädikatoren von »Person« bis »vormerken« und »Exemplar« eingeführt und die Sorten der Variablen - etwa die Variable d in der Definition von »Aufnahmedatum« als »Datum« - bestimmt sein.

Natürlich wird in der Anwendungsentwicklung der von Kambartel angesprochene definitorische Regreß nicht für alle Prädikatoren in letzter Konsequenz bei einer exemplarischen Einführung enden, sondern die exemplarische Einführung sollte nur als eine prinzipielle Möglichkeit der Geltungssicherung eines sprachlich nicht vorausgesetzten Anfangs verstanden werden. Ähnlich wie der definitorische Regreß komplexer Datenstrukturen in Programmiersprachen bei vordefinierten Basisdatentypen wie »Integer«, »Real«, »Double« und Operationen wie »+« und »-« endet, können auch normsprachliche Definitionen auf ersten Prädikatoren wie »Person«, »Buch« oder »ausleihen« und »zurückgeben« gründen, ohne daß deren Gebrauch im Fachentwurf noch einmal eingeübt werden muß.

Im Rekonstruktionsprozeß ergibt sich bei Definitionen allerdings oft eine andere Schwierigkeit, nämlich mittels welcher Termini das Definiendum eindeutig bestimmt und gegenüber anderen Termini abgegrenzt werden kann. Oft wird nämlich der Fall eintreten, daß nach einer ersten Aussagensammlung, nach der Festlegung von Prädikatorenregeln und nach ersten Definitionen offenbar wird, daß eine Reihe von Fachtermini noch nicht ausreichend gegeneinander abgegrenzt und terminologisch klassifiziert sind.

Als sinnvolles Instrument zur zielgerichteten Disambiguierung kann hier die *Komponenten-* oder *Merkmalsanalyse* empfohlen werden (vgl. [Katz63; Katz64; Bierwisch70]). Die Komponentenanalyse verfolgt die Untersuchung der Bedeutung eines Wortes durch den Rekurs auf Teilbedeutungen bzw. semantische Merkmale. Die Wortbedeutung ergibt sich nach der Komponentenanalyse aus der Bündelung der verschiedenen identifizierten semantischen Merkmale oder *Seme*. Seme haben eine distinktive, klassifikatorische Funktion bei der Abgrenzung von Wortbedeutungen: „A minimal definition of the meaning of an item will be a statement of the semantic components and sufficient to distinguish the meaning paradigmatically from the meaning of all other items in the language" [Bendix71:393].

In der Komponentenanalyse werden mit möglichst wenigen Merkmalen die Unterschiede abzugrenzender Wörter bestimmt. Sie eignet sich deshalb auch zur Analyse von Wortfeldern als einer Menge von bedeutungs- und sinnverwandten Wörtern, wobei die Bedeutung eines Wortes durch die Bedeutung anderer Wörter eines Wortfelds bestimmt und begrenzt wird (vgl. [Trier31]). Zwar ist eine Bedeutungsbestimmung allein aufgrund der Komponentenanalyse sicherlich nicht ausreichend (vgl. [Lyons77:327ff]), auch ist ihr psycholinguistischer Status sehr umstritten - manche Autoren interpretieren Seme als universale Grundkategorien der Perzeption und Kognition -, trotzdem kann sie als Instrument der Disambiguierung von Termini im Rekonstruktionsprozeß gute Dienste leisten. Im Kontext dieser Arbeit sind Seme dann allerdings lediglich als normale objektsprachliche Prädikatoren zu betrachten, ein besonderer metasprachlicher Status wird ihnen nicht eingeräumt.

Als einfaches Beispiel für eine Komponentenanalyse soll die Abgrenzung der Termini »Mann«, »Frau«, »Junge« und »Mädchen« dienen. Verschiedene Aussagen zu Eigenschaften der Gegenstände, welche unter diese Termini fallen, seien bereits gesammelt. Durch die folgende Prädikatorenregel wurde bereits eine Abgrenzung gegenüber allen „nichtmenschlichen" Gegenständen erreicht:

$$x \; \varepsilon \; \text{Mann} \lor x \; \varepsilon \; \text{Frau} \lor x \; \varepsilon \; \text{Junge} \lor x \; \varepsilon \; \text{Mädchen} \Rightarrow x \; \varepsilon \; \text{Mensch} \qquad (4.2\text{-}22)$$

Um den Gebrauch dieser vier Termini untereinander abzugrenzen, werden in einer Matrix die Termini und verschiedene zur Unterscheidung gewählte Prädikatoren in der Funktion von Semen gegenübergestellt und die minimale Kombination an unterscheidenden Merkmalen ausgewählt.

Das Ergebnis der Komponentenanalyse stellt Abbildung 4-8 dar. Die vier Termini können nach dieser Matrix durch das Zusprechen (+) und das Absprechen (-) der beiden (Zusatz-)Prädikatoren »weiblich« und »erwachsen« abgegrenzt werden.

Sem \ Terminus	Mann	Frau	Junge	Mädchen
Mensch	+	+	+	+
weiblich	-	+	-	+
erwachsen	+	+	-	-

Abb. 4-8: Komponentenanalyse

Männer und Frauen unterscheiden sich von Jungen und Mädchen durch ihre Volljährigkeit, Frauen und Mädchen unterscheiden sich von Männern und Jungen durch ihr Geschlecht. Eine zur Klassifikation dieser Termini ausreichende Definition würde nach der Komponentenanalyse lauten:

$$x \, \varepsilon \, \text{Mann} \quad \overset{\text{def}}{=\!=} \quad x \, \varepsilon \, \text{Mensch} \wedge x \, \sigma' \, \text{weiblich} \wedge x \, \sigma \, \text{erwachsen} \qquad (4.2\text{-}23)$$

$$x \, \varepsilon \, \text{Frau} \quad \overset{\text{def}}{=\!=} \quad x \, \varepsilon \, \text{Mensch} \wedge x \, \sigma \, \text{weiblich} \wedge x \, \sigma \, \text{erwachsen}$$

$$x \, \varepsilon \, \text{Junge} \quad \overset{\text{def}}{=\!=} \quad x \, \varepsilon \, \text{Mensch} \wedge x \, \sigma' \, \text{weiblich} \wedge x \, \sigma' \, \text{erwachsen}$$

$$x \, \varepsilon \, \text{Mädchen} \quad \overset{\text{def}}{=\!=} \quad x \, \varepsilon \, \text{Mensch} \wedge x \, \sigma \, \text{weiblich} \wedge x \, \sigma' \, \text{erwachsen}$$

Männer werden nach (4.2-23) als »erwachsene nicht-weibliche Menschen«, Frauen als »erwachsene weibliche Menschen« definiert. Als Teilungskopula fungiert σ und σ' (lies: »hat [Eigenschaft]« oder »hat nicht [Eigenschaft]«) für das Zu- oder Absprechen eines Zusatzprädikators im Sinne eines normsprachlichen Adjektivs bzw. Adverbs [Lorenzen73:237] (die Bedeutung dieser Kopula wird im folgenden Abschnitt näher erläutert).

Sieht man Seme nicht als *gegebene* Grundkategorien an, so muß die Auswahl der unterscheidenden Merkmale in der Komponentenanalyse zur „klassifikatorischen" Definition von Termini durch geeignete Klassifikationsregeln unterstützt werden. Die folgenden, von Rescher formulierten *sieben Regeln der Klassifikation* bieten hier wertvolle Hinweise [Rescher64:52]:

① The fundamentum divisionis must be clear and unambiguous at every stage.

② The divisions must be exhaustive at every stage.

③ The divisions must be exclusive at every stage.

④ Whenever possible, the compartments of each division should be of comparable rank.

⑤ At each division there should be a single and uniform fundamentum divisionis.

⑥ The divisions should be justifiable at each step in terms of one single governing purpose throughout the classification as a whole.

⑦ Classification should be informative.

Die letzte Regel fordert, daß durch die Klassifikation die Ableitung neuer Aussagen möglich sein muß, welche ohne die Klassifikation nicht zu erhalten wären. Die Klassifikation von Wörtern nach der Anzahl ihrer Buchstaben ist beispielsweise wenig sinnvoll, während eine Klassifikation nach Wortarten durchaus weitergehende Informationen liefert. Da gegebene Klassifikationen in der Praxis nur selten diesen Regeln folgen, müssen bei der Definition der Termini oft neue Klassifikationsstrukturen bestimmt und neue Termini zur „Ausbalancierung" einer Klassifikationsstruktur eingeführt werden.

Als Beispiel für die Festlegung einer Klassifikationstruktur zur Abgrenzung und Definition von Termini sei die inhaltliche Einteilung der Publikationsarten in einer Bibliothek rekonstruiert. Abbildung 4-9 zeigt das Ergebnis einer Partitionierung verschiedener Publikationsarten nach diesen Regeln.

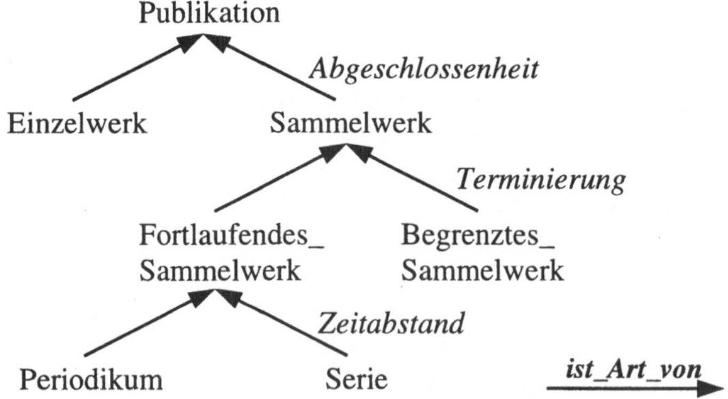

Abb. 4-9: Klassifikation der Publikationsarten

In einem ersten Schritt wurden als zu unterscheidende Publikationsarten die Termini »Einzelwerk«, »Sammelwerk«, »Periodikum« und »Serie« identifiziert. Einzelwerke sind in sich abgeschlossene Publikationen eines Verfassers, welche zur zusammenhängenden Veröffentlichung vorgesehen sind. Demgegenüber fassen Sammelwerke Publikationen mehrerer unterschiedlicher Verfasser zusammen. Fortlaufende, in regelmäßigen zeitlichen Abständen erscheinende Sammelwerke heißen »Periodikum«, der Terminus »Serie« (syn. »Schriftenreihe«) bezeichnet demgegenüber unregelmäßig erscheinende fortlaufende Sammelwerke.

Zur Abgrenzung dieser Termini können als Klassifikationskriterien bzw. Diskriminatoren die *Abgeschlossenheit* (thematisch abgeschlossen, nicht thematisch abgeschlossen), die *Terminierung* (fortlaufend, begrenzt) und der *Zeitabstand* der Erscheinung (regelmäßig, unregelmäßig) bestimmt werden. Um beim Aufbau der dargestellten Klassifikationshierarchie die von Rescher genannten Regeln (4) und (5) zu erfüllen und keine Klassifikationsstufe zu überspringen, werden zusätzlich die Termini »Fortlaufendes_Sammelwerk« und »Begrenztes_Sammelwerk« eingeführt.

Das Ergebnis dieser dichotomen Klassifikation ist eine „ausbalancierte" und disjunkte Unterteilung der Publikationsarten. Jede Klassifikationsstufe basiert auf einem eindeutigen Klassifikationskriterium, jede Publikation kann einer Publikationsart eindeutig zugewiesen werden.

4.2.2 Lexikon und Begriffsmodell

Das Ergebnis der beschriebenen drei Schritte der Bedeutungsbestimmung ist ein System untereinander regulierter und festgelegter Prädikatoren oder Termini. Diese normsprachliche Terminologie eines Anwendungsbereichs ist in einem Lexikon im Sinne eines aktiven Dictionarys zu verwalten.

Hinsichtlich seiner Funktion lassen sich im Lexikon zwei Repräsentationsebenen unterscheiden: Auf einer ersten Ebene werden alle rekonstruierten normsprachlichen Wörter des Anwendungsbereichs verwaltet. Während der Rekonstruktionsphase dient diese Repräsentationsebene dazu, für jeden Lexikoneintrag die schrittweise ermittelten semantischen und syntaktischen Merkmale organisationsweit (domänenspezifisch) zu dokumentieren. Abhängig von der Aufgabenstellung einer konkreten Anwendung in der Domäne, d.h. im Anwendungsbereich, werden auf einer zweiten Architekturebene diese Lexikoneinträge durch Komposition- und Abstraktionshandlungen zu Prädikatorenschemata bzw. Objekttypen zusammengefaßt und verallgemeinert. Abbildung 4-10 auf der Folgeseite stellt schematisch diese beiden Repräsentationsebenen des Lexikons dar.

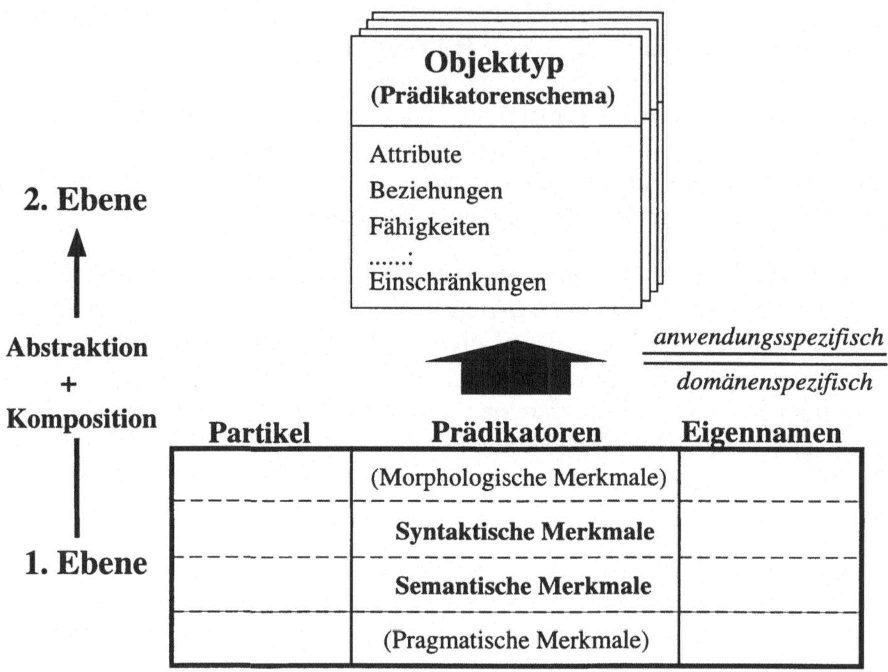

Abb. 4-10: Zwei Ebenen der Lexikonorganisation

Auf die spezifischen Möglichkeiten der Repräsentation und der Verwaltung von Wörtern im Lexikon (Terminologiemanagement) soll in diesem Buch nicht näher eingegangen werden, da hier umfangreiche Literatur im Bereich der Linguistik und der Wissensrepräsentation existiert (vgl. als gute Einführungen in die Lexikologie etwa [Pinkal85; Cruse86; Lutzeier95]).

Die Repräsentation von Einträgen im Rahmen einer inkrementellen, konstruktiven Lexikonkonzeption behandelt etwa Ludewig [Ludewig93a]. Empfehlenswert ist Weigands Arbeit zum Einsatz und zur Strukturierung eines Lexikons (insbesondere [Weigand90:75ff]). Terminologische Repräsentationsformalismen aus dem Bereich der Wissensrepräsentation basieren hauptsächlich auf *KL-ONE* [Brachman85a; Woods92]. Ein gutes Beispiel für die Entwicklung eines terminologischen Wissensrepräsentationssystems auf der Grundlage von KL-ONE ist die Termbeschreibungssprache *TED&ALAN* (*Term Description Language&Assertional Language*) [Forster91; Burkert95], welche für die Repräsentation eines Valenzlexikons genutzt werden kann. Eine andere Termbeschreibungssprache mit vergleichbaren Repräsentationskonstrukten wird in [Reimer95] beschrieben.

Zur Beschreibung von Termini in einem Lexikon lassen sich vier Merkmalskategorien unterscheiden (vgl. [Lyons77:516f; Bierwisch88; Helbig92; Ludewig93a]):

- **Morphologische Merkmale**. Die morphologischen Merkmale beschreiben die interne Zeichenstruktur der Einträge. Sie geben die Regeln an, nach denen die lexikalischen Einheiten gebildet und flexivische Wörter aus den Einträgen abgeleitet werden.

- **Syntaktische Merkmale**. Die syntaktischen Merkmale beschreiben die syntaktische Einordnung des Eintrags. Syntaktische Merkmale sind hauptsächlich die Zuordnung zu einer Wortart (beispielsweise die Wortart »Dingprädikator«, falls der Terminus Dinge bezeichnet) und die Angabe der Stelligkeit bzw. der Valenz.

- **Semantische Merkmale**. Die semantischen Merkmale beschreiben die Bedeutung eines Eintrags. Aufgefaßt als Zeichenhandlungsschemata, regeln die semantischen Merkmale die kontextinvariante Verwendungsweise eines Terminus in Abhängigkeit von anderen Termini.

- **Pragmatische Merkmale**. Die pragmatischen Merkmale beschreiben die situationsabhängige Verwendung eines Eintrags. Beispiele für pragmatische Merkmale sind der Gebrauch unterschiedlicher Höflichkeitsformen in Abhängigkeit vom jeweiligen sozialen Umfeld.

Mögliche Ergänzungen betreffen *phonetische* Angaben zur korrekten Aussprache und *etymologische* Angaben zur Wortentstehung und zur Wortentwicklung.

Untersucht man diese vier Merkmalsarten auf ihre Relevanz für die Repräsentation normsprachlicher Wörter (und hier vor allem der Prädikatoren), so wird deutlich, daß auf die Beschreibung morphologischer und pragmatischer Merkmale verzichtet werden kann. Die Angabe pragmatischer Merkmale ist nicht notwendig, weil der Gebrauch normsprachlicher Wörter situationsneutral festgelegt ist. Normsprachliche Wörter sollen nicht erst in einem bestimmten Ko- und Kontext eine bestimmte Bedeutung annehmen, ihre Verwendung in Aussagen muß stets in derselben Weise verstanden werden.

Ebenso ist die Auszeichnung morphologischer Merkmale nicht notwendig, weil in der Normsprache auf Flexionen grundsätzlich verzichtet wird und damit lexikalisches Wort und flexivisches Wort zusammenfallen. Syntaktische und semantische Unterschiede werden nicht wie in der Umgangssprache durch Flexion (Deklination oder Konjungation) ausgedrückt, sondern durch unterschiedliche Satzformen und Wörter expliziert. Normsprachliche Wörter erscheinen unabhängig von Kasus, Numerus, Genus, Tempus und Modus in einem normsprachlichen Satz immer in der gleichen Form [Lorenzen87:28]. Auch kann auf Wortbildungsregeln verzichtet werden, da sich die Bedeutung erzeugter oder abgeleiteter Wörter selten vollständig aus der Bedeutung der unmittelbaren Konstituenten ergibt und die möglichen semantischen Beziehungen bei der Wortbildung bisher nur teilweise untersucht wurden. Erste interessante Ergebnisse sind hier in den Arbeiten von Fleischer und Barz zu finden [Fleischer92]. Ausgehend von einer empirischen Untersuchung, identifizieren und klassifizieren sie eine Vielzahl semantischer Beziehungen zwischen den Konstituenten von Substantivkomposita, um die Bedeutung von Komposita aus der Bedeutung ihrer Teile und deren Beziehungen zueinander abzuleiten zu können [Fleischer92:98f].

Wesentlich zur Beschreibung normsprachlicher Wörter in einem Lexikon sind hingegen die syntaktischen und die semantischen Merkmale. Die syntaktischen Merkmale stellen durch die Angabe der Wortart und der Stelligkeit den Bezug zur normsprachlichen Grammatik her (vgl. den folgenden Abschnitt). Sie geben an, welche Wörter aus dem Lexikon in welcher Form zu syntaktisch korrekten Aussagen verbunden werden können. Alle syntaktischen Angaben zu normsprachlichen Wörtern sind ihrerseits aber wiederum semantisch begründet, syntaktische Unterscheidungen - etwa die Einführung unterschiedlicher Wortarten - sind auf semantische Unterscheidungen - etwa verschiedende Gegenstandskategorien - zurückzuführen. Daß diese semantischen Unterscheidungen selber wiederum pragmatisch begründet sind, wurde im vorigen Abschnitt thematisiert.

Auf einer zweiten Ebene werden aus diesem System von Prädikatoren die für eine bestimmte Anwendung relevanten Prädikatorenschemata oder Objekttypen durch Komposition und Abstraktion konstruiert. Ein Prädikatorenschema ist die in Hinblick auf eine bestimmte Anwendung erfolgte Zusammenfassung von Prädikatoren zur Darstellung anwendungsspezifischer Sachverhalte.

Der Prädikator »Mitarbeiter« bezeichnet in einer Universität beispielsweise Personen, mit denen ein arbeitsvertragliches Verhältnis besteht. Der Prädikator »Mitarbeiter« könnte auf der ersten Repräsentationsebene im Lexikon etwa als einstelliger Dingprädikator (syntaktische Merkmale: Stelligkeit = 1; Wortart = Dingprädikator) mit folgender Bedeutung festgelegt sein (semantische Merkmale): »x ε Mitarbeiter $\stackrel{\mathrm{def}}{=}$ x ε Person $\wedge$ $\exists$a (x hat_Arbeitsvertrag a) $\wedge$ $\exists$i (x interne_Anschrift i) $\wedge$ $\exists$g (x Gehalt g) ...«. Das Vorliegen eines Arbeitsvertrags und das Beziehen eines Gehalts ist nach dieser Definition zwar notwendige Voraussetzung dafür, daß eine Person im Anwendungsbereich Universität bzw. Universitätsbibliothek als Mitarbeiter bezeichnet wird. Zum Prädikatorenschema »Mitarbeiter« werden in der Benutzerverwaltung der Universitätsbibliothek (als spezieller Anwendung in der Universität bzw. Universitätsbibliothek) aber lediglich die für diese Anwendung notwendigen Prädikatoren zur Beschreibung der

Eigenschaften von Mitarbeitern zusammengefaßt, etwa die interne Anschrift eines Mitarbeiters zum Versand von Bibliotheksbenachrichtigungen. Da die jeweiligen Arbeitsvertragskonditionen mit der tarifrechtlichen Einordnung oder die Gehälter von Mitarbeitern in dieser Anwendung nicht interessieren, ist es auch nicht notwendig, sie als anwendungsrelevante Merkmale in die Spezifikation des Objekttyps aufzunehmen.

Neben der Komposition von Prädikatoren zu Prädikatorenschemata ist weiterhin eine Abstraktion von Prädikatoren und zusammengesetzten Prädikatorenschemata zu den durch sie dargestellten Begriffen und Objekttypen notwendig, „denn es kommt uns ja nicht auf die Termini als lautlich normierte an, vielmehr wollen wir die Termini stets als austauschbar gegen synonyme Wörter einführen und verwenden" [Kamlah72:45]. Ausgehend von synonymen Prädikatoren, gelangt man durch Abstraktion zum *Begriff* als deren Bedeutung oder Intension. Durch die Abstraktion wird ein Prädikatorensystem zu einem Begriffssystem [Lorenzen87:161f] (das Abstraktionsschema für diesen Übergang von Prädikatoren zu Begriffen wurde in (3.1-3) vorgestellt). Zur Erläuterung dieses Übergangs zu Begriffen und Objekttypen mit der in dieser Arbeit gewählten Terminologie soll das in Abbildung 4-11 dargestellte Begriffsmodell dienen.

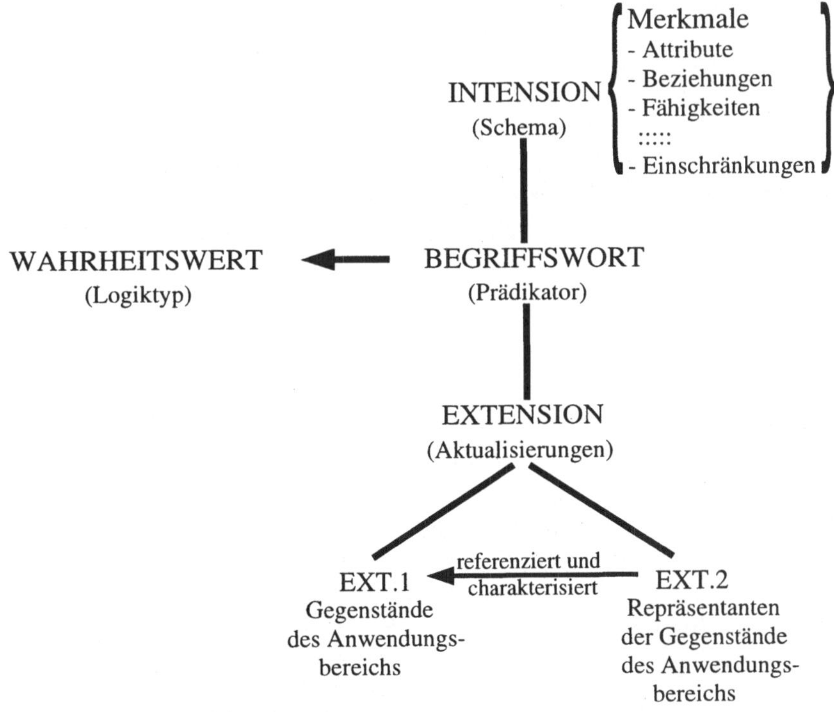

Abb. 4-11: Begriffsmodell (vgl. [Ortner94:576])

Im Gegensatz zum triadischen Zeichenmodell in Abbildung 4-1 wird in diesem Begriffsmodell vom Zeichenbenutzer abgesehen. Auf der semantischen Ebene wird vom pragmatischen Kontext abstrahiert, da normsprachliche Fachbegriffe benutzer- und kontextinvariant immer die gleiche Bedeutung besitzen.

Machen wir Aussagen über einen Prädikator Pr, die invariant bezüglich der Äquivalenzrelation Synonymität gelten, so reden wir über seine Bedeutung oder *Intension* - |Pr| oder *int*(Pr) - als die Menge seiner Merkmale. Die Intension gibt die aufgrund expliziter Vereinbarungen (Prädikatorenregeln, Definitionen) festgelegten Gebrauchsregeln von Prädikatoren durch Bezugnahme auf andere Prädikatoren als deren Merkmale wieder. Die *Extension* von Pr bilden alle Gegenstände, welchen Pr *potentiell* zukommt: $\{x \mid x \in Pr\}$ oder kürzer *ext*(Pr) bzw. $\{Pr\}$. Die in einer bestimmten Situation σ aktuell existierende Extension wird als $ext_\sigma(Pr)$ notiert, sie bildet eine Teilmenge von *ext*(Pr). Statt $\{x \mid ...\}$ wird auch häufig die Schreibweise $\in_x$ für den Abstraktor »Menge« gewählt. Die Elementrelation $\in$ für einen bestimmten Gegenstand n ist definiert durch: $n \in \in_x A(x) \overset{\text{def}}{=\!=} A(n)$. Da synonyme Prädikatoren auch stets extensional äquivalent sind, folgt, daß in einem Ausdruck »$\in_x x \in Pr$« Pr durch |Pr| ersetzt werden kann. Die Ausdruck »$\in_x x \in |Pr|$« gibt dann die Menge aller x an, denen |Pr| zukommt. Frege spricht auch vom „Fallen eines Gegenstands unter einen Begriff" [Frege66:68].

Nach dem Reziprokgesetz des Verhältnisses von Extension und Intension gilt: Je größer die Intension eines Prädikators, desto geringer die Extension und umgekehrt [Rescher64:26f]. Ein generellerer Prädikator umfaßt extensional den spezielleren Prädikator, während dieser umgekehrt den generelleren intensional beinhaltet. Mit $ext(Pr_i)$ für die Extension und $int(Pr_i)$ für die Intension gilt: $ext(Pr_0) \subseteq ext(Pr_1) \rightarrow int(Pr_1) \subseteq int(Pr_0)$, aus $ext(\text{Rose}) \subseteq ext(\text{Blume})$ folgt $int(\text{Blume}) \subseteq int(\text{Rose})$ (zur von Wille begründeten *formalen Begriffsanalyse* vgl. [Wille92]).

Als Extensionen sind in der Informationssystementwicklung die Gegenstände des Anwendungsbereichs (Extension1) und deren symbolische Repräsentanten im Anwendungssystem (Extension2) zu unterscheiden. Der Zusammenhang zwischen der Extension 2 und Extension 1 wird hergestellt durch die intensional festgelegten Merkmale. Die Intension gibt gewissermaßen das Schema vor, nach dem die relevanten Eigenschaften von Gegenständen des Anwendungsbereichs selektiert und durch Merkmale (bzw. Merkmalsausprägungen) ihrer symbolischen Repräsentation beschrieben werden (eine für die Informationssystementwicklung empfehlenswerte Beschreibung dieses Zusammenhangs zwischen Extension 1, Extension 2 und Intension ist in Bunges „Ontology I: The Furniture of the World" zu finden [Bunge77:119ff]).

Ein weiterer wichtiger Aspekt des dargestellten Begriffsmodells ist die Zuordnung eines Wahrheitswertes. Die Verbindung von Begriff und Wahrheitswert geht auf Frege zurück [Frege66]. Frege versteht unter einem Begriff einen Funktionsausdruck, dessen Wert abhängig von den ersetzten Argumentvariablen einen bestimmten Wahrheitswert liefert. Der zunächst „ungesättigte" Funktionsausdruck nimmt den Wert »wahr« an, wenn der durch das Argument referierte Gegenstand unter den Begriff fällt, ansonsten lautet der Wahrheitswert »falsch«. Da diese eindeutige Beurteilung des Fallens eines Gegenstands unter einen Begriff oft nicht möglich ist, wurden eine Reihe erweiterter, mehrwertiger Logiken mit indefiniten Wahrheitswerten entwickelt. Bekannte dreiwertige Logiken mit den Wahrheitswerten {wahr, falsch, indefinit} wurden von Kleene und Lukasiewicz ausgearbeitet. Der Übergang zu kontinuierlichen Wahrheitswertverläufen führt schließlich zur der von Zadeh begründeten Fuzzy-Logik [Zadeh65].

Die Verbindung von Wahrheitswert und Begriff bedeutet nicht, daß eine *wahrheitstheoretische* Auffassung von Bedeutung anstelle eines *gebrauchstheoretischen* Bedeutungsbegriffs tritt (vgl. zu einer differenzierten Betrachtung von Bedeutungstheorien [Kutschera75; Leipold82; Hofmann95]). Die wahrheitstheoretische Auffassung - historisch vor allem von Frege und dem frühen Wittgenstein begründet [Frege66; Wittgenstein80], ein neuerer Vertreter dieser Auffassung ist etwa Davidson [Davidson67] - sieht die Bedeutung eines Ausdrucks in der Kenntnis seiner Wahrheitsbedingung [Tugendhat89:127].

In einer Reihe von Arbeiten hat Dummett gezeigt, daß dieser wahrheitstheoretische Bedeutungsbegriff nicht unbedingt als konkurrierend mit einem gebrauchstheoretischen Bedeutungsbegriff gesehen werden muß [Dummett79]. Die Gebrauchstheorie darf allerdings nicht auf den oft zitierten, aber weil aus dem Kontext gerissenen und daher diese Theorie nur entstellt und reduziert wiedergebenden Satz von Wittgenstein reduziert werden: „Die Bedeutung eines Wortes ist sein Gebrauch in der Sprache" [Wittgenstein80a:§43]. Vielmehr ergibt sich die Bedeutung eines Wortes aus dem aktuellen Gebrauch erst durch Abstraktion. Ausgehend von konkreten (Zeichen-)Handlungen wird zum Handlungschema als deren Bedeutung abstrahiert. Die Bedeutung eines Ausdrucks zu kennen heißt dann, die Bedingungen seines Gebrauchs zu kennen.

In der Logik, Linguistik oder Sprachphilosophie wurden eine Reihe weiterer, teilweise homonymer und synonymer Termini für den Begriffsumfang und den Begriffsinhalt eingeführt. Mills spricht beispielsweise von *connotation* und *denotation*, Frege unterscheidet *Sinn* und *Bedeutung*, Russel verwendet *meaning* und *denonation*, Black führt die Termini *sense* und *reference* ein. In der modernen Logik und Terminitheorie hat sich in Anlehnung an Carnap die Unterscheidung *Intension* und *Extension* weitgehend durchgesetzt, während in der Linguistik zumeist von *Sinn* und *Referenz* gesprochen wird. *Bedeutung* wird auch oft als Oberbegriff von *Sinn* und *Referenz* verwendet, um eine intensionale von einer referentiellen oder extensionalen Semantik zu unterscheiden. Aufgrund des Bedeutungswandels des Terminus *Konnotation* - mit Konnotation sind heutzutage zumeist die assoziativen, stilistischen Merkmale eines Begriffs gemeint - wird das Begriffspaar *Konnotation/Denotation* nur noch selten verwendet.

Anstelle von Intension und Extension können alternativ auch die aus der Handlungstheorie stammenden Termini *Schema* und *Aktualisierung* verwendet werden, da die Extension eines Ausdrucks als Aktualisierung eines (Zeichenhandlungs-) Schemas aufgefaßt werden kann und die Intension als das Schema für die Individuation einzelner Aktualisierungen oder Ausprägungen zu interpretieren ist (einen Überblick von Verwendungsweisen geben [Wunderlich76:242ff; Lyons77:174]; Schweizer untersucht verschiedene Bedeutungstheorien mit Schwerpunkt auf Frege, Carnap und Quine [Schweizer91]; empfehlenswert ist auch der Klassiker „The Meaning of Meaning" von Ogden und Richards [Ogden23]).

Die auf der Abstraktion synonymer Prädikatoren bzw. Prädikatorenschemata basierende Repräsentation eines Fachbegriffs durch ein eindeutiges begriffliches Schema mit einem definitem Wahrheitswert soll durch den (Meta-)Terminus *Objekttyp* angezeigt werden. Ein Objekttyp ist die hinsichtlich eines (Haupt-)Prädikators erfolgte Zusammenfassung und Abstraktion von Prädikatoren als dessen Merkmale zur Repräsentation eines Fachbegriffs. Der Unterteilung des Spezifikationsrahmens in Beschreibungsaspekte folgend, werden diese Merkmale eines Objekttyps unterschieden in Attribute, Fähigkeiten, Beziehungen usw. Die Spezifikation eines Objekttyps folgt dem Schema :

$$\text{<Objekttyp>} \quad \triangleq \quad \textbf{\textit{objecttype}} \text{ <Objekttypname>} \qquad (4.2\text{-}24)$$
$$\text{<Objekttypmerkmale>}$$

$$\text{<Objekttypmerkmale>} \quad \triangleq \quad [\text{<Attribute>}]$$
$$[\ \text{<Beziehungen>}]$$
$$[\text{<Fähigkeiten>}]$$
$$[\text{<Interaktionen>}]$$
$$[\text{<Wandlungen>}]$$
$$[\text{<Reihenfolgen>}]$$
$$[\text{<Einschränkungen>}\ ]$$

Als schemaorientierter Repräsentationsmechanismus (im Gegensatz etwa zu Prototypensemantiken) sind Objekttypen vergleichbar mit den aus der KI bekannten

Frames [Minsky75] oder *Scripts* [Schank77]. Die Objekttypmerkmale entsprechen den *Slots* in framebasierten Darstellungen, während die Ausprägungen dieser Merkmale als sog. *Fillers* fungieren. Typografisch soll die Rede über Objekttypen durch eine Kapitälchenschreibweise - für den Objekttyp »Mitarbeiter« also durch MITARBEITER - angezeigt werden.

Jeder Objekttyp wird durch einen eindeutigen Objekttypnamen benannt. Die zu einem Objekttyp zusammengefaßten und abstrahierten Prädikatoren repräsentieren als Attribute, Beziehungen, Fähigkeiten, Interaktionen, Wandlungen, Reihenfolgen und Einschränkungen die Merkmale des Objekttyps. Alle Merkmalsarten sind optional. Implizit wird jeder vereinbarte Objekttyp jedoch als Hyponym eines allgemeinsten Objekttyps GEGENSTAND angenommen, da jeder Aktualisierung eines Objekttyps zumindest das Merkmal zukommt, einen Gegenstand zu repräsentieren (GEGENSTAND ist vergleichbar etwa mit der Klasse ANY in Eiffel, da auch diese grundsätzlich Oberklasse zu allen vereinbarten Klassen ist [Meyer92:18]).

Abhängig von der zu entwickelnden Anwendung im Anwendungsbereich werden ansonsten bei der Spezifikation der Objekttypen unterschiedliche Merkmalsarten dominieren. In kommerziellen, transaktionsorientierten Anwendungen wie etwa einer Personalverwaltung oder einer Bibliotheksverwaltung wird eher die Beschreibung der statischen Merkmale, d.h. der Attribute und Beziehungen zwischen den Objekttypen, überwiegen, wohingegen in der Prozeßdatenverarbeitung sicherlich die dynamischen Aspekte eine wichtige Rolle spielen. Bei nicht interaktiven Anwendungen wie beispielsweise Compilern kommt der Beschreibung der funktionalen Merkmale (Fähigkeiten und Interaktionen) eine große Bedeutung zu (vgl. [Wilkie93:349]). In Kapitel 5 wird die Spezifikation von Objekttypen gemäß dem Schema (4.2-24) ausführlich behandelt. Da die Bestimmung der Merkmale von Objekttypen letztlich jedoch auf fachsprachliche Aussagen zurückzuführen ist, wird im folgenden Abschnitt zunächst der Prozeß der Aussagennormierung behandelt.

4.3   Aussagennormierung

Nachdem die relevanten Fachtermini definiert sind, werden die Aussagen nach den Regeln einer rationalen Grammatik normiert, so daß von der normierten Aussage eindeutig auf den dargestellten Sachverhalt geschlossen werden kann. Diese Normierung richtet sich nach vorgegebenen Satzmustern, welche als Konstruktionsregeln zur Zusammensetzung von Aussagen aus den im Lexikon definierten Wörtern dienen. Nachfolgend wird zunächst die Unterteilung der normsprachlichen Wortarten motiviert und erläutert. Anschließend werden die Satzbaupläne für die Aussagennormierung vorgestellt.

4.3.1 Normsprachliche Wortarten

Die Erläuterung der normsprachlichen Wortarten erfordert zunächst eine Klärung der Unterscheidung zwischen den Prädikatoren als den normsprachlichen *Vollwörtern* und den Partikeln oder Strukturwörtern als den normsprachlichen *Funktionswörtern*. Die Unterscheidung zwischen Vollwörtern und Funktionswörtern findet sich bei allen umfänglicheren sprachlichen Untersuchungen - Jespersen spricht von *full words* und *empty words* [Jespersen24], Fries als Vertreter der amerikanischen strukturalistischen Linguistik unterscheidet *lexical meaning* und *structural meaning* oder *content words* und *form words* [Fries52], Hartmann trennt zwischen Vollwörtern als *benennenden Elementen* und Funktionswörtern als *anordnenden Elementen* [Hartmann63], Halliday differenziert zwischen *lexical item* und *grammatical item* [Halliday85], ähnliche Differenzierungen treffen auch Lyons und Clark [Lyons68; Clark77].

Eine befriedigende und für die Zwecke dieser Arbeit geeignete Abgrenzung ist bei Martinet zu finden [Martinet66]. Er unterscheidet relativ *offene* und relativ *geschlossene* Klassen von Sprachzeichen, wobei die Vollwörter den offenen Klassen, die Funktionswörter den geschlossenen Sprachzeichenklassen zuzuordnen sind. Unter die geschlossenen Klassen werden diejenigen Sprachzeichen subsumiert, welche sich innerhalb eines synchronisch funktionierenden Sprachsystems nicht oder nur langsam verändern und insgesamt eine abzählbare Menge bilden. Gemeinsam ist den geschlossenen Klassen, daß ein Sprecher der betreffenden Sprache diese Klassen nicht beliebig erweitern kann - etwa durch die Einführung neuer Präpositionen -, wenn die grammatische Verständlichkeit von Aussagen sichergestellt sein soll. Während neue Funktionswörter „nur selten und dann auch nur über einen größeren Zeitabschnitt" [Lehnert69:38] in eine Sprache eindringen, ·können sich bei Vollwörtern auch in relativ kurzen Zeitabschnitten durch neue Wortbildungen, einfließende Fremdwörter und Komposita qualitative und quantitative Veränderungen des Wortschatzes ergeben.

Inhaltlich lassen sich Vollwörter und Funktionswörter weiterhin durch ihre Themenbezogenheit unterscheiden. *Vollwörter* - synonym wird auch von *Inhaltswörtern, Autosemantika, Bedeutungswörtern* oder nach Husserl von *kategorematischen Ausdrücken* [Husserl13:294ff] gesprochen (vgl. [Lutzeier 85:21f]) - haben eine lexikalische Bedeutung, die unabhängig von einem sprachlichen Kontext bestimmbar ist. Als themenbezogene Wörter - Gethmann prägte den Begriff *Topik* für diese Themenbezogenheit [Gethmann79:19f] - dienen sie zur Bezeichnung von Gegenständen des Anwendungsbereichs. Im Unterschied dazu haben Funktionswörter - Synonyme sind *Strukturwörter, Synsemantika* oder *synkategorematische Ausdrücke* - eine syntagmatische Bedeutung bei der Aussagenbildung. Nach der Einteilung der Wortarten des Duden bilden beispielsweise *Verben,*

Substantive und *Adjektive* die offenen Klassen der Vollwörter [Duden84:89f]. Zu den geschlossenen Klassen der Funktionswörter sind etwa *Artikel, Pronomen* oder *Präpositionen* zu zählen.

In den natürlichen Sprachen hat sich die Einteilung der Wortarten mehr oder weniger „naturwüchsig" zusammen mit der Grammatik entwickelt. Da diese Einteilung nicht nur auf semantischen, sondern auch auf morpho-syntaktischen Merkmalen beruht, kann in umgangssprachlichen Aussagen nicht von den jeweiligen Wortarten unmittelbar auf die dargestellten Arten von Gegenständen oder Sachverhalten geschlossen werden. Dies ist nur möglich, wenn sich die Einteilung der Wortarten einer (rationalen) Sprache ausschließlich nach semantischen Merkmalen richtet und damit eine Kongruenz zur „gewählten" Gegenstandseinteilung hergestellt wird (vgl. dazu [Tugendhat76:35ff]).

Mit Gegenstandseinteilung ist die getroffene Unterscheidung von Gegenstandskategorien als Konstituenten eines Wirklichkeitsausschnitts gemeint. Anstelle des von Ortner in [Ortner95] eingeführten Terminus »Gegenstandseinteilung« wird in der KI auch oft von »Ontologie« gesprochen (vgl. etwa [Hoede95; Uschold96]). Keinesfalls darf diese Unterscheidung von Gegenstandskategorien in dem Sinne falsch verstanden werden, daß diese Kategorien *die* Unterscheidungen der Wirklichkeit und ihre Ordnung wiedergeben. Stattdessen sind die Gegenstandskategorien als rational begründete Konstruktionen einer bestimmten, sich erst im Sprachhandeln ergebenden Weltsicht aufzufassen (vgl. [Schneider75:112]) - die Welt, „nicht, wie sie *ist*, sondern wie sie *unsere* Welt ist" [Mittelstraß89:316]. Aus dieser „*Perspektivität der Welt*" [Mittelstraß89:85] folgt, daß durchaus unterschiedliche, rational begründete Gegenstandseinteilungen und Unterscheidungen von Wortarten möglich sind und diese Unterschiede auf die Verschiedenheit von Kulturkreisen und ihren Sprachen zurückzuführen sind. Folgt man beispielsweise den durchaus kontrovers diskutierten Untersuchungsergebnissen der (amerikanischen) Ethnolinguistik, so wäre es denkbar, daß Hopi- oder Nootka-sprechende Indianer in New Mexico, Arizona oder in British Columbia andere Gegenstandskategorien unterscheiden als etwa Mitteleuropäer.

In Anlehnung an die Arbeiten von Lorenz und Lorenzen wird eine Einteilung der normsprachlichen Wortarten vorgenommen, welche sich an der Gegenstandseinteilung indoeuropäischer Sprachen orientiert [Lorenz70; Lorenzen87:52; Hartmann90:48]. Auf einer ersten Ebene werden Wörter in *Strukturwörter* und *Themenwörter* unterschieden. Strukturwörter (syn. Partikel) entsprechen normsprachlichen Funktionswörtern. Diese werden weiter in *grammatische* und *logische* Strukturwörter unterteilt. Logische Strukturwörter haben eine wahrheitsfunktionale Bedeutung bei der Bildung komplexer Aussagen. Grammatische Strukturwörter besitzen eine ausschließlich syntaktische (strukturelle) Bedeutung bei der Modifikation ihrer Bezugselemente innerhalb normsprachlich elementarer Aussagen. Themenwörter werden unterschieden in *Prädikatoren* und *Nominatoren*. Prädikatoren bezeichnen als normsprachliche Vollwörter Gegenstände bzw. Eigenschaften von Gegenständen. *Nominatoren* benennen und referenzieren demgegenüber einzelne Gegenstände. Prädikatoren werden weiter unterteilt in *Hauptprädikatoren* (syn. Eigenprädikatoren) und *Zusatzprädikatoren* (syn. Apprädikatoren). Hauptprädikatoren bezeichnen als *Geschehnishauptprädikatoren* Geschehnisse im Sinne zeitlicher Abläufe, *Dinghauptprädikatoren* bezeichnen Dinge. Die zusätzliche Charakterisierung der Eigenschaften von Gegenständen, welche durch Hauptprädikatoren bereits bezeichnet und geordnet wurden, erfolgt analog zur Unterscheidung der Eigenprädikatoren durch *Dingzusatzprädikatoren* oder *Geschehniszusatzprädikatoren*.

Abbildung 4-12 stellt diese Einteilung der normsprachlichen Wortarten mit den jeweiligen Schemabuchstaben (Metavariablen oder Symbolkonstanten) dar.

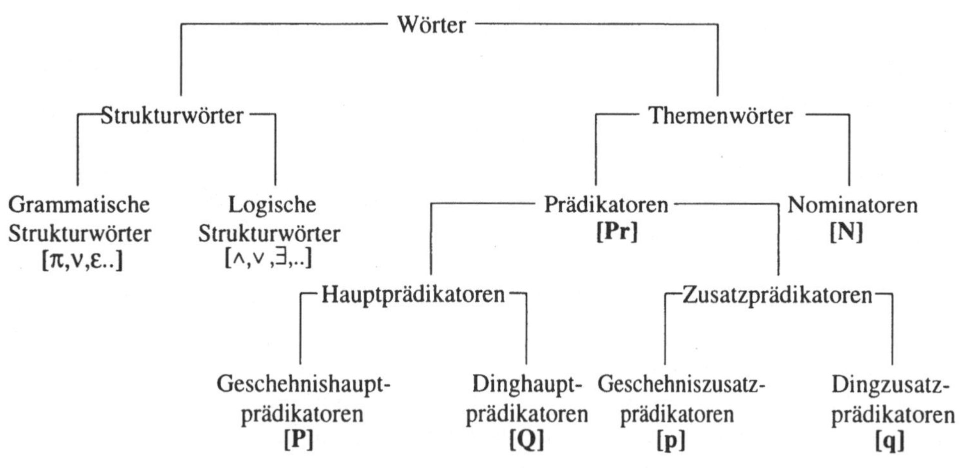

Abb. 4-12: Normsprachliche Wortarten

Nominatoren

Nominatoren sind sprachliche Ausdrücke zur Referenzierung oder *Benennung* von Gegenständen (vgl. [Quine60]). Die Benennung ist eine Sprachhandlung, bei der ein Zeichen als Vertretung eines Gegenstands in einer Rede über diesen eingeführt wird - die umfassende Untersuchung dieser Sprachhandlung im Zusammenhang mit der Referenzierung und Benennung ist Strawson zu verdanken [Strawson72;

Strawson74:83ff]. Drei Arten von Nominatoren sind zu unterscheiden [Rescher 64:23; Donnellan70; Tugendhat76:341ff]:

- **Eigennamen**. Eigennamen sind Sprachzeichen, die als Vertretung eines Gegenstandes in einer Rede über diesen explizit eingeführt wurden - Kripke spricht anschaulich von einer Taufhandlung [Kripke81]. Der Gegenstand, welcher durch den Eigennamen identifiziert wird, ist die Referenz des Eigennamens. Eigennamen sind etwa die Verbuchungsnummern von Exemplaren. Die Verbuchungsnummer »0137.1704.82« referenziert als fachlicher Schlüssel eindeutig auf ein Exemplar mit dem Titel »Eiffel. The Language« von B. Meyer.

- **Eigentliche Kennzeichnungen**. Eigentliche Kennzeichnungen identifizieren einen Gegenstand eindeutig durch eine einstellige Aussage der Form A(x). Bei der Behauptung dieser kennzeichnenden Aussage wird die Existenz ($\exists x\ (A(x))$ und die Eindeutigkeit ($\forall xy\ (A(x) \wedge A(y) \rightarrow x = z)$) des referierten Gegenstands präsupponiert, d.h. stillschweigend vorausgesetzt (vgl. [Strawson74:96ff]). Die kennzeichnende Aussageform A(x) wird durch den Kennzeichnungsoperator ι_x mit der Bindung der Variablen x als Kennzeichnungsterm ausgezeichnet.
  Eigentliche Kennzeichnungen sind beispielsweise »der Entwickler von T_EX« für D.E. Knuth oder »der Begründer der modernen Logik« für G. Frege. Im Gegensatz zu eigentlichen Kennzeichnungen beziehen sich Pseudokennzeichnungen nicht nur auf genau einen Gegenstand. Eine Pseudokennzeichnung wäre etwa der Ausdruck »der Schachweltmeister des Jahres 1995«, da diese Kennzeichnung sowohl für G. Kasparov als auch für A. Karpov zutrifft.

- **Deiktische Kennzeichnungen**. Deiktische Kennzeichungen sind sprachliche Ausdrücke, welche ihre benennende Funktion erst durch den Bezug auf die jeweilige Sprechsituation erhalten. In Aussagen wird die Kontextabhängigkeit deiktischer Kennzeichnungen deutlich an der Verwendung von Demonstrativpronomen oder Indikatoren wie »dies« , »jenes«, »heute morgen« oder »dort drüben«. Mit dem Symbol ι als normiertes Zeichen für »dies« (als sog. *Demonstrator*) wäre eine deiktische Kennzeichnung etwa der Ausdruck »ι Buch«: außerhalb des sprachlichen Kontextes ist unklar, welches Buch mit diesem Ausdruck gemeint ist.

Deiktische Kennzeichnungen sollten wegen ihrer Kontextabhängigkeit im Fachentwurf möglichst vermieden werden (etwa durch die Beschreibung des pragmatischen Kontextes [Lewis72; Cresswell73:109]). Auch eigentliche Kennzeichnungen sind im (objektorientierten) Fachentwurf von untergeordneter Bedeutung.

Die wichtigste Nominatorenart in der Anwendungsentwicklung sind sicherlich die Eigennamen und hier in erster Linie die *echten* Eigennamen (*proper names* oder *singular names* [Rescher64; Donnellan70]). Echte Eigennamen referenzieren *eindeutig* auf einen Gegenstand des Anwendungsbereichs. Im Anwendungsbereich fachlich eingeführte Schlüssel wie Verbuchungsnummern oder Benutzernummern sollten in diesem Sinne echte Eigennamen sein, denn „es ist nutzlos einen Namen für ein Einzelding zu verwenden, wenn man nicht weiß, über wen oder was derjenige, der ihn verwendet, damit spricht" [Strawson72:23].

Normsprachliche Aussagen zur Benennung von Gegenständen folgen mit η als Symbol für die Benennungsrelation (lies: »benennen«) der Struktur: 'N$_1$' η N$_2$ (vgl. [Hartmann90:127f] und die folgende Seite). Zwei Aussagen zur Benennung von Bibliotheksbenutzern wären etwa:

- '03/034234' η Max Müller
- '01/032334' η Susanne Schmid

$$(4.3\text{-}1)$$

Max Müller und Susanne Schmid werden durch die Benutzernummern »03/034234« und »01/032334« eindeutig identifiziert.

Zu beachten ist die Unterscheidung zwischen *Zitierung* und *Gebrauch* (oder *mention* und *use* [Quine40]). Aussagen über N$_1$ sind Aussagen über einen durch N$_1$ benannten Gegenstand. Aussagen über »N$_1$« sind Aussagen über eine Zeichenkette. Eine Zitierung enthält etwa die Aussage »'03/034234' besteht aus acht Ziffern«, während ein Gebrauch in der Aussage »03/034234 ist ein Bibliotheksbenutzer« gegeben ist. Wegen der Vermengung von Gebrauch und Zitierung ist eine Aussage wie »'03/034234' ist ein Benutzer« offensichtlich unsinnig.

Deutlich wird der Unterschied zwischen Gebrauch und Zitierung an den folgenden korrekten Aussagen: »'Königsberg' ist ein Stadtname«, »'Kaliningrad' ist ein Stadtname« und »Königsberg ist eine Stadt« oder »Kaliningrad ist eine Stadt«. Da die beiden Eigennamen »Kaliningrad« und »Königsberg« als Stadtnamen auf die gleiche Stadt Königsberg (oder Kaliningrad) referieren, ist auch »'Kaliningrad' benennt Königsberg« eine korrekte Aussage (eine Aussage wie »'Kaliningrad' benennt Kaliningrad« wäre eine trivial korrekte Aussage [Hartmann90:126]). Mit dem Symbol $\approx$ für referentielle Gleichheit von Nominatoren (lies: »referenzgleich_mit«) ist diese definiert durch:

$$\text{'N}_1\text{'} \approx \text{'N}_2\text{'} \overset{\text{def}}{=\!=} \exists N\ (\text{'N}_1\text{'}\ \eta\ N \wedge \text{'N}_2\text{'}\ \eta\ N) \qquad (4.3\text{-}2)$$

Referentielle Gleichheit ist gegeben, wenn »N_1« und »N_2« den gleichen Gegenstand N benennen. Gibt es nur genau einen referierten Gegenstand, ist diese Benennung durch einen Eigennamen eindeutig: $\exists N_1\ (`N_1`\ \eta\ N_1 \wedge \forall N_2\ (`N_1`\ \eta\ N_2 \to N_1 \equiv N_2))$. »Königsberg« benennt ebenso wie »Kaliningrad« eindeutig die Stadt Königsberg (oder Kaliningrad).

Der zweistellige Identitätsprädikator $\equiv$ (lies: ist_identisch_mit) läßt sich über die referentielle Gleichheit folgendermaßen definieren:

$$N_1 \equiv N_2 \overset{\text{def}}{=\!=} `N_1` \approx `N_2` \qquad\qquad (4.3\text{-}3)$$

Zwei Gegenstände sind identisch, wenn ihre Nominatoren referenzgleich sind. Als Identitätsaxiome gelten die *Reflexivität* (d.h. es gilt: $\forall x\ (x \equiv x)$) und die *Substituierbarkeit* (es gilt: $\forall xy\ (x \equiv y \wedge A(x) \to (A(y)))$). Es folgt damit für die Identität das Leibnizsche Ununterscheidbarkeitskriterium:

$$x \equiv y \overset{\text{def}}{=\!=} \forall A\ (A(x) \leftrightarrow A(y)) \qquad\qquad (4.3\text{-}4)$$

Zwei Gegenstände sind identisch, wenn alle Aussagen über einen Gegenstand auch für den anderen Gegenstand gelten und umgekehrt. Trivial sind Identitätsaussagen nur für den Spezialfall $x \equiv x$, also etwa »Abendstern $\equiv$ Abendstern«. Die Aussage »Abendstern $\equiv$ Morgenstern« setzt aber die Gültigkeit der Aussage »'Abendstern' $\approx$ 'Morgenstern'« voraus.

Der linguistische Status von Nominatoren und Eigennamen, d.h. die Frage, ob Namen Bedeutung haben können und inwieweit sie überhaupt einem bestimmten Sprachsystem zurechenbar und damit in ein Lexikon aufzunehmen sind, wird in der Linguistik und in der Sprachphilosophie kontrovers diskutiert. Lorenzen schließt beispielsweise Eigennamen vom Lexikon aus [Lorenzen80]. Eine Diskussion verschiedener Standpunkte ist in [Lyons77:215ff] zu finden, zusammenfassend schreibt Lyons: „Enough has been said perhaps to show that the questions whether names belong to a language or not and whether they have a meaning or not do not admit of a simple and universally valid answer" [Lyons77:223].

Ohne die Diskussion an dieser Stelle im einzelnen nachzuvollziehen, wird ausgehend von der Problemstellung dieser Arbeit entschieden, Eigennamen im Lexikon zu verwalten. Da das Lexikon dazu dient, die inhaltliche Korrektheit normsprachlicher Aussagen sicherzustellen, und Eigennamen als benennende Ausdrücke in fachlichen Aussagen auftreten, sollten diese eben auch im Lexikon dokumentiert sein, wobei natürlich nur der Wertebereich dieser Eigennamen, etwa als Schlüsselbereich, verwaltet werden muß.

Prädikatoren

Nominatoren *benennen* Gegenstände. Im Unterschied dazu *bezeichnen* Prädikatoren Gegenstände, charakterisieren also Eigenschaften von Gegenständen. Da diese Eigenschaften auch anderen Gegenständen zugesprochen werden können, haben Prädikatoren eine ordnende Funktion im jeweiligen Gegenstandsbereich.

Tugendhat spricht anstelle von *Prädikatoren* und *Nominatoren* auch von *generellen* und *singulären Termini* [Tugendhat89:127ff], Rescher verwendet bedeutungsgleich die Termini *general name* und *class name* sowie *proper name* und *singular name* [Rescher64:23], da Prädikatoren zur Bezeichnung mehrerer verschiedener Gegenstände dienen können, während Nominatoren oder Eigennamen genau einen Gegenstand benennen. In der Aussage »03/034234 ist ein Bibliotheksbenutzer« ist »03/034234« ein Eigenname. Der durch diesen Eigennamen benannte Gegenstand erhält die Eigenschaft Bibliotheksbenutzer zugesprochen. Während sich der Eigenname »03/034234« auf genau einen Gegenstand bezieht und damit „aus allen Gegenständen eines Bereichs einen als den gemeinten herausgreift" [Tugendhat89:153], beschreibt der Prädikator »Bibliotheksbenutzer« als genereller Terminus eine Eigenschaft, die auch anderen, als Bibliotheksbenutzer *bezeichneten* Gegenständen zugesprochen werden kann.

In diesem Bezeichnen wird auch die Unterscheidungs- und Ordnungsfunktion von Prädikatoren deutlich. Mittels Prädikatoren werden Gegenstandsbereiche durch sprachliche Ausdrücke gegliedert und Gegenstände von anderen Gegenständen unterschieden [Mittelstraß67; Schneider79; Lorenzen87:29]. Prädikatoren wie »Serie«, »vormerken« oder »Bibliotheksbenutzer« unterscheiden und gliedern verschiedene Dinge und Geschehnisse in einer Bibliothek, wobei diese Unterscheidungen die (sprachlichen) Ordnungen und Regelmäßigkeiten des Anwendungsbereichs wiedergeben. Indem der Systemanalytiker den Gebrauch dieser Prädikatoren erlernt, erschließt und versteht er gleichsam die Ordnungen des Anwendungsbereichs. Da die Beschreibung der Verwendung von Prädikatoren immer auch auf deren Unterscheidungsfunktion Bezug nimmt, spricht Mittelstraß auch vom Unterscheidungsapriori der Prädikation [Mittelstraß89:214].

Lorenzen folgend, werden Prädikatoren in *Dinghauptprädikatoren, Geschehnishauptprädikatoren, Dingzusatzprädikatoren* und *Geschehniszusatzprädikatoren* klassifiziert [Loren-zen87:29ff]. Diese Klassifizierung beruht auf der orthogonalen Unterscheidung von Haupt- und Zusatzprädikatoren sowie Prädikatoren zur Bezeichnung von Dingen und Prädikatoren zur Bezeichnung von Geschehnissen. Hauptprädikatoren bezeichen als *Ding(haupt-)prädikatoren* oder *Geschehnis (haupt-)prädikatoren* Gegenstände als Dinge oder Geschehnisse in ihrer Hauptsache. Hauptprädikatoren geben damit die primäre Ordnung der Gegenstände des

Anwendungsbereichs wieder. Zusatzprädikatoren charakterisieren Gegenstände eines bereits durch Hauptprädikatoren gegliederten Gegenstandsbereichs in ihren zusätzlichen Eigenschaften. Zusatzprädikatoren bedürfen deshalb der Ergänzung durch den Hauptprädikator, um anzuzeigen, auf welche Gegenstände sich die Zusatzprädikation bezieht (vgl. [Hegselmann78:92]).

Lorenzen weist darauf hin, daß sich die Einteilung der Prädikatoren damit an der traditionellen Einteilung der Wortarten in *Substantive* (Dinghauptprädikatoren), *Verben* (Geschehnishauptprädikatoren), *Adjektive* (Dingzusatzprädikatoren) und *Adverbien* (Geschehniszusatzprädikatoren) orientiert [Lorenzen87:52]. Hartmann spricht auch von rationalen Substantiven, Verben, Adjektiven und Adverben [Hartmann90:28].

Bei dieser Analogiebildung ist jedoch zu beachten, daß die Unterscheidung der Prädikatorenarten sich nur nach semantischen und nicht nach morphologischen Kriterien richtet. Ob ein Prädikator ein Geschehnisprädikator ist, hängt lediglich davon ab, ob dieser Prädikator ein Geschehnis bezeichnet, und nicht, ob seine konkrete Zeichengestalt als Verb identifizierbar ist. Das Ausleihen eines Exemplars kann normsprachlich durch Geschehnisprädikatoren wie »Exemplarausleihe«, »Exemplar_ausleihen« oder »ausleihen Exemplar« mit »Exemplar« als direktem Objekt der Handlung »ausleihen« bezeichnet werden. Auch wenn die Lautgestalt dieser Prädikatoren keinen umgangssprachlichen Verben entspricht, handelt es sich normsprachlich doch um Geschehnisprädikatoren.

Durch eine weitergehende Klassifizierung der in Abbildung 4-12 dargestellten Prädikatorenarten kann eine differenziertere Beschreibung von Sachverhalten angestrebt werden. In der Linguistik wurden beispielsweise eine Reihe unter-schiedlicher Geschehnisartenklassifikationen als sog. *Aktionsarten* publiziert. Unter einer Aktionsartenzerlegung versteht man die semantische Klassifizierung von Verben nach der Art und Weise, wie das durch das Verb bezeichnete Geschehen abläuft.

Eine bekannte Aktionsartenzerlegungen stammt von Dowty [Dowty79]. Egg hat eine interessante Erweiterung der Klassifizierung von Dowty in seiner Dissertation vorgelegt [Egg94]. Egg unterscheidet aufgrund der Merkmale *intervallbasiert* (mehrere Zeitpunkte anzeigend), *begrenzt* (zeitlich terminierend) und *telisch* (einen Zustandswechsel andeutend) die Aktionsarten *Zustand* (-intervallbasiert, -begrenzt, -telisch), *Prozeß* (+intervallbasiert, -begrenzt, -telisch), *Intergressiv* (+intervallbasiert, +begrenzt, -telisch) und *Wechsel* (+intervallbasiert, +begrenzt, +telisch) [Egg94:40]. Aktionen oder Geschehnisse als Intergressive sind beispielsweise intervallbasiert und zeitlich begrenzt, deuten aber keinen Zustandswechsel an. Intergressive können wiederum anhand des Merkmals Punktualität (das intergressive Geschehnis dauert entweder einen Zeitpunkt oder eine längere Zeitdauer an) unterteilt werden. Punktuelle Intergressive sind nicht unterbrechbar (beispielsweise das Blitzen), nicht punktuelle Integressive wie das Telefonieren oder Buchlesen sind unterbrechbar.

Eine solche weitergehende Unterteilung von Prädikatorenarten ist allerdings nur dann sinnvoll, wenn sich diese zum einen an den pragmatisch gerechtfertigten Differenzierungen des Gegenstandsbereichs orientiert und zum anderen auch in syntaktisch spezifischeren Aussageformen bzw. Satzbauplänen niederschlägt, da ansonsten lexikalische Beziehungen ausreichend zur Prädikatorenklassifikation sind. Werden die Dinge des Anwendungsbereichs - üblichen Gegenstandseinteilungen folgend (vgl. [Hartmann90:26]) - etwa klassifiziert in Personen, Tiere und Sachen, so kann diese Differenzierung zum einen für den Anwendungsbereich völlig irrelevant sein - etwa für Anwendungsbereiche in der Büroautomatisierung. Zum anderen wäre die Unterscheidung von Dingprädikatoren in Personal-, Animal- oder Sachprädikatoren grammatisch nur zu begründen, falls bestimmte Aussagenmuster ausschließlich für eine dieser Dingprädikatorenarten gelten, da ansonsten Subordinationsbeziehungen ausreichend zur Beschreibung der semantischen Beziehungen zwischen Prädikatoren sind.

Die Einteilung der Prädikatorenarten in Haupt- und Zusatzprädikatoren für Dinge und Geschehnisse kann an der Normierung der Aussage »01/34532 prüft manuell einen unvollständigen Fernleihschein« verdeutlicht werden. »01/34532« ist der Eigenname (die Personalnummer) eines Mitarbeiters. Die von diesem Mitarbeiter ausgeführte Tätigkeit wird durch »prüfen« als Geschehnis(haupt-)prädikator bezeichnet. Zusätzlich zum Hauptprädikator »prüfen« charakterisiert der Geschehniszusatzprädikator »manuell« diese Tätigkeit näher. »Fernleihschein« ist als direktes Objekt zu »prüfen« ein Eigenprädikator zur Dingbezeichnung. Dieser Fernleihschein wird durch »unvollständig« als Dingzusatzprädikator näher bezeichnet. Mit der im folgenden noch genauer einzuführenden Tatkopula π (lies: »tut«) zur syntaktischen Auszeichnung von Tataussagen würde dieser Satz damit folgendermaßen normiert (im Satzbauplan sind die Schemabuchstaben aus Abbildung 4-12 angegeben):

- *Natürliche Sprache*   [01/34532 prüft manuell einen unvollständigen   (4.3-5)
                          Fernleihschein]

- *Normsprache*   [01/34532 | π | manuell prüfen |
                          unvollständig Fernleihschein]

- *Satzbauplan*   [N | π | p P | q Q]

Da die Flexionen von Wörtern normsprachlich nicht interessieren, werden Prädikatoren nur in der umgangssprachlichen Grund- oder Nennform (sog. *Lemma*, also Verben etwa im Infinitiv) angegeben. An diesem Beispiel kann auch der unterschiedliche Status von Haupt- und Zusatzprädikatoren verdeutlicht werden. Zusammen mit einem Nominator und einer Kopula können Hauptprädikatoren eine elementare Aussagen wie etwa »01/34532 π prüfen« bilden. Im Unterschied dazu wäre eine Aussage wie »01/34532 π manuell« offensichtlich noch ergänzungsbedürftig hinsichtlich der Tätigkeit, auf die sich der Zusatzprädikator »manuell« bezieht. *Ergänzungsbedürftig* ist hier analog zum Valenzbegriff in der Linguistik zu verstehen (syn. *Wertigkeit* oder *Selektion* in der Generativen Grammtik). Ähnlich wie in der Umgangssprache die auf der Bedeutung basierende Valenz als Argumentstruktur eines Eintrags für Wortarten wie Adjektiv oder Adverb die Angabe weiterer Aktanten fordert (vgl. etwa [Helbig92]), müssen Zusatzprädikatoren ergänzt werden, um normsprachlich korrekte Aussagen bilden zu können.

Um Aussagen mit einem Zusatzprädikator jedoch auch ohne Angabe eines spezifischen Hauptprädikators bilden zu können, kann als spezieller Prädikator der *Leerprädikator* eingeführt werden [Lorenzen87:30]. Der Leerprädikator - dargestellt durch das Symbol o (lies: »Gegenstand«) - bezeichnet die triviale Eigenschaft eines Gegenstands, eben ein Gegenstand oder ein „etwas" zu sein. Der Leerprädikator kann in Aussagen beliebige andere Prädikatoren ersetzen und damit eine Zusatzprädikation in Aussagen anzeigen (die Rolle des obligatorischen Aktanten bei der Aussagenbildung übernehmen), ohne explizit den Hauptprädikator zu nennen. In der normierten Aussage »Ulysses ε empfehlenswert Publikation« ist »empfehlenswert« der Zusatzprädikator von »Publikation«. Um diesen zusatzprädikativen Charakter von »empfehlenswert« in normierten Aussagen ohne Verwendung von »Publikation« beizubehalten, wird dieser Hauptprädikator durch den Leerprädikator ersetzt: »Ulysses ε empfehlenswert o« (lies: »Ulysses ist ein empfehlenswerter Gegenstand«).

Als grammatische Konstante ohne selbständige lexikalische Bedeutung wird der Leerprädikator von Lorenzen zu den Strukturwörtern einer Normsprache gerechnet. Die grundlegende Bedeutung von Prädikatoren im Sinne des Treffens von Unterscheidungen geht beim Leerprädikator allerdings verloren (deshalb der Name »Leerprädikator«, er hat gewissermaßen eine leere Intension).

Strukturwörter

Die (relativ) geschlossene Klasse der normsprachlichen Strukturwörter wird unterschieden in grammatische und logische Strukturwörter oder Partikeln [Lorenzen 80:78ff]. *Logische Partikeln* - dazu zählen insbesondere die Junktoren und Quantoren - haben eine wahrheitsfunktionale Bedeutung. Mittels logischer Partikeln werden Primaussagen in festgelegter wahrheitsfunktionaler Weise zu komplexen Aussagen verbunden. Einen Sonderfall bildet lediglich die durch den Negator gebildete Negation, da hier eine logisch komplexe (molekulare) Aussage durch Erweiterung nur einer Aussage entsteht. *Grammatische Partikeln* haben demgegenüber eine syntagmatische, syntaktische Bedeutung bei der Aussagenstrukturierung. Sie dienen zur Strukturierung und Modifikation von Aussagenteilen *innerhalb* einer Aussage.

Logische Partikeln

Als logische Partikeln sind die aus der Aussagen- bzw. Prädikatenlogik bekannten *Junktoren* und *Quantoren* zu unterscheiden. Die von einigen Autoren ebenfalls zur erweiterten Prädikatenlogik gerechneten Kennzeichnungen und die Identität wurden bereits bei der Erläuterung der Eigennamen vorgestellt. Bekannte, durch Wahrheitstafeln oder Dialogregeln (dialogische Logik) einzuführende Junktoren sind (vgl. [Lorenzen87:53ff]):

- *Negator:* $\neg$ (lies: »nicht«)   (4.3-6)
- *Konjunktor:* $\wedge$ (lies: »und«)
- *Adjunktor:* $\vee$ (lies: »oder«)
- *Subjunktor:* $\rightarrow$ (lies: »wenn, dann«)
- *Äquijunktor:* $\leftrightarrow$ (lies: »genau dann, wenn«)

Darüberhinaus können weitere Junktoren festgelegt werden, etwa der Kontrajunktor »entweder oder« für die Kontrajunktion oder der Abjunktor »aber nicht« für die Abjunktion. Umgekehrt kann auch eine Beschränkung auf weniger Junktoren erfolgen, soweit eine Vollständigkeit der definierten Junktoren bezüglich wahrheitsfunktionaler Verknüpfungen von Aussagen gegeben ist. Eine solche vollständige Basis wird beispielsweise aus dem Negator, dem Konjunktor und dem Adjunktor gebildet. Vollständige minimale Basen mit nur einem Junktor bilden alternativ der Negatkonjunktor oder der Negatadjunktor.

Wahrheitswertdefinite generalisierte und partikularisierte normsprachliche Aussagen (All- oder Manchaussagen) werden mittels Quantoren gebildet. Neben dem bekannten

- *Einsquantor:* $\exists$ (lies: »es gilt für manche«) *und*   (4.3-7)
- *Allquantor:* $\forall$ (lies: »es gilt für alle«)

sollen als weitere Quantoren »es gilt für mindestens k« (4.3-8), »es gilt für höchstens k« (4.3-9), »es gilt für genau k« (4.3-10), »es gilt für zwischen n und k« (4.3-11) und »es gilt für kein« (4.3-12) eingeführt werden.

Im folgenden seien x,y,z Variablen für beliebige Gegenstände aus dem Objektbereich. Die genannten Quantoren lassen sich dann wie folgt definieren:

$$\bullet \quad \overset{\geq k}{\exists}x\, A(x) \overset{\text{def}}{=\!=} \underset{x_1\#x_2,\, x_1\#x_3,\dots,x_{k-1}\#x_k}{\exists x_1, x_2, \dots, x_k}\, (A(x_1) \wedge A(x_2) \wedge \dots \wedge A(x_k)) \qquad (4.3\text{-}8)$$

$$\bullet \quad \overset{\leq k}{\exists}x\, A(x) \overset{\text{def}}{=\!=} \underset{x_1\#x_2,\, x_1\#x_3,\dots,x_{k-1}\#x_k}{\forall x_1, x_2, \dots, x_{k+1}}\, (\neg\, (A(x_1) \wedge A(x_2) \wedge \dots \wedge A(x_{k+1}))) \qquad (4.3\text{-}9)$$

$$\bullet \quad \overset{k}{\exists}x\, A(x) \overset{\text{def}}{=\!=} \overset{\geq k}{\exists}x\, A(x) \wedge \overset{\leq k}{\exists}x\, A(x) \qquad (4.3\text{-}10)$$

$$\bullet \quad \overset{n\dots k}{\exists}x\, A(x) \overset{\text{def}}{=\!=} \overset{n}{\exists}x\, A(x) \wedge \overset{\leq k}{\exists}x\, A(x) \qquad (4.3\text{-}11)$$

$$\bullet \quad \exists' x\, A(x) \overset{\text{def}}{=\!=} \neg \exists x\, A(x) \qquad (4.3\text{-}12)$$

Der Einsquantor »es gilt für genau ein«, abgekürzt $\exists!$, läßt sich auch festlegen als:

$$\bullet \quad \exists! x\, A(x) \overset{\text{def}}{=\!=} \exists x\, (A(x) \wedge \forall y\, (A(y) \rightarrow x = y)) \qquad (4.3\text{-}13)$$

Falls erforderlich, können weitere, in der Umgangsprache verbreitete Quantoren eingeführt werden. Rescher nennt beispielhaft den »es gilt für die meisten«-Quantor M. Folgende Zusammenhänge gelten: $\forall x\, A(x) \rightarrow Mx\, A(x)$; $Mx\, A(x) \rightarrow \exists x\, A(x)$; $Mx\, A(x) \wedge Mx\, B(x) \rightarrow \exists x\, (A(x) \wedge B(x))$; $Mx\, A(x) \rightarrow \neg\, Mx\, \neg\, A(x)$ [Rescher64:258].

Die Einschränkung des Variabilitätsbereichs der quantifizierten Variablen durch eine Aussageform B(x) führt zu bedingten Quantoren. Diese leiten sich folgendermaßen ab:

$$\bullet \quad \underset{B(x)}{\exists x}\, A(x) \overset{\text{def}}{=\!=} \exists x\, B(x) \wedge A(x) \qquad (4.3\text{-}14)$$

$$\bullet \quad \underset{B(x)}{\forall x}\, A(x) \overset{\text{def}}{=\!=} \forall x\, B(x) \rightarrow A(x)$$

Die umgangssprachliche Aussage »Alle Bibliotheksbenutzer können Exemplare vormerken« wäre mit einem bedingten Allquantor und der Fähigkeitskopula γ normiert zu schreiben als:

$$\forall x \, (x \, \gamma \, \text{vormerken Exemplar}) \qquad\qquad (4.3\text{-}15)$$
$$x \, \varepsilon \, \text{Bibliotheksbenutzer}$$

Zur Darstellung von Modalitäten sollen abschließend noch kurz die Modaloperatoren im Sinne logischer Konstanten eingeführt werden. Modalitäten im engeren Sinne sind die sog. alethischen Modalitäten der Notwendigkeit und der Möglichkeit, symbolisiert durch $\triangle$ und ∇ für »notwendig« und »möglich«. Weitere alethische Modalitäten wie »unmöglich« oder »zufällig« sind aus diesen ableitbar. Zufälligkeit oder Kontingenz, symbolisiert durch $\boxtimes$, wäre etwa zu definieren als: $\boxtimes A \overset{\text{def}}{=} \nabla A \wedge \neg \triangle A$, d.h. eine kontingente Aussage ist möglicherweise, aber nicht notwendigerweise wahr. Als Modalitäten im weiteren Sinne sind die deontischen (normativ im Sine von »sollen« und »lassen«), mellontischen (temporal im Sinne von »war«, »ist« und »wird«) sowie die epistemischen Modalitäten (epistemisch im Sinne von »glauben« und »wissen«) zu unterscheiden (vgl. [Lorenzen 87:106ff]).

Grammatische Partikeln

Grundlegende grammatische Partikel ist die bereits eingeführte Kopula ε für das Zusprechen eines Prädikators. Zusammen mit dieser sog. *Seinskopula* [Lorenzen87:37] werden folgende weitere Kopulae im Sinne normsprachlicher „Hilfsverben" eingeführt:.

Kopula:	Affirmativ:	Negativ:	(4.3-16)
• *Seinskopula:*	ε (lies: »ist«)	ε' (lies: »ist nicht«)	
• *Geschehniskopula:*	κ (lies: »ist am«)	κ' (lies: »ist nicht am«)	
• *Tatkopula:*	π (lies: »tut«)	π' (lies: »tut nicht«)	
• *Fähigkeitskopula:*	γ (lies: »kann«)	γ' (lies: »kann nicht«)	
• *Widerfahrniskopula:*	τ (lies: »wird«)	τ' (lies: »wird nicht«)	
• *Teilungskopula:*	σ (lies: »hat«)	σ' (lies: »hat nicht«)	

Die negative Fall wird durch ein der Kopula folgendes Hochkomma angezeigt. Statt dem Zusprechen (affirmativer oder bejahender Fall) mit ε zeigt ε' also das Absprechen (verneinender Fall) eines Prädikators an.

Die Seinskopula ist die grundlegende Kopula zur Darstellung der Prädikation. In ihrer verbindenden Funktion von Gegenstand und Eigenschaft deutet sie als Zeichen den illokutionären Akt des Prädizierens an. Die Seinskopula darf nicht mit der Elementbeziehung, ausgedrückt durch den zweistelligen Prädikator $\in$ (bzw.

∉), verwechselt werden. Durch ε wird einem Gegenstand ein Prädikator zugesprochen, etwa durch die Aussage »Müller ε Student«. Durch ∈ wird stattdessen eine Elementbeziehung zwischen einer Menge und einem Element dieser Menge behauptet. In der Aussage »Müller ∈ Student« sind sowohl »Müller« als auch »Student« Eigennamen. »Müller« benennt einen konkretes Individuum, »Student« die Menge der Studenten als abstrakten Gegenstand - »Müller ∈ Student« ist nur eine verkürzte Notation von »Müller, Student ε ∈ «. .

In Erweiterung der elementaren Satzlehre nach Frege bzw. Russell (vgl. die kritische Diskussion in [Hegselmann78]) dienen die weiteren Kopulae dazu, unterschiedliche Aussagearten syntaktisch auszuzeichnen. Angelehnt an [Lorenzen 73:237f; Lorenzen87:33ff]) werden durch die Geschehniskopula κ Geschehnisaussagen von Dingaussagen unterschieden. Im Gegensatz etwa zur Prädikatenlogik soll damit normsprachlich eine Geschehnisaussage wie »Die Donau fließt« syntaktisch von der Dingaussage »Die Donau ist ein Fluß« unterschieden werden. Während in der Prädikatenlogik sowohl die Geschehnisaussage »fließen(Donau)« also auch die Dingaussage »Fluß(Donau)« die gleiche Struktur besitzen (die Klammerung ...(..) deutet die Prädikation an), wird normsprachlich zwischen »Donau κ fließen« (Geschehnisaussage) und »Donau ε Fluß« (Dingaussage) differenziert.

Handelt es sich bei diesem Geschehnis im speziellen um eine Tat (vgl. Abbildung 4-4), so kann anstelle der Geschehniskopula auch die Tatkopula verwendet werden. Die Geschehnisaussage »Müller κ ausleihen Exemplar« wird durch die Tatkopula π zur Tataussage »Müller π ausleihen Exemplar« spezialisiert. Gemäß Abbildung 4-4 könnten konsequenterweise des weiteren auch eine Handlungskopula und eine Verhaltenskopula unterschieden werden. Hartmann schlägt beispielsweise vor, durch Indizierung der Tatkopula Handlungen (π_1) von Verhalten (π_2) zu unterscheiden [Hartmann90:41]. Auf eine solche weitergehende Differenzierung soll in diesem Buch aber verzichtet werden.

Interessant für die objektorientierte Anwendungsentwicklung sind die *Fähigkeitskopula* und die *Widerfahrniskopula*. Mittels der Tatkopula wird die Ausführung einer bestimmten Tat oder Handlung beschrieben. Die Fähigkeitskopula dient dazu, die *potentielle* Aktualisierbarkeit einer Handlung durch ein Subjekt zu behaupten. Von Lorenzen zum Bereich der *praktischen Modalitäten* gezählt [Lorenzen87:123], werden durch die Fähigkeitskopula - Hartmann führt dafür das Symbol γ ein [Hartmann90:137] - Fähigkeitsaussagen gebildet. Die Aussage »Müller γ lesen Exemplar« beschreibt die Fähigkeit von Müller, den Zustand des Buchlesens herstellen zu können und damit den durch die Aussage »Müller π lesen Buch« dargestellten Sachverhalt „erreichen" oder auch „vermeiden" zu können.

Die Erreichbarkeit eines Zustands $|A|$ für einen Gegenstand N sei $ERR_N|A|$. Folgende Zusammenhänge können definiert werden (vgl. [Lorenzen87:124]):

- Vermeidbarkeit von $|A|$: $VERM_N \overset{def}{=\!=} ERR_N |\neg A|$ (4.3-17)
- Unerreichbarkeit von $|A|$: $UNERR_N \overset{def}{=\!=} \neg\, ERR_N |A|$
- Unvermeidbarkeit von $|A|$: $UNVERM_N \overset{def}{=\!=} \neg\, ERR_N |\neg A|$

Verfügbarkeit würde entsprechend bedeuten, daß ein durch die Tataussage A beschriebener Zustand für N *erreichbar* und *vermeidbar* ist. Es gilt also die Festlegung:

- Verfügbarkeit von $|A|$: $VERF_N |A| \overset{def}{=\!=} ERR_N |A| \wedge VERM_N |A|$ (4.3-18)

Diese Verfügbarkeit $VERF_N$ wird verkürzt durch die Hilfskopula γ ausgedrückt. Anstelle von »$VERF_N$|Müller π lesen Exemplar|« wird also die verkürzte Form »Müller γ lesen Exemplar« angegeben.

Sinnvoll erscheint in diesem Zusammenhang auch die Differenzierung zwischen Aussagen über das *aktive* Tun eines Aktors und Aussagen über das *passiven* Erleiden des Objekts. Grammatikalisch entspricht diese Unterscheidung zwischen Tun (Handlung) und Widerfahrnis der Aktiv- (Tatform) bzw. Passivform (Leideform) von Aussagen [Kamlah72:34ff]. Mittels der Widerfahrniskopula wird die Tataussage »Müller π vormerken 0131.3045.25« in die normierte Passivform »0131.3045.25 τ entleihen durch-Müller« transformiert. Als Verbuchungsnummer referenziert »0131.3045.25« eindeutig auf ein Exemplar der Publikation „Formal Semantics" von R. Cann. Das normsprachliche Kasusmorphem »durch-« zeigt den Täter in dieser Ergativkonstruktion an.

Die Teilungskopula σ wird von Lorenzen [Lorenzen73:237] in Anlehnung an eine Unterscheidung Snells [Snell52:14f] eingeführt, um Zusatzprädikatoren in Elementaraussagen anzuführen, ohne den Hauptprädikator oder den Leerprädikator explizit anzugeben. Wie bereits erläutert, könnte die Aussage »UB-Konstanz ε groß Bibliothek« ohne den Eigenprädikator »Bibliothek« als »UB-Konstanz ε groß o« (lies: »Die Universitätsbibliothek Konstanz ist ein großer Gegenstand«) ausgedrückt werden, um die apprädikative Funktion von »groß« anzuzeigen. Der Dingprädikator Q wird im Satzbauplan durch den Leerprädikator o ersetzt, die Aussage also von »N ε q Q« in »N ε q o« modifiziert. Ist der Hauptprädikator im Aussagenkontext uninteressant, schlägt Lorenzen als verkürzte Schreibweise für »N ε q Q« oder »N ε q o« die Form »N σ q« vor. Die Seinskopula in Verbindung mit einem Apprädikator und dem Hauptprädikator oder dem Leerprädikator wird ersetzt durch die Teilungskopula und den Apprädikator. Die normierte Aussage lautet also

»UB-Konstanz σ groß« (lies: »Die Universitätsbibliothek Konstanz hat die Eigenschaft, groß zu sein«).

Eine spezielle Zeichenverwendungskopula $\overline{\varepsilon}$ führt Ortner in [Ortner83:29f] ein. Die Zeichenverwendungskopula dient der (semantischen) Feststellung des Gebrauchs von Zeichen und ersetzt damit die ansonsten notwendige Notation in Anführungszeichen (vgl. dazu die Diskussion zur notwendigen Unterscheidung von *use* und *mention* auf S. 119f). Die Aussage »0131.3045.25 ε Exemplar« spricht einem als »0131.3045.25« benannten Gegenstand die Eigenschaft »Exemplar« zu. Demgegenüber stellt die folgende Aussage »0131.3045.25 $\overline{\varepsilon}$ Verbuchungsnummer« fest, daß die Nummer »0131.3045.25« als Verbuchungsnummer verwendet wird.

Die Einführung unterschiedlicher Kopulae dient lediglich der syntaktischen Auszeichung von Aussagen in Anlehnung an die Umgangssprache, ist also nur grammatisch und nicht logisch begründet (deshalb auch die Bezeichnung *Grammatische Partikeln*). Logisch sind alle beschriebenen Kopulae letztlich auf die Seinskopula ε zurückführbar. Mit der Einführung der Tatkopula wurde beispielsweise die Rekonstruktion einer Aussage wie »Müller liest« zu »Müller tut (π) lesen« anstelle etwa der prädikatenlogischen Form »lesen(Müller)« geändert. Logisch ist die Einführung diese Kopula aber nicht erforderlich, da die Tataussage »Müller π lesen« auch in der - allerdings vielleicht schwerer verständlichen - Aussage »$\exists x(tun(Müller,x) \wedge lesen(x))$« rekonstruiert werden könnte. Daß Müller liest und daß dieses Lesen ein Tun ist, wird hier logisch analysiert in einer Aussage, die besagt, daß es einen Gegenstand gibt, den Müller tut, und diesem Gegenstand die Eigenschaft »lesen« zukommt [Lorenz84:476].

Als eine Art „Hilfsverben" sind Kopulae nur ein kleiner Teil der grammatischen Partikeln einer vollständigen Normsprache. Weitere Klassen grammatischer Partikel sind etwa die *Lokalpräpositionen* (oben, unten, innen, außen usw.), die *Temporalpräpositionen* (bis, ab, vor usw.) sowie die *Indikatoren* (dieser, ich, jetzt, links, rechts usw.) zur Beschreibung lokaler, temporaler und personaler Deixis. Die von Fillmore in [Fillmore68] neben diesen drei grundlegenden Arten der Indexikalität noch genannte diskursive Deixis und die soziale Deixis zur Darstellung von Höflichkeitsformen und Anredevarianten werden in der Normsprache nicht weiter verfolgt. Welche der genannten Partikel in welchem Umfang tatsächlich benötigt werden, hängt von der Charakteristik des Anwendungsbereichs ab. An dieser Stelle können nicht alle in einer Normsprache theoretisch möglichen grammatischen Partikel vollständig aufgelistet werden - Lorenzen rekonstruiert allein 216 mögliche Lokalpräpositionen [Lorenzen87:48] -, im folgenden finden jedoch einige dieser Partikel in den Beispielsätzen exemplarische Verwendung.

4.3.2 Satzbaupläne

In diesem Abschnitt wird die Konstruktion von Sätzen nach Satzmustern der normsprachlichen Syntax beschrieben. Durch diese Beschreibung sollen die Konstruktionsprinzipien zum Entwickeln solcher Muster aufgezeigt und damit das Grundgerüst einer normsprachlichen Syntax skizziert werden. Ausführliche Beschreibungen von normsprachlichen Satzmustern sind in [Lorenzen87; Groß88; Hartmann90] zu finden. Als Ausgangspunkt für die Darstellung normsprachlicher Satzbaupläne zur Rekonstruktion umgangssprachlicher Aussagen wird das Satzmuster für die elementare *Dingprädikation* gewählt:

- *Natürliche Sprache:* [Ulysses ist eine Publikation]   (4.3-19)
- *Normsprache:* [Ulysses | ε | Publikation]
- *Satzbauplan:* [N | ε | Q]

Einem als »Ulysses« benannten Gegenstand wird die Eigenschaft »Publikation« zugesprochen. Hartmann nennt solche Aussagen mit ε auch Zustandsaussagen, da mittels der Seinskopula Zustände von Gegenständen behauptet werden. Wie bereits in Abschnitt 3.2.2 erläutert, geben die senkrechten Striche die Unterteilung der normsprachlichen Satzglieder wieder. Der Nominator N steht an der *Subjektstelle* S, die Kopula ε an der *Kopulastelle* K, der Dinghauptprädikator Q an der *Objektstelle* O [Hartmann90:23f]: [S | K | O].

Die Erweiterung der Objektstelle durch einen Dingzusatzprädikator führt zum folgenden Muster:

- *Natürliche Sprache:* [Ulysses ist eine empfehlenswerte Publikation] (4.3-20)
- *Normsprache:* [Ulysses | ε | empfehlenswert Publikation]
- *Satzbauplan:* [N | ε | q Q]

Ebenso wie in der Umgangssprache dürfen an der Objektstelle auch mehrere Zusatzprädikatoren einem Hauptprädikator zugesprochen werden. Syntaktisch werden solche untereinander gleichwertigen Zusatzprädikatoren durch Kommas getrennt. Eine normsprachliche Aussage mit mehreren Zusatzprädikatoren ist etwa: »Ulysses | ε | empfehlenswert, umfangreich Publikation«. Zur näheren Charakterisierung von Zusatzprädikatoren können noch *Elatoren* wie »sehr« oder »besonders« als zusatzprädikative Zusatzprädikatoren (syn. Apprädikatorenapprädikatoren) eingeführt werden: »Ulysses | ε | sehr empfehlenswert, umfangreich Publikation«. Ebenso sind Maßeinheiten und Maßzahlen syntaktisch wie Apprädikatorenapprädikatoren zu behandeln: »Ulysses | ε | sehr empfehlenswert, 400 Seiten umfangreich Publikation« (vgl. [Hartmann90:32]).

(4.3-19) ist eine Aussage zu einem einstelligen Dingprädikator. »Publikation« wäre im Lexikon als einstelliger Dinghauptprädikator vereinbart. Die Erweiterung zu n-stelligen Prädikatoren als Relatoren führt zu Aussagen mit n Subjektstellen: $[S_1 \mid ... \mid S_n \mid K \mid O]$. Mit einem zweistelligen Relator »Tante« wäre etwa die folgende Aussage zu bilden:

- *Natürliche Sprache:*   [Müller ist eine Tante von Maier]   (4.3-21)
- *Normsprache:*   [Müller | Maier | ε | Tante]
- *Satzbauplan:*   [N_1 | N_2 | ε | Q]

Wie bereits diskutiert, kann die festgelegte Interpretationskonvention und die Stelligkeit eines Prädikators durch morpho-syntaktische Änderungen oder durch eine Infixnotation hervorgehoben werden und damit etwa die Aussage (4.3-20) umgangssprachlich angenähert als »Müller ist_Tante_von Maier« dargestellt werden. Alternativ wäre eine bessere Lesbarkeit auch durch die Paraphrasierung »... ist eine Tante von ...« zu erreichen. Wird die Kopula ε durch die Klammerung »(...)« ersetzt, erhält man die Standardform prädikatenlogischer Ausdrücke [Lorenzen 87:50]: »tante(Müller, Maier)«.

Anstelle des Dinghauptprädikators sind auch Geschehnishauptprädikatoren an der Objektstelle zulässig. Der Nominator N würde dann eine Aktualisierung des bezeichneten Geschehnisses benennen. Da üblicherweise einzelne Geschehnisse aber selten explizit benannt werden, kann an der Subjektstelle anstelle eine Nominators der eingeführte Leerprädikator o zusammen mit dem Demonstrator ι eingesetzt werden.

- *Natürliche Sprache:*   [Dies ist eine Vormerkung]   (4.3-22)
- *Normsprache:*   [ι o | ε | vormerken]
- *Satzbauplan:*   [ι o | ε | P]

Normsprachlich wird in (4.3-22) anstelle von »Vormerkung« von »vormerken« gesprochen, da dieser Prädikator ein Geschehnis bezeichnet. Eine andere normsprachliche Aussage mit diesem Prädikator ist beispielsweise:

- *Natürliche Sprache:*   [Müller merkt ein Exemplar vor]   (4.3-23)
- *Normsprache:*   [Müller | π | vormerken | Exemplar]
- *Satzbauplan:*   [N | π | P | Q]

In beiden Aussagen bezeichnet »vormerken« Aktualisierungen desselben Geschehnistyps und muß deshalb normsprachlich gleich notiert werden. Durch entsprechende morphologische Informationen im Normlexikon könnte zwar abhängig vom grammatischen Kontext eine an die Umgangssprache angepaßte Schreibweise von Prädikatoren erreicht werden, aus normsprachlicher Sicht wäre dies allerdings lediglich eine „anwenderfreundliche" Geste. Die Satzglieder in (4.3-23) treten in der Reihenfolgen Subjektstelle, Kopulastelle, Prädikatstelle und Objektstelle auf: [S | K | P | O].

Das Einüben von Handlungen, genauer von Prädikatoren für diese Handlungen, ist systematisch dem Einüben von Dingprädikatoren vorgelagert. Durch die wiederholte Demonstration einer Handlung aufgrund einer Aufforderung lehrt der Fachexperte den Systemanalytiker den Gebrauch erster unbekannter Prädikatoren. Auf die Aufforderung »bitte das Exemplar vormerken« kann der Systemanalytiker mit dem Ausführen der Handlung reagieren. Zur Formulierung normsprachlicher Aufforderungen dient der Appellator ! (lies: »bitte«). Aufforderungen sind etwa:

> ! vormerken Exemplar   (4.3-24)
> ! ausleihen Exemplar
> ! sperren Benutzer

Als Satzbauplan folgen solche elementaren Aufforderungen der Form: [! | P | Q]. Ähnlich wie bei den bereits kennengelernten Kopulae wird der negative Fall, d.h. die Unterlassungsaufforderung, durch ein dem Appelator angehängtes Hochkomma angezeigt: !' (lies: »bitte nicht«).

Aufforderungen wie in (4.3-24) dargestellt sind in der objektorientierten Anwendungsentwicklung für die Rekonstruktion des Nachrichtenaustausches wichtig, da Interaktionen zwischen Objekten als Aufforderungen eines Servicegebers (*Server*) durch einen Servicenehmer (*Client*) interpretiert werden können. Die Satzglieder in (4.3-24) sind Kopulastelle, Prädikatstelle und Objektstelle: [K | P | O].

Durch Nennung des Adressaten der Aufforderung an der Subjektstelle ergibt sich die bereits kennengelernte Satzstruktur [S | K | P | O]:

- *Natürliche Sprache:*   [Müller, merken Sie bitte ein Exemplar vor!] (4.3-25)
- *Normsprache:*   [Müller | ! | vormerken | Exemplar]
- *Satzbauplan:*   [N | ! | P | Q]

Ähnlich wie in (4.3-20) kann diese Satzstruktur an der Objektstelle durch Dingzusatzprädikatoren und an der Prädikatstelle durch Geschehniszusatzprädikatoren erweitert werden:

- *Natürliche Sprache:*   [Müller, leihen Sie bitte sofort ein   (4.3-26)
                          freies Exemplar aus!]

- *Normsprache:*   [Müller | ! | sofort ausleihen | frei Exemplar]
- *Satzbauplan:*   [N | ! | p P | q Q]

Weiterhin wird normsprachlich auch zugelassen, Handlungsprädikatoren dingzusatzprädikativ im Sinne eines Partizips zu verwenden, um auf Dinge bezogene Geschehnisse zustandsbezogen zu charakterisieren. Hartmann nennt als Beispiel die Aufforderung »Trude, sprich bitte nicht den lächelnden Mann an!« [Hartmann 90:29]. Normsprachlich kann diese Aufforderung rekonstruiert werden als »Trude | !' | ansprechen | lächelnd Mann«. Der Handlungsprädikator »lächelnd« wird in dieser Aussage *dingzusatzprädikativ* zu »Mann« verwendet, was durch ein angehängtes »d« zur Kennzeichnung des ersten Partizips deutlich gemacht wird.

Um umgangssprachliche Aussagen wie »Ein Benutzer leiht ein Exemplar aus« mit »ein« als unbestimmtem Artikel normsprachlich ohne Quantorenschreibweise darstellen zu können, sollen an der Subjektstelle neben Nominatoren und Kennzeichnungen auch sog. *Klassifikatoren* zugelassen werden. Klassifikatoren sind alle Ausdrücke, die aus einem Hauptprädikator und beliebig vielen Apprädikatoren gebildet werden [Hartmann90:30]. Klassifikatoren bezeichnen Eigenschaften eines Gegenstands, wobei in der Aussage nur die Eigenschaften des Gegenstands, nicht aber der Name interessieren.

Die bisherige Satzstruktur enthält lediglich eine Objektstelle: [S | K | P | O]. Um neben dem direkten Objekt auch indirekte Objekte angeben zu können, wird eine zweite Objektstelle O_2 eingeführt: [S | K | P | O_1 | O_2]. Der jeweilige Fall des indirekten Objekts wird durch ein dem Objekt vorangestelltes Kasusmorphem angezeigt. Lorenzen unterscheidet mit dem *Mittelfall*, dem *Werkfall* und dem *Gebefall* drei Fälle [Lorenzen87:46]:

- **Mittelfall.** Im Mittelfall steht dasjenige indirekte Objekt, welches als Hilfsmittel zur Durchführung einer Handlung dient. In der Aussage »Müller leiht ein Buch mit dem Benutzerausweis aus« ist »Benutzerausweis« das indirekte Objekt im Mittelfall. Als normsprachliches Kasusmorphem zum Anzeigen des Mittelfalls in Sätzen soll »mit-« dienen. Normsprachlich würde die Aussage lauten: »Müller | π | ausleihen | Buch | mit-Benutzerausweis«.

- **Werkfall.** Im Werkfall steht dasjenige indirekte Objekt, welches das Ergebnis der Handlung ist. In der Aussage »Müller verbrennt das Buch zu Asche« ist »Asche« das indirekte Objekt im Werkfall. Als normsprachliches Kasusmorphem zeigt »zu-« den Werkfall in einer Aussage an: »Müller | π | verbrennen | ι Buch | zu-Asche«.

- **Gebefall**. Im Gebefall steht dasjenige indirekte Objekt, welches das Ziel einer Handlung in Handlungszusammenhängen des Gebens und Nehmens beschreibt. In einer Aussage »Müller gibt den Fernleihschein dem Bibliothekar« ist »Bibliothekar« das indirekte Objekt im Gebefall. Als normsprachliches Kasusmorphem zum Anzeigen des Gebefalls dient »an-«: »Müller | π | geben | ι Fernleihschein | an-Bibliothekar«

Nach dem gleichen Schema können weitere Fälle wie etwa der *Sozialfall* oder der *Komparativfall* eingeführt werden. Im Satzbauplan werden die verschiedenen Fälle der indirekten Objekte durch ein hochgestelltes »I« für den Mittelfall, ein hochgestelltes »II« für den Werkfall usw. gekennzeichnet. Der Satzbauplan für »Müller | π | geben | ι Fernleihschein | an-Bibliothekar« ist also: [N | π | P | ι Q_1 | Q_2^{III}] mit den Satzgliedern Subjektstelle, Kopulastelle, Prädikatstelle, erste Objektstelle (direktes Objekt), zweite Objektstelle (indirekte Objekte, hier im Gebefall). Enthält die zweite Objektstelle mehrere indirekte Objekte, sind diese syntaktisch durch einen Strichpunkt zu trennen [Hartmann90:31], als Satzmuster etwa: [N | π | P | ι Q_1 | Q_2^{I} ; Q_3^{III}].

Eine zusammenfassende Diskussion der verschiedenen (semantischen) Kasusarten in unterschiedlichen Kasustheorien mit besonderer Berücksichtigung der Arbeiten Fillmores zu diesem Thema (etwa [Fillmore68; Fillmore87]) ist bei Helbig zu finden [Helbig92:19ff] (wobei in der Kasustheorie allerdings andere Bezeichner als diejenigen Lorenzens eingeführt sind, anstelle des Terminus *Mittelfall* wird beispielsweise von *Instrumentalis* gesprochen).

Als letzte Erweiterung der Satzstellen wird normsprachlich eine dritte Objektstelle O_3 für Orts- und Zeitangaben mittels Lokalpräpositionen wie »auf« und »unter« oder Temporalpräpositionen wie »bis« und »ab« eingeführt (Hartmann nennt diese dritte Stelle deshalb die Angabestelle [Hartmann90:33]): [S | K | P | O_1 | O_2 | O_3]. Eine Auflistung verschiedener Präpositionen, teilweise mit grafischen Symbolen, ist bei [Lorenzen87:48] zu finden. Eine Beispielaussage mit drei Objektstellen ist:

- *Natürliche Sprache:* [Müller leiht ein Exemplar mit dem Benutzer-   (4.3-27)
                          ausweis vom 13.04.95 bis zum 12.05.1995 aus]
- *Normsprache:* [Müller | π | ausleihen | Exemplar |
                   mit-Benutzerausweis | ab 13.04.1995; bis 12.05.1995]
- *Satzbauplan:* [N | π | P | Q_1 | Q_2^{I} | te N; te N]

Als anonyme Konstante für Temporalpräpositionen dient hier »te«. (4.3.27) macht deutlich, daß, ebenso wie mehrere indirekte Objekte an der zweiten Objektstelle, auch mehrere Orts- bzw. Zeitangaben an der dritten Objektstelle auftreten können.

Zu beachten ist, daß diese Aussage mit dem Satzbauplan [N | π | P | Q_1 | Q_2^I | te N; te N] und der Struktur [S | K | P | O_1 | O_2 | O_3] immer noch eine normsprachlich elementare Aussage ist. Erst mittels der bereits eingeführten Junktoren oder Quantoren werden aus solchen elementaren Aussagen normsprachlich molekulare und komplexe Aussagen gebildet. Beispielsweise ist die Aussage »Der Mitarbeiter Müller beantragt einen Bibliotheksausweis« aus dem in Abbildung 4-6 dargestellten Szenario normsprachlich nicht mehr elementar. Normsprachlich rekonstruiert, besteht diese aus der Handlungsaussage »Müller beantragt einen Bibliotheksausweis« und aus der Zustandsaussage »Müller ist Mitarbeiter«. Ansonsten sind jedoch alle in Abbildung 4-6 aufgelisteten umgangssprachlichen Aussagen auch normsprachlich elementar, so daß eine normsprachliche Übersetzung der einzelnen Aussagen das folgende Ergebnis liefert:

1.)   [Müller | ε | Mitarbeiter] $\wedge$ (4.3-28)
      [Müller | π | beantragen | Bibliotheksausweis]
2.)   [ι Bibliothek | π | ausstellen | Bibliotheksausweis]
3.)   [Müller | π | vormerken | Ulysses]
4.)   [ι Bibliothek | π | senden | Bereitstellungsbenachrichtigung | an-Müller]
5.)   [ι Mitarbeiter | π | ausleihen | ι Exemplar | mit-Bibliotheksausweis]
6.)   [ι Bibliothek | π | senden | Rückgabeerinnerung | an-Müller]
7.)   [ι Bibliothek | π | senden | Mahnung | an-Müller]
8.)   [Müller | π | zurückgeben | gemahnt Exemplar]
9.)   [Müller | π | zahlen | Mahngebühr]
10.) [Müller | π | zurückgeben | Bibliotheksausweis]

Eine kontextunabhängige Verständlichkeit dieser Aussagen ist allerdings erst dadurch zu erreichen, daß alle Benennungen und indexikalischen Ausdrücke (angezeigt durch den Demonstrator ι) durch echte Eigennamen oder echte Kennzeichnungen ersetzt werden. »Müller«, »ι Exemplar« und »ι Bibliothek« könnten beispielsweise durch »03/034544« als eindeutige Benutzernummer für Müller, »0010.8732.20« als eindeutige Verbuchungsnummer eines Exemplars von Ulysses und »UB Konstanz« als eindeutiger Name für die Universitätsbibliothek Konstanz ersetzt werden.

Die Rekonstruktion umgangsprachlich quantifizierender Aussagen führt normsprachlich zu komplexen generellen oder allgemeinen Aussagen (partikuläre existenzquantifizierte oder universale allquantifizierte). Bereits Frege hat darauf hingewiesen, daß zur eindeutigen Rekonstruktion der semantischen Struktur von Aussagen mit generellen Urteilen die quantifizierenden Ausdrücke als logische Partikel zu behandeln sind und deshalb von der eigentlichen Aussage zu separieren sind (vgl. [Tugendhat89:79ff]). Um Aussagen wie »Einige Benutzer leihen Exemplare aus«, »Dieser Benutzer merkt genau ein Exemplar vor«, »Dieser Flugzeugtyp hat mindestens vier Triebwerke« oder »Alle Autos haben höchstens sechs Räder« normsprachlich zu rekonstruieren, müssen die quantifizierenden Ausdrücke »einige«, »genau ein«, »mindestens vier«, »alle« und »höchstens sechs« separiert und die bezeichneten Gegenstände in den Aussagen durch (Individuen-) Variablen ersetzt werden. Dies führt für die beiden ersten Aussagen zur folgenden normsprachlichen Rekonstruktion:

$$\underset{x\,\varepsilon\,\text{Benutzer}}{\exists x}\; (\; x \mid \pi \mid \text{ausleihen} \mid \text{Exemplar}\;) \tag{4.3-29}$$

$$\underset{x\,\varepsilon\,\text{Exemplar}}{\exists! x}\; (\; \iota\,\text{Benutzer} \mid \pi \mid \text{vormerken} \mid x\;)$$

Mit $>_{\text{Ganzheit}}$ als Relator für diese Teil/Ganze-Beziehung (vgl. die Diskussion unterschiedlicher Teil/Ganze-Beziehungen im folgenden Kapitel) ergibt die Rekonstruktion der letzten beiden Aussagen:

$$\underset{x\,\varepsilon\,\text{Triebwerk}}{\overset{\geq 4}{\exists} x}\; (\; \iota\,\text{Flugzeugtyp}\,,\, x \mid \varepsilon \mid >_{\text{Ganzheit}}\;) \tag{4.3-30}$$

$$\underset{x\,\varepsilon\,\text{Auto},\,y\,\varepsilon\,\text{Rad}}{\forall x\; \overset{\leq 6}{\exists} y}\; (\; x\,,\, y \mid \varepsilon \mid >_{\text{Ganzheit}}\;)$$

Neben singulären Aussagen und generellen Aussagen sind im Fachentwurf vor allem auch Aussagen auf Schemaebene interessant, d.h. Aussagen über Prädikatoren oder Fachbegriffe, in denen von den konkreten Aktualisierungen abgesehen wird. Die generelle Aussage »$\forall x\ (x\,\varepsilon\,\text{Periodikum} \rightarrow x\,\varepsilon\,\text{Sammelwerk})$« behauptet beispielsweise eine Inklusionsbeziehung zwischen der Extension des Prädikators »Periodikum« und der Extension des Prädikators »Sammelwerk«. Zur Schemaentwicklung ist anstelle dieses quantifizierenden Ausdrucks über Individuenbereiche auch nach der intensionalen Beziehung zwischen den Prädikatoren - in diesem Fall also der Art/Gattungs-Beziehung »Periodikum $\sqsubseteq$ Sammelwerk« - zu fragen.

Im folgenden Kapitel werden die für eine objektorientierte Spezifikation wesentlichen normsprachlichen Aussagen auf Schemaebene detailliert dargestellt. Geordnet nach den einzelnen Aspekten des Spezifikationsrahmens wird gezeigt, wie die verschiedenen Arten von normsprachlichen Aussagen zur Konstruktion von Objekttypen und ihrer Merkmale führen - wobei neben Schemaausagen auch singuläre und generelle Aussagen, etwa für die Festlegungung von Wertebereichen oder Beziehungsverhältnissen zwischen Objekttypen, relevant sind.

5 Objektorientierte Spezifikation

Nachdem in der Rekonstruktionsphase alle fachlich relevanten Aussagen gesammelt und normiert wurden, folgt in der Spezifikationsphase die Entwicklung des objektorientierten Fachkonzepts. In einer Aussagenklassifizierung (Abschnitt 5.1) sind zunächst die normsprachlichen Aussagen hinsichtlich der im Spezifikationsrahmen festgelegten Aspekte zu ordnen. Anschließend werden die statischen, funktionalen und dynamischen Merkmale der einzelnen Objekttypen definiert (Abschnitte 5.2 bis 5.4), weitere Einschränkungen festgelegt (Abschnitt 5.5) und abschließend zu einem Gesamtmodell integriert bzw. konsolidiert (Abschnitt 5.6).

5.1 Aussagenklassifizierung

Die Klassifizierung der Aussagen bereitet den Übergang von der normsprachlichen Beschreibung fachlicher Sachzusammenhänge in eine spezifische Konstruktionssprache zur Entwicklung des Fachkonzepts vor (vgl. mit Abbildung 5-1 und [Ortner89:35f; Ortner94:572]).

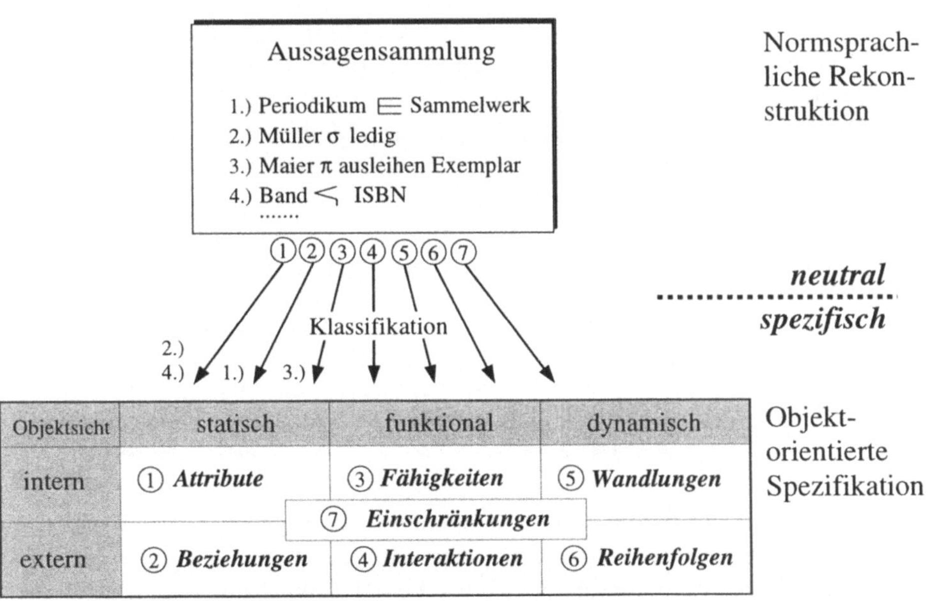

Abb. 5-1: Aussagenklassifikation für die objektorientierte Spezifikation

Die normsprachliche Aussage »Periodikum ⊑ Sammelwerk« wird beispielsweise in Abbildung 5-1 klassifiziert als eine relevante Aussage zur Spezifikation von Beziehungen. Die Aussagen »Müller σ ledig« und »Band < ISBN« werden klassifiziert als Aussagen zu Attributen. Die Aussage »Maier π ausleihen Exemplar« schließlich ist relevant für die Spezifikation der Fähigkeiten von Objekten.

Bei dieser Klassifikation gilt es zum einen zu beachten, daß sich eine normsprachliche Aussage auf mehrere unterschiedliche Beschreibungsaspekte beziehen kann. Zum anderen kann bei der Überführung normsprachlicher Aussagen in spezifische objektorientierte Repräsentationen sowohl die Schwierigkeit auftreten, daß die eingesetzte Spezifikationssprache keine unmittelbare Abbildung des durch eine normsprachliche Aussage dargestellten fachlichen Sachzusammenhangs in ein äquivalentes Repräsentationskonstrukt erlaubt, als auch, daß der Sachzusammenhang durch mehrere unterschiedliche, zunächst scheinbar gleichwertige Konstrukte dargestellt werden kann. Die objektorientierte Spezifikationssprache *LCM* kennt in der Version 3.0 beispielsweise keine dynamischen Subtypen oder Rollen [Feenstra93]. Eine normsprachlich rekonstruierte Rollenbeziehung zwischen den Prädikatoren »Person« und »Student« - »Student ⊑ Person« - kann deshalb nicht unmittelbar in Repräsentationskonstrukte von *LCM* abgebildet werden, sondern muß aufgrund einer Entwurfsentscheidung des Systemanalytikers in alternative Repräsentationskonstrukte modifiziert werden.

Verfügt die Spezifikationssprache über äquivalente Repräsentationskonstrukte, bedeutet dies nicht, daß andere Möglichkeiten des Übergangs auszuschließen sind. Das einfache Beispiel einer normsprachlichen Subordinationsbeziehung zwischen Prädikatoren soll diese Notwendigkeit einer Entwurfsentscheidung verdeutlichen: Bibliotheksexemplare können abhängig von ihrer Medienart (Medienart ist hier der Diskriminator) in Buchexemplare, Zeitschriftenexemplare, Disketten, Karten usw. partitioniert werden. Normsprachlich ist »Exemplar« als Hyperonym der Hyponyme »Buch«, »Zeitschrift«, »Diskette« usw. zu rekonstruieren: »Buch ⊑ Exemplar«, »Zeitschrift ⊑ Exemplar«, »Diskette ⊑ Exemplar«.

Solche Art/Gattungs-Beziehungen können in einer objektorientierten Spezifikationssprache jedoch auf zumindest drei unterschiedliche Weisen repräsentiert werden. Die erste dieser Alternativen stellt gewissermaßen den Standardfall des Übergangs dar, da Prädikatoren und Beziehungen in entsprechende Objekttypen und Beziehungen abgebildet wurden:

   ① **Inklusion.** Ein Objekttyp EXEMPLAR wird Supertyp der Objekttypen BUCH, ZEITSCHRIFT, DISKETTE usw. Dies entspricht dem Übergang von einer Art/Gattungs-Beziehung zwischen Prädikatoren (oder Fachbegriffen) in eine äquivalente Beziehung zwischen Objekttypen, wobei anstelle von Subordination üblicherweise von Inklusion oder Generalisierung gesprochen wird.

② **Attribut**. In einem Objekttyp EXEMPLAR wird ein Aufzählungsattribut »Medienart« eingeführt. Der Wertebereich dieses Attributs ergibt sich aus den Namen der hyponymen Prädikatoren: »Medienart : *enum*(Buch, Zeitschrift, Diskette, Karte ...)«. Ausprägungen dieses Attributs repräsentieren für jede Instanz des Objekttyps EXEMPLAR die jeweilige Medienart.

③ **Hypostasierung**. Es wird ein selbständiger Objekttyp MEDIENART eingeführt. Jede Instanz dieses Objekttyps MEDIENART repräsentiert die Merkmale genau einer Medienart. Zwischen den Objekttypen MEDIENART und EXEMPLAR wird eine Hypostasierungsbeziehung behauptet, d.h. jede Instanz von EXEMPLAR wird als Instanz einer Instanz von MEDIENART aufgefaßt (vgl. mit Abbildung 3-5).

Abbildung 5-2 stellt diese drei Alternativen grafisch dar. Die Notation dieses Beispiels erfolgt in in der Diagrammsprache von *TAOS-D;* die Bedeutung der grafischen Symbole wird in den folgenden Abschnitten beschrieben.

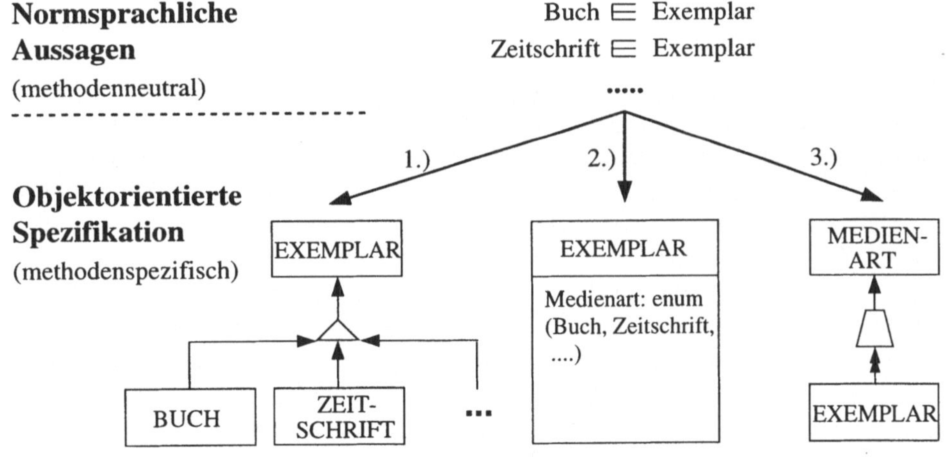

Abb. 5-2: Übergang in die objektorientierte Spezifikation

Welche dieser drei Alternativen zu wählen ist, hängt zum einen von der Mächtigkeit der Spezifikationssprache ab - Sprachen wie *LCM 3.0* oder *Troll* unterstützen beispielsweise die Hypostasierungsbeziehung nicht -, zum anderen von der

Anwendung von Transformations- und Modifikationsregeln, welche solchen Entwurfsentscheidungen zugrundezulegen sind. Die Wahl der Alternative ① ist beispielsweise sinnvoll, wenn die sich ergebenden Subtypen durch weitere unterschiedliche Merkmale zu beschreiben sind und Ausprägungen dieser Merkmale für die Anwendung relevant sind. Der Übergang ② ist zu wählen, wenn lediglich die Zuordnung zu einer Medienart für einzelne Exemplare notwendig ist, außer dieser Zuordnung aber keine weiteren medienartenspezifischen Daten für die einzelnen Exemplare aus Sicht der Anwendung benötigt werden. Die dritte Alternative (③) empfiehlt sich schließlich, wenn unterschiedliche Medienarten durch gleiche Merkmale, aber unterschiedliche Merkmalsarten zu beschreiben sind und diese Merkmalsausprägungen für alle zugeordneten Instanzen aus EXEMPLAR identisch sind.

Obwohl der Übergang von normsprachlichen Aussagen in eine Diagrammsprache oder eine objektorientierte Spezifikationssprache häufig nicht automatisch (d.h. nur auf einer syntaktischen Ebene) vollzogen werden kann, da diese Sprachen sowohl auf unterschiedlichen Gegenstandseinteilungen beruhen als auch in ihrer Ausdrucksmächtigkeit unterschiedlich sind, erlaubt ein normsprachlicher Ansatz zumindest die Explikation der Entwurfsentscheidungen, welche diesen Modifikationen zugrundeliegen. In anderen Methoden bleiben solche Entwurfsentscheidungen letztlich implizit und sind damit nur schwer nachvollziehbar und kontrollierbar.

Gemäß den im Spezifikationsrahmen festgelegten Aspekten wird in den folgenden Abschnitten der Übergang von normsprachlichen Aussagen zur Definition von Objekttypen und ihren Merkmalen beschrieben. Die in der objektorientierten Spezifikation relevanten Merkmale von Objekttypen werden für jeden dieser Aspekte zunächst anhand der Spezifikationssprache *TAOS-S* eingeführt. Anschließend wird die grafische Notation der jeweiligen Entwicklungsergebnisse in der Diagrammsprache *TAOS-D* erläutert. Nachdem somit geklärt ist, welche Merkmale von Objekttypen aus der Sicht der objektorientierten Spezifikation relevant und zu definieren sind, wird in einem letzten Abschnitt gezeigt, auf welche normsprachlichen Aussagen diese Spezifikationen von Objekttypen zurückzuführen sind. Schwerpunktmäßig wird dabei der Übergang von methodenneutralen normsprachlichen Ausagen zu methodenspezifischen objektorientierten Repräsentationskonstrukten am „Standardfall" des Übergangs diskutiert - im genannten Beispiel in Abbildung 5-2 also die Alternative ① -, andere Möglichkeiten werden oft nur kurz erläutert.

Die Notation von *TAOS-S* folgt weitgehend den Standardkonventionen von *Eiffel* für Schlüsselwörter, Typen und vordefinierte Ausdrücke ([Meyer92:23f]):

- **Schlüsselwörter.** Schlüsselwörter werden durch Fettdruck hervorgehoben.

- **Typen**. Typnamen werden in Blockschrift geschrieben (Objekttypen in Kapitälchen).

- **Vordefinierte Ausdrücke und Konstanten**. Vordefinierte Ausdrücke und Konstanten beginnen mit einem Großbuchstaben.

Sonstige Bezeichner folgen der üblichen Schreibweise im Deutschen. In Abschnittt 3.2.2 wurde bereits darauf hingewiesen, daß *TAOS-S* insbesondere zur Verdeutlichung der für den Fachentwurf wesentlichen objektorientierten Konzepte gemäß dem Spezifikationsrahmen dient und deshalb auch weder eine formale Semantik definiert noch eine Vollständigkeit dieser Sprache - etwa hinsichtlich der Einführung neuer Datentypen - angestrebt wurde. Auf die Verwendung von Spezifikationssprachen wie *LCM 3.0* [Feenstra93] oder *Troll* [Saake93] wurde verzichtet, da diese Sprachen einige aus der Sicht des objektorientierten Fachentwurfs wünschenswerte Konzepte zum gegenwärtigen Zeitpunkt noch nicht unterstützen - etwa unterschiedliche Arten von Aggregationen, die Hypostasierungsbeziehung oder die Kapselung von Fähigkeiten durch Botschaftenprotokolle.

Mit den jeweiligen Schlüsselwörtern zur Kennzeichnung der Merkmalsarten von Objekttypen nach dem in (4.2-24) dargestellten Schema wird die Spezifikation der einzelnen Merkmale in den folgenden Abschnitten beschrieben:

$$\begin{aligned}
&\textbf{\textit{objecttype}}\ \text{OBJEKTTYPNAME} &&(5.1\text{-}1)\\
&\quad\textbf{\textit{attributes}}\text{: Attribute } (5.2.1)\\
&\quad\textbf{\textit{relationships}}\text{: Beziehungen } (5.2.2)\\
&\quad\textbf{\textit{capabilities}}\text{: Fähigkeiten } (5.3.1)\\
&\quad\textbf{\textit{interactions}}\text{: Interaktionen } (5.3.2)\\
&\quad\textbf{\textit{alterations}}\text{: Wandlungen } (5.4.1)\\
&\quad\textbf{\textit{sequences}}\text{: Reihenfolgen } (5.4.2)\\
&\quad\textbf{\textit{constraints}}\text{: Einschränkungen } (5.5)
\end{aligned}$$

Bei der Diagrammdarstellung der Entwurfsergebnisse in *TAOS-D* wird im Gegensatz zu vielen Entwurfsmethoden nicht die Maxime verfolgt, *alle* Entwurfsergebnisse immer auch grafisch darzustellen - diese können gegebenenfalls der textuellen Notation in *TAOS-S* entnommen werden. Der Zweck einer grafischen Notation ist primär die bessere Veranschaulichung von Entwurfsergebnissen durch eine strukturierte Darstellung. Anstatt grafische Modelle deshalb durch eine Vielzahl unterschiedlicher und z. T. wenig einsichtiger Notationselemente zu überladen (ein solches negatives Beispiel dürfte *ADM3* sein [Firesmith93]), wurde vielmehr Wert auf die *Skalierbarkeit der Notation* gelegt. Eine bestehende grafische Notation wird durch neu hinzukommende Notationselemente immer nur erweitert, nicht aber verändert (vgl. [Waldén95:18f]). Zugunsten einer besseren Veranschaulichung wird deshalb auch eine reduzierte Sicht auf ausgewählte Entwurfsergebnisse zugelassen.

Objekttypen werden in *TAOS-D* durch ein Rechteck mit dem Namen des Objekttyps darin repräsentiert. Das Rechteck kann in drei zusätzliche Felder zur Darstellung der Attribute, der Fähigkeiten und der Einschränkungen unterteilt werden. In Abbildung 5-3 sind die im folgenden in der Bibliotheksanwendung spezifizierten Objekttypen lediglich mit dem Namen des Objekttyps aufgelistet.

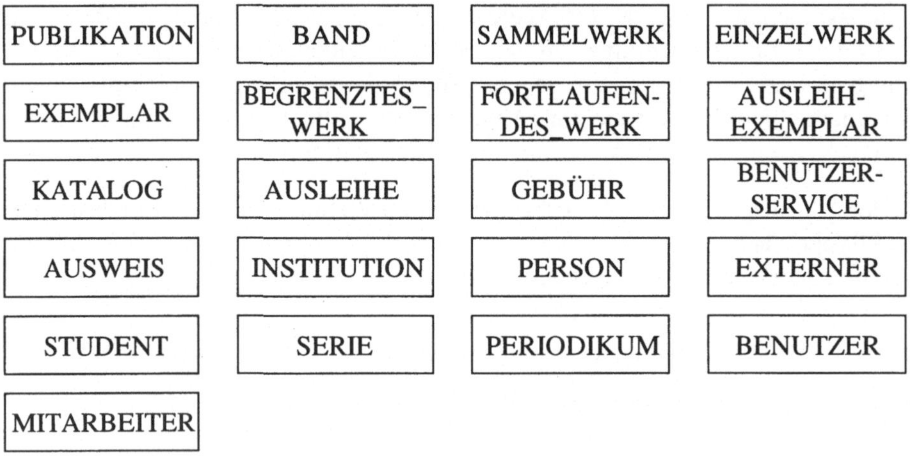

PUBLIKATION	BAND	SAMMELWERK	EINZELWERK
EXEMPLAR	BEGRENZTES_WERK	FORTLAUFENDES_WERK	AUSLEIHEXEMPLAR
KATALOG	AUSLEIHE	GEBÜHR	BENUTZERSERVICE
AUSWEIS	INSTITUTION	PERSON	EXTERNER
STUDENT	SERIE	PERIODIKUM	BENUTZER
MITARBEITER			

Abb. 5-3: Objekttypen in der Bibliotheksanswendung

Abhängig vom jeweiligen Anwendungstyp können große Unterschiede beim Spezifikationsumfang der Merkmale von Objekttypen und Anwendungssystemen auftreten. Yourdon bezeichnet dieses Verhältnis des Spezifikationsumfangs zwischen den einzelnen Aspekten oder Perspektiven einer Anwendung als *system footprint* [Yourdon89]. Da *TAOS(S/D)* hauptsächlich für kommerzielle und damit eher datenintensive, transaktionsorientierte Anwendungen wie etwa Personal-, Auftrags- oder eben Bibliotheksverwaltungen konzipiert wurde, sind die Repräsentationskonstrukte zur Spezifikation der statischen Merkmale von Objekttypen, d.h. der Attribute und Beziehungen, wesentlich umfangreicher als etwa diejenigen zur Beschreibung der dynamischen Aspekte. Zur Beschreibung von Anwendungen beispielsweise in der Prozeßdatenverarbeitung ist *TAOS* in der hier beschriebenen Form deshalb sicherlich weniger geeignet.

5.2   Statik

Die statische Sicht beschreibt den internen Aufbau der Instanzen von Objekttypen anhand ihrer *Attribute* (Abschnitt 5.2.1) und die externen *Beziehungen* (Abschnitt 5.2.2) zwischen den Anwendungsobjekten bzw. Objekttypen.

5.2.1 Attribute

Durch Attribute werden die *Datenstrukturen* von Objekten definiert. Die aktuellen Attributwerte beschreiben die individuellen Ausprägungen von Eigenschaften repräsentierter Gegenstände [Rumbaugh91:23f; Bonfatti94:112f; Cook94:29ff]. Attribute sind Variablen oder Konstanten eines bestimmten abstrakten Datentyps. Sie haben objektlokale Geltung, sind existenzabhängig vom zugeordneten Objekt und von außerhalb weder zu verändern noch zu lesen. Da Attribute funktionale Zuordnungen von Typen festlegen - der *Definitionsbereich* ist die Menge der Instanzen eines Objekttyps, der *Wertebereich* wird durch den Attributtyp vorgegeben [Elmasri94:47; Wieringa95:39] -, sind sie auch als *gespeicherte Funktionen* ohne Argumente aufzufassen.

5.2.1.1 Spezifikationssprache

Die Sprachkonstrukte von *TAOS-S* zur Beschreibung von Attributen sind:

1) <Attribute> $\triangleq$ *attributes* [<Nominator>] <Attributdefinitionen>

2) <Nominator> $\triangleq$ *identifier* (<Attributname> || '+')$^+$ ';'

3) <Attributdefinitionen> $\triangleq$ ((<Attribut> || ',')$^+$ ':' <Attributtyp>
[<Typergänzung>] || ';')$^+$

4) <Attribut> $\triangleq$ <Attributname> ['{' (<Attributqualifizierer> || '/')$^+$ '}']

5) <Attributqualifizierer> $\triangleq$ Immutable | Optional | Unique | Common

6) <Attributtyp> $\triangleq$ (<Basistyp> | <Anwendertyp>) [<Typeinschränkung>]
| *enum* '(' <Bezeichnerliste> ')'
| <Wiederholungsgruppe> '(' <Attributtyp> ')'
| STRUC '(' <Attributdefinitionen> ')'

7) <Wiederholungsgruppe> $\triangleq$ ARRAY | LIST | SET | BAG | STACK | ...

8) <Basistyp> $\triangleq$ CHAR | STRING ['(' <Konstante> ')'] | BOOLEAN
| (CARDINAL | INTEGER | DECIMAL '(' <Konstante>
[',' <Konstante>] ')' | REAL) [*of* <Maßeinheit>]
| DATE | TIME

9)   <Typergänzung>   ≙ '=' ('(<Initialisierungswerte>)$^+$ ')'
                            | **derived** [<Berechnung>]

10) <Initialisierungswerte>≙ ((<Konstante> | ',') || ',')$^+$
                            | '(' <Initialisierungswerte> ')'

11) <Typeinschränkung> ≙ **subrange** '(' <Auswahlbereich> ')'

12) <Auswahlbereich>   ≙ ([<Vergleichsoperator> | <Konstante> '..']
                            <Konstante> || ',')$^+$

13) <Vergleichsoperator> ≙ '≥' | '≤' | '<' | '>' | '=' | '≠'

14) <Bezeichnerliste>   ≙ (<Bezeichner> || ',')$^+$

15) <Attributname>   ≙ <Bezeichner>

16) <Berechnung>   ≙ '(' <Anweisungen> ')'

Die Beschreibung der Attribute (1) wird eingeleitet durch das Schlüsselwort **attributes**. Dem Schlüsselwort folgen die optionale Angabe eines Nominatorattributs und eine Reihe von Attributdefinitionen. Das mit **identifier** deklarierte Nominatorattribut (2) muß ein im Anwendungsbereich explizit eingeführter *fachlicher* Schlüssel sein. Als Nominator kann sowohl ein einzelnes Attribut als auch eine mittels »**+**« verknüpfte Attributkombination angegeben werden. *Alle* Gegenstände des Anwendungsbereichs, welche unter den Objekttyp fallen, werden durch diesen Schlüssel im Sinne einer bijektiven Funktion eindeutig referenziert oder benannt.

Fachliche Schlüssel - oft auch als *externe* oder *sichtbare Schlüssel* bezeichnet - sind beispielsweise die Kennungen von (Bibliotheks-)Benutzern oder die Verbuchungsnummern von Ausleihexemplaren. Deren Vereinbarung in den Objekttypen BENUTZER und AUSLEIHEXEMPLAR lautet nach der Syntax von *TAOS-S* also:

> **objecttype** BENUTZER   (5.2.1-1)
>   **attributes**
>   **identifier** Kennung;
>   ⋮
>
> **objecttype** AUSLEIHEXEMPLAR
>   **attributes**
>   **identifier** Verbuchungsnr;
>   ⋮

Als fachlicher Schlüssel ungeeignet ist etwa die ISBN zur Identifizierung von Publikationen, da nicht alle Publikationen eine ISBN (oder ISSN) besitzen. Die Signatur kann zur Identifizierung von Exemplaren nur verwendet werden, wenn die Eindeutigkeit der Bezugnahme auf eine Exemplar durch Signaturerweiterungen (sprechender Schlüssel!) sichergestellt ist und Änderungen der Signaturen durch Reorganisationsmaßnahmen ausgeschlossen sind.

Fachliche Schlüssel dürfen nicht mit internen Schlüsseln zur Objektidentifikation in einem Datenbanksystem verwechselt werden (sog. *object identifiers* oder *surrogates,* vgl. [Khoshafian86; Heuer92:294ff; Cattel94:85ff]). Fachliche Schlüssel werden durch eine Organisation explizit vergeben und kontrolliert. Ihr Namensraum ist begrenzt auf einen bestimmten Gegenstandsbereich, etwa auf die Menge der Ausleihexemplare einer Bibliothek. Interne Schlüssel werden hingegen innerhalb eines Datenbanksystems generiert, ihr Namensraum umfaßt alle referenzierten internen und externen Objekte [Wieringa95b].

Attributdefinitionen (3) bestehen aus einer oder mehreren Attributvereinbarungen mit Typangabe und ergänzenden Festlegungen, wie etwa Initialisierungswerten. Jedes Attribut muß innerhalb eines Objekttyps einen eindeutigen Namen besitzen. Auf die verbreitete Wiederholung des Objekttypnamens im Attributnamen durch Kompositabildung sollte verzichtet werden (4). Die Eindeutigkeit der Bezugnahme auf Attribute - vor allem auch auf strukturierte Attribute - wird im Namensraum durch die übliche Punktnotation hergestellt. Ist b eine Variable des Typs BENUTZER, so nimmt »b.Kennung« lesend Bezug auf das Attribut »Kennung« eines bestimmten, durch b referenzierten Bibliotheksbenutzers. Anstelle von »b.Kennung« wird die Schreibweise »BENUTZER::Kennung« verwendet, um sich auf den Attributwert eines anonymen Objekts des Typs BENUTZER zu beziehen. Der Ausdruck »BENUTZER::« referenziert dieses anonyme Objekt [Cook94:55ff].

Die Merkmale eines Attributs werden durch folgende optionale Qualifizierer (5) näher bestimmt (vgl. dazu [Champeaux93:32f; Graham94:247f; Cook94:47f]):

- **Immutable.** Der Wert des Attributs ist nach einer erstmaligen Zuweisung fixiert und kann anschließend während des gesamten Objektlebenszyklus nicht mehr geändert werden. Beispiele für unveränderliche Attribute sind »Geburt« im Objekttyp PERSON oder »Titel« in einem Objekttyp PUBLIKATION.

- **Optional.** Der Wert des Attributs ist nicht für alle Instanzen eines Objekttyps zu ermitteln (*unknown* im Sinne von *not known* und *missing* [Elmasri94:45]) oder sinnvoll (*not applicable*). Das Attribut »Telefon« ist im Objekttyp BENUTZER optional, da nicht jeder Bibliotheksbenutzer ein Telefon besitzt.

- **Unique.** Der Wert des Attributs ist für alle Instanzen eines Objekttyps unterschiedlich. Individuelle Instanzen sind durch Ausprägungen dieses Attributs eindeutig von anderen Instanzen zu unterscheiden. Fachliche Identifizierer müssen sowohl einzigartig als auch unveränderlich sein. Im

Objekttyp AUSLEIHEXEMPLAR erfüllt die Verbuchungsnummer als Nominatorattribut diese Anforderungen: »Verbuchungsnummer {Immutable / Unique} : STRING(10)«.

- **Common.** Der Wert des Attributs ist für alle Instanzen gleich, kann zeitlich aber durchaus variieren. Ein gemeinsames Attribut könnte beispielsweise eine festgelegte Obergrenze ausleihbarer Bibliotheksexemplare für externe Benutzer sein: »Obergrenze {Common} : INTEGER = (100)«.

Die Definition des Attributs »Verbuchungsnummer« zeigt, daß Qualifizierungen für Attribute auch kombinierbar sind. Die Qualifizierung »{Immutable / Common}« bedeutet beispielsweise, daß ein erstmalig zugewiesener Attributwert fixiert ist und für alle Instanzen dieses Objekttyps gilt. Die Qualifizierung »{Common}« gilt sowohl für *Klassenattribute* als auch für *geteilte Attribute* (vgl. *shared* und *class attributes* [Kim90:17; Tan93:40]). Ist diese Unterscheidung im Anwendungsbereich wesentlich, ist »{Common}« durch die spezifischeren Qualifizierungen »{Class}« und »{Shared}« zu ersetzen. Abhängig vom jeweiligen Anwendungsbereich sind weitere Qualifizierer zu definieren. Die zyklische Aktualisierung von Monitor-attributen in der Prozeßdatenverarbeitung wäre etwa durch die Qualifizierung »{Monitor}« im Zusammenhang mit Zykluszeitangaben zu kennzeichnen. Attribute ohne Qualifizierung gelten als veränderbar, individuell, obligatorisch und nicht einzigartig.

Als Typ eines Attributs (6) sind entweder ein vordefinierter Basistyp, ein anwendungsspezifischer benutzerdefinierter Typ, eine Aufzählung oder Verbunde für mehrwertige Attribute (Multiplizität > 1) und strukturierte Attribute zu definieren. Den Basistypen entsprechen in Abgrenzung zu Objekttypen die bekannten Datentypen. Ein Datentyp ist die Zusammenfassung von Datenwerten eines Wertebereichs mit den auf diese Werte anwendbaren Operationen (zur Festlegung von [vordefinierten] Datentypen im objektorientierten Fachentwurf siehe [Feenstra93:27ff; Saake93:53ff; Cook94:373ff]; zur Unterscheidung zwischen Objekten und Daten etwa im ODMG-Objektmodell siehe [Cattel94:112,216f]). Datenwerte oder Literale haben im Gegensatz zu Objekten als Instanzen von Objekttypen keine von ihrem Wert unabhängige Identität und keinen Lebenszyklus. Wieringa nennt zur Unterscheidung zwischen Objekten und Werten fünf Kriterien [Wieringa95:43]:

- *Beobachtbarkeit (observability).* Objekte zeigen im Gegensatz zu Werten ein beobachtbares Verhalten.

- *Zustand (state).* Objekte können unterschiedliche Zustände einnehmen, Werte nicht.

- ***Identität** (identity)*. Objekte haben eine von ihrem Zustand abhängige Identität. Die Identität eines Werts kann nicht vom Zustand getrennt werden.

- ***Lebenszyklus** (history)*. Objekte haben einen Lebenszyklus, Werte nicht.

- ***Interaktion** (interaction)*. Objekte können mit anderen Objekten interagieren, Werte können nicht miteinander interagieren.

Eine kurze zusammenfassende Diskussion verschiedener Standpunkte hinsichtlich der objektorientierten Analyse zur Unterscheidung zwischen Datenwerten und Objekten gibt [Henderson-Sellers94:51f]. Neben den aufgeführten Basistypen - Bezeichnung und Auswahl variieren natürlich in unterschiedlichen Objektmodellen (vgl. die Datentypen der *Interface Description Language IDL* des *CORBA*-Standards der *OMG* [OMG95:3-19f]) - sind anwendungsspezifisch weitere Datentypen - etwa MONEY in kaufmännischen Anwendungen oder COMPLEX zur Darstellung komplexer Zahlen in naturwissenschaftlich/technischen Anwendungen - als algebraische Strukturen zu definieren.

Aufzählungen (***enum***) dienen der expliziten Nennung des Wertebereichs eines Attributs. Im Fachentwurf werden Aufzählungen häufig zur Festlegung von Statusinformationen im Sinne von Zustandsvariablen verwendet. Zur Strukturierung von Attributen in Verbunden stehen neben *STRUC* als Tupelkonstruktor die bekannten Konstruktoren für Felder (*ARRAY*), Listen (*LIST*), Mengen (*SET*) und Multimengen (*BAG*) oder Kellerspeicher (*STACK*) zur Verfügung (7). Alle Verbundkonstruktoren sind orthogonal anwendbar, können also beliebig untereinander kombiniert werden, um etwa Felder von Listen von Feldern von Strukturen zu definieren.

Ob diese und weitere Konstruktoren letztlich als Kernel einer Sprache oder als generische Klassen, wie beispielsweise in *Eiffel*, implementiert sind, interessiert im Fachentwurf nicht. Auch wird angenommen, daß die entsprechenden Verbundoperationen - etwa »insert« und »remove« für das Einfügen und Löschen von Mengenelementen oder »count« für das Zählen der Elemente einer Liste - zur Verfügung stehen. Zur Beschreibung der mathematischen Eigenschaften dieser Verbunde mit der Festlegung der verschiedenen anwendbaren Operationen siehe etwa [Kolman87:12ff] oder aus Sicht der konzeptuellen Modellierung [Sowa84:367ff]. Attributqualifizierungen von Verbunden gelten für alle Komponenten, soweit diese nicht explizit für einzelne Komponenten redefiniert werden.

Als Basisdatentypen (8) werden *CHAR* für einzelne Zeichenketten, *STRING* für variable oder konstante Zeichenketten, *CARDINAL* für natürliche Zahlen, *INTEGER* für ganze Zahlen, *DECIMAL* für Dezimalzahlen, *REAL* für Gleitpunktzahlen sowie *BOOLEAN*, *DATE* und *TIME* angenommen. Weitere Datentypen sind je nach eingesetzter Spezifikationssprache oder Programmiersprache einzuführen (eine umfassende Auflistung verschiedenster vordefinierter Datentypen mit anwendbaren Operationen kann beispielsweise der Syntaxbeschreibung von *LCM 3.0* entnommen werden [Feenstra93:27ff]). Optionale Typergänzungen (9) sind entweder der Initialisierungswert oder die Berechnungsvorschrift für abgeleitete oder virtuelle Attribute (*derived*). Die Regeln (10) - (16) definieren die Syntax zur Festlegung von Initialisierungswerten, Wertebereichseinschränkungen, Auswahlbereichen, Vergleichsoperatoren, Bezeichnerlisten, Attributnamen und die Berechnungsvorschrift für abgeleitete Attribute. Alle weiteren nichtterminalen Symbole - etwa <Anweisung> - werden in den folgenden Abschnitten erläutert.

Die optionale Angabe einer Maßeinheit für numerische Attribute in der Produktionsregel (8) wird in den folgenden drei Regeln exemplarisch gezeigt. Verbreitete Maßeinheiten sind etwa Währungseinheiten für Geldbeträge, Watt für die physikalische Leistung, Celsius, Kelvin oder Fahrenheit für die Temperatur, Volt und Ampere für die elektrische Spannung bzw. Stromstärke, Sekunden, Minuten oder Tage für die Zeit usw. Anwendungsspezifisch sind weitere Maßeinheiten - etwa Zeichen/Sekunde oder Blatt/Minute für Druckgeschwindigkeiten - festzulegen.

17) <Maßeinheit> $\triangleq$ <Geldbetrag> | <Leistung> | <Temperatur> | <Spannung>
                                       | <Stromstärke> | <Zeitspanne> | ...

18) <Geldbetrag> $\triangleq$ ... | Dollar | Pound | DM | ....

19) <Zeitspanne> $\triangleq$ ... | Second | Minute | Hour | Day | ....

Ein erstes Beispiel für die Vereinbarung von Attributen nach der beschriebenen Syntax von *TAOS-S* zeigt (5.2.1-2) für den Objekttyp PUBLIKATION:

```
objecttype PUBLIKATION                                              (5.2.1-2)
    attributes
        Titel {Immutable} : STRUC
            ( Sachtitel : STRING;
              Titelzusatz {Optional} : STRING );
        Erscheinungsvermerk {Immutable} : STRUC
            ( Verlagsvermerk : STRUC
                ( Verlagsname : STRING;
                  Erscheinungsort : LIST (STRING) );
              Erscheinungsdatum : DATE );
        Auflage {Immutable / Optional} : CARDINAL;
        Sachgebiet : STRING;
        Notation : STRING;
        Sprache {Immutable / Optional}: SET (STRING);
        Schlagwörter {Optional} : SET (STRING);
    relationships
        :::
```

Das unveränderliche Attribut »Titel« zur Repräsentation des Titels einer Publikation setzt sich aus einem obligatorischen »Sachtitel« und einem fakultativen »Titelzusatz« zusammen. Ebenfalls unveränderlich ist das Attribut »Erscheinungsvermerk«. Dieses Attribut besteht aus einem »Verlagsvermerk« mit »Verlagsname« und »Erscheinungsort« sowie dem »Erscheinungsdatum«. Weitere Attribute sind »Auflage« für die Auflagenummer, »Sachgebiet« zur klassifikatorischen Einteilung der Bibliotheksmaterialien nach einem „System der Wissenschaften“, »Notation« zur Kennzeichnung der Aufstellungssystematik, »Sprache« zur Nennung der Publikationssprachen und »Schlagwörter« zur Beschreibung des sachlichen Inhalts einer Publikation durch eine Menge von (Schlag-)Wörtern. Da keine Ordnung der Schlagwörter festgelegt ist und keine Duplikate (wie etwa bei Multimengen) enthalten sein dürfen, wird dieses Attribut als Menge definiert.

Subtypen von PUBLIKATION sind die Objekttypen SAMMELWERK und EINZELWERK. Optionale Attribute von Einzelwerk sind »Verfasser« zur Repräsentation der Autoren eines Einzelwerks und »Herausgeber« zur Nennung der Herausgeber von Einzelwerken etwa von kritischen Ausgaben. Attribut in SAMMELWERK ist »Herausgeber«.

```
objecttype EINZELWERK                                         (5.2.1-3)
    attributes
        Verfasser {Immutable / Optional},
        Herausgeber {Immutable / Optional} : LIST ( STRUC
            ( Zuname : STRING;
              Vorname : LIST (STRING) ) );
    relationships
    :::
```

```
objecttype SAMMELWERK                                         (5.2.1-4)
    attributes
        Herausgeber {Immutable} : LIST ( STRUC
            ( Zuname : STRING;
              Vorname : LIST (STRING) ) );
    relationships
    :::
```

Eine Publikation - ob Sammelwerk oder Einzelwerk - kann in einem oder mehreren Bänden erscheinen. Attribute des Objekttyps BAND sind:

```
objecttype BAND                                               (5.2.1-5)
    attributes
        Bandtitel {Immutable / Optional} : STRING;
        ISBN {Immutable / Optional} : STRING(10);
        Format {Immutable} : enum (Oktav, Quart, Folio, Groß-Folio,
            quer-Oktav, quer-Quart, quer-Folio, quer-Groß-Folio);
```

                    Medium {Immutable / Optional} : *enum* (Buch, CD-ROM, Diskette,
                        Karte_Atlas, Microform, Dia_Spielfilm, Tonträger, Video,
                        Sonstiges_Druckerzeugnis);
            relationships
                :::

Ein einzelner Band kann einen Bandtitel und eine zehnstellige ISBN haben. Für
die Magazinaufstellung von Bänden muß in der Regel auch ihre Größe berücksichtigt werden. Der Wertebereich des Attributs »Format« umfaßt die üblichen Haupt-
formate zur Angabe der Rückenhöhe des Bandes. Das Attribut »Medium« beschreibt schließlich die Medienart.

Die Vereinbarung dieser Attribute in den genannten Objekttypen ist natürlich nur
exemplarisch zu verstehen und beansprucht deshalb keinesfalls, vollständig zu
sein. In einer realen Bibliotheksverwaltung wären beispielsweise »Seitenzahl« und
»Abbildungen« als weitere Attribute des Objekttyps BAND zu definieren: »Seitenzahl {Immutable / Optional}, Abbildungen {Immutable / Optional} : CARDI-
NAL«.

Die bisher beschriebenen Objekttypen PUBLIKATION, EINZELWERK, SAMMELWERK
und BAND repräsentieren keine konkreten Bibliotheksexemplare, sondern be-
schreiben gemeinsame Eigenschaften mehrer Exemplare auf einer abstrakten
Ebene. Konkrete Bibliotheksexemplare werden durch Instanzen des Objekttyps
EXEMPLAR repräsentiert. Zwischen dem Objekttyp BAND und dem Objekttyp
EXEMPLAR besteht die Abstraktionsbeziehung der Hypostasierung. Instanzen von
BAND beschreiben gemeinsame Merkmale von Bibliotheksexemplaren als Instan-
zen von EXEMPLAR (ausführlich wird die Hypostasierungsbeziehung im folgenden
Abschnitt behandelt). Folgende Attribute werden für den Objekttyp EXEMPLAR
vereinbart:

            objecttype EXEMPLAR   (5.2.1-6)
                attributes
                    Signatur : STRING;
                    Standort : STRING;
                    Aufstellung : *enum* (Magazin, Freihand);
                    Benutzung : *enum* (Präsent, Ausleihbar);
                    Erwerbungsart : *enum* (Kauf, Tausch, Pflicht, Schenkung);
                    Anschaffungswert {Immutable / Optional} : DECIMAL (6,2) *of* DM;
                    Restwert : DECIMAL (6,2) *of* DM;
                relationships
                    :::

Ein einzelnes Exemplar hat eine Signatur und einen bestimmten Standort. Es kann
entweder als Freihandexemplar direkt zugänglich sein oder in der Magazinaufstel-

lung geschützt verwaltet werden. Für die Benutzung von Exemplaren sind grundsätzlich zwei Alternativen zu unterscheiden: Die Benutzung ist für Präsenzexemplare nur innerhalb der Bibliotheksräume zulässig, Ausleihexemplare können für die Dauer einer bestimmten Leihfrist ausgeliehen werden. Nach der Erwerbungsart sind Exemplare in Kaufexemplare, Tauschexemplare, Pflichtexemplare und Schenkungen unterteilbar. Die Attribute »Anschaffungswert« und »Restwert« repräsentieren den Wert eines Exemplars zum Zeitpunkt des Zugangs und den aktuellen Zeitwert.

Notwendige Attribute von AUSLEIHEXEMPLAR als Rollentyp von EXEMPLAR sind die Verbuchungsnummer als fachlicher Schlüssel sowie die mögliche Ausleih- und Bereitstellungsfrist.

```
objecttype AUSLEIHEXMPLAR                                          (5.2.1-7)
    attributes
        identifier Verbuchungsnr;
        Verbuchnungsnr {Immutable / Unique} : STRING(10);
        Ausleihfrist : CARDINAL of Day;
        Bereitstellungsfrist : CARDINAL of Day;
    relationships
    :::
```

Daneben wären Attribute wie etwa »Ausleihart« oder »Verlängerung« einzuführen, wenn Sonderformen der Ausleihe unterschieden (neben der Normalausleihe etwa Zwischenausleihen und Wochenendausleihen) und unterschiedliche Verlängerungen der Ausleihfrist für einzelne Exemplare festgelegt werden sollen.

Als weitere Beispiele werden in (5.2.1-8) die Attribute des Objekttyps BENUTZER und in (5.2.1-9) die Attribute von PERSON als Subtyp von BENUTZER vereinbart:

```
objecttype BENUTZER                                               (5.2.1-8)
    attributes
        identifier Kennung;
        Anschrift : STRUC
            ( Strasse : STRING;
              PLZ : STRING(5);
              Wohnort : STRING );
        Kennung {Unique / Immutable} : STRING(8);
        Telefon {Optional} : STRING;
        Benutzerstatus : enum (aufgenommen, gesperrt, leihberechtigt,
            gekündigt);
        Aufnahme {Immutable} : DATE subrange ( ≥ 01.01.1968 );
    relationships
    :::
```

```
objecttype PERSON                                                   (5.2.1-9)
    attributes
        Name : STRUC
            ( Zuname : STRING;
               Vorname : LIST (STRING) );
        Geburt {Immutable} : DATE;
        Familienstand: enum (ledig, verheiratet, geschieden, verwitwet);
    relationships
    :::
```

Alle Bibliotheksbenutzer sind durch eine Kennung im Anwendungsbereich eindeutig identifizierbar. Charakterisierende Attribute sind »Anschrift«, »Telefon«,
»Benutzerstatus« und »Aufnahme« für das Aufnahmedatum. Der Wertebereich
von »Benutzerstatus« ist als Aufzählung mit den Werten »aufgenommen«,
»gesperrt«, »leihberechtigt« und »gekündigt« festgelegt. Ist der Bibliotheksbenutzer eine Person, wird diese zusätzlich durch ihren Namen, ihr Geburtsdatum und
ihren Familienstand beschrieben.

Die Attributvereinbarungen eines Objekttyps GEBÜHR zur Repräsentation der zu
zahlenden Mahngebühren zeigt (5.2.1-10). Attribute von GEBÜHR sind »Betrag«
für die zu zahlende Gebührensumme, der bereits bezahlte Betrag (»Bezahlt«), der
mögliche »Erlaß«, die »Zahlungsfrist« und das abgeleitete Attribut »Außenstand«.
Der Außenstand berechnet sich aus der Differenz zwischen dem Gesamtbetrag und
den bereits bezahlten und erlassenen Gebühren.

```
objecttype GEBÜHR                                                   (5.2.1-10)
    attributes
        Betrag : DECIMAL (6,2) of DM;
        Bezahlt : DECIMAL (6,2) of DM;
        Erlaß : DECIMAL (6,2) of DM;
        Außenstand : DECIMAL (6,2) of DM derived
            (Außenstand := Betrag - (Bezahlt + Erlaß);
        Zahlungsfrist : DATE;
    relationships
    :::
```

Im Zusammenhang mit der Vereinbarung von Attributen ist noch auf die in der
Literatur heftig und sehr kontrovers diskutierte Fragestellung der Unterscheidung
zwischen *Attributen von Objekttypen* und *Beziehungen zwischen Objekttypen* ein-
zugehen (vgl. [Cook94:32ff; Rumbaugh94:20; Martin95:265ff]). Da Beziehungen
zwischen Objekttypen in Spezifikations- oder Programmiersprachen fast immer
durch Attribute repräsentiert werden und auch anwendungsspezifische Attributty-
pen zumeist als Objekttypen implementiert sind, ist im Fachentwurf oft unklar, ob
zu repräsentierende Gegenstände als Attribute eines Objekttyps oder als eigene,
relationierte Objekttypen modelliert werden sollen (viele Autoren halten die

Unterscheidung zwischen Werten und Objekten auch nicht für notwendig, wie die kurze Diskussion in [Henderson-Sellers94:51f] zeigt).

Die Klärung dieser Fragestellung in *TAOS* beruht zum einen auf der Unterscheidung zwischen *Gebrauch* und *Erwähnung* mit der Notwendigkeit, zwischen einem Gegenstand und dem Namen dieses Gegenstands bzw. dessen Repräsentanten im Anwendungssystem zu unterscheiden, zum anderen auf der Festlegung, welche Merkmale für die Beziehung zwischen Objekttypen und Attributen gelten:

- Attributvereinbarungen legen grundsätzlich eine Existenzabhängigkeit zwischen Attribut und attribuiertem Objekt mit der Kardinalität 1:1 - bei optionalen Attributen 0:1 - fest (vgl. [Champeaux93:27ff]). Attributwerte sind als Ausprägungen eines Attributs genau einem Objekt exklusiv zugeordnet und nur objektlokal einsichtig.

- Attribute dienen der *Erwähnung* von Objektmerkmalen durch Literale. Aktualisierungen von Attributen in Objekttypen werden verwendet, um Gegenstände - genauer: Namen von Gegenständen - zu erwähnen. Aktualisierungen von Objekttypen dienen stattdessen zur Repräsentation dieser Gegenstände in der Anwendung selber.

Ob Gegenstände durch Attribute eines Objekttyps, also apprädikativ, oder durch eigene Objekttypen, also eigenprädikativ, zu repräsentieren sind, ist davon abhängig, ob die Eigenschaften der Gegenstände des Anwendungsbereichs selber von Interesse in der Anwendung sind oder ob der Name des Gegenstands als Attributwert zur Referenzierung ausreichend ist. In einem Objekttyp EINZELWERK wird »Verfasser« beispielsweise als Attribut und nicht als eigener Objekttyp vereinbart, um die in der Titelei einer Publikation genannten Verfassernamen - statt »Verfasser« wäre deshalb »Verfassername« eine präzisere Bezeichnung - als Zeichenketten zu repräsentieren. Aktualisierungen des Attributs »Verfasser« im Objekttyp EINZELWERK sind die einmal erfaßten *Namen* der Verfasser als Zeichenketten. Das Attribut »Verfasser« dient der *Erwähnung* der Verfassernamen einer Publikation, weitere Eigenschaften von Verfassern - etwa das Geburtsdatum - interessieren in der Anwendung nicht.

Diese Namen von Verfassern sind zu unterscheiden von Objekten, welche Verfasser als Instanzen eines Objekttyps VERFASSER repräsentieren würden. Der Wert des Attributs »Verfasser« von Instanzen des Typs EINZELWERK kann unabhängig vom Lebenszyklus und damit verbundenen Namensänderungen eines Verfassers und dessen möglichen Repräsentanten im Anwendungssystem als Instanzen eines Objekttyps VERFASSER sein. Ähnlich ist beispielsweise zu unterscheiden zwischen dem in der Titelei als Attributwert angegebenen Verlagsortnamen und einem Objekt, das diesen Verlagsort im Informationssystem repräsentiert. Ein Mitte des

neunzehnten Jahrhunderts in Königsberg gedrucktes Buch hat als Attributwert von
»Erscheinungsort« »Königsberg«, das diesen Gegenstand aktuell repräsentierende
Informationsobjekt würde heutzutage stattdessen »Kaliningrad« heißen. Werte von
»Erscheinungsort« repräsentieren den in der Titelei als Teil des Erscheinungsver-
merks genannten Namen des Erscheinungsortes einer Publikation, *nicht* den
benannten Gegenstand selber. Attribute - genauer: Attributwerte - dienen also zur
Erwähnung von Gegenständen, Objekttypen - genauer: deren Instanzen - dienen
dem *Gebrauch* repräsentierter Gegenstände.

5.2.1.2 Diagrammsprache

Die Darstellung der Attribute rekonstruierter Objekttypen erfolgt in den Objekttypdiagrammen im zweiten Teilfeld unterhalb des Objekttypnamens. Um eine
Überladung der grafischen Notation inbesondere bei größeren Modellen zu vermeiden, ist es sinnvoll und zumeist auch ausreichend, lediglich den Attributnamen
ohne weitere Angaben wie Qualifizierer, Typ oder Initialisierungswert zu notieren
und strukturierte Attribute nicht aufzulösen. Alternativ dazu können auch nur
einige ausgewählte Attribute vollständig angegeben werden (vgl. die Empfehlung
in [Booch94:178]). Abbildung 5-4 zeigt die genannten Beispiele in Diagrammform.

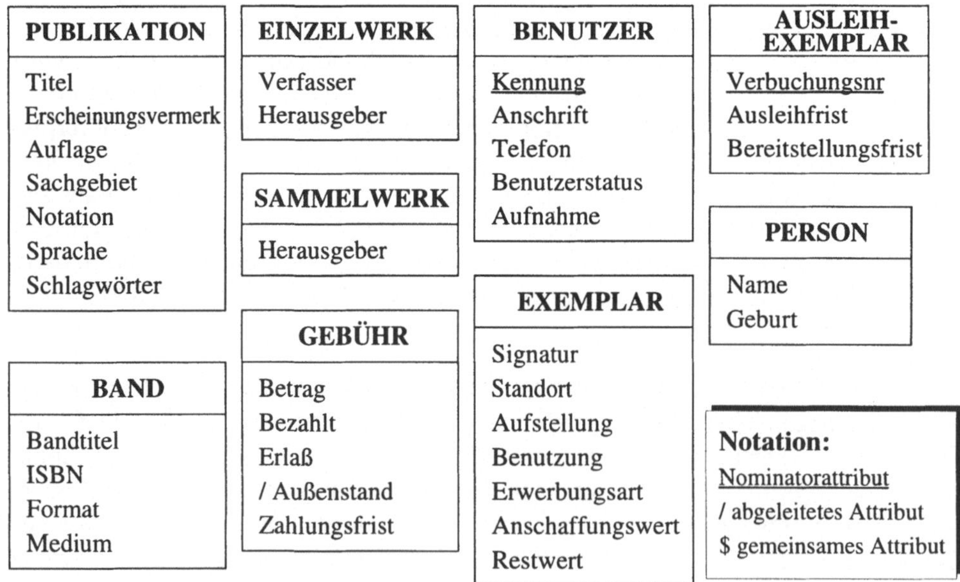

Abb. 5-4: Grafische Darstellung der Attribute in Objekttypdiagrammen

Spezifischere Beschreibungen einzelner Attribute sind gemäß der Syntax von *TAOS-S* anzugeben - in PERSON wäre das Attribut »Geburt« etwa vollständig als »Geburt {Immutable} : DATE« zu notieren. Den verbreiteten objektorientierten Entwurfsmethoden folgend, werden als spezielle Symbole für die Kennzeichnung abgeleiteter Attribute der Schrägstrich »/« und für gemeinsame Attribute das Dollarzeichen »$« verwendet (vgl. etwa [Rumbaugh91; Graham94: 247f]). Fachliche Identifizierer sind durch Unterstreichen hervorzuheben. Auf die Einführung weiterer Symbole zur Annotation von Attributen wird verzichtet, um die mit der grafischen Darstellung verbundene bessere Visualisierung von Entwicklungsergebnissen nicht durch eine Überfrachtung mit wiederum interpretationsbedürftigen Zeichen zu verspielen.

5.2.1.3 Normsprache

Die Vereinbarung von Attributen in Objekttypen ist normsprachlich auf verschiedene Arten von Aussagen zu Prädikatoren und ihren Beziehungen zueinander zurückzuführen. Abbildung 5-2 zeigte ein Beispiel dafür, wie eine Art/Gattungs-Beziehung zwischen Prädikatoren zu einer Attributfestlegung im Supertyp führen kann (Alternative ②). Standardmäßig beruht die Vereinbarung von Attributen eines Objekttyps jedoch auf der semantischen Relation der *Partizipation* (syn. *Attribution)* zwischen Prädikatoren (vgl. [Evens80:45ff; Ortner83:28ff; Sowa84; Winston87; Chaffin88; Martin95:197]).

In der Sprachphilosophie bezeichnen Attribute, einer Unterscheidung von Aristoteles folgend, häufig die konstituierenden, essentiellen Eigenschaften eines Gegenstands. In dieser Arbeit werden Attribute unabhängig davon, ob sie im aristotelischen Verständnis essentiell oder akzidentiell sind, als *Begriffe 2. Ordnung* betrachtet, welche anderen Begriffen zukommen [Ortner83:29f]. Begriffe 1. Ordnung werden Gegenständen zu- oder abgesprochen, sie bedeuten Aussageformen, deren Argumente Gegenstände sind, welche unter den Begriff fallen. Attribute als Begriffe 2. Ordnung beschreiben demgegenüber den Gebrauch von Zeichen für die Bezugnahme auf diese Gegenstände und die Beschreibung ihrer Eigenschaften - Attribute werden von Wedekind deshalb auch als *Untereigenprädikatoren* bezeichnet [Wedekind92:27]. Abbildung 5-5 auf der Folgeseite veranschaulicht das im folgenden erläuterte Schema der Zusammenfassung verschiedener Attribute Ai als Begriffe 2. Ordnung zu einem Objekttyp OT.

Die Attributions- oder Partizipationsbeziehung zwischen Begriffen bzw. Prädikatoren wird normsprachlich durch das Symbol $<$ oder »haben« als zweistelliger Relator dargestellt. Einem (Haupt-)Prädikator als erstem Argument wird ein (Untereigen-)Prädikator als Attribut an der zweiten Argumentstelle zugeordnet (vgl. [Ortner83:106]):

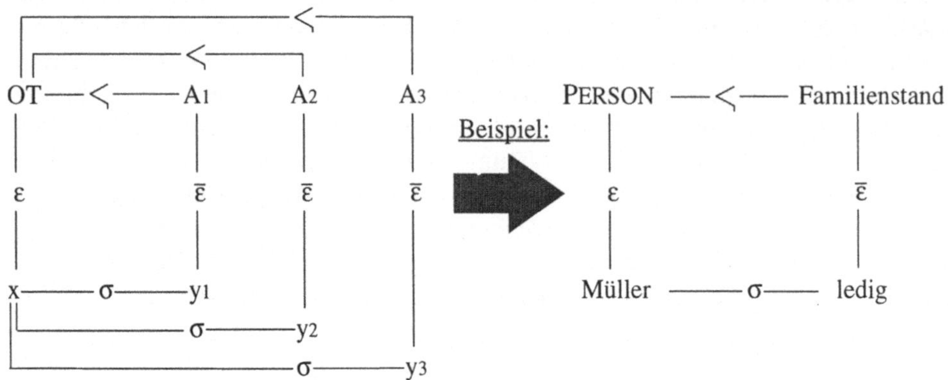

Abb. 5-5: Schema der Zusammenfassung von Attributen zu einem Objekttyp

- *Partizipation*: Pr_1 (haben I $\lessdot$) Pr_2 (5.2.1-11)

    Beispiele: Turm haben Höhe *bzw.* Turm $\lessdot$ Höhe
                 Publikation haben Titel *bzw.* Publikation $\lessdot$ Titel
                 Person haben Familienstand *bzw.* Person $\lessdot$ Familienstand

Umgangssprachlich paraphrasiert sind diese Beispiele zu lesen als »Ein Turm hat eine Höhe«, »Eine Publikation hat einen Titel« und »Eine Person hat einen Familienstand«.

Die Schemaaussage »Person $\lessdot$ Familienstand« beruht auf der intensionalen Abstraktion von singulären Aussagen mit dem apprädikativen Gebrauch verschiedener Ausprägungen des Familienstands. In den zu dieser Schemaaussage führenden singulären Aussagen »Müller I ε I ledig Person«, »Maier I ε I verheiratet Person«, »Schmid I ε I geschieden Person« und »Huber I ε I verwitwet Person« bezeichnen die Zusatzprädikatoren den Familienstand einer Person.

Mit der Teilungskopula σ wird diese Zusatzprädikation noch deutlicher: »Müller σ ledig«, »Maier σ verheiratet«, »Schmid σ geschieden« und »Huber σ verwitwet«. (Im folgenden ist der Einfachheit halber nur von Prädikatoren und nicht von den durch sie dargestellten Fachbegriffen die Rede, alle Aussagen gelten aber auch für mögliche synonyme Prädikatoren). Der Wertebereich des Attributs »Familienstand« in einem Objekttyp PERSON ergibt sich aus der Menge der verschiedenen Apprädikatoren in den Aussagen: dom_{PERSON} (Familienstand) = {ledig, verheiratet, geschieden, verwitwet}. Beispiel:

    objecttype PERSON   (5.2.1-12)
      attributes
        Familienstand: ***enum*** (ledig, verheiratet, geschieden, verwitwet);
        :::

Als Attributwerte dienen die Zeichen »ledig«, »verheiratet«, »geschieden« und »verwitwet« zur Nennung des Familienstands einer Person. Solche Aussagen zur Feststellung des Gebrauchs von Zeichen für die Beschreibung ihrer Eigenschaften nennt Ortner „Zeichenverwendungsprädikation" oder kurz „ZV-Prädikation" [Ortner83:95] (vgl. Abschnitt 4.3.1). Zeichenverwendungsprädikationen sind zum Attribut »Familienstand« die Aussagen: »ledig $\bar{\varepsilon}$ Familienstand«, »verheiratet $\bar{\varepsilon}$ Familienstand«, »geschieden $\bar{\varepsilon}$ Familienstand« und »verwitwet $\bar{\varepsilon}$ Familienstand«. In dem in Abbildung 5-5 dargestellten Schema ergibt sich die Aussage »ledig $\bar{\varepsilon}$ Familienstand« aus der Aussageform »$y_1 \bar{\varepsilon} A_1$« durch die Ersetzung von A_1 mit »Familienstand« und y_1 durch »ledig«. Die weiteren Aussagen »Müller ε PERSON«, »Müller σ ledig« und »PERSON $<$ Familienstand« ergeben sich durch die Ersetzung des Schemabuchstabens OT mit PERSON und x durch »Müller«.

Ähnlich wie in der Umgangssprache die singuläre Aussage »Müller ist ledig« zu »Die Person Müller hat den Familienstand ledig« expandiert werden kann und damit die das Schema in Abbildung 5-5 konstituierenden Aussagen zu einer komplexen Aussage zusammengefaßt werden, soll normsprachlich die Aussage »Müller σ ledig« zu »(Müller ε PERSON) σ (ledig $\bar{\varepsilon}$ Familienstand)« erweitert werden können. Ähnlich können in der textuellen Notation begrifflicher Graphen implizit existenzquantifizierte Partizipationsaussagen wie »[PERSON] $\rightarrow$ (CHCR) $\rightarrow$ [FAMILIENSTAND]« oder »[TURM] $\rightarrow$ (CHCR) $\rightarrow$ [HÖHE]« (lies: Einer PERSON kommt das Attribut (CHARACTERISTIC) FAMILIENSTAND zu; Ein TURM hat das Attribut HÖHE) erweitert werden zu »[PERSON: Müller] $\rightarrow$ (CHCR) $\rightarrow$ [FAMILIENSTAND:ledig]« und »[TURM: Eiffelturm] $\rightarrow$ (CHCR) $\rightarrow$ [HÖHE: @ 300 m]« (@ deutet an, daß die folgende Zeichenkette eine Maßeinheit angibt; die Teilungskopula σ entspricht in konzeptuellen Graphen dem Symbol (CHCR); vgl. [Sowa84:89f]).

Anstelle von »(Müller ε PERSON) σ (ledig $\bar{\varepsilon}$ Familienstand)« ist alternativ auch die übliche Klammerschreibweise »PERSON(Müller) σ Familienstand(ledig)« zulässig, da die Zuordnung der Kopulae ε und $\bar{\varepsilon}$ an der Satzform deutlich wird (eine solche Infixnotation gibt beispielsweise [Embley92:255] an). Maßeinheiten sind normsprachlich als Apprädikatorenapprädikatoren zu behandeln [Hartmann90:32] (vgl. Abschnitt 4.3.2). Die normsprachliche Aussage »(Eiffeltum ε Turm) σ (300 m $\bar{\varepsilon}$ Höhe)« ist zu lesen als »Der Turm Eiffelturm hat eine Höhe von 300 m«.

Dient das Attribut der eindeutigen Identifizierung derjenigen Gegenstände, welche unter den Objekttyp fallen, so wird diese referenzierende Funktion in Anlehnung an [Ortner83:106f] durch $<$ oder »identifizieren« mit dem ersten Prädikator als Nominatorattribut ausgedrückt (Ortner verwendet dafür die Bezeichnung »Possession«):

- *Possession*: Pr_1 (identifizieren | $<$) Pr_2 (5.2.1-13)

  Beispiele: Kennung identifizieren Benutzer *bzw.* Kennung $<$ Benutzer
                   Verbuchungsnr $<$ Ausleihexemplar

Umgangssprachlich sind diese Aussagen zu lesen als »Eine Kennung identifiziert einen Benutzer« und »Ein Ausleihexemplar wird durch seine Verbuchungsnummer identifiziert«. Singuläre normsprachliche Aussagen als Ausprägungen dieser Schemaaussagen wären z.B. »'03/034234' η Müller« (lies »'03/034234' benennt Müller«) oder »'0023.1234.05' η Ulysses« (lies »'0023.1234.05' benennt Ulysses«).

Die Partizipation von Prädikatoren im allgemeinen und die Possession als ihr Sonderfall führen in der objektorientierten Spezifikation zu Attributen oder Nominatorattributen von Objekttypen, deren Attributausprägungen relevante Eigenschaften von Gegenständen repräsentieren. Neben der Partizipation und der Possession können auch Art/Gattungs-Beziehungen und Rollenbeziehungen zwischen Prädikatoren zur Vereinbarung eines Attributs in einem Superobjekttyp führen, falls z.B. in der Anwendung für die Instanzen des Gattungstyps nur die Zuordnung zum Arttyp von Interesse ist. Publikationen sind beispielsweise abhängig von der Literaturart in *Sachpublikationen* und *Belletristik* unterteilbar: »Publikation $\sqsubseteq$ Sachpublikation« und »Publikation $\sqsubseteq$ Belletristik«.

Interessieren in einer Anwendung nicht diese Literaturarten an sich, sondern lediglich die Klassifikation der einzelnen Publikationen, ist im Objekttyp PUBLIKATION ein Aufzählungsattribut »Literaturart« mit dem Wertebereich {Sachpublikation, Belletristik} einzuführen:

> *objecttype* PUBLIKATION   (5.2.1-14)
>   *attributes*
>   Literaturart {Immutable}: *enum* (Belletristik, Sachpublikation);
>   :::

Rollenbeziehungen zwischen Prädikatoren führen zur Vereinbarung eines Aufzählungsattributs in einem Objekttyp, falls in der Anwendung mit diesen unterschiedlichen Rollen keine weiteren rollenspezifischen Merkmale verbunden sind. Im Unterschied zu Art/Gattungs-Beziehungen darf das die Rolle beschreibende Attribut nicht als »{Immutable}« qualifiziert sein, da Instanzen während ihres Lebenszyklus in andere Rollen migrieren können.

In einer Bibliotheksanwendung kann eine Person beispielsweise in den Rollen *Mitarbeiter*, *Externer* oder *Student* auftreten. Gegebene normsprachliche Aussagen zur Beziehung zwischen dem Prädikator »Person« und den Prädikatoren »Mitarbeiter«, »Externer« und »Student« sind: »Mitarbeiter ⊑ Person«, »Externer ⊑ Person«, »Student ⊑ Person«. Gibt es rollenspezifische Merkmale, die in der Anwendung relevant sind, etwa unterschiedliche Ausleihkonditionen für Mitarbeiter Studenten und Externe, ist die Einführung eines Objekttyps BENUTZERKLASSE sinnvoll. Ist hingegen die einzige in der Anwendung interessierende Funktion dieser drei Kategorien die der näheren Bestimmung unterschiedlicher Benutzer, ohne daß diese Unterschiede von der Anwendung zu verwaltende Konsequenzen nach sich ziehen, würde die Vereinbarung eines Attributs »Benutzerrolle« im Objekttyp PERSON ausreichen:

objecttype PERSON   (5.2.1-15)
    attributes
        Benutzerrolle: *enum* (Mitarbeiter, Externer, Student);
        ⁝

Neben den genannten Partizipations-, Possessions- und Subordinationsbeziehungen können auch andere normsprachlich rekonstruierte Beziehungen zwischen Prädikatoren zur Vereinbarung von Attributen in Objekttypen führen. Wie bereits erläutert, sind Attribute in einem Objekttyp, welcher einen Prädikator oder Fachbegriff als wahrheitsdefinites Schema repräsentiert (vgl. Abschnitt 4.2.4), immer dann einzuführen, wenn aus der Sicht des Objekttyps die *Nennung* relationierter Prädikatoren als Attributwert genügt und außer dieser Nennung keine weiteren Merkmale interessieren.

Attributqualifizierungen wie »{Immutable}«, »{Optional}« oder »{Unique}« sind normsprachlich als zweistellige Metaprädikatoren (Metarelatoren) rekonstruierbar. Normsprachliche Aussageformen sind etwa: »Pr_1, Pr_2 ε optional« oder »Pr_1, Pr_2 ε eindeutig«. Der erste Prädikator Pr_1 muß selber wiederum zweistellig sein, da er als Attribut eine funktionale Beziehung (Abbildung) zwischen einem Gegenstand und einem diesem Gegenstand zukommenden Attributwert beschreibt; »Telefon« - als Beispiel für einen optionalen Prädikator - beschreibt etwa den funktionalen Zusammenhang zwischen einem Benutzer und seiner Telefonnummer. Normsprachliche Aussagen gemäß diesen Aussageformen sind beispielsweise:

Telefon, Benutzer ε optional   (5.21-16)
ISBN, Exemplar ε unveränderlich
Verbuchungsnummer, Ausleihexemplar ε eindeutig

Als Infixnotion mit einer Paraphrasierung dieser Metaprädikatoren zu »ist_optional_für«, »ist_unveränderlich_für« oder »ist_eindeutig_für« sind die gleichen Sachverhalte darstellbar als »Telefon ist_optional_für Kunde«, »ISBN ist_unveränderlich_für Exemplar« und »Verbuchungsnummer ist_eindeutig_für Ausleihexemplar«. Beispielhaft könnte der Metaprädikator »eindeutig« definiert sein durch: »Pr_1 ist_eindeutig_für $Pr_2 \overset{\text{def}}{=\!=} \forall x \; \varepsilon \; Pr_2 \; \exists y \; (Pr_1(x, y) \wedge \forall z \; (Pr_1(x, z) \rightarrow y=z) \wedge \forall w \; \varepsilon \; Pr_2 \; (Pr_1(w, y) \rightarrow w=x))$«. Mit »Verbuchungsnr« für Pr_1 und »Ausleihexemplar« für Pr_2 ist die Aussage »Verbuchungsnr ist_eindeutig_für Ausleihexemplar« korrekt, wenn es für alle Ausleihexemplare nur je eine Verbuchungsnummer gibt und diese Verbuchungsnummer sich von allen anderen Verbuchungsnummern unterscheidet.

Die Angabe des Attributtyps in Objekttypen beruht auf der Abstraktion von Prädikatoren (genauer: Prädikatorvariablen) zu Typen. Zwei Variablen x und y sind bezüglich der durch den Abstraktor τ angezeigten Äquivalenzrelation $\cong_B$ (lies: »behandlungsgleich«) ähnlich, wenn alle Aussagen, die für x gelten, auch für y gelten und umgekehrt: $\overline{\forall} \; x,y \; (x \cong_B y) \rightarrow (A(x) \leftrightarrow (A(y))$, wobei gilt: $\tau x = \tau y \overset{\text{def}}{=\!=} \overline{\forall} A \; ((A(x) \leftrightarrow (A(y))$ [Wedekind92:23]. Der Abstraktor τ zeigt an, welcher Typ eingeführt wird. Zwei Variablen »Geburt« (für x) und »Aufnahme« (für y) sind beispielsweise bezüglich des Abstraktors DATE für τ äquivalent, wenn sie als Datum gleich zu behandeln sind. Die Typisierung »$\tau x \; \varepsilon \; P$« - in *C++* notiert als »P x« (etwa »DATE Geburt«), in *Eiffel* als »x:P« (»Geburt : DATE«) - zeigt an, daß x (Geburt) wie alle Variablen des Typs P (DATE) zu behandeln ist. Normsprachlich kann die Typisierung »$\tau x \; \varepsilon \; P$« entweder durch »x behandeln_als P« oder kompakter als »x : P« in der Doppelpunktnotation ausgedrückt werden. Ob der eingeführte englischsprachige Typbezeichner oder ein synonymer deutschsprachiger Bezeichner (DATUM) verwendet wird, ist unwesentlich.

In der Typangabe auftretende Wiederholungsgruppen wie *Felder* (begrenzte Folge von Attributausprägungen mit Mehrfacherfassungen), *Listen* (endliche Folge von Attributausprägungen mit möglichen Mehrfacherfassungen), *Multimengen* (endliche Folge mit Mehrfacherfassungen, Abstraktion von der Darstellungsfolge) und *Mengen* (Abstraktion von der Darstellungsfolge und Mehrfacherfassung) sind als normsprachliche Abstraktoren wie »FELD«, »LISTE«, »MULTIMENGE« und »MENGE« rekonstruierbar. Da insbesondere Listen und Mengen häufig benötigt werden, ist anstelle von »LISTE« und »MENGE« auch alternativ die Klammerung mit den Abstraktoren »[...]« für Listen bzw. »{...}« für Mengen zu verwenden (vgl. etwa [Lorenzen87:161f]). {T} oder [T] zeigen entsprechend an, daß die Attributwerte endliche Mengen oder Listen mit Elementen vom Typ T sind. Eine normsprachliche Aussage mit dem Mengenabstraktor ist etwa »Schlagwörter : {STRING}«.

Strukturierte Attribute in Objekttypen sind als partitive Beziehungen zwischen Prädikatoren, d.h. als Aggregationen mit dem Strukturbezeichner als Ganzem (Holonym) und den Komponentenbezeichnern als Teilen (Meronym) rekonstruierbar:

- *Aggregation*: Pr_1 (hat_Teil | $>$) Pr_2 (5.2.1-17)

    Beispiele: Name hat_Teil Vorname $\wedge$ Name hat_Teil Zuname
                     Adresse hat_Teil Straße $\wedge$ Adresse hat_Teil Wohnort ...

Anstelle der konjunktiven Verknüpfung kann der zweistellige Prädikator »hat_Teil« alternativ durch einen n-stelligen Prädikator ersetzt werden, wobei der erste Prädikator Pr_1 das Ganze und alle weiteren Prädiktoren Pr_i die Teile bezeichnen: »Name hat_Teil Vorname, Zuname«.

5.2.2 Beziehungen

Beziehungen definieren die externen statischen Verbindungen zwischen Objekttypen. Beziehungen werden in Spezifikations- und Programmiersprachen syntaktisch häufig wie Attribute mit einem Objekttyp anstelle eines Datentyps als Attributtyp definiert (vgl. etwa *LCM* [Feenstra93]). Diese syntaktische Gleichbehandlung ermöglicht in Ausdrücken eine einheitliche Bezugnahme sowohl auf Attributwerte als auch auf verbundene Objekte. Sie verdeckt allerdings die Tatsache, daß abhängig vom Objektmodell semantisch sehr wohl zwischen der Definition von Attributen als *Datentypen* - Attributausprägungen sind hier beispielsweise Datenwerte - und der Deklaration von Attributen als *Objekttypen* - Attributausprägungen sind hier Verweise auf verbundene Objekte - differenziert wird (vgl. etwa das Objektmodell von *Eiffel* und die damit zusammenhängende Unterscheidung zwischen einer *Wertsemantik* und einer *Verweissemantik* bei Zuweisungen [Meyer88]).

In *TAOS* werden Beziehungen zwischen Objekttypen nicht wie Attribute vereinbart. Zum einen soll damit die Unterscheidung zwischen einer internen Sicht - Vereinbarungen von Attributen als Datentypen - und einer externen Sicht - Vereinbarungen von Beziehungen zwischen Objekttypen - auch syntaktisch hervorgehoben werden. Zum anderen wird dadurch aber auch eine differenziertere Beschreibung der Merkmale von Beziehungen möglich - beispielsweise die spezifische Festlegung von Existenzabhängigkeiten -, welche für Attributdefinitionen implizit festgelegt sind und deshalb nicht mehr variabel spezifizierbar sind. Die Bezugnahme auf verbundene Objekte in Ausdrücken für die Navigation im Namensraum eines Objekts orientiert sich im folgenden an den Vorschlägen von Cook [Cook94:55ff].

5.2.2.1 Spezifikationssprache

Die Spezifikation von Beziehungen richtet sich in *TAOS-S* nach der folgenden Syntax:

1) <Beziehungen> $\triangleq$ *relationships* <Inklusionen> <Aggregationen> <Konnexionen> <Relationen> <Hypostasierungen>

2) <Inklusionen> $\triangleq$ (<Supertyp> | <Subtyp> | <Rollentyp>)*

3) <Supertyp> $\triangleq$ *supertype* ['{' Intersection '}'] (<Objekttypname> || ',')$^+$ ';'

4) <Subtyp> $\triangleq$ *subtype* ['{' (Total | Partial) '/' (Overlap | Disjoint) '}'] (<Objekttypname> || ',')$^+$ [*discriminated by* <Bezeichner>] ';'

5) <Rollentyp> $\triangleq$ *roletype* (<Objekttypname> || ',')$^+$ ';'

6) <Aggregationen> $\triangleq$ (<Aggregattyp> | <Komponententyp>)*

7) <Aggregattyp> $\triangleq$ *aggregationtype* (<Aggregat> || ',')$^+$ [<Verknüpfungstyp>] ';'

8) <Komponententyp> $\triangleq$ *componenttype* ['{' Holism | Collection | Container | Diffusion | Assignment '}'] (<Komponente> || ',')$^+$ [<Verknüpfungstyp>] ';'

9) <Aggregat> $\triangleq$ <Objekttypname> '{' <Beteiligung> '/' <Verhältnis> ['/' <Abhängigkeit>] ['/' <Rolle>] ['/' <Propagierung>] '}'

10) <Komponente> $\triangleq$ <Objekttypname> '{' <Beteiligung> '/' <Verhältnis> ['/'<Abhängigkeit>] ['/' <Exklusivität>] ['/'<Rolle>] ['/' <Ordnung>] ['/' <Propagierung>] '}'

11) <Konnexionen> $\triangleq$ [*constituenttype* (<Objekttypname> || ',')$^+$ ';']

12) <Relationen> $\triangleq$ (*relationtype* <Relationsname> *with* (<Objekttypname> '{'<Beteiligung> '/' <Verhältnis> ['/' <Rolle>] ['/' <Abhängigkeit>] ['/' <Ordnung>] '}') || ',')$^+$ [<Verknüpfungstyp>] ';')*

13) <Hypostasierungen> $\triangleq$ (<Hypertyp> | <Hyperobjekt>)*

14) <Hypertyp> $\triangleq$ *hypertype* (<Objekttypname> || ',')$^+$ ';'

15) <Hyperobjekt> $\triangleq$ *hyperobject* (<Objekttypname> '{' <Beteiligung> '/' <Verhältnis> '}' || ',')$^+$ ';'

16) <Verknüpfungstyp> $\triangleq$ *connectiontype is* <Objekttypname>

Die Syntax für die Beschreibung der Beziehungsmerkmale zwischen Objekttypen wird durch die folgenden Regeln festgelegt:

17) <Beteiligung> $\triangleq$ ***participation*** ':' (<Quantor> | <Auswahlbereich>)

18) <Verhältnis> $\triangleq$ ***proportion*** ':' (<Quantor> | <Auswahlbereich> | '*')

19) <Abhängigkeit> $\triangleq$ ***dependence*** ':' (False | True)

20) <Exklusivität> $\triangleq$ ***exclusiveness*** ':' (Private | Typeunique | Shared)

21) <Ordnung> $\triangleq$ ***order*** ':' [ORDERED | LIST | STACK | TREE | LATTICE | ...]

22) <Rolle> $\triangleq$ ***role*** ':' <Bezeichner>

23) <Propagierung> $\triangleq$ ***propagation*** ':' (<Attributname> || ',')$^{+}$

24) <Quantor> $\triangleq$ (All | $\forall$) | | (Most | M) (Some | $\exists$) | (One | $\exists!$) | No | (Exactly | Atmost | Atleast) <Konstante> | (Between <Konstante> '..' <Konstante>)

Als Beziehungswirkungen zwischen Objekttypen werden die *Inklusion* für Art/Gattungs-Beziehungen und Rollenbeziehungen, die *Aggregation* für Teil/Ganze-Beziehungen, die *Konnexion* für Verknüpfungen, die *Relation* für Assoziationsbeziehungen und die *Hypostasierung* für Instantiierungsbeziehungen zwischen Objekttypen unterschieden (1).

Die *Inklusionsbeziehung* (2) ist sicherlich die am umfassendsten untersuchte Beziehungswirkung zwischen Objekttypen. Auf der Grundlage vieler Arbeiten, vor allem Dingen aus dem Bereich der Datenmodellierung und der Wissensrepräsentation, wurden Konzepte der Typenbildung und Datenabstraktion im Zusammenhang mit der Merkmalsvererbung, der Kapselung und der Wiederverwendbarkeit umfassend untersucht (vgl. [Brachman83; Borgida84; Cardelli85; Danforth88; Wegner88; Lenzerini91; Lalonde91]).

Für Inklusionsbeziehungen ($\sqsubseteq$) wird allgemein gefordert, daß Objekte, welche unter den untergeordneten Objekttyp OT_0 fallen, auch unter den übergeordneten OT_1 fallen müssen: $\forall x\ (x \in OT_0 \wedge OT_0 \sqsubseteq OT_1 \rightarrow x \in OT_1)$. Gemäß dem reziproken Verhältnis zwischen Intension und Extension umfaßt ein übergeordneter Objekttyp extensional den untergeordneten Objekttyp, intensional inkludiert dieser den übergeordneten Objekttyp. Mit $ext(OT_i)$ für die Extension und $int(OT_i)$ für die Intension eines Objekttyps OT_i gilt [Wierenga95:64]: $ext(OT_0) \subseteq ext(OT_1) \rightarrow int(OT_1) \subseteq int(OT_0)$. Über Wegners und Zdoniks Substituierungsprinzip [Wegner88] hinausgehend, wird somit der „Mißbrauch" der Inklusionsbeziehung zur Modellierung von *Implementierungsvererbungen* (vgl. [Heuer92:203f; Henderson-Sellers94:59ff]) im Fachentwurf ausgeschlossen.

Die Spezifikation von Inklusionsbeziehungen umfaßt aus der Sicht eines Objekttyps die Festlegung generellerer *Supertypen* sowie spezifischerer *Subtypen* und *Rollentypen*. Generellere, übergeordnete Objekttypen werden als ***supertype*** (3) deklariert. Sind mehrere Supertypen anzugeben, kann mit »Intersection« die Extension eines Subtyps OT_0 als Schnittmenge der Extensionen aller Supertypen OT_i ausgewiesen werden: $\bigcap_{i=1..n} ext(OT_i) = ext(OT_0)$. Ansonsten ist die Extension von OT_0 eine Untermenge dieser Schnittmenge (vgl. dazu [Embley92:43; Saake93:105]). Die Extension von AMPHIBIENFAHRZEUG ist beispielsweise die Schnittmenge von LANDFAHRZEUG und WASSERFAHRZEUG: {LANDFAHRZEUG} $\cap$ {WASSERFAHRZEUG}={AMPHIBIENFAHRZEUG}, d.h. es gilt die Äquijunktion: $\forall$x (x ε AMPHIBIENFAHRZEUG $\leftrightarrow$ x ε LANDFAHRZEUG $\wedge$ x ε WASSERFAHRZEUG). Beispiel:

> *objecttype* AMPHIBIENFAHRZEUG   (5.2.2-1)
>   :::
>   *relationships*
>   *supertype* {Intersection} LANDFAHRZEUG, WASSERFAHRZEUG;
>   :::

Die Angabe der Supertypen dient zur Festlegung der Vererbung von Merkmalen (Attribute, Beziehungen, Fähigkeiten, Wandlungen, usw.) in der Typhierarchie. Die mögliche Modifikation und Erweiterung vererbter Merkmale - beispielsweise die Erweiterung der Vorbedingungen von Fähigkeiten, die Einschränkung der Nachbedingungen von Fähigkeiten oder Transitionserweiterungen - wird im Zusammenhang mit der Beschreibung der einzelnen Merkmalsarten diskutiert. Bezüglich der bereits beschriebenen Attribute gilt, daß Subtypen grundsätzlich alle Attribute von Supertypen mit Datentyp, Wertebereich, Qualifizierung etc. erben und diese typkompatibel einschränken können (vgl. etwa [Dillon93:260f]).

Durch einen *subtype*-Eintrag (4) wird die statische Spezialisierung eines Objekttyps in Subtypen im Sinne von Art/Gattungs-Beziehungen festgelegt (*static subclasses* [Wieringa95:49f] oder *category specialization* [Klas95:91f]). Unterschiedliche Subtypenbildungen aufgrund unterschiedlicher Konkretionen können durch die optionale Angabe des Unterteilungskriteriums (Diskriminator) unterschieden werden. In [McGregor93:26] wird ein Objektyp CAR beispielsweise nach Diskriminatoren wie *manufacturer, engine_typ* oder *body_typ* konkretisiert. Im Supertyp CAR führt dies zu folgenden Einträgen:

> *objecttype* CAR   (5.2.2-2)
>   :::
>   *subtypes* CAR_BY_FORD, CAR_BY_GM, CAR_BY_CHRYSLER
>   *discriminated by* manufacturer;
>   *subtypes* ELECTRIC_CAR, GAS_POWERED_CAR, DIESEL_POWERED_CAR
>   *discriminated by* engine_type;
>   *subtypes* SEDAN_BODY, CONVERTIBLE_BODY
>   *discriminated by* body_type;
>   :::

Jeder auf einer unterschiedlichen Konkretionshandlung beruhende Beziehungskomplex führt zu einem eigenen *subtype*-Eintrag. Ein Beziehungskomplex ist die zusammenfassende Darstellung mehrerer Beziehungen zwischen Objekttypen im Hinblick auf einen Beziehungszusammenhang (Beziehungswirkung). Das Einteilungskriterium des Beziehungszusammenhangs wird bei der Subtypenbildung durch den Diskriminator angezeigt. Die Anzahl der Objekttypen in einem Beziehungskomplex ist dessen *Dimension* oder *Grad* [Ortner89; Kappel96:27].

Nach der *Überlappung* der Extensionen der Subtypen und der *Ausschöpfung* der Extension des Supertyps durch die Subtypen sind vier Fälle zu unterscheiden (vgl. dazu die *specialization constraints* in [Embley92:39] und [Champeaux93:111ff], die Terminologie ist [Elmasri94:618f] entnommen). Die Ausschöpfung ist vollständig (*Total*), wenn jedes Objekt, welches unter den Supertyp fällt, zumindest unter einen Subtyp fällt, ansonsten unvollständig (*Partial*). Die Subtypen sind (paarweise) disjunkt (*Disjoint*), wenn die Schnittmenge der Extensionen der Subtypen leer ist, ansonsten überlappen sich deren Objektmengen (*Overlap*). Disjunkte Partitionierungen eines Supertyps werden auch als *Generalisierungshierarchien*, überlappende Klassifizierungen als *Subtypenhierarchien* bezeichnet.

Ausschöpfung und Überlappung - Elmasri spricht von *completeness constraint* und *disjointness constraint* - sind voneinander unabhängig. Aus deren orthogonaler Gegenüberstellung ergeben sich deshalb vier Kombinationen: ① {Total / Disjoint}, ② {Total / Overlap}, ③ {Partial / Disjoint} und ④ {Partial / Overlap}. Im Fachentwurf ist bei der Subtypenbildung Fall ① anzustreben (vgl. die Begründungen in [Embley92:41; Champeaux93:113f; Martin95:89ff; Wieringa95a:64f]. Für diesen als *partitioning, partition constraint* oder *type partition* bezeichneten Fall gilt mit OT_0 als Supertyp und OT_i als Subtypen die Vollständigkeit: $\bigcup_{i=1..n} ext(OT_i) = ext(OT_0)$ und die Disjunktheit: $ext(OT_i) \cap ext(OT_j) = \emptyset$ für alle $i \neq j$. Erfolgt keine Angabe zur Vollständigkeit und zur Ausschöpfung, wird für die Subtypenbildung eine vollständige und disjunkte Partitionierung angenommen. Zwei Beispiele zur Vereinbarung von Subtypen für die Objekttypen BENUTZER und PUBLIKATION zeigt (5.2.2-3):

objecttype BENUTZER   (5.2.2-3)
    :::
    subtype {Total / Disjoint} PERSON, INSTITUTION
      discriminated by Rechtsform;
    :::

objecttype PUBLIKATION
    :::
    subtype {Total / Disjoint} EINZELWERK, SAMMELWERK
      discriminated by Abgeschlossenheit;
    :::

Die Subtypenbildung entspricht einer statischen Art/Gattungs-Beziehung. Objekte, welche unter einen Arttyp fallen, können während ihres Lebenszyklus nicht in andere Arttypen der gleichen Verfeinerungsstufe migrieren. Im Gegensatz dazu erlaubt die Vereinbarung von Rollentypen (5) (*roletype*) die Migration von Objekten eines untergeordneten Rollentyps in andere Rollentypen, ohne daß sich ihre Identität ändert [Cook94:51ff; Wieringa95a; Klas95:85f].

Rollentypen entsprechen *dynamic subclasses* in [Wieringa95a] oder *role specializations* in [Klas95:85]. Martin und Odell sehen grundsätzlich alle Objekttypen aus dieser dynamischen Perspektive, Objekte können in ihrem Lebenszyklus beliebig zwischen Objekttypen migrieren [Martin95]. Cook und Daniels sprechen anstelle von Rollentypen von *state types*, da diese im dynamischen Modell als aggregierte Zustände des Supertyps anzusehen sind und damit die Verbindung zwischen statischer und dynamischer Sicht herstellen: „The use of state types provides a direct link between the type view and the state view of a model" [Cook94:52]. Der Rollenwechsel als die Migration eines Objekts zwischen unterschiedlichen Rollentypen kann durch ein als Migrationsdiagramm interpretiertes Zustandsdiagramm des Supertyps dargestellt werden [Wieringa95a:69].

Rollentypen eines Objekttyps PERSON im Bibliotheksbeispiel sind EXTERNER, STUDENT und MITARBEITER. Eine Person kann beispielsweise zunächst als Student die Aufnahme als Bibliotheksbenutzer beantragen, anschließend Mitarbeiter werden und schließlich als externer Benutzer geführt werden. Die Identität einer Person ändert sich durch diesen Rollenwechsel nicht.

> *objecttype* PERSON   (5.2.2-4)
> :::
>   *roletype* EXTERNER, STUDENT, MITARBEITER;
> :::

Wieringa nennt zwei Kriterien zur Abgrenzung *dynamischer* Rollentypen, dargestellt durch ⊑, gegenüber *statischen* Subtypen, dargestellt durch ⊑: Aus $OT_1 \sqsubseteq OT_2$ folgt $ext(OT_1) \subseteq ext(OT_2)$. Die Extension des Subtyps ist eine Teilmenge der Extension des übergeordneten Objekttyps. Im Gegensatz dazu sind Rollentyp und übergeordneter Objekttyp *extensionsgleich*. Aus $OT_1 \sqsubseteq OT_2$ folgt $ext(OT_1) = ext(OT_2)$, da die Extension eines Objekttyps alle *potentiellen* Instanzen umfaßt. Jedes Objekt des Typs OT_2 kann zur Instanz eines Rollentyps OT_1 migrieren und den durch die Rolle angegebenen Zustand einnehmen [Wieringa95a:72].

Die aktuellen Extensionen in einem Zustand σ können durchaus unterschiedlich sein, manche Objekte von OT_2 werden möglicherweise nie zu OT_1 migrieren. Als zweites Kriterium zur Identifizierung von Rollentypen ist deshalb die Möglichkeit anzusehen, daß sich die aktuelle Extension des Rollentyps $ext_\sigma(OT_1)$ verändert, ohne daß sich die aktuelle Extension des übergeordneten Typs $ext_\sigma(OT_2)$ verändert - Zustandswechsel führen außer bei der Erzeugung und Löschung von Objekten zu keinen Änderungen der Extension von OT_2. Rollentypen werden in *TAOS* grundsätzlich als disjunkt angenommen, überlappende Rollen und damit überlappende Teilzustandsdiagramme sind nicht erlaubt. Rollentypen selber können wiederum durch weitere Rollentypen partitioniert werden, eine Unterteilung in statische Subtypen ist aber nicht möglich [Cook94:52; Wieringa95a].

Im Gegensatz zu Inklusionsbeziehungen wurde die Untersuchung von *Aggregationsbeziehungen* bisher vernachlässigt, obwohl die Verbindung einzelner Teile zu einem Ganzen von grundlegender Bedeutung für jeden Systementwurf ist. Umfangreiche Arbeiten zur Aggregation oder Teil/Ganze-Beziehung sind neben der semantischen Datenmodellierung in der Philosophie, Gestalttheorie, Logik, Linguistik, Systemtheorie und Künstlichen Intelligenz zu finden (einen umfassenden Überblick dieser Arbeiten gibt [Schienmann94]). Wichtige Arbeiten zur Aggregation in der Objektorientierung sind [Nguyen91; Halper92; Motschnig-Pitrik93; Halper93; Odell94]. Einen Überblick verschiedener vorgeschlagener Einteilungen der Kompositionsarten gibt Abbildung 5-6.

[Codd79]	[Mattos89]	[Coad91]	[Essink91]	[Storey91]	[Martin92]	[Ortner93]	[Odell94]
Cartesian Aggregation	Element-Aggregation	Assembly-Part	Containment - Component - Member	Component/ Object	Immutable Composition	Konnexion	Component-Integral Object
				Portion/Mass			Portion-Object
	Component-Aggregation		Assembly - Construction - Combination	Feature/Event		Holismus	Place-Area
				Phase/Activity	Changeable Composition		Material-Object
Cover Aggregation	(Element-Association)	Collection-Members	(Grouping - Kind - Subset)	Place/Area		Aggregat	Member-Partnership
	(Set-Association)	Container-Contents		Stuff/Object		Kollektion	Member-Bunch
				Member/ Collection			

Abb. 5-6: Kompositionsarten

Durch die Aggregation werden Objekte eines oder mehrerer untergeordneter Objekttypen zu einem Objekt eines übergeordneten Objekttyps zusammengefaßt. Abgesehen vom Spezialfall der Aggregation auf einer Objektmenge desselben Typs gilt in Abgrenzung zur Inklusionsbeziehung für Aggregationen ($<$), daß

Objekte, welche unter den Komponententyp OT_1 fallen, nicht unter den Aggregattyp OT_2 fallen: $\forall x\ (x\ \varepsilon\ OT_1 \wedge OT_1 < OT_2 \rightarrow x\ \varepsilon'\ OT_2)$. Die Spezifikation von Aggregationen (6) umfaßt aus der Sicht eines Objekttyps alle Beziehungen zu Aggregattypen (7) (*aggregationtype*) und Komponententypen (8) (*componenttype*). Optional kann bei der Beschreibung der Komponententypen die jeweilige Kompositionsart mit angegeben werden. Kompositionsarten sind in *TAOS*: die *Ganzheit* (*Holism*), die *Kollektion* oder Zusammenstellung (*Collection*), das *Behältnis* (*Container*), die *Verschmelzung* (*Diffusion*) und die *Zuordnung* (*Assignment*). Eine weitere spezielle Kompositionsart ist die Konnexion, diese wird weiter unten beschrieben.

Ganzheiten zeichnen sich dadurch aus, daß die einzelnen Teile ein Wirkungsgefüge oder systemhaftes Ganzes bilden. Die organisierte Anordnung der Teile bestimmt die Struktur und das Verhalten des Ganzen [Cleve93]. Die Verbindung zwischen den Teilen und dem Ganzen kann *zeitlich* (eine Aktivität in Phasen unterteilt), *räumlich* (ein Gebiet in Plätze unterteilt) oder *instrumentell* (ein Integrativ in Komponenten unterteilt) sein [Winston87]. Coad und Yourdon bezeichnen diese Aggregationsart als *assembly/part* [Coad91], Storey und Motschnig-Pitrik unterscheiden in Anlehnung an [Winston87] zwischen *component/object*, *phase/activity* und *place/area* [Storey91; Motschnig-Pitrik93]. Ganzheiten sind transitive Teil/ Ganze-Beziehungen. Zwischen den Teilen und dem Ganzen besteht im Regelfall eine ein- oder wechselseitige Existenzabhängigkeit.

In *Kollektionen* ergibt die additive Verbindung der Teile das Ganze. Kollektionen fassen ähnliche Teile zu einem Ganzen zusammen (etwa mehrere Bände zu einer Publikation). In Abgrenzung zu Mengen als abstrakten Objekten werden Kollektionen von Wessel auch als *Anhäufungen* bezeichnet [Wessel84:349]. Andere Bezeichnungen sind *cover aggregation* [Codd79], *grouping* [Weg92] oder *member-bunch* [Odell94]. Die Teile einer Kollektion sind aus der Sicht des Ganzen in einer bestimmten Ordnung organisiert, repräsentiert etwa als Liste oder Kellerspeicher. Kollektionen sind im Regelfall nicht transitiv.

In *Behältnissen* sind die einzelnen Teile im Ganzen enthalten, das Ganze umschließt die Teile (*container/contents* [Coad91]). Ein Behältnis kann ähnliche oder unterschiedliche Teile - d.h. Instanzen unterschiedlicher Objekttypen - zusammenfassen. Beispiele für Behältnisse sind ein Warenautomat, der mehrere Artikel, oder ein Flugzeug, das mehrere Passagiere umfaßt. Behältnisse sind keine echten Teil/Ganze-Beziehungen. Da einige Eigenschaften von Teil/Ganze-Beziehungen aber auch für Behältnisse gelten (z.B. Irreflexivität und Transitivität, Propagierung von Merkmalen), können sie im Fachentwurf wie Aggregationsbeziehungen behandelt werden.

In *Verschmelzungen* oder Verdichtungen gehen die einzelnen Teil in das Ganze ein, sie sind aus der Sicht des Ganzen nicht mehr unterscheidbar. Ein Beispiel für eine Verschmelzung ist die Zusammenfassung einzelner Debitorenkonten aus der Sicht eines Forderungskontos. Verschmelzungen sind transitiv. Sie legen eine Existenzabhängigkeit der Teile vom Ganzen fest.

Zuordnungen bilden die „schwächste" Kompositionsart. In Zuordnungen werden die Teile aufgrund eines summativen Merkmals des Ganzen diesem zugeordnet. Eine Zuordnung ist etwa die Beziehung zwischen Kunden und Aufträgen, die Summe aller Aufträge ergibt den Auftragsbestand eines Kunden. Zuordnungen sind nicht transitiv. Eine ausführliche Untersuchung, welche Kombinationen von Aggregationsarten transitiv sind und welche Einschränkungen hierbei zu beachten sind, ist [Cruse79; Winston87] zu entnehmen.

In *TAOS-S* folgt der Bestimmung der Kompositionsart die Auflistung der Komponenten oder Aggregate und die optionale Angabe eines Verknüpfungstyps. Ein Verknüpfungsstyp ist ein abgeleiteter Objekttyp zur Beschreibung der Beziehungen zwischen Objekten durch Beziehungsobjekte (s.u.). Aggregate (9) werden beschrieben durch den Objekttypnamen sowie Angaben zur Beziehungsbeteiligung und zum Beziehungsverhältnis. Optional sind Festlegungen zur Existenzabhängigkeit, zur Rolle und zur Merkmalspropagierung. Aus der Sicht eines Objekttyps EINZELWERK ist die Beziehung zum Aggregattyp SAMMELWERK beispielsweise zu beschreiben als:

> *objecttype* EINZELWERK   (5.2.2-5)
> :::
>   *aggregationtype*
>   SAMMELWERK {*participation*: Some / *proportion*: One
>   / *role*: Gesamttitel};
>   :::

Aggregattyp zu EINZELWERK ist SAMMELWERK. Ein Einzelwerk kann als Teil eines Sammelwerks erscheinen. Als Beteiligung (*participation*) wird eine Kannbeziehung festgelegt, nur einige Objekte des Typs EINZELWERK sind mit Objekten des Typs SAMMELWERK verbunden. Das Verhältnis (*proportion*) ist aus der Sicht eines Einzelwerks »One«. Ein Einzelwerk ist Teil nur genau eines Sammelwerks. Aus der Sicht eines Einzelwerks ist die Rolle (*role*) des Sammelwerks die eines Gesamttitels (zur Leserichtung der Beziehungsangaben siehe Seite 211). Rollenangaben dienen der Referenzierung auf verbundene Objekte. Ist e eine Variable vom Typ EINZELWERK, so wird mittels »e.Gesamttitel« Bezug auf den Gesamttitel desjenigen Sammelwerks genommen, dessen Teil das Einzelwerk ist.

Aus der Sicht des Objekttyps SAMMELWERK stellt sich die Beziehung zu EINZEL-WERK umgekehrt folgendermaßen dar:

> ***objecttype*** SAMMELWERK   (5.2.2-6)
> :::
>   ***componenttype*** {Collection}
>   EINZELWERK {***participation***: Some / ***proportion***: ∗ / ***role***: Stücktitel /
>   ***order***: LIST};
> :::

EINZELWERK ist Komponententyp zu SAMMELWERK. Nicht alle Sammelwerke sind an der Beziehung beteiligt - Enzyklopädien bestehen beispielsweise nicht aus verschiedenen Einzelwerken. Einzelwerke haben im Rahmen eines Sammelwerks die Rolle eines Stücktitels (syn. Sondertitel). Als Kompositionsart ist die Kollektion mit der Ordnung als Liste vereinbart.

Ein anderes Beispiel für eine Aggregation ist die Beziehung zwischen KAROSSERIE und PKW:

> ***objecttype*** KAROSSERIE   (5.2.2-7)
> :::
>   ***aggregationtype***
>   PKW {***participation***: All / ***proportion***: One / ***dependence***: True /
>   ***propagation***: Alter};
> :::

Aggregattyp zu KAROSSERIE ist PKW. Jedes Objekt des Typs KAROSSERIE ist mit einem Objekt des Typs PKW verbunden. Eine Existenzabhängigkeit (***dependence***) ist gegeben, das Löschen einer Instanz von KAROSSERIE führt zum Löschen des Ganzen als Instanz von PKW. Ein Merkmal, welches von PKW an KAROSSERIE propagiert wird (***propagation***), ist das Attribut »Alter«; das Alter einer Karosserie ergibt sich aus dem Alter des PKW. Ist k eine Variable von Typ KAROSSERIE, so nimmt »k.Alter« Bezug auf das Alter der Karosserie, obwohl »Alter« als Attribut im Objekttyp PKW definiert ist. Aus der Sicht des Objekttyps PKW sind dessen Komponenten folgendermaßen anzugeben:

> ***objecttype*** PKW   (5.2.2-8)
> :::
>   ***componenttype*** {Holism}
>   MOTOR {***participation***: All / ***proportion***: One / ***dependence***: False /
>   ***exclusiveness***: Private / ***propagation***: Leistung};
>   KAROSSERIE {***participation***: All / ***proportion***: One / ***dependence***: True /
>   ***exclusiveness***: Private / ***propagation***: Farbe};
> :::

Komponententypen von PKW sind u.a. MOTOR und KAROSSERIE mit der Kompositionsart Ganzheit (Holism). Jeder PKW besteht aus einer Karosserie und einem Motor. Während ein Motor existenzunabhängig von dem ihn enthaltenden PKW ist, bewirkt das Löschen des PKW auch das Löschen der Karosserie. Aus den Vereinbarungen (5.2.2-7) und (5.2.2-8) ergibt sich damit eine wechselseitige Existenzabhängigkeit zwischen einem PKW und seiner Karosserie. Motoren und Karosserien sind private Komponenten von Personenkraftwagen, sie können nicht Komponenten anderer Objekte sein (*exclusiveness*: Private). Als Merkmale werden von den Komponenten die Motorleistung und die Karosseriefarbe an das Ganze weitergereicht, »PKW::Leistung« und »PKW::Farbe« nehmen direkten Bezug auf die Leistung und Farbe eines PKW.

Als Beispiel für die Vereinbarung einer Aggregation auf Objekten des selben Typs dient (5.2.2-9). In einem Objekttyp BAUTEIL ist sowohl der Aggregattyp in der Rolle der Oberteils als auch der Komponententyp in der Rolle des Unterteils vereinbart:

> **objecttype** BAUTEIL   (5.2.2-9)
>   :::
>   **aggregationtype**
>   BAUTEIL {*participation*: Some / *proportion*: One / *role*: Oberteil};
>   **componenttype** {Holism}
>   BAUTEIL {*participation*: Some / *proportion*: * / *order*: TREE
>   / *role*: Unterteil};
>   :::

Die Ordnungsangabe TREE im Komponententyp bedeutet, daß die Unterteile eine Baumstruktur, d.h. einen gerichteten azyklischen Graphen mit einer Wurzel bilden (vgl. [Odell95:204]).

Eine besondere Teil/Ganze-Beziehung ist die *Konnexion* (11) oder *Verknüpfung* [Ortner89] (synonyme Bezeichnungen sind *cartesian aggregation* [Smith77; Codd79], *immutable composition* und *invariant composition* [Martin92; Martin95] oder *relationship class* [Wieringa95:44f]). Durch die Konnexion werden Beziehungen zwischen Objekten spezifischer Objekttypen als eigenständige komplexe Objekte (Beziehungsobjekte) unter einem neuen Objekttyp zusammengefaßt. Durch die Einführung dieses Objekttyps entsteht ein neuer Objektbereich, wobei die Objekte dieses komplexen, abgeleiteten Objekttyps existenzabhängig von den in Beziehung gesetzten (Teil-)Objekten als deren Konstituenten sind.

Ein Beispiel für eine Konnexion ist der abgeleitete Objekttyp EHE mit den Konstituenten MANN und FRAU. Jede Instanz von EHE beschreibt die Verbindung einer Instanz aus MANN mit einer Instanz aus FRAU. Aus der Sicht des jeweiligen Beziehungsobjekts dürfen die einzelnen Konstituenten nicht geändert werden, die Existenz des Beziehungsobjekts hängt von der Existenz und der gleichbleibenden Identität der Teilobjekte ab. Jeder Wechsel eines Teilobjekts - ob Frau oder Mann - führt zu einem anderen Beziehungsobjekt (deshalb die Bezeichnung *immutable composition* [Martin92]).

Im Bibliotheksbeispiel wird der Objekttyp AUSLEIHE als Konnexion mit den Konstituententypen BENUTZER und AUSLEIHEXEMPLAR eingeführt. Instanzen von AUSLEIHE repräsentieren als Beziehungsobjekte die Verknüpfung eines Bibliotheksbenutzers mit einem Ausleihexemplar für die Dauer einer Ausleihe. Die Beschreibung einer Konnexion erfolgt aus der Sicht des Beziehungstyps durch die Auflistung der Konstituententypen (*constituenttype,* vgl. die entsprechende Festlegung von Konstituenten in Beziehungsklassen in *LCM* [Feenstra93; Wieringa95]):

> ***objecttype*** AUSLEIHE   (5.2.2-10)
> :::
> ***constituenttype***
>   AUSLEIHEXEMPLAR, BENUTZER;
> :::

Aus der Sicht der Konstituenten ist eine Konnexion ein vergegenständlichter Beziehungszusammenhang zur Beschreibung der Merkmale der Inbeziehungsetzung. Attribute wie »Ausleihdatum« oder »Rückgabedatum« ergeben sich aus der Inbeziehungsetzung von Ausleihexemplaren und Benutzern im Rahmen einer Ausleihe, sie können also weder exklusiv dem Objekttyp AUSLEIHEXEMPLAR noch dem Typ BENUTZER zugeordnet werden.

Die Vergegenständlichung einer Beziehung setzt voraus, daß die Beziehungszusammenhänge zwischen den Konstituenten bereits geklärt sind. Systematisch kann sich erst aus diesem Klärungsprozeß heraus die Notwendigkeit ergeben, Relationen zwischen den beteiligten Objekten durch eigene Beziehungsobjekte zu beschreiben, falls die einzelnen Beziehungen durch Merkmale zu charakterisieren sind. Relationen (genauer: Relationstypen) legen semantisch zunächst nicht näher geklärte Verbindungen zwischen Objekttypen und zugeordneten Objekten fest. Relationen sind nicht-hierarchische Beziehungen; als ungerichtete, bidirektionale Beziehungen entsprechen sie den sog. *Assoziationen (associations)* (vgl. [Rumbaugh91; Embley92; Cook94; Martin95]).

Die Beschreibung von *Relationen* (***relationtype***) verbundener Objekttypen wird eingeleitet durch den Beziehungsnamen mit der Angabe verbundener Objekttypen sowie optional des resultierenden Verknüpfungstyps (12). Neben Angaben zur Multiplizität (Beziehungsbeteiligung, Beziehungsverhältnis) sind optional die Rollen der verbundenen Objekte, ihre Ordnung und Existenzabhängigkeit festzulegen.

Fehlt die Rollenangabe, wird der Objekttypname als Rollenname angenommen. Als optionaler Verknüpfungstyp ist ein Objekttyp anzugeben, welcher die aus der Sicht der Konstituenten spezifizierte *Relation* aus eigener Sicht als *Konnexion* beschreibt. Die Namen des Relationstyps und des Verknüpfungstyps dürfen gleich sein. Die zum Verknüpfungstyp AUSLEIHE führende Relation »Ausleihe« stellt sich aus der Sicht der Objekttypen BENUTZER und AUSLEIHEXEMPLAR folgendermaßen dar:

> *objecttype* AUSLEIHEXEMPLAR   (5.2.2-11)
>   :::
>   *relationtype* Ausleihe *with*
>   BENUTZER {*participation*: Some / *proportion*: One / *role*: Ausleiher}
>   *connectiontype is* AUSLEIHE;
>   :::
>
> *objecttype* BENUTZER
>   :::
>   *relationtype* Ausleihe *with*
>   AUSLEIHEXEMPLAR {*participation*: Some / *proportion*: *
>   / *role*: Geliehenes_Exemplar}
>   *connectiontype is* AUSLEIHE;
>   :::

Aus der Sicht eines Ausleihexemplars ist ein Benutzer in der Beziehung »Ausleihe« in der Rolle des Ausleihers. Umgekehrt ist aus Benutzersicht das Exemplar in der Rolle des geliehenen Exemplars. Die Beziehung zwischen AUSLEIHEXEMPLAR und BENUTZER wird durch den Objekttyp AUSLEIHE beschrieben. Der Name des Verknüpfungstyps entspricht dem Namen des Beziehungstyps.

Ein Beispiel für eine Relation, welche durch keinen Beziehungstyp beschrieben wird, ist die Beziehung »Vormerkung« zwischen AUSLEIHEXEMPLAR und BENUTZER. Da keine beziehungstypischen Merkmale interessieren, genügt die Spezifikation als Relation:

> *objecttype* AUSLEIHEXEMPLAR   (5.2.2-12)
>   :::
>   *relationtype* Vormerkung *with*
>   BENUTZER {*participation*: Some / *proportion*: ≤ 5 / *role*: Vormerkender /
>   *order*: LIST};
>   :::
>
> *objecttype* BENUTZER
>   :::
>   *relationtype* Vormerkung *with*
>   AUSLEIHEXEMPLAR {*participation*: Some / *proportion*: * /
>   *role*: Vorgemerktes_Exemplar};
>   :::

An der Beziehung »Vormerkung« nehmen einige Ausleihexemplare und einige Benutzer teil. Ein Benutzer kann mehrere Ausleihexemplare vormerken. Ein Ausleihexemplar kann durch höchstens fünf Benutzer vorgemerkt werden. Aus der Sicht eines Ausleihexemplars sind die Vormerkungen als Liste geordnet. Ist a eine Variable vom Typ Ausleihexemplar, so nimmt beispielsweise »a.Vormerkender. first« Bezug auf das erste Element der Liste der Vormerkenden des Ausleihexemplars (falls »first« als Zugriffsoperation auf Listenelemente definiert ist).

Ähnlich wie Aggregationen können auch Relationen auf Objekten eines Typs definiert sein - etwa Ehe-Beziehungen zwischen Objekten des Typs PERSON:

>   *objecttype* PERSON   (5.2.2-13)
>   :::
>   *relationtype* Ehe *with*
>   PERSON {*participation*: Some / *proportion*: One / *role*: Ehefrau},
>   PERSON {*participation*: Some / *proportion*: One / *role*: Ehemann};
>   :::

Um Ehen durch weitere Merkmale zu beschreiben, ist der Beziehungstyp als Konnexion zu vergegenständlichen und durch die Angabe des Verknüpfungstyps zu erweitern:

>   *objecttype* PERSON   (5.2.2-14)
>   :::
>   *relationtype* Ehe *with*
>   PERSON {*participation*: Some / *proportion*: One / *role*: Ehefrau},
>   PERSON {*participation*: Some / *proportion*: One / *role*: Ehemann}
>   *connectiontype is* EHE;
>   :::

Im Objekttyp EHE kann daraufhin beispielweise das Trauungsdatum als Attribut eingeführt werden:

>   *objecttype* EHE   (5.2.2-15)
>   *attributes*
>   Trauung: DATE;
>   :::
>   *relationships*
>   *constituenttype* PERSON;
>   :::

Die *Hypostasierung* (13) ist eine in vielen Modellierungsmethoden vernachlässigte, im objektorientierten Entwurf aber wichtige und oft auftretende Beziehungswirkung. Wieringa bezeichnet diese Beziehung als *instantiation relationship*

[Wieringa95:59f]; Odell und Martin sprechen gleichbedeutend von *power types* [Martin95:247ff]. Eine Hypostasierung bedeutet, daß Subtypen eines Objekttyps zu Instanzen vergegenständlicht und unter einem anderen Objekttyp im Sinne eines *Metatyps* zusammengefaßt werden [Wieringa95:59f].

Ein Beispiel für eine Hypostasierung ist die Beziehung zwischen den Objekttypen AUTO und AUTOTYP. Instanzen von AUTO repräsentieren konkrete PKWs mit unterschiedlichen Fahrzeugnummern. Instanzen von AUTOTYP repräsentieren hingegen Autotypen als abstrakte Objekte. VW-Polo oder VW-Golf beschreiben als Instanzen von AUTOTYP die gemeinsamen Merkmale aller Polos oder Golfs als Instanzen von AUTO. VW-Polo und VW-Golf sind deshalb sowohl als Subtypen von AUTO als auch als (abstrakte) Instanzen von AUTOTYP aufzufassen (vgl. [Martin95:255f]). Die Hypostasierung ist als eine zweifache Subsumtion zu verstehen; in diesem Fall von einzelnen Autoexemplaren zu Autotypen und von diesen wiederum zum Objekttyp AUTOTYP (vgl. Abbildung 5-7).

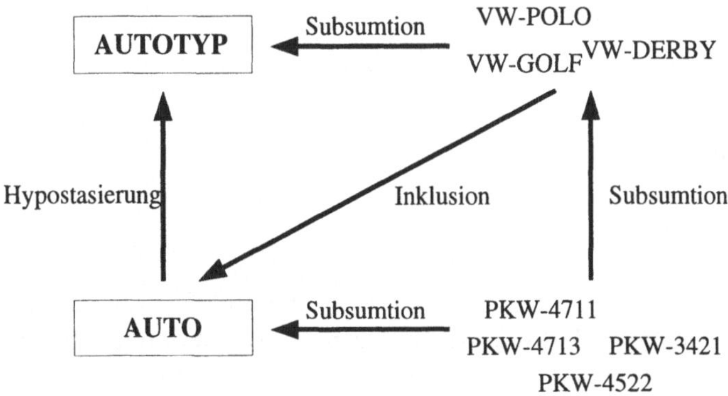

Abb. 5-7: Hypostasierung

Alle Instanzen von AUTO sind auch Autotypen als Instanzen von AUTOTYP zuordenbar, falls eine vollständige Partitionierung des Typs AUTO in Subtypen gegeben ist. Da Instanzen von AUTOTYP durch Abstraktion (Subsumtion) aus konkreten PKWs abgeleitet wurden und damit als abstrakte Objekte die gemeinsamen Merkmale von konkreten Objekten beschreiben, können diese wiederum an die konkreten Objekte im Sinne einer *Werte-* oder *Objektvererbung* [Heuer92:206f] propagiert werden - etwa das Attribut »Hersteller« mit dem Attributwert »VW« an alle Polo- oder Golfinstanzen des Typs AUTO.

Abbildung 5-7 verdeutlicht, daß die Hypostasierung weder mit der Inklusion noch mit der Aggregation (als solche wird sie zumeist beschrieben) verwechselt werden darf. Zwischen AUTOTYP und AUTO besteht keine Inklusionsbeziehung, da die Instanzen von AUTO keine Autotypen repräsentieren. Auch liegt keine Aggregationsbeziehung vor, da einzelne Autotypen nicht durch Komposition, sondern durch Abstraktion bezüglich gemeinsamer Merkmale von Autos wie etwa Hersteller, Preis und Höchstgeschwindigkeit entstehen.

Übergeordnete Objekttypen werden in einer Hypostasierung als Hypertypen (*hypertype*), untergeordnete Objekttypen als Hyperobjekte (*hyperobject*) bezeichnet. Während für Hypertypen (14) lediglich die Objekttypnamen anzugeben sind (dies entspricht der Forderung nach einer vollständigen, nichtüberlappenden Subtypenpartitionierung), ist für die Beziehung zu untergeordneten Hyperobjekten (15) zusätzlich das Beziehungsverhältnis und die Beziehungsbeteiligung festzulegen. Implizit wird eine Existenzabhängigkeit der Hyperobjekte vom Hypertyp angenommen. Ein Beispiel für eine Hypostasierung im Bibliotheksbeispiel ist die Beziehung zwischen BAND und EXEMPLAR (vgl. mit 5.2.1-5 und 5.2.1-6):

> *objecttype* BAND   (5.2.2-16)
> :::
>   *hyperobject* EXEMPLAR {*participation*: Some / *proportion*: ∗ };
> :::
>
>
> *objecttype* EXMPLAR
> :::
>   *hypertype* BAND;
> :::

Objekte des Typs EXEMPLAR repräsentieren die einzelnen, konkreten Bibliotheksartikel. Gemeinsame Merkmale dieser Artikel werden durch Instanzen von BAND - oder PUBLIKATION und dessen Subtypen (vgl. Abschnitt 3.1.2) - beschrieben. Die Beziehungsbeteiligung »Some« im Hypertyp BAND bedeutet, daß einzelne Instanzen von BAND bereits existieren können, ohne daß die jeweiligen Exemplare im Bibliotheksbestand vorhanden sein müssen, etwa weil diese erst bestellt wurden. Aufgrund der Merkmalspropagierung können in der Spezifikation Merkmale von BAND wie Merkmale von EXEMPLAR behandelt werden (Namenskonflikte sollten deshalb vermieden werden). Ist e eine Variable vom Typ EXEMPLAR, so kann auf die ISBN des durch e referenzierten Exemplars mit »e.ISBN« Bezug genommen werden, da dieses Attribut im Hypertyp BAND vereinbart wurde und an verbundene Exemplare propagiert wird.

Die verschiedenen, im Fachentwurf relevanten Aspekte der Charakterisierung von Beziehungen werden durch die Regeln (17) bis (23) festgelegt. Die Beziehung zwischen zwei Objekttypen OT_1 und OT_2 wird aus der Sicht des zu spezifizierenden Objekttyps OT_1 durch folgende Fragestellungen charakterisiert:

① **Beziehungsbeteiligung** (*participation*): Wieviele Instanzen von OT_1 stehen mit Instanzen von OT_2 in Beziehung?

② **Beziehungsverhältnis** (*proportion*): Mit wievielen Instanzen von OT_2 steht eine Instanz von OT_1 in Beziehung?

③ **Existenzabhängigkeit** (*dependence*): Führt das Löschen einer Instanz von OT_1 zur Löschung verbundener Instanzen von OT_2?

④ **Exklusivität** (*exclusiveness*): Ist die Beziehung einer Instanz von OT_2 zu einer Instanz von OT_1 exklusiv, oder bestehen noch weitere Beziehungen der OT_2-Instanz zu anderen Objekten?

⑤ **Ordnung** (*order*): Stehen Instanzen von OT_2 aus Sicht einer Instanz von OT_1 in einer bestimmten Anordnung oder Reihenfolge?

⑥ **Rolle** (*role*): Welche Rolle spielen Instanzen von OT_2 in ihrer Beziehung zu Instanzen von OT_1?

⑦ **Merkmalspropagierung** (*propagation*): Welche Merkmale (Attribute) werden von einer Instanz von OT_2 zu einer verbundenen Instanz von OT_1 weitergegeben?

Weitere im Design und in der Implementierung festzulegende Merkmale von Beziehungen sind das *Versionskonzept* (das Anlegen einer neuen Version eines Objekts führt zu neuen Versionen verbundener Objekte), die *Kapselung* (Komponenten sind nur über das zusammengesetzte Objekt zugänglich und sind außerhalb dieses Ganzen nicht sichtbar), der *Zugriffsschutz* und das *Locking* (der autorisierte Zugriff auf ein Objekt beinhaltet den Zugriff auf verbundene Objekte, verbundene Objekte werden gemeinsam gesperrt), das *Clustering* von Aggregaten sowie die Einführung *strukturierter Identifizierer*.

Die *Beziehungsbeteiligung* beschreibt die Ausschöpfung der unter einen Objekttyp fallenden Objekte in einem Beziehungszusammenhang (17) [Ortner89]. Das *Beziehungsverhältnis* legt die Anzahl der Beziehungen fest, welche eine Instanz des betrachteten Objekttyps mit Instanzen anderer an der Beziehung beteiligter Objekttypen haben kann (18). Beziehungsbeteiligung und Beziehungsverhältnis werden zusammenfassend häufig als *Multiplizität* oder *Kardinalität* bezeichnet (vgl. dazu die Übersicht von Liddle, Embley und Woodfield [Liddle93]).

Die Festlegung der Beziehungsbeteiligung und des Beziehungsverhältnisses erfolgt in *TAOS-S* durch die Angabe eines Auswahlbereichs (vgl. Regel 12 in Abschnitt 5.2.1.1) oder mittels verschiedener Quantoren (vgl. Regel 24, zur Definition dieser Quantoren siehe Abschnitt 4.3.2; die gewählten Benennungen der Quantoren folgen der Termbeschreibungssprache *TED* [Burkert95:168f]). Das Beziehungsverhältnis »n« für einige kann zusätzlich durch den in der semantischen Datenmodellierung oft verwendeten Stern »∗« notiert werden. Eine Beziehungsbeteiligung von »alle« entspricht einer Mußbeziehung, andere Angaben legen Kannbeziehungen fest. Mehrfachangaben zu Multiplizitäten als Auswahlbereich sind durch Komma zu trennen. Die beiden folgenden Fragmente definieren beispielsweise, daß Motoren entweder 2, 4, 5, 6, 7, 8 oder 12 Zylinder besitzen können und jeder Zylinder Teil genau eines Motors ist:

> **objecttype** MOTOR   (5.2.2-17)
> :::
>   **componenttype** {Holism}
>   ZYLINDER {**participation**: All / **proportion**: 2, 4..8,12};
>   :::
>
> **objecttype** ZYLINDER
> :::
>   **aggregationtype**
>   MOTOR {**participation**: All / **proportion**: One};
>   :::

Die Existenz von Instanzen eines Objekttyps kann abhängig von der Existenz verbundener Objekte sein (19). Ein Objekt x ist *existenzabhängig* von einem Objekt y, falls aus der Existenz von x die Existenz von y folgt [Simons87:254] (vgl. die Definition (4.2-17) in Abschnitt 4.2). Gemäß dem Kontrapositionsprinzip folgt aus der Behauptung dieser Existenzabhängigkeit, daß das abhängige Objekt x gelöscht wird, wenn das Objekt y gelöscht wird. Gilt eine wechselseitige Existenzabhängigkeit, müssen abhängige Objekte gleichzeitig angelegt und gelöscht werden.

Im folgenden Beispiel (angelehnt an [Kim90:157]) wird eine Existenzabhängigkeit des Inhaltsverzeichnisses und der Abschnitte von einem Dokument behauptet; existenzunabhängig sind die Grafiken und Literaturhinweise:

> **objecttype** DOCUMENT   (5.2.2-18)
> :::
>   **componenttype** {Holism}
>   CONTENT {**participation**: Some / **proportion**: One / **dependence**: True},
>   SECTIONS {**participation**: Some / **proportion**: ∗ / **dependence**: True},
>   FIGURES {**participation**: Some / **proportion**: ∗ / **dependence**: False},
>   REFERENCES {**participation**: Some / **proportion**: ∗ / **dependence**: False},
>   :::

Eine genauere Unterscheidung müßte die Existenzabhängigkeiten im gesamten Lebenszyklus eines Objekts - beim Erzeugen, beim Ändern und beim Löschen - insbesondere bei Aggregationsbeziehungen berücksichtigen. Anwendungen im CAD-Bereich erfordern beispielsweise häufig die Bezugnahme auf komplexe Objekte, ohne daß deren Teilobjekte bereits vollständig erstellt und spezifiziert sind. Andererseits kann das Anlegen eines komplexen Objekts das Erzeugen aller zur transitiven Hülle gehörenden Teilobjekte implizieren, nach dem Löschen des Ganzen können einzelne Teile jedoch weiterhin existieren [Nguyen91].

Die Festlegung der Existenzabhängigkeit in einer Aggregation (z.B. für ein Inhaltsverzeichnis als Teil eines Beitrags) könnte über den Lebenszyklus der Komponente beispielsweise durch die folgenden drei Aussagen erfolgen: 1.) Das Erzeugen des Teils erfordert die Existenz des Ganzen. Ein Inhaltsverzeichnis kann erst angelegt werden, wenn der Beitrag bereits erstellt ist. 2.) Das Teil muß nach Änderungsoperationen weiterhin auf das Ganze verweisen. Ein Inhaltsverzeichnis muß sich immer auf einen Beitrag beziehen. 3.) Das Löschen des Ganzen führt zum Löschen der Teile. Das Inhaltsverzeichnis wird zusammen mit dem Beitrag gelöscht. Alternativ zu 3.) kann für andere Beziehungen (z.B. ein Mitarbeiter als Teil einer Belegschaft) gefordert sein, daß das Löschen des Ganzen erst erfolgen kann, wenn keine Teile dieses Ganzen mehr vorhanden sind (vgl. dazu auch [Halper92; Halper93; Schienmann94]).

Die *Exklusivität (20)* gibt an, ob ein Objekt nur Komponente genau eines Ganzen (*Private*), Komponente nur genau eines Objektes des zu spezifizierenden Typs (*Typeunique*) oder geteilte Komponente von Instanzen gleicher oder unterschiedlicher Objekttypen sein kann (*Shared*) [Halper93]. Ein bestimmter Motor kann beispielsweise nur in genau einem Gegenstand als Teil enthalten sein (Private). Ein Abstract kann nur in einem Beitrag als Teil erscheinen (Typunique), aber durchaus mit Instanzen anderer Objekttypen (z.B. als Teil eines Konferenz-Programms) verbunden sein. Beispiele für geteilte Komponenten sind etwa Grafiken, welche als Teile in beliebigen unterschiedlichen Beiträgen enthalten sein können.

Mehrere verbundene Objekte können aus der Sicht eines Objekts in einer bestimmten (An-) *Ordnung* (21) stehen. Die überlappenden Fenster einer Bildschirmoberfläche sind beispielsweise so geordnet, daß nur das oberste Fenster vollständig sichtbar ist, alle anderen Fenster sind gemäß ihres aktuellen Bildschirmstatus nur mehr oder weniger sichtbar (vgl. [Rumbaugh91:75f]). Eine Ordnung kann durch die Angabe geordneter Strukturen oder durch die explizite Nennung eines Ordnungskriteriums auf eine Menge von Objekten angegeben werden ([Cook94:48f; Martin95:202ff]). Solche Strukturen sind etwa Listen für eine *first-in-first-out*-Ordnung, Kellerspeicher für eine *last-in-first-out*-Ordnung oder hierarchische und heterarchische Bäume. Angelehnt an Cook und Daniels wird festgelegt, daß ohne die Angabe eines Ordnungskriteriums verbundene Objekte eine *Menge* bilden. Im Standardfall sind Beziehungen also weder geordnet noch sind Mehrfachbeziehungen zwischen gleichen Objekten möglich [Cook94:363]. Von diesem Standardfall abweichende Ordnungsmerkmale sind explizit zu deklarieren. Ein Beispiel für eine Ordnungsangabe enthielt (5.2.2-12):

> *objecttype* AUSLEIHEXEMPLAR   (5.2.2-19)
>   :::
>   *relationtype* Vormerkung *with*
>   BENUTZER {*participation*: Some / *proportion*: ≤ 5 / *role*: Vormerkender /
>   *order*: LIST};
>   :::

Die Beziehungen zu Benutzern sind aus der Sicht eines Ausleihexemplars als Liste geordnet. Neue Vormerkungen werden an bestehende angefügt, bereitgestellte Exemplare können nur durch den ersten und ältesten Vormerkenden in der Liste ausgeliehen werden. Ein weiteres Beispiel für eine *first-in-first-out* Ordnung ist (5.2.2-20):

> *objecttype* PUBLIKATION   (5.2.2-20)
>   :::
>   *componenttype* {Collection}
>   BAND {*participation*: All / *proportion*: ∗ / *order*: LIST};
>   :::

Jede Publikation besteht aus einem oder mehreren Bänden, die aus Sicht der Publikation als Liste geordnet sind. Die Angabe eines expliziten Sortierkriteriums ist Gegenstand des Systementwurfs und deshalb in *TAOS* nicht vorgesehen. Formal ist eine Sortierung durch die Nennung der *Vergleichsmenge* - beispielsweise eine Menge von vergleichbaren Attributwerten von Objekten - und durch Festlegung des *Vergleichoperators* zu notieren (zu Eigenschaften solcher Ordnungen siehe [Kolman87:181] und zur Notation beispielsweise [Cook94:48f]).

Eine *Rolle* (22) beschreibt, welche Funktion die Objekte der an der Beziehung beteiligten Objekttypen im Beziehungszusammenhang aus der Sicht des verbundenen Objekttyps haben. Rumbaugh et al. folgend, werden Rollen als abgeleitete Attribute interpretiert, deren Attributwert die Menge der verknüpften Objekte ist [Rumbaugh91:34f]. Obwohl der Gebrauch von Rollennamen in Beziehungen optional ist - ohne Rollenangabe wird implizit der Name des Objekttyps selber als Rolle angenommen -, kann ihre Verwendung wesentlich zur Verständlichkeit von Beziehungen beitragen. Sinnvoll ist die Angabe von Rollennamen vor allem bei rekursiven oder mehrfachen Beziehungen, um zwischen unterschiedlichen Beziehungen zu differenzieren. Ein Beispiel für eine Rollenangabe war (5.2.2-12):

> *objecttype* AUSLEIHEXEMPLAR   (5.2.2-21)
>   :::
>   *relationtype* Ausleihe *with*
>   BENUTZER {*participation*: Some / *proportion*: One / *role*: Ausleiher}
>   *connectiontype is* AUSLEIHE;
>   :::

Aus der Sicht eines Ausleihexemplars sind die Benutzer, welche es ausleihen, in der Rolle des Ausleihers. Mittels des Ausdrucks »AUSLEIHEXEMPLAR::Ausleiher« wird Bezug genommen auf diejenige Instanz von BENUTZER, welche als Ausleiher des (anonym) referenzierten Ausleihexemplars erscheint. Die Angabe eines Rollennamens als Beziehungsmerkmal dient im Gegensatz zur Vereinbarung von Rollentypen lediglich der besseren Verständlichkeit.

Rollenkonzepte wurden in der konzeptuellen Modellierung und in der Wissensrepräsentation ausführlich untersucht (vgl. [Reimer91:178ff]). Ihre befriedigende Integration in objektorientierte Entwurfsmethoden ist allerdings noch nicht vollständig gelungen, vor allem was die mögliche Mehrfachklassifikation von Objekten im Zusammenhang mit *mehrfachen gleichzeitigen Rollen* betrifft (vgl. dazu etwa das *player*-Konzept in [Wieringa95; Wieringa95a] und die kurze Diskussion in [Henderson-Sellers94:75ff]; zu Rollenkonzepten in objektorientierten Systemen vgl. [Gottlob96]).

Als letzter Aspekt zur Beschreibung von Beziehungsmerkmalen ist die *Merkmalspropagierung* zu behandeln (23). In Aggregationsbeziehungen können Merkmale *und* Merkmalsausprägungen des Ganzen auch als Merkmale der Teile und umgekehrt Merkmale der Teile als Merkmale des Ganzen aufgefaßt werden [Halper93]. Das Alter des Fahrgestells bestimmt beispielsweise das Alter des Fahrzeugs, die Schriftart und -größe eines Absatzes ist die Schriftart und -größe aller enthaltener Buchstaben. Transitiv über mehrere Beziehungen propagierte Merkmale werden wie Merkmale des Zielobjekts der Propagierung behandelt (Sichtbarkeit). In *TAOS* ist diese Merkmalspropagierung auf Attribute beschränkt.

5.2.2.2 Diagrammsprache

Die grafische Repräsentation der Beziehungen und Beziehungsmerkmale zwischen Objekttypen erfolgt durch die in Abbildung 5-8 auf der folgenden Seite dargestellten Notationselemente. Modifiziert und erweitert hinsichtlich eines objektorientierten Fachentwurfs, basieren sie auf den grafischen Symbolen der in [Ortner89] vorgestellten *Objekttypenmethode*.

Beziehungen zwischen Objekttypen werden durch *Kanten* mit dem jeweiligen Symbol für die Beziehungswirkung dargestellt. Symbole sind das *Dreieck* für die Inklusion, der *Trapezoid* für die Aggregation, das *Trapez* für die Hypostasierung und die *Raute* für die Relation sowie - in Verbindung mit dem komplexen Objekttyp - für die Konnexion. Gerichtete Beziehungswirkungen werden durch gerichtete Symbole, ungerichtete Beziehungswirkungen durch ungerichtete Symbole dargestellt. Alle weiteren Beziehungsinformationen sind an den Kanten vermerkt. Dafür gelten die folgenden Notationskonventionen:

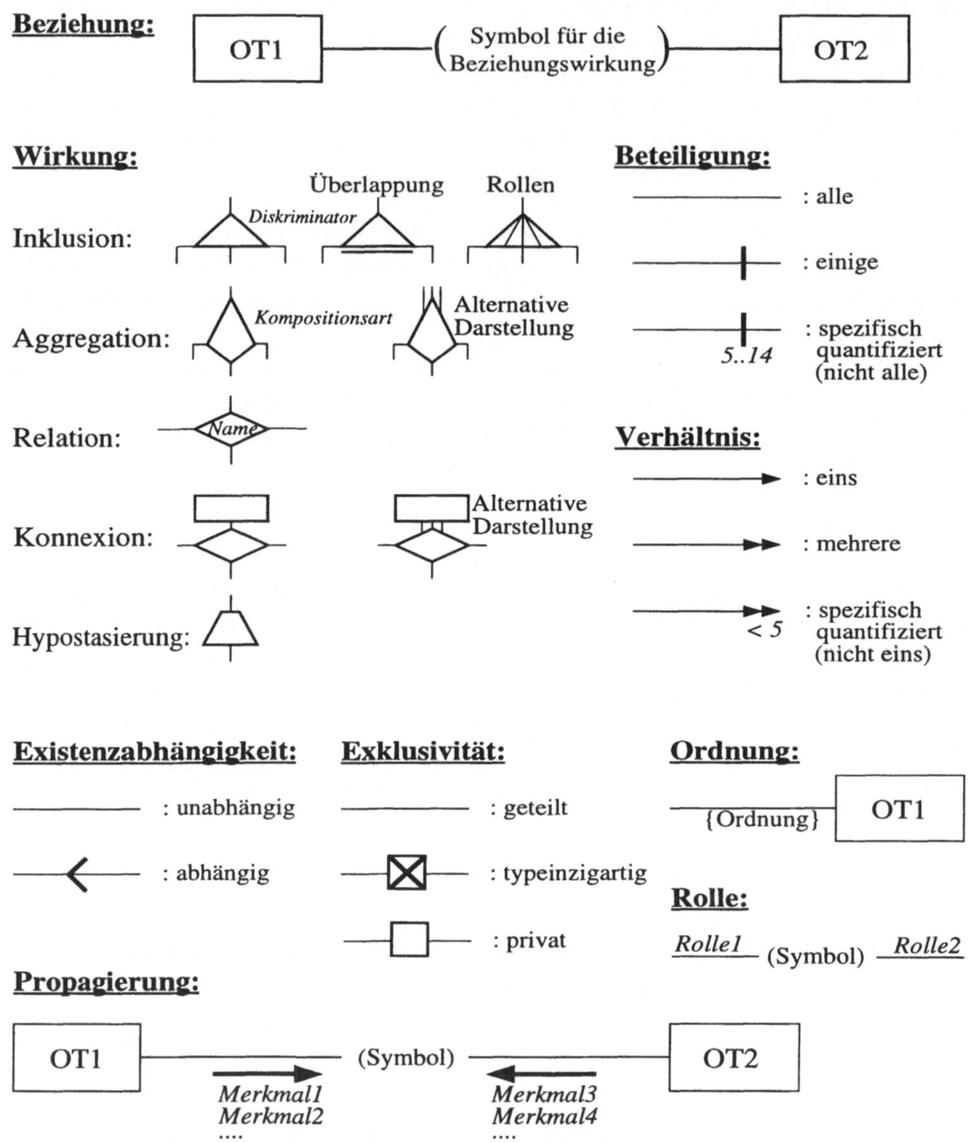

Abb. 5-8: Grafische Notation der Beziehungen von Objekttypen

① **Beziehungsbeteiligung.** Die jeweilige Beteiligung der Instanzen eines Objekttyps wird durch einen oder keinen Querstrich für »einige« oder »alle« angegeben. Der Querstrich wird an der Beziehungskante unmittelbar am Symbol des

betreffenden Objekttyps dargestellt. Bsp.: » 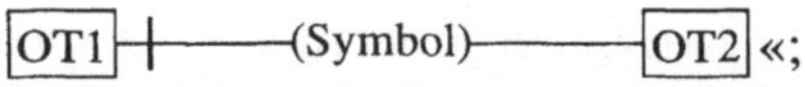 OT1├───(Symbol)───┤OT2 «; an der Beziehung nehmen einige Instanzen von OT_1 und alle Instanzen von OT_2 teil. Spezifischere Quantifizierungen sind neben dem Querstrich zu annotieren.

② **Beziehungsverhältnis.** Das Verhältnis wird durch einen einfachen oder einen Doppelpfeil für »ein« oder »mehrere« angegeben. Die Pfeilrichtung verläuft bei Inklusionen, Aggregationen und Hypostasierungen vom untergeordneten zum übergeordneten Objekttyp. Bsp.: » 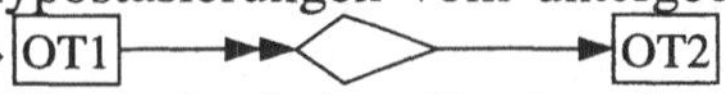 OT1───▶▶◇───▶OT2 «; mehrere Instanzen des Komponententyps OT_1 sind mit jeweils einer Instanz des Aggregattyps OT_2 verbunden. Bei Konnexionen zeigt die Pfeilrichtung zum Verknüpfungstyp. Relationen sind ungerichtet, die Verhältnisangabe erscheint hier am Beziehungssymbol.

③ **Existenzabhängigkeit.** Die Existenzabhängigkeit wird durch einen offenen Pfeil an der Beziehungskante neben dem Symbol für die Beziehungswirkung angegeben. Bsp.: » 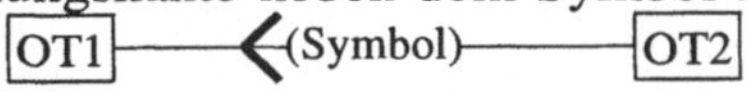 OT1───◁(Symbol)───OT2 «; Instanzen von OT_1 sind existenzabhängig von Instanzen von OT_2. Das Löschen einer Instanz von OT_2 führt zum Löschen verbundener Instanzen von OT_1 (der Pfeil symbolisiert die Propagierung der Löschoperation).

④ **Exklusivität.** Die Exklusivität wird in der Mitte der Beziehungskante zwischen den Notierungen zur Beteiligung und Existenzabhängigkeit angegeben. Bsp.: » 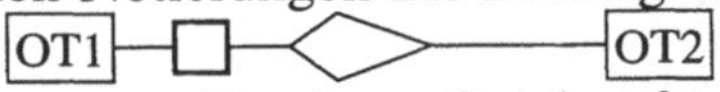 OT1──□──◇───OT2 «; OT_1-Instanzen sind private Teile von OT_2-Instanzen. Das leere Quadrat für private Teile symbolisiert einen einzelnen Objekttyp, das markierte Quadrat für typeinzigartige Teile soll die mögliche Wiederholung in unterschiedlichen Objekttypen andeuten.

⑤ **Ordnung.** Ordnungsangaben werden an der Beziehungskante in geschweiften Klammern vermerkt. In der grafischen Notation kann entweder die Ordnungsstruktur genannt - etwa *{Liste}* - oder eine nicht näher bestimmte Ordnung durch »*{Ordnung}*« angedeutet werden. Instanzen von OT_2 sind aus der Sicht von OT_1-Instanzen geordnet: » OT1───(Symbol)──*{Ordnung}*─OT2 «.

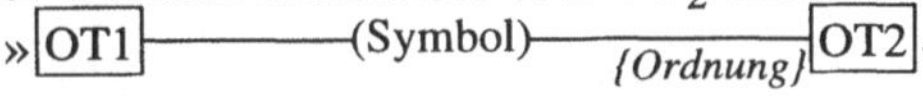

⑥ **Rolle.** Rollen werden an der Beziehungskante unmittelbar neben dem Symbol des Objekttyps vermerkt. Bsp.: » 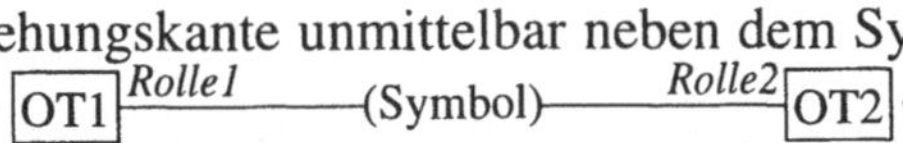 OT1*Rolle1*───(Symbol)───*Rolle2*OT2 «; Instanzen von OT_1 haben die Rolle1 und Instanzen von OT_2 die Rolle2.

⑦ **Propagierung.** Die Propagierung von Merkmalen wird neben der Beziehungskante durch einen Pfeil mit der Auflistung der propagierten Merkmale (Attribute) angezeigt. Entsprechend der Darstellung in Abbildung 5-8 propagieren Instanzen von OT_1 Merkmal1 und Merkmal2 an verbundene Instanzen von OT_2, umgekehrt propagieren Instanzen von OT_2 Merkmal3 und Merkmal4 an Instanzen von OT_1.

Objekttypnamen werden in Diagrammen in Versalien notiert. Alle weiteren textuellen Annotationen sind in Groß-/Kleinschreibung und kursiver Schrift anzugeben.
Im Diagramm können sowohl die englischen als auch entsprechende deutsche Termini verwendet werden, beispielsweise *»Ganzheit«* anstelle von *»Holism«* zur Bezeichnung der Kompositionsart.

Sonderfälle in der grafischen Darstellung sind bei der Inklusion, der Aggregation
und der Konnexion zu beachten. Überlappende Extensionen der Subtypen werden
in Inklusionsbeziehungen durch einen senkrechten Balken unterhalb des Dreiecks
angezeigt. Für Aggregationen und Konnexionen sind zwei alternative Darstellungen der Beziehungskanten vom Beziehungswirkungssymbol zum komplexen
Objekttyp möglich. Tragen alle Beziehungskanten die gleichen Beziehungsinformationen, dürfen diese zu einer Kante komprimiert werden. Ansonsten müssen
alle Kanten zum komplexen Typ weitergeführt werden, wobei diese Weiterführung
durch das Beziehungswirkungssymbol als *kreuzungsfrei* angenommen wird.

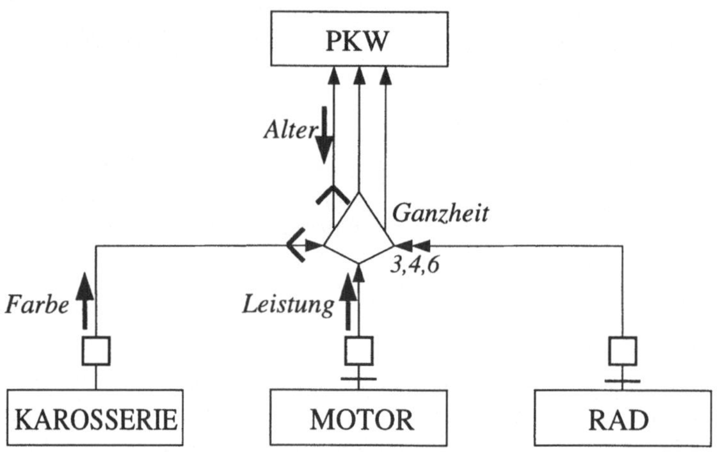

Abb. 5-9: Notationsbeispiele für Beziehungen

Abbildung 5-9 stellt als einfaches Beispiel für die Notation von *TAOS-D* die
Aggregationsbeziehung zwischen einem Objekttyp PKW und den Teilobjekttypen
KAROSSERIE, MOTOR und RAD dar. PKWs und Karosserien sind wechselseitig existenzabhängig. Alle Teile sind einem PKW exklusiv zugeordnet. Ein PKW erbt
von seinem Motor die Leistung und von seiner Karosserie die Farbe, umgekehrt
propagiert ein PKW sein Alter an die Karosserie.

Die grafische Darstellung macht deutlich, daß die vollständige Angabe aller Beziehungsinformationen in einem größeren Modell zu unübersichtlichen Diagrammen

führen kann. In umfangreichen Modellen sollten deshalb nur gefilterte Beziehungsinformationen dargestellt oder nur einzelne Beziehungskomplexe vollständig notiert werden. Um die Darstellung übersichtlich zu halten, empfiehlt sich in größeren Modellen mit einer Vielzahl von Beziehungen zwischen Objekttypen auch eine Dekomposition in einzelne Teilmodelle nach den im Anwendungsbereich identifizierten Funktions- oder Aufgabenbereichen (Coad/Youdon nennen diese Aufgabenbereiche *subjects* [Coad91], Cook/Daniels sprechen von *domains* [Cook94], Feenstra/Wieringa von *functional areas* [Feenstra93:5]).

Gemäß der Unterteilung des Bibliotheksbeispiels in die drei Aufgabenfelder *Publikationsverwaltung*, *Ausleihverwaltung* und *Benutzerverwaltung* werden nachfolgend die statischen Beziehungen zwischen den Objekttypen für diese drei Teilmodelle erläutert und schließlich das Gesamtmodell dargestellt.

Abbildung 5-10 zeigt das Teilmodell für die Publikationsverwaltung. Die Unterteilung des Objekttyps PUBLIKATION in die Subtypen EINZELWERK und SAMMELWERK und fortgesetzt weiter bis zu PERIODIKUM und SERIE, die Aggregation von BAND zu PUBLIKATION sowie die Hypostasierung von EXEMPLAR zu BAND wurde teilweise bereits in den Abschnitten 3.1.2 und 4.2.1 beschrieben. Aus Sicht einer Publikation sind die einzelnen Bände als Liste geordnet. Die Bände sind existenzabhängig von der Publikation, das Löschen der Publikation führt zum Löschen aller Bände.

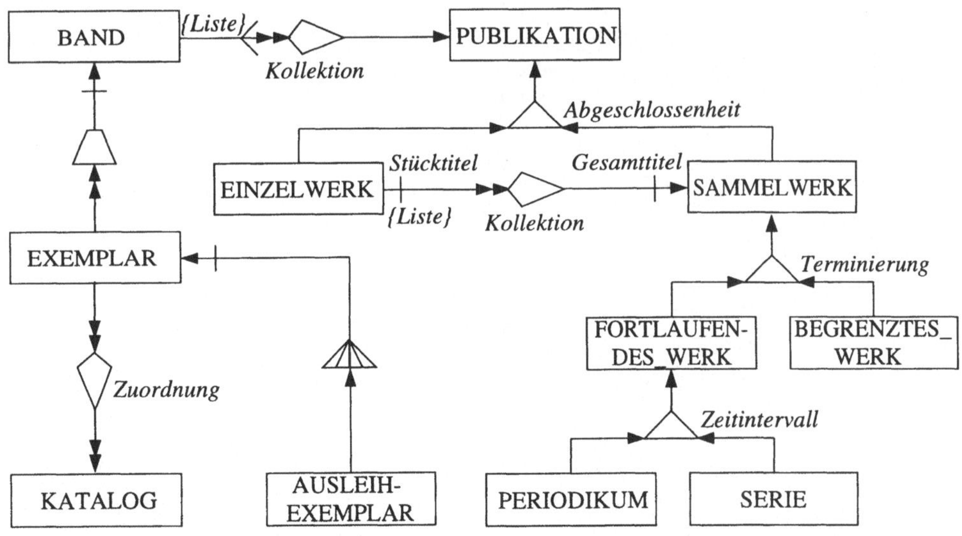

Abb. 5-10: Teilmodell für die Publikationsverwaltung

Bibliotheksexemplare können in der Rolle als Präsenzexemplare und Ausleihexemplare erscheinen. Da in der Anwendung nur Ausleihexemplare durch weitere Merkmale zu charakterisieren sind, wird lediglich der Rollentyp AUSLEIHEXEMPLAR eingeführt, die senkrechte Linie zur Angabe der Beziehungsbeteiligung am Objekttyp EXEMPLAR deutet an, daß nicht alle Exemplare Ausleihexemplare sind. Exemplare werden in Katalogen nach unterschiedlichen formalen und inhaltlichen Kriterien erfaßt und suchbar gemacht. Jedes Exemplar ist in einem oder mehreren Katalogen eingetragen. Jeder Katolog hat mehrere Exemplareinträge.

Die Objekttypen AUSLEIHEXEMPLAR und KATALOG stellen die Verbindung zur Ausleihverwaltung her (Abbildung 5-11). Zwischen den Objekttypen AUSLEIHEXEMPLAR und BENUTZER ist eine Relation »Vormerkung« und eine Konnexion mit einem Objekttyp AUSLEIHE vereinbart. Aus der Sicht eines Ausleihexemplars sind die maximal fünf vormerkenden Benutzer als Liste geordnet. Instanzen von AUSLEIHE beschreiben die Ausleihe eines Ausleihexemplars durch einen Benutzer. Für nicht fristgerecht zurückgegebene Ausleihexemplare werden abhängig von der Mahnfristüberschreitung Gebühren erhoben. Da nicht alle Ausleihvorgänge zu Mahngebühren führen, ist die Beziehungsbeteiligung aus Sicht von AUSLEIHE »einige«. Die einzelnen Benutzer werden durch den Benutzerservice verwaltet. Der Benutzerservice stellt die Kataloge für die Suche in internen oder externen Bibliotheksbeständen zur Verfügung.

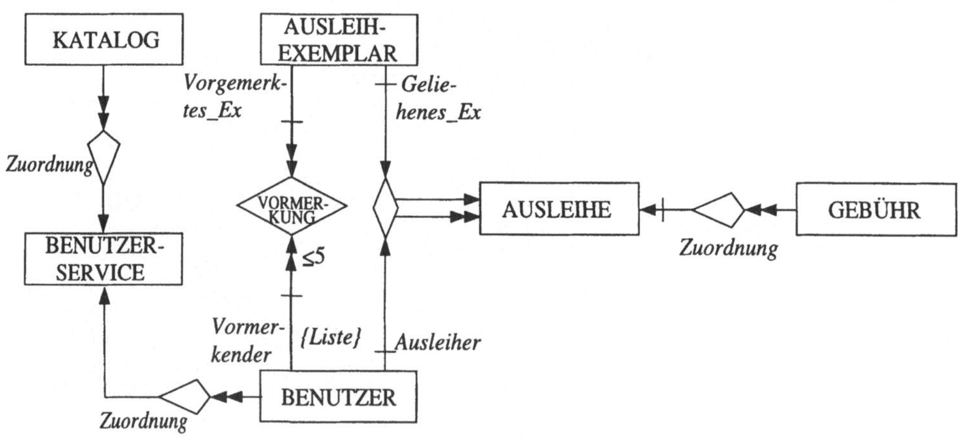

Abb. 5-11: Teilmodell für die Ausleihverwaltung

Als letztes Teilmodell ist schließlich noch die Benutzerverwaltung vorzustellen (Abbildung 5-12).

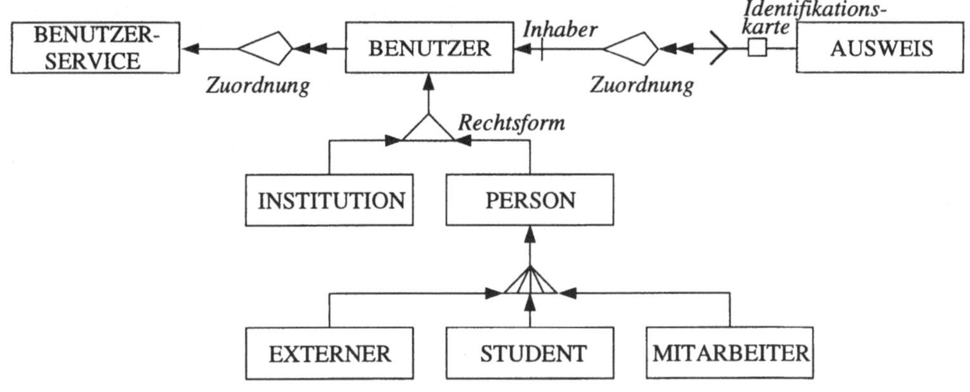

Abb. 5-12: Teilmodell für die Benutzerverwaltung

Ein Benutzer ist Inhaber eines oder mehrerer Ausweise. Ein Ausweis ist als Identifikationskarte einem Benutzer als privates und existenzabhängiges „Teil" zugeordnet. Kein anderer Benutzer besitzt den gleichen Ausweis. Mit der Terminierung eines Benutzers terminieren alle zugeordneten Ausweise. Benutzer werden nach der Rechtsform unterschieden in Personen und Institutionen. PERSON und INSTITUTION sind als statische Subtypen von BENUTZER vereinbart, da eine Person keine Institution und eine Institution umgekehrt auch keine Person werden kann. Unterschiedliche Rollen, welche eine Person als Bibliotheksbenutzer einnehmen kann, sind Externer, Student und Mitarbeiter.

Abbildung 5-13 auf der folgenden Seite stellt das Gesamtmodell der statischen Beziehungen zwischen Objekttypen aus dem Bibliotheksbeispiel dar.

5.2.2.3 Normsprache

Beziehungswirkungen zwischen Objekttypen sind auf lexikalisch-semantische Relationen zwischen Prädikatoren oder Begriffen zurückführbar. Grundlegende Untersuchungen dieser semantischen Relationen - häufig in Anlehnung an Lyons [Lyons63; Lyons68] auch als Sinnrelationen bezeichnet - sind in der lexikalischen Semantik, der Wissensrepräsentation und der Kognitionsforschung zu finden [Henne72; Wiegand73; Evens80; Lutzeier85; Chaffin88; Markowitz92].

Die *Inklusion* zwischen Objekttypen basiert auf der begrifflichen Unter-/Überordnung von Prädikatoren. Als Bezeichner für diese hierarchiebildende Abstraktionsrelation führte Lyons [Lyons63] den Terminus *Hyponymie-Relation* ein.

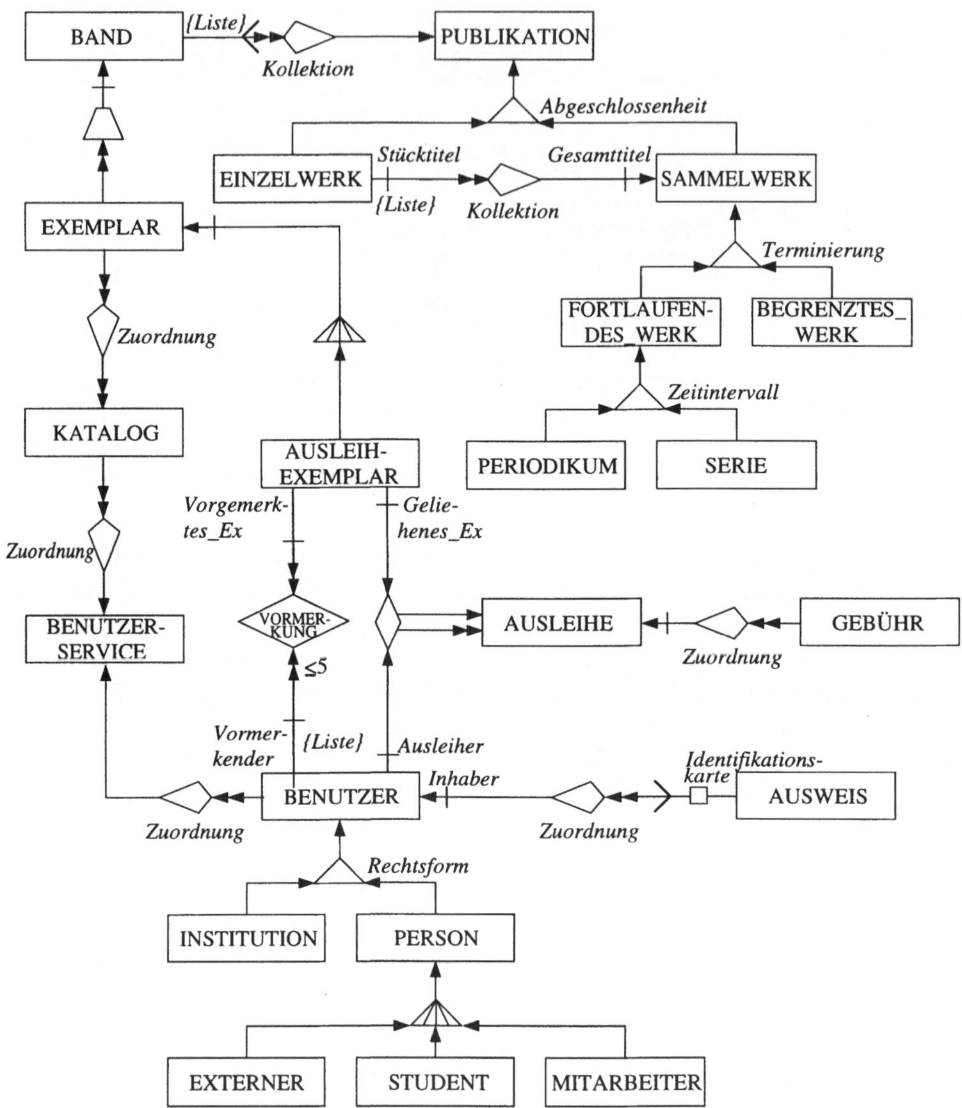

Abb. 5-13: Beziehungen zwischen den Objekttypen im Bibliotheksbeispiel

Die Hyponymie-Relation läßt offen, ob die Unterordnung im Sinne einer Rollenbeziehung - etwa »*Mutter* is hyponym zu *Frau*« - oder im Sinne einer Art/Gat-
tungs-Beziehung - etwa »*Rose* ist hyponym zu *Blume*« - zu verstehen ist.
Umgangssprachlich werden Hyponymie-Relationen üblicherweise durch »ist ein«

ausgedrückt. Eine Aussage wie »Eine Rose ist eine Blume« sollte nach Wessel (intensional) verstanden werden als: »Der Terminus 'Rose' schließt den Terminus 'Blume' der Bedeutung nach ein« [Wessel76:44]. Normsprachlich werden Inklusionsbeziehungen zwischen Prädikatoren durch $\sqsubset$ oder alternativ durch »ist_ein« dargestellt. Wegen der möglichen Verwechslung mit dem Teilmengensymbol wird dem Vorschlag Lorenzens, für die Subordination das Symbol $\subseteq$ zu verwenden, nicht gefolgt [Lorenzen87:188]. In der Infixnotation lautet die Aussageform für die Inklusion:

- *Inklusion*: Pr_1 (ist_ein I $\sqsubset$) Pr_2 (5.2.2-22)

  Beispiel: Institution ist_ein Benutzer *bzw.* Institution $\sqsubset$ Benutzer
  Serie ist_ein Fortlaufendes_Werk *bzw.* Serie $\sqsubset$ Fortl._Werk

Die generellen Aussagen zu diesen Inklusionsbeziehungen lauten: »$\forall$x (x ε Institution $\to$ x ε Benutzer)« und »$\forall$x (x ε Serie $\to$ x ε Fortlaufendes_Werk)«. Als Prädikatorenregeln entsprechend: »x ε Institution $\Rightarrow$ x ε Benutzer« und »x ε Serie $\Rightarrow$ x ε Fortlaufendes_Werk«. Der das Unterteilungskriterium anzeigende Diskriminator wird normsprachlich als Index angegeben: $\sqsubset_{\text{Diskriminator}}$ oder »ist_ein$_{\text{Diskriminator}}$«. Fortlaufende Werke sind, abhängig davon, ob sie in regelmäßigen oder unregelmäßigen Zeitintervallen erscheinen, in Serien und Periodika unterteilt:

$$\text{Periodikum } \sqsubset_{\text{Zeitintervall}} \text{ Fortlaufendes\_Werk} \qquad (5.2.2\text{-}23)$$
$$\text{Serie } \sqsubset_{\text{Zeitintervall}} \text{ Fortlaufendes\_Werk}$$

Hyponyme derselben Verfeinerungsstufe stehen zueinander in der Relation der *Kohyponymie*. »Periodikum« und »Serie« sind Kohyponyme des Hyperonyms »Fortlaufendes_Werk«, »Sammelwerk« und »Einzelwerk« sind Kohyponyme von »Publikation«. Generelle Aussagen zur Beziehung zwischen »Sammelwerk«, »Einzelwerk« und »Publikation« sind: »$\forall$x ((x ε Sammelwerk $\vee$ x ε Einzelwerk) $\to$ x ε Publikation)« und als Prädikatorenregeln »x ε Sammelwerk $\vee$ x ε Einzelwerk $\Rightarrow$ x ε Publikation«. Die Verfeinerung eines Hyperonyms in mehrere Kohyponyme wird normsprachlich zusammengefaßt:

$$\text{Periodikum, Serie } \sqsubset_{\text{Zeitintervall}} \text{ Fortlaufendes\_Werk} \qquad (5.2.2\text{-}24)$$
$$\text{Fortlaufendes\_Werk, Begrenztes\_Werk } \sqsubset_{\text{Terminierung}} \text{ Sammelwerk}$$
$$\text{Sammelwerk, Einzelwerk } \sqsubset_{\text{Abgeschlossenheit}} \text{ Publikation}$$

Durch den Diskriminator können unterschiedliche Partitionierungen eines Hyperonyms angezeigt werden. Angelehnt an das Beispiel in (5.2.2-2), beruht die Unterteilung des Hyperonyms »Auto« nach den Kriterien *Hersteller* und *Antrieb* auf folgenden normsprachlichen Aussagen:

Ford-Auto, Chrysler-Auto, GM-Auto $\sqsubset_{\text{Hersteller}}$ Auto $\qquad$ (5.2.2-25)

Benzinmotor-Auto, Elektromotor-Auto, Dieselmotor-Auto $\sqsubset_{\text{Antrieb}}$ Auto

Umgangssprachlich sind diese Aussagen zu lesen als »Autos werden nach ihrem Hersteller unterteilt in Ford-Autos, Chrysler-Autos und GM-Autos« oder »Autos werden nach ihrem Antrieb unterteilt in Benzinmotor-Autos, Elektromotor-Autos und Dieselmotor-Autos«. Das allgemeinste normsprachliche Muster für die Inklusionsbeziehung mit mehreren untergeordneten und mehreren übergeordneten Prädikatoren ist festgelegt als:

$$\text{Pr}_1, \dots , \text{Pr}_n \sqsubset_{\text{Diskriminator}} \text{Pr}_{n+1}, \dots , \text{Pr}_{n+m} \qquad (5.2.2\text{-}26)$$

Die (5.2.2-26) zugrundeliegende generelle Aussage lautet »$\forall x$ (($x \varepsilon \text{Pr}_1 \vee \dots \vee x \varepsilon \text{Pr}_n$) $\rightarrow x \varepsilon \text{Pr}_{n+1} \wedge \dots \wedge x \varepsilon \text{Pr}_{n+m}$)«. Untergeordnete Hyponyme sind adjunktiv verknüpft, die Hyperonyme dagegen sind konjunktiv zu verknüpfen. Jeder Gegenstand, der zur Extension eines Hyponyms zählt, zählt zur Extension aller Hyperonyme. Umgekehrt muß jeder Gegenstand, der unter die Hyperonyme fällt, zumindest einem Hyponym zugeordnet werden können.

Die anzustrebende Disjunktheit der Extensionen eines partitionierten Hyperonyms beruht auf der Kontrarität der Kohyponyme. Kontrarität wird durch das Symbol $\not\mid\mid$ oder »ist_konträr_zu« ausgedrückt.

- *Kontrarität*: $\quad \text{Pr}_1$ (ist_konträr_zu | $\not\mid\mid$) Pr_2 $\qquad$ (5.2.2-27)

  Beispiel: $\quad$ Periodikum ist_konträr_zu Serie *bzw.* Periodikum $\not\mid\mid$ Serie

  $\qquad\qquad$ Institution ist_konträr_zu Person *bzw.* Institution $\not\mid\mid$ Person

Die letzte Aussage entspricht extensional der Aussage »$\forall x$ (($x \varepsilon$ Institution $\rightarrow x \varepsilon$' Person)« oder der Prädikatorenregel »$x \varepsilon$ Institution $\Rightarrow x \varepsilon$' Person«. Umgangssprachlich werden konträre Beziehungen üblicherweise durch »ist kein« behauptet: »Eine Institution ist keine Person«. Im Falle unterschiedlicher Konkretionen eines Hyperonyms stehen zueinander konträre Kohyponyme in der Relation der *Inkonymie* oder *Inkompatibilität* - »Ford-Auto«, »Chrysler-Auto« und »GM-Auto« sowie »Benzinmotor-Auto«, »Elektromotor-Auto« und »Dieselmotor-Auto« sind inkompatibel. Ein anderes Beispiel für eine Inkonymie-Relation ist die Konkretion von »Pferd« zu »Hengst« und »Stute« bezüglich des *Geschlechts* und die alternative Konkretion von »Pferd« zu »Schimmel« und »Rappe« bezüglich der *Farbe*. »Schimmel« und »Rappe« sowie »Hengst« und »Stute« sind jeweils inkompatibel.

Inklusionsbeziehungen werden in (statische) Art/Gattungs-Beziehungen und in dynamische Rollenbeziehungen unterteilt. Normsprachlichen Rollenbeziehungen werden durch $\sqsubseteq\!\!\!\cdot$ oder »ist_Rolle_von« ausgedrückt, Art/Gattungs-Beziehungen sind durch $\sqsubseteq$ oder »ist_Art_von« anzugeben (zur Definition dieser Beziehungen siehe Abschnitt 5.2.2.1):

- *Art/Gattungs-Beziehung*: $\text{Pr}_1 \, (\text{ist\_Art\_von} \mid \sqsubseteq) \, \text{Pr}_2$ (5.2.2-28)
  Beispiel: Ausleihexemplar ist_Art_von Exemplar *bzw.*
  Ausleihexemplar $\sqsubseteq$ Exemplar

- *Rollenbeziehung*: $\text{Pr}_2 \, (\text{ist\_Rolle\_von} \mid \sqsubseteq\!\!\!\cdot) \, \text{Pr}_2$
  Beispiel: Student ist_Rolle_von Person *bzw.*
  Student $\sqsubseteq\!\!\!\cdot$ Person

Die lexikalische Beschreibung von *Aggregationen* ist trotz zahlreicher Arbeiten noch nicht befriedigend gelöst. Lyons führt dies auf ihre Diversität zurück: „part-whole lexical relations are at least as diverse as the various kinds of hyponymy found in language" [Lyons77:312]. Probleme bereitet vor allem die Klassifikation und die Beschreibung von Merkmalen partitiver Beziehungen, z.B. Irreflexivität, Asymmetrie, Transitivität (vgl. etwa die kontroversen Standpunkte von Cruse und Winston zur Transitivität [Cruse79; Winston87]).

Partitive Beziehungen zwischen Ganzem (Holonym) und Teil (Meronym) sind in normsprachlichen Aussagen durch »hat_Teil« bzw. $>$ oder umgekehrt durch »ist_Teil_von« bzw. $<$ auszudrücken.

- *Aggregation*: $\text{Pr}_1 \, (\text{hat\_Teil} \mid >) \, \text{Pr}_2$ (5.2.2-29)
  Beispiele: PKW hat_Teil Karosserie $\wedge$ PKW hat_Teil Motor
  PKW $>$ Karosserie $\wedge$ PKW $>$ Motor

Zur Beschreibung von Teil/Ganze-Beziehungen zwischen Gegenständen und Prädikatoren werden die gleichen Symbole verwendet, da durch den Kontext deutlich wird, welche Beschreibungsebene vorliegt. Die normsprachliche Aussage »(x ε PKW) $>$ (y ε Motor)« behauptet beispielweise eine einzelne Teil/Ganze-Beziehung zwischen einem PKW und seinem Motor. Die generelle Aussage »$\forall x \forall y \forall z(((x\,\varepsilon\,\text{PKW}) > (y\,\varepsilon\,\text{Antrieb})) \wedge ((y\,\varepsilon\,\text{Antrieb}) > (z\,\varepsilon\,\text{Motor})) \to ((x\,\varepsilon\,\text{PKW}) > (z\,\varepsilon\,\text{Motor})))$« stellt den Sachverhalt dar, daß jeder Motor als Teil eine Antriebs auch Teil des diesen Antrieb enthaltenden PKWs ist. Eine ähnliche Infixnotation führen auch Embley et al. ein, mit »is subpart of« für $<$ und der üblichen prädikatenlogischen Klammernotation für ε würde die letzte Aussagen bei Embley lauten: »$\forall x \forall y \forall z((\text{Motor}(x)$ is subpart of $\text{Antrieb}(y) \wedge \text{Antrieb}(y)$ is subpart of $\text{PKW}(z)) \to \text{Motor}(x)$ is subpart of $\text{PKW}(z))$« [Embley92:258].

Anstelle der Infixnotation können solche Beziehungen bedeutungsgleich auch in der Präfixnotation mit einem vorangestellten Relator oder in einer Postfixnotation mit einem nachgestellten Relator dargestellt werden. Die Aussagen »ist_Teil_von (Spanien, Europa)«, »Spanien ist_Teil_von Europa« und »Spanien, Europa ε ist_Teil_von« beschreiben denselben Sachverhalt. Entsprechend könnte die umgangssprachliche Aussage »Das Land Spanien ist Teil des Kontinents Europa« alternativ durch »ist_Teil_von(Spanien ε Land, Europa ε Kontinent)«, »(Spanien ε Land) ist_Teil_von (Europa ε Kontinent)« und »(Spanien ε Land), (Europa ε Kontinent) ε ist_Teil_von« normsprachlich dargestellt werden (die semantische Beziehung zwischen den Prädikatoren »Kontinent« und »Land« sei gegeben als »Kontinent $>$ Land«).

Die weitere Differenzierung in verschiedene Kompositionsarten orientiert sich an der bereits vorgestellten Unterteilung in Ganzheiten, Kollektionen, Behältnisse, Verschmelzungen und Zuordnungen. Die Notation der Kompositionsart erfolgt in der Kurzform $>_{\text{Kompositionsart}}$:

- *Ganzheit*:   Antrieb $>_{\text{Ganzheit}}$ Motor   (5.2.2-30)
- *Kollektion*:   Herde $>_{\text{Kollektion}}$ Rind
- *Behältnis*:   Warenautomat $>_{\text{Behältnis}}$ Artikel
- *Verschmelzung*:   Forderungskonto $>_{\text{Verschmelzung}}$ Debitorenkonto
- *Zuordnung*   Kunde $>_{\text{Zuordnung}}$ Auftrag

Typisch für Zusammenstellungen oder Kollektionen ist die Bezeichnung des Ganzen durch *Kollektiva* wie »Herde«, »Gruppe«, »Konvoi«, »Besatzung«, »Mannschaft« oder »Wald«.

Normsprachlich ist eine Erweiterung des zweitstelligen Relators $>$ zur Darstellung n-stelliger Teil/Ganze-Beziehungen sinnvoll. Der erste Prädikator stellt das Holonym dar, alle weiteren Prädikatoren dienen zu Bezeichnung der Teile einer Zerlegungsstufe. Einige Beispiele für Aussagen zu unterschiedlichen Arten von Ganzheiten (*Integrativ/Komponente*, *Aktivität/Phase* und *Gebiet/Platz*) gibt (5.2.2.-31) wieder, wobei auf die mögliche differenziertere Indexierung zur Kennzeichnung der Art der Ganzheit aber verzichtet wurde:

Antrieb $>_{\text{Ganzheit}}$ Motor, Getriebe, Zündung   (5.2.2-31)

Projektphasen $>_{\text{Ganzheit}}$ Planung, Analyse, Design, ..

Sonnensystem $>_{\text{Ganzheit}}$ Sonne, Planeten, Monde, ..

Als partitive Beziehung ist auch die *Konnexion* zu rekonstruieren. Die Verknüpfung der Prädikatoren wird durch $>_{Verknüpfung}$ oder »ist_Verknüpfung_von« dargestellt:

- *Konnexion*: Pr_1 (ist_Verknüpfung_von | $>_{Verknüpfung}$) Pr_2 , ...   (5.2.2-32)

  Beispiele: Ausleihe $>_{Verknüpfung}$ Benutzer, Ausleihexemplar

  Bestellung $>_{Verknüpfung}$ Artikel, Kunde

Das zweite Beispiel ist umgangssprachlich zu lesen als »Die Anforderung eines Artikels durch einen Kunden ist eine Bestellung«. Die Verknüpfung (Komposition) von »Artikel« und »Kunde« führt zu »Bestellung«. Die Intension von »Bestellung« ergibt sich aus den kombinierten Merkmalen der die Verknüpfung konstituierenden Prädikatoren »Artikel« und »Kunde«. Aus der Sicht von »Bestellung« haben »Artikel« und »Kunde« andere Rollen als die selbständigen Teile. Ein Kunde wechselt im Rahmen einer Bestellung seine Rolle zu *Besteller*, aus dem Artikel wird ein *Bestellartikel*.

Interpretiert in der Terminologie von Dependenzgrammatiken, öffnet »Bestellung« gewissermaßen Leerstellen, die durch »Kunde« und »Artikel« als obligatorische Aktanten im Sinne Helbigs [Helbig92] besetzt werden. Der Vorgang der Bestellung erfordert die Angabe eines Kunden (nach der Terminologie von [Fillmore87] der *Agens*, also der Verursacher der Bestellung) und eines Artikels (das *Objektthema*, das Objekt der Bestellung). Die Nennung des Lieferanten (oder *Experiencer*, der Betroffene der Bestellung) ist implizit enthalten, da das Objektschema in diesem Fall aus dessen Sicht entworfen ist. Weitere obligatorische oder fakultative Leerstellen der Verknüpfung - beispielsweise das Bestelldatum, d.h. der Zeitpunkt der Bestellung - sind als Attribute der Verknüpfung in »Bestellung« anzugeben.

Relationen beschreiben lexikalisch-semantisch nicht weiter geklärte Abhängigkeitsbeziehungen zwischen den Gegenständen, welche unter die verbundenen Prädikatoren fallen. Normsprachlich werden Relationen durch n-stellige Relatoren beschrieben. Die Extension des Relators ist die Menge aller Beziehungen zwischen den Gegenständen der verbundenen Prädikatoren. Für zweistellige Relationen empfiehlt sich eine Infixnotation, n-stellige Beziehungen sind in einer Prä- oder Postfixnotation zumeist besser lesbar. Die Aussage »Heinz ist der Vater von Karl« wird normsprachlich als »ist_Vater_von(Heinz, Karl)«, » Heinz ist_Vater_von Karl« oder »Heinz, Karl ε ist_Vater_von« rekonstruiert (vgl. [Lorenzen87:50]). Expandiert zu »Die Person Heinz ist Vater der Person Karl« wäre die normsprachliche Aussage: »(Heinz ε Person), (Karl ε Person) ε ist_Vater_von«. Sieht man von den einzelnen Aktualisierungen dieser Beziehung ab, lautet die der Aussage zugrundeliegende begriffliche Beziehung »Person ist_Vater_von Person«. Bei der Klärung der spezifischen Eigenschaften solcher Relationen ist zu prüfen, ob diese nicht als Ausprägungen anderer semantischer Beziehungen zwischen Prädikatoren zu verstehen sind (einen guten Überblick verschiedenster semantischer Beziehungen mit ihren Eigenschaften gibt [Evens80]).

Die *Hypostasierung* ist normsprachlich auf die Inklusionsbeziehung zwischen Prädikatoren zurückzuführen. Inklusionsbeziehungen zwischen Prädikatoren führen zu einer Hypostasierungsbeziehung zwischen Objekttypen, falls in der Anwendung die unterschiedlichen Artprädikatoren durch gleiche Merkmale beschrieben werden (vgl. in Abbildung 5-2 den dritten Übergang).

Die *Multiplizität* einer Beziehung erfolgt normsprachlich in der kompakten Minimum/Maximum-Notation: »Pr $\{n_1, n_2, ..., n_i\}$«. Eine untere Schranke von 0 für n_1 bedeutet, daß eine Kann-Beziehung mit einer Beziehungsbeteiligung von »einige« vorliegt. Nicht alle Gegenstände, welche unter den betrachteten Prädikator fallen, nehmen an der Beziehung teil. Eine untere Schranke von ≥ 1 legt eine Muß-Beziehung fest. Ein »*« als obere Schranke für n_i bedeutet, daß das Beziehungsverhältnis »mehrere« ist, also jeder Gegenstand des betrachteten Prädikators mit einer nicht näher bestimmten Anzahl von Gegenständen eines anderen Prädikators in Beziehung steht. Fallen Minimum und Maximum zusammen, wird nur ein Wert notiert, ansonsten kann zur Festlegung der Multiplizitäten das übliche Quantorenspektrum mit Aufzählungen etc. genutzt werden. Da nur für zweistellige Beziehungen die jeweiligen Multiplizitäten eindeutig festgelegt werden können, müssen n-stellige Beziehung in $n*(n-1)/2$ zweistellige Beziehungen aufgelöst werden.

Daß jeder PKW drei, vier oder sechs Räder, einen Motor und eine Karosserie hat und umgekehrt ein Rad und ein Motor einem oder keinem PKW zugeordnet werden und jede Karosserie Teil genau eines PKWs ist, wird durch die folgenden Aussagen festgelegt (vgl. dazu die Abbildung 5-9):

$$\text{PKW } \{3,4,6\} >_{\text{Ganzheit}} \text{Rad } \{0,1\} \qquad\qquad (5.2.2\text{-}33)$$
$$\text{PKW } \{1\} >_{\text{Ganzheit}} \text{Motor } \{0,1\}$$
$$\text{PKW } \{1\} >_{\text{Ganzheit}} \text{Karosserie}\{1\}$$

Umgangssprachlich werden Multiplizitäten häufig getrennt aus der Sicht der beteiligten Prädikatoren formuliert. Die Aggregationsbeziehung zwischen »Motor« und »Zylinder« aus (5.2.2-17) könnte einmal aus der Sicht von »Motor« durch die Aussage »Jeder Motor hat entweder 2, zwischen 4 und 8 oder 12 Zylinder« und einmal aus der Sicht von »Zylinder« durch »Jeder Zylinder ist Teil genau eines Motors« charakterisiert werden. Die Rekonstruktion dieser Aussagen führt zu folgenden singulären Aussagen in normierter Form:

$$\forall x \, \varepsilon \, \text{Motor} \overset{2,4..8,12}{\exists} y \, \varepsilon \, \text{Zylinder} \, (\, x, y \, \varepsilon >_{\text{Ganzheit}}) \qquad (5.2.2\text{-}34)$$

$$\forall x \, \varepsilon \, \text{Zylinder} \, \exists! y \, \varepsilon \, \text{Motor} \, (\, y, x \, \varepsilon >_{\text{Ganzheit}})$$

Der erste Quantor mit dem weiten Skopus gibt die Beziehungsbeteiligung an - wieviele Gegenstände, welche unter den Prädikator fallen, nehmen an der Beziehung teil? Der zweite Quantor mit einem engen Skopus beschreibt das Beziehungsverhältnis - mit wievielen Gegenständen eines verbundenen Prädikators besteht diese Beziehung? Die Multiplizitäten sind in der ersten Aussage aus der Sicht von »Motor«, in der zweiten Aussage aus der Sicht von »Zylinder« spezifiziert. Übertragen in die Min/Max-Notation, wäre die Multiplizität zwischen »Motor« und »Zylinder« folgendermaßen festzulegen:

$$\text{Motor} \, \{2,4..8,12\} >_{\text{Ganzheit}} \text{Zylinder} \, \{1\} \qquad (5.2.2\text{-}35)$$

Eine gute Übersicht verschiedener Notationsformen für Kardinalitäten in unterschiedlichen semantischen Datenmodellen gibt [Liddle93]. Eine formale Definition dieser Min/Max-Notation mittels des von Gries eingeführten *counting quantifier* [Gries81:73f] ist [Embley92:259f] zu entnehmen. Ordnungsangaben für Multiplizitäten ≥ 1 werden normsprachlich unmittelbar hinter dem letzten Multiplizitätswert angegeben:

$$\text{Publikation} \, \{1,* \, / \, \text{Liste}\} >_{\text{Kollektion}} \text{Band} \, \{1\} \qquad (5.2.2\text{-}36)$$

Zu lesen ist diese normsprachliche Aussage als: »Eine Publikation ist eine Kollektion von mehreren als Liste geordneten Bänden, und jeder Band ist Teil genau einer Publikation«

Die normsprachliche Formulierung von *Existenzabhängigkeiten* zwischen Gegenständen beruht auf der in Abschnitt 4.2.1 erläuterten Definition. Ein Gegenstand x ist existenzabhängig von einem Gegenstand y, wenn gilt, daß aus der Existenz von x die Existenz von y folgt: »x, y ε existenzabhängig $\overset{\text{def}}{=\!=}$ x ε existieren $\rightarrow$ y ε existieren«. Daß alle Gegenstände, welche unter einen Prädikator Pr_1 fallen, existenzabhängig sind von Gegenständen, welche unter einen anderen Prädikator Pr_2 fallen, könnte ausgedrückt werden durch:

$$\forall x \, \varepsilon \, Pr_1, y \, \varepsilon \, Pr_2 \, (x \, \varepsilon \, \text{existieren} \rightarrow y \, \varepsilon \, \text{existieren}) \qquad (5.2.2\text{-}37)$$

Diese Festlegung der Existenzabhängigkeit ist jedoch noch ergänzungsbedürftig hinsichtlich der Beziehung, welche die Existenzabhängigkeit begründet, da zwischen Gegenständen, welche unter einen Prädikator fallen, mehrere unterschiedliche Beziehungen bestehen können und nur einige dieser Beziehungen eine Existenzabhängigkeit verbundener Gegenstände implizieren. Mit Pr_3 als Relator ist die Existenzabhängigkeit der Gegenstände eines Prädikators Pr_1 von den Gegenständen eines Prädikators Pr_2 in der Beziehung Pr_3 festzulegen als:

$$\forall x \, \varepsilon \, Pr_1, \, y \, \varepsilon \, Pr_2 \, (x,y \, \varepsilon \, Pr_3 \rightarrow x, \, y \, \varepsilon \text{ existenzabhängig}) \qquad (5.2.2\text{-}38)$$

Jedes Inhaltsverzeichnis ist existenzabhängig von seinem Dokument als Ganzem. Das Löschen des Dokuments impliziert das Löschen des verbundenen Inhaltsverzeichnisses:

$$\forall x \, \varepsilon \, \text{Inhaltsv.}, \, y \, \varepsilon \, \text{Dokument} \, (x,y \, \varepsilon < \, \rightarrow x,y \, \varepsilon \text{ existenzabhängig}) \qquad (5.2.2\text{-}39)$$

Angaben zur *Exklusivität* beruhen normsprachlich auf Einschränkungen der gebundenen Variablen in Aussagen. Ein Gegenstand ist *privates* Teil eines Ganzen, wenn dieses Teil nur in einem Gegenstand enthalten sein darf (mit »Gegenstand« als allgemeinstem Prädikator oder *Leerprädikator* o). *Typeinzigartig* bedeutet, daß ein Gegenstand nur Teil genau eines Gegenstands sein kann, welchem ein bestimmter Prädikator zukommt. Darf das Objekt *geteiltes* Teil unterschiedlicher Gegenstände sein, ist keine besondere Einschränkung erforderlich. Mit dem Einsquantor sind normsprachliche Aussagen zu diesen drei Arten der Exklusivität:

- *Privat*: $\forall x \, \varepsilon \, \text{Karosserie} \, \exists! y \, \varepsilon \, o \, (y,x \, \varepsilon >)$ (5.2.2-40)
- *Typeinzigartig*: $\forall x \, \varepsilon \, \text{Abstract} \, \exists! y \, \varepsilon \, \text{Beitrag} \, (y,x \, \varepsilon >)$
- *Geteilt*: $\forall x \, \varepsilon \, \text{Grafik} \, \exists y \, \varepsilon \, o \, (y,x \, \varepsilon >)$

Um weiterhin normsprachlich festzulegen, daß ein Gegenstand nicht zwei unterschiedliche Karosserien oder ein Beitrag zwei unterschiedliche Abstracts besitzen darf, ist der Exklusivitätsquantor $\exists!!$ (lies: »es gilt exklusiv für genau«) einzuführen (vgl. [Sowa91:179]:

$$\forall x \, \exists!! y \, (x,y \, \varepsilon \, Pr) \stackrel{\text{def}}{=\!=} \qquad (5.2.2\text{-}41)$$
$$\forall x \, \exists y \, (x,y \, \varepsilon \, Pr \wedge \forall z \, (x,z \, \varepsilon \, Pr \rightarrow y=z) \wedge \forall w \, (w,y \, \varepsilon \, Pr \rightarrow x=w))$$

Modifiziert lauten die normsprachlichen Aussagen danach:

- *Privat*: $\forall x \, \varepsilon \, \text{Karosserie} \, \exists!! y \, \varepsilon \, o \, (y,x \, \varepsilon >)$ (5.2.2-42)
- *Typeinzigartig*: $\forall x \, \varepsilon \, \text{Abstract} \, \exists!! y \, \varepsilon \, \text{Beitrag} \, (y,x \, \varepsilon >)$

Die erste Aussage legt fest, daß jede Karosserie in einem Gegenstand als Teil enthalten ist und kein Gegenstand mehr als eine Karosserie enthält. Die zweite Aussage behauptet, daß jeder Abstract Teil genau eines Beitrags ist und zwei Beiträge nicht den gleichen Abstract enthalten.

Rollenangaben in Beziehungen sind normsprachlich auf Art/Gattungs-Beziehungen oder Rollenbeziehungen zwischen Prädikatoren zurückzuführen. In (5.2.2-13) wurde beispielsweise zwischen Instanzen des Objekttyps PERSON eine Beziehung »Ehe« mit den Rollen »Ehefrau« und »Ehemann« eingeführt:

$$
\begin{array}{ll}
\textit{objecttype}\ \text{PERSON} & (5.2.2\text{-}43)
\end{array}
$$

```
objecttype PERSON                                            (5.2.2-43)
   "
   relationtype Ehe with
        PERSON {participation: Some / proportion: One / role: Ehefrau},
        PERSON {participation: Some / proportion: One / role: Ehemann};
   :::
```

Diese Rollenangaben in PERSON dienen der besseren Lesbarkeit des Modells. Da die Ehebeziehung zwischen Personen in der Anwendung nicht durch weitere Merkmale beschrieben werden soll, ist diese Spezifikation ausreichend. Normsprachlich sind »Ehefrau« und »Ehemann« als Rollen der Prädikatoren »Frau« und »Mann« zu rekonstruieren. »Frau« und »Mann« wiederum sind Artprädikatoren der Gattung »Person«. Der Relator »Ehe« beschreibt die Beziehungen zwischen Ehemännern und Ehefrauen.

$$
\begin{aligned}
&\text{Frau, Mann} \sqsubseteq \text{Person} && (5.2.2\text{-}44)\\
&\text{Ehefrau} \sqsubseteq \text{Frau } \textit{und}\ \text{Ehemann} \sqsubseteq \text{Mann}\\
&\text{Ehe(Ehefrau, Ehemann)}
\end{aligned}
$$

Da in der Anwendung nur die Ehebeziehung als solche interessiert, wird die Beziehung »Ehe« zwischen »Ehefrau« und »Ehemann« in eine (rekursive) Beziehung auf der Ebene der Gattung »Person« überführt. Die Rollenprädikatoren werden zu den Rollennamen der Beziehung.

Abschließend ist die *Propagierung von Merkmalen* (Attributen) zwischen Instanzen verbundener Objekttypen zu rekonstruieren. Diese beruht normsprachlich auf einer Subjunktion. Daß ein PKW die Farbe seiner Karosserie erbt, wird etwa durch die folgende Aussage behauptet:

$$
\begin{aligned}
&\forall x \in \text{PKW},\ y \in \text{Karosserie},\ z \in \text{Farbe} && (5.2.2\text{-}45)\\
&\qquad ((y\ \text{hat\_Farbe}\ z \wedge x >_{\text{Ganzheit}} y) \rightarrow x\ \text{hat\_Farbe}\ z)
\end{aligned}
$$

Wenn eine Karosserie die Farbe z als Merkmal besitzt und Teil des PKWs x ist, so impliziert dies, daß x ebenfalls die Farbe z als Merkmal besitzt. Umgekehrt kann ein PKW sein Alter an seine Karosserie propagieren:

$$\forall x \; \varepsilon \; \text{PKW}, \; y \; \varepsilon \; \text{Karosserie}, \; z \; \varepsilon \; \text{Integer} \qquad\qquad (5.2.2\text{-}46)$$
$$((x \; \text{hat\_Alter} \; z \; \wedge \; x \; >_{\text{Ganzheit}} y) \; \rightarrow \; y \; \text{hat\_Alter} \; z)$$

Ein PKW x mit dem Alter z propagiert dieses Alter an seine Karosserie y (vgl. mit Abbildung 5-9).

5.3   Funktionalität

Die funktionale Sicht beschreibt transformationsbezogen die Wirkungen der Objekte durch ihre typspezifischen *Fähigkeiten* (Abschnitt 5.3.1) und die sich im Zusammenhang mit der Ausführung dieser Fähigkeiten ergebenden *Interaktionen* zwischen den kooperierenden Objekten (Abschnitt 5.3.2).

5.3.1   Fähigkeiten

Die interne Funktionalität von Objekten ergibt sich aus den ihnen zugeordneten Fähigkeiten. Das Objekt stellt seine Fähigkeiten als Dienstleister anderen Objekten als Dienstnehmern zur Verfügung. Die Spezifikation von Fähigkeiten als operationale Grundelemente von Objekten basiert in *TAOS* im Sinne der Hoarschen Programmlogik [Hoare78] auf wahrheitsfunktionalen Ausdrücken als Vor- und Nachbedingungen (vgl. [Gries81:99ff; Lamping95]). Die *Vorbedingungen* müssen vor der Ausführung einer Fähigkeit vom Dienstnehmer erfüllt werden. Die *Nachbedingungen* beschreiben die zugesicherten Wirkungen der Aktualisierung einer Fähigkeit durch den Dienstleister.

5.3.1.1 Spezifikationssprache

Die Sprachkonstrukte von *TAOS-S* zur Beschreibung der Objektfähigkeiten sind:

1) <Fähigkeiten> $\triangleq$ ***capabilities*** (<Fähigkeit>)$^+$

2) <Fähigkeit> $\triangleq$ <Fähigkeitskopf> ['*{*' <Fähigkeitsrumpf> '*}*']

3) <Fähigkeitskopf> $\triangleq$ ['\$'] <Fähigkeitsname> ['(' <Signatur> ')']
                                [':' <Typangabe>]

4) <Signatur> $\triangleq$ ([<Bezeichnerliste> ':'] <Typangabe> || ';')$^+$

5)   <Fähigkeitsrumpf> $\triangleq$ [<Vorbedingung>]
                                     [<Operation>]
                                     [<Nachbedingung>]

6)   <Vorbedingungen> $\triangleq$ *prec* <Bedingungen>

7)   <Nachbedingungen> $\triangleq$ *postc* <Bedingungen>

8)   <Operation> $\triangleq$ [*local* <Attributdefinitionen>] *do* <Anweisungen> *end*

9)   <Fähigkeitsname> $\triangleq$ <Bezeichner>

10) <Typangabe> $\triangleq$ <Bezeichner> ('[' (<Typangabe> || ',')$^+$ ']')*

Fähigkeiten (1) (*capabilities*) werden jeweils beschrieben durch die Definition des Fähigkeitskopfs und optional des Rumpfs der Fähigkeit (2). Der Fähigkeitskopf (3) setzt sich zusammen aus dem Fähigkeitsnamen, der Signatur und der Ergebniswerttypangabe. Ein dem Fähigkeitsnamen vorangestelltes Dollarzeichen zeigt in Anlehung an [Rumbaugh91:71] eine Fähigkeit auf Typebene (*Klassenmethode*) an. Fähigkeiten auf Typebene werden hauptsächlich für folgende Aufgaben vereinbart:

- **Erzeugen von Instanzen.** Die Fähigkeit zur Instanzerzeugung kann nicht der Instanz selber zugeordnet werden, da diese zum Zeitpunkt der Erzeugung noch nicht existiert.

- **Veränderung von gemeinsamen Attributen.** Die Manipulation gemeinsamer Attribute wird als Klassenmethode deklariert, da sie alle Instanzen eines Typs betrifft.

- **Selektion von Objekten eines Typs.** Mehrere Instanzen eines Objekttyps sind häufig nach gemeinsamen Merkmalen zu selektieren. Im Fachentwurf wird eine implizite Objektverwaltung für die Instanzen eines Typs als dessen Extension angenommen. Durch den Aufruf einer Klassenmethode können Objekte eines Typs nach ausgewählten Kriterien selektiert werden.

- **Operationen auf alle Objekte eines Typs.** Operationen, welche alle Objekte eines bestimmten Typs betreffen - etwa das Ausdrucken einer Liste aller Bibliotheksbenutzer -, sind zusammenfassend als Klassenmethode zu vereinbaren.

In der Signatur (4) wird die Anzahl, die Reihenfolge und der Typ der formalen Argumente als Eingangsgrößen definiert. Fähigkeiten ohne Ergebniswert entsprechen Prozeduren, mit Ergebniswert sind sie als Funktionen zu interpretieren.

Im Fähigkeitsrumpf (5) werden die notwendigen Vorbedingungen, das Verlaufsschema der Operationen und die zugesicherten Nachbedingungen definiert. Die

Beschreibung von Operationen durch Zusicherungen als Vor- und Nachbedingungen ist in deklarativen Spezifikationssprachen wie *VDM* oder *Z* grundlegend. Als Entwurfsprinzip wurde die Spezifikation von Zusicherungen insbesondere von Meyer propagiert und in *Eiffel* umgesetzt [Meyer92; Meyer92a]. Im Sinne dieses von Meyer formulierten Vertragsprinzips (*design by contract*) erfordert die Aktivierung der Fähigkeiten eines Dienstleisters durch einen Dienstnehmer von diesem die Erfüllung der in den Vorbedingungen einer Fähigkeit genannten Verpflichtungen. Die dem Dienstnehmer vom Dienstleister im Falle des Erfülltseins der Vorbedingungen garantierte Wirkung der Ausführung der angeforderten Dienstleistung wird in den Nachbedingungen fixiert. Martin drückt den Zusammenhang zwischen diesen gegenseitigen Verpflichtungen und Zusicherungen plastisch aus: „The operation in effect, has a contract with its users that says: 'If you make a request that satisfies certain preconditions, I will return a result that satisfies certain postconditions'" [Martin93:326].

Eine konsequente Umsetzung dieses Entwurfsprinzips für die Zuordnung der Verantwortlichkeiten von Dienstnehmern und Dienstleistern innerhalb eines Objektsystems ist in der auf *Eiffel* basierenden Entwurfsmethode *BON* von Waldén und Nerson zu finden [Waldén95]; die Spezifikation von Fähigkeiten oder Methoden durch Vor- und Nachbedingungen wird jedoch auch in anderen Entwurfsmethoden empfohlen (vgl. etwa [Desfray94:82ff; Martin95:148ff: Henderson-Sellers94]). In *TAOS-S* folgt die Definition der Vorbedingungen (6) (*prec*) und der Nachbedingungen (7) (*postc*) weitgehend der Syntax für Zusicherungen in *BON* [Waldén95:49ff,357ff]:

12) <Bedingungen> $\hat{=}$ (<Bedingung> || ';')$^+$

13) <Bedingung> $\hat{=}$ <Ausdruck>

14) <Ausdruck> $\hat{=}$ <Konstante> | <Op_Ausdruck> | <Aufruf>
                                     | <Quant_Ausdruck>

15) <Quant_Ausdruck> $\hat{=}$ <Quantor> <Quant_Bereich> <Bed_Aussage>

16) <Quant_Bereich> $\hat{=}$ (<Bezeichnerliste> (':' <Typangabe> | *in* <Verbund>)
                                     || ';')$^+$

17) <Verbund> $\hat{=}$ <Enum_Liste> | <Aufruf> | <Op_Ausdruck>

18) <Bed_Aussage> $\hat{=}$ ***it_holds*** <Bedingung>

19) <Aufruf> $\hat{=}$ (<Ref_Arg_Liste> || ('.' | '::'))$^+$

20) <Ref_Arg_Liste> $\hat{=}$ (<Bezeichner> ['(' <Akuelle_Parameter> ')']

21) <Aktuelle_Parameter>$\hat{=}$ (<Ausdruck> || ',')$^+$

22) <Op_Ausdruck> $\hat{=}$ '(' <Ausdruck> ')' | <Unärer_Ausdruck>
                                     | <Binärer_Ausdruck>

23) <Unärer_Ausdruck> $\triangleq$ <Präfix_Op> <Ausdruck>

24) <Binärer_Ausdruck> $\triangleq$ <Ausdruck> <Infix_Op> <Ausdruck>

25) <Enum_Liste> $\triangleq$ '*{*' (<Enum_Element> || ',')$^+$ '*}*'

26) <Enum_Element> $\triangleq$ <Ausdruck> | <Intervall>

27) <Intervall> $\triangleq$ <Konstante_Datum> '.. ' <Konstante_Datum>

28) <Konstante> $\triangleq$ Void | Current | <Konstante_Datum>

29) <Konstante_Datum> $\triangleq$ <Char_Konst> | <String_Konst> | <Cardinal_Konst>
    | <Decimal_Konst> | <Real_Konst> | <Boolean_Konst>
    | <Date_Konst> | <Time_Konst>

30) <Präfix_Op> $\triangleq$ *old* | *delta* | ('¬' | *not*) | '+' | '-'

31) <Infix_Op> $\triangleq$ '+' | '-' | '*' | '/' | '//' | '\\' | '^' | *in* | ':'
    | <Vergleichsoperator> | <Junktoren>

32) <Junktoren> $\triangleq$ ('∧' | *and*) | ('∨' | *or*) | *xor* | ('→' | *implies*)
    | ('↔' | *iff*)

Bedingungen und Zusicherungen sind gemäß dieser *BON*-Syntax als logische Prädikate mit den üblichen Junktoren und Quantoren (vgl. Abschnitt 5.2.2.1, die Anzahl der Quantoren wurde gegenüber *BON* erweitert) sowie mit Ergänzungen bezüglich Funktions- oder Operatorausdrücken formuliert.

Regel (16) beschreibt die Festlegung von Wertebereichs- und Sortenbeschränkungen für quantifizierte Variablen. Die Bedingung »∀a:AUSLEIHE *it_holds* a.Ausleiher ≠ Void« drückt etwa aus, daß der Wert von »Ausleiher« für alle Instanzen des Typs AUSLEIHE nicht leer sein darf, eine Ausleihe also immer einem Ausleiher zugeordnet sein muß. Die Konstante »Void« (28) zeigt an, daß ein Verweis aktuell keinem Objekt zugeordnet ist [Meyer92:270]. Das aktuelle Exemplar eines Typs wird durch »Current« referenziert. Durch den Operator *old* (30) wird der Wert eines Ausdrucks vor der Ausführung einer Fähigkeit bestimmt. In Nachbedingungen kann mittels *old* der gültige Wert von Variablen nach der Ausführung einer Fähigkeit mit dem Wert vor der Ausführung verglichen werden.

So ist beispielsweise die Nachbedingung »*postc* n = *old* n + 1« wahr, wenn der Wert der Variablen n während der Ausführung dieser Fähigkeit um eins erhöht wurde, »*old* n« bezeichnet den Wert von n vor der Ausführung der Fähigkeit. *delta* zeigt an, daß sich der Wert des Ausdrucks während der Ausführung der Fähigkeit ändern kann. Das Enthaltensein von Elementen in Verbunden (Mengen, Listen, Keller) prüft *in* (31), das hier anstelle des *BON*-Ausdrucks *member_of* gewählt wurde, um deutlich zu machen, daß das Enthaltensein für alle Arten von Verbunden und nicht nur für Mengen geprüft wird.

Die Beschreibung von Fähigkeiten durch Vor- und Nachbedingungen erlaubt eine
deklarative Spezifikation der Voraussetzungen und der transformationsbezogenen
Wirkungen ihrer Ausführung, ohne den Transformationsalgorithmus selber darle-
gen zu müssen. Diese deklarative Form der Beschreibung erlaubt sehr kompakte
Spezifikationen. In manchen Fällen kann diese an sich anzustrebende Spezifikati-
onsform aber schwieriger zu formulieren sein als eine prozedurale Beschreibung
des Verlaufsschemas von Anweisungen durch einen Algorithmus. Prinzipiell sollten zur Beschreibung von Fähigkeiten im Fachentwurf deshalb die unterschiedlichsten Spezifikations- und Darstellungstechniken (Entscheidungstabellen, Fluß-
und Aktionsdiagramme, Struktogramme, Pseudocode, Strukturierte Sprache usw.)
erlaubt sein und nicht von vornherein eine bestimmte Form verpflichtend vorge-
schrieben werden. Die folgenden Regeln definieren deshalb eine (minimale) Syntax für Anweisungen (8):

33) <Anweisungen> $\triangleq$ (<Anweisung> || ';')$^+$

34) <Anweisung> $\triangleq$ <Einfache_Anw> | <Komplexe_Anw>

35) <Einfache_Anw> $\triangleq$ <Zuweisung> | <Aufruf>

36) <Zuweisung> $\triangleq$ <Ausdruck> | Result ':=' <Ausdruck>

37) <Komplexe_Anw> $\triangleq$ <Kontrollausdruck>

Anweisungen sind entweder einfach oder komplex. Einfache Anweisungen sind
die Zuweisung und der Aufruf einer Fähigkeit. Die *Eiffel*-Konstante »Result« dient
zur Aufnahme des Ergebniswerts einer Funktion. Der an »Result« zugewiesene
Wert wird dem Dienstnehmer der Fähigkeit nach der Ausführung als Ergebnis mitgeteilt. Komplexe Anweisungen ergeben sich aus den Konstruktoren für Kontrollausdrücke. In Abschnitt 5.4.2.1 werden als Kontrollausdrücke die *Sequenz* für eine
lineare Reihenfolge von Anweisungen, die *Selektion* für bedingte Anweisungen,
die *Iteration* für Wiederholungen sowie die *Parallelität* für die parallele Ausführung von Anweisungen eingeführt. Die Beschreibung des Verlaufsschemas sollte
im Fachentwurf allerdings weitgehend vermieden werden, da dies fast immer zu
einer Überspezifikation führt.

(5.3.1-1) auf der nächsten Seite zeigt die Spezifikation einer Fähigkeit »vormerkbar« im Objekttyp AUSLEIHEXEMPLAR nach der beschriebenen Syntax. Die Fähigkeit »vormerkbar« prüft, ob ein Ausleihexemplar durch einen Benutzer
vorgemerkt werden kann. Das einzige formale Argument von »vormerkbar« ist
vom Typ BENUTZER. Referenziert das aktuelle Argument beim Aufruf einen
Benutzer (»b ≠ Void«), wird dem Dienstnehmer mitgeteilt, ob dieser referenzierte
Benutzer das Ausleihexemplar vormerken kann oder nicht. Das Exemplar ist vormerkbar, wenn gilt:

- Der Benutzer ist leihberechtigt (»b.leihberechtigt«).

- Das Ausleihexemplar ist nicht frei (»Ausleiher ≠ Void«).

- Der Benutzer ist nicht der aktuelle Ausleiher (»Ausleiher ≠ b«).

- Die Liste der Vormerkungen ist nicht voll (»*not* Vormerkung.full«).

- Der Benutzer ist nicht in der Liste der Vormerkungen enthalten, mehrere Vormerkungen eines Benutzers für dasselbe Exemplar sind nicht erlaubt (»*not* b *in* Vormerkung«).

Im letzten Prädikat wird »full« als boolsche Funktion für Listen angenommen. Diese liefert den Wert »wahr«, wenn die Liste der Vormerkungen für ein Ausleihexemplar voll ist. Da nur maximal fünf Vormerkungen erlaubt sind, gilt in diesem Fall der Ausdruck »Vormerkung.value(5) ≠ Void«.

```
objecttype AUSLEIHEXEMPLAR                                    (5.3.1-1)
    :::
    capabilities
        vormerkbar (b : Benutzer) : BOOLEAN
          { prec
                b ≠ Void;
            do
                Result := (b.leihberechtigt and Ausleiher ≠ Void
                        and Ausleiher ≠ b and not Vormerkung.full
                        and not b in Vormerkung);
            end
          }
    :::
```

Eine weitere typspezifische Fähigkeit von Objekten des Typs AUSLEIHEXEMPLAR ist »vormerken« zur Vormerkung eines Ausleihexemplars für einen Benutzer:

```
objecttype AUSLEIHEXEMPLAR                                    (5.3.1-2)
    :::
    capabilities
        vormerkbar (b : Benutzer) : BOOLEAN
        :::
        vormerken (b : Benutzer)
          { prec
                b ≠ Void and
                vormerkbar(b);
            postc
                Vormerkung.last = b and
                Vormerkung.count = old Vormerkung.count + 1 and
                b.Vormerkung.count = old b.Vormerkung.count + 1;
          }
    :::
```

Um ein Ausleihexemplar für einen Benutzer vorzumerken, müssen die folgenden Vorbedingungen gelten:

- Das aktuelle Argument verweist auf einen Benutzer (»b ≠ Void«).

- Das Exemplar ist für diesen Benutzer vormerkbar (»vormerkbar(b)«).

Sind diese Vorbedingungen erfüllt, wird zugesichert, daß nach Ausführung der Fähigkeit die folgenden Nachbedingungen gelten:

- Das letzte Element in der Liste der Vormerkungen enthält einen Verweis auf den vormerkenden Benutzer (»Vormerkung.last = b«), d.h. der vormerkende Benutzer ist in die Liste der Vormerkungen aufgenommen.

- Die Anzahl der Vormerkungen für das Ausleihexemplar hat sich um eins erhöht (»Vormerkung.count = *old* Vormerkung.count + 1«).

- Die Anzahl der Vormerkungen des Benutzers hat sich um eins erhöht (»b.Vormerkung.count = *old* b.Vormerkung.count + 1«).

Zwei weitere Beispiele für die Spezifikation von Fähigkeiten in einem Objekttyp BENUTZER zeigt (5.3.1-3):

```
objecttype BENUTZER                                          (5.3.1-3)
    :::
    capabilities
        sperren
          { prec
                  Benutzerstatus = leihberechtigt;
              postc
                  Benutzerstatus = gesperrt and
                  Vormerkung.empty;
          }

        :::

        wiederaufnehmen
          { prec
                  Benutzerstatus = gesperrt and
                  Geliehenes_Ex.empty;
              postc
                  Benutzerstatus = leihberechtigt;
          }
        :::
```

Benutzer können vom Leihverkehr ausgeschlossen und auf Veranlassung der Bibliotheksleitung wieder aufgenommen werden. Die Nachbedingungen von »sperren« legen die Wirkungen des Ausschlusses wie folgt fest: Der Benutzerstatus ist auf »gesperrt« gesetzt, und alle Vormerkungen des gesperrten Benutzers sind gelöscht. Durch die Wiederaufnahme wird der Benutzerstatus auf »leihberechtigt« gesetzt. Voraussetzung für die Wiederaufnahme in den Leihverkehr ist, daß der Benutzer keine Exemplare mehr ausgeliehen hat, also alle Exemplare zurückgegeben und damit auch alle ausstehenden Gebühren bezahlt hat (»Geliehenes_Ex.empty«).

Bei der Festlegung der Vor- und Nachbedingungen der Fähigkeiten von Objekttypen ist zu beachten, daß ererbte Vorbedingungen in erbenden Typen nur abgeschwächt und umgekehrt ererbte Nachbedingungen nur eingeschränkt werden dürfen. Diese Forderung ist notwendig, da Instanzen von Subtypen grundsätzlich verhaltenskonform mit Instanzen übergeordneter Supertypen sein müssen. Fähigkeiten, welche unter gegebenen Vorbedingungen von Instanzen eines Supertyps aktualisierbar sind, müssen auch von allen Instanzen untergeordneter Subtypen aktualisierbar sein. Vorbedingungen dürfen in Subtypen deshalb nicht verschärft werden. Umgekehrt dürfen Nachbedingungen im erbenden Typ nur eingeschränkt aber nicht erweitert werden. Alle Wirkungen, welche Instanzen von Supertypen bei der Aktualisierung einer Fähigkeit zusichern, müssen auch von Instanzen des Subtyps zugesichert werden [Meyer88].

5.3.1.2 Diagrammsprache

Die Darstellung der Fähigkeiten von Objekttypen erfolgt in den Objekttypdiagrammen im dritten Teilfeld unterhalb der Attribute. Fähigkeiten werden durch den Fähigkeitsnamen und (optional) durch die formalen Argumente mit dem Ergebnistyp notiert. Angelehnt an die grafische *BON*-Notation, können für einzelne Fähigkeiten zusätzlich die Zusicherungen und der Ergebniswert notiert werden. Vorbedingungen sind durch das Symbol ⊡, Nachbedingungen durch ⊡ zu kennzeichnen. Der Punkt bedeutet die Behauptung der Aktualisierung der Fähigkeit. Der eingehende Pfeil in den leeren Punkt für die noch nicht aktualisierte Fähigkeit symbolisiert die Voraussetzungen für diese Aktualisierung, der ausgehende Pfeil mit dem ausgefüllten Punkt für die aktualisierte Fähigkeit symbolisiert die danach zugesicherten Wirkungen. Klassenmethoden werden im Diagramm mit »$« markiert. Methoden zum Erzeugen von Instanzen sind mit einem Stern »*«, Methoden zum Löschen von Instanzen mit einem Kreuz »+« zu kennzeichnen.

Die Vorschrift zur Ermittlung des Ergebniswerts sowie die Vor- und Nachbedingungen sollten aus Platzgründen nur in Ausnahmefällen grafisch dokumentiert werden. Zumeist wird die Nennung des Namens der Fähigkeit wie in Abb. 5-15 auf der Folgeseite - eventuell erweitert um die Signatur und den Ergebnistyp - ausreichend sein. Abb. 5-14 stellt die in (5.3.1-1) bis (5.3.1-3) beschriebenen Fähigkeiten der Objekttypen BENUTZER und AUSLEIHEXEMPLAR ausführlich in Diagrammform dar.

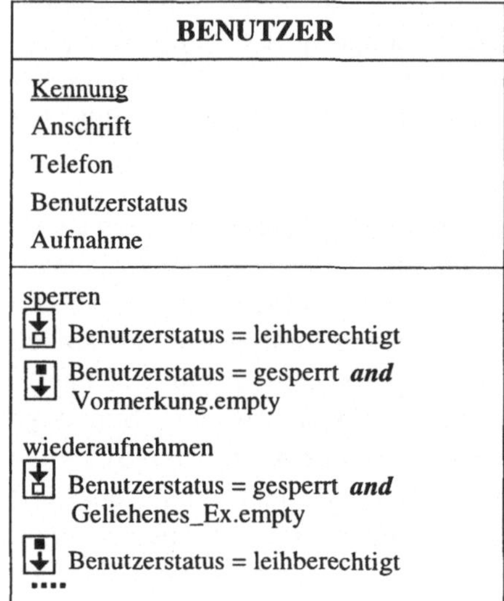

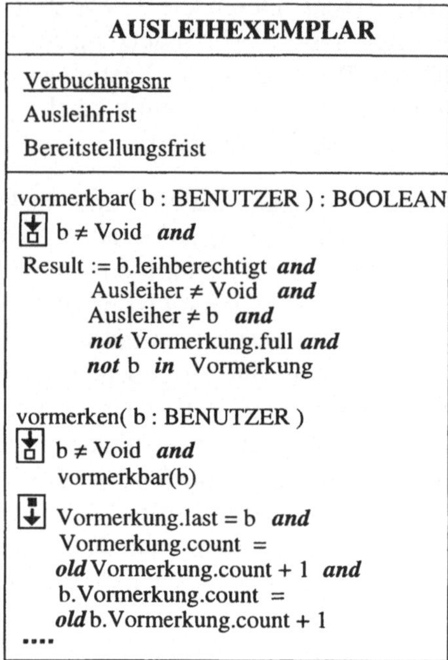

Abb. 5-14: Ausführliche Notation von Fähigkeiten in Objekttypdiagrammen

Abbildung 5-15 stellt die grafischen Elemente von *TAOS-D* zur Notation von Fähigkeiten im Objekttypdiagramm dar und listet einige Fähigkeiten von EXEMPLAR, AUSLEIHEXEMPLAR, BENUTZER und AUSWEIS auf.

BENUTZER	EXEMPLAR	AUSLEIH-EXEMPLAR	AUSWEIS
*aufnehmen	*erzeugen	*erzeugen	*ausgeben
zulassen	inventarisieren	freigeben	verlieren
ausleihen	katalogisieren	vormerken	finden
leihberechtigt	vermissen	bereitstellen	+löschen
vormerken	finden	ausleihen	
zurückgeben	pflegen	verlängern	
sperren	wiederaufnehmen	zurückgeben	
wiederaufnehmen	+aussondern	+aussondern	
kündigen	$sucheTitel	löschenVorm	
+terminieren	$sucheSignatur	$sucheVerbNr	
	$sucheVerfasser		

Notation:
Vorbedingungen
Nachbedingungen
Result := Ergebniswert
$ Typfähigkeit
∗ Instanzen erzeugen
+ Instanzen löschen

Abb. 5-15: Auflistung der Fähigkeiten

Auf die Darstellung sogenannter impliziter Fähigkeiten zum Lesen und Manipulieren einzelner Attribute und Beziehungen und auf die Fähigkeiten zum Erzeugen und Löschen von Instanzen kann im Diagramm verzichtet werden (vgl [Coad91; Booch94]).

Neben den Objekttypdiagrammen können zur grafischen Veranschaulichung von Fähigkeiten sowohl die aus strukturierten Entwurfsmethoden bekannten Darstellungstechniken (Struktogramme, Entscheidungstabellen ...) als auch adaptierte oder speziell für den objektorientierten Entwurf entwickelte Notationen wie die *method structure diagrams* von Page-Jones et al. [Page-Jones90] (diese werden beispielsweise in *MOSES* [Henderson-Sellers94:236] genutzt), das *object flow model* von Desfray [Desfray94:100ff] oder die *activity diagrams* der *UML* [Booch96b:27f] empfohlen werden.

5.3.1.3 Normsprache

Die normsprachliche Beschreibung von Fähigkeiten basiert auf der Rekonstruktion der Handlungen eines Anwendungsbereichs. In Anlehnung an verschiedene Arbeiten zur Handlungstheorie (inbesondere [Rescher67; Goldmann70; Wright77]) sind folgende Merkmalsarten bei der Beschreibung von Handlungen durch ein Handlungsschema zu unterscheiden (vgl. [Steinbauer83:40ff]):

① **Handlungssubjekte**. Handlungen werden von Handlungssubjekten (Agenten) ausgeführt. Die Subjektklasse einer Handlung umfaßt alle Agenten, die befähigt sind, die Handlung zu aktualisieren.

② **Handlungsobjekte**. Die Objekte einer Handlung sind zu unterteilen in unmittelbar betroffene und mittelbar betroffene Objekte. Unmittelbar betroffene Objekte werden durch die Handlung erzeugt, verändert oder verbraucht. Mittelbar betroffene Objekte dienen als Mittel zur Handlungsdurchführung, beinflussen u. U. auch den Ablauf einer Handlung, werden aber selber nicht durch die Handlung verändert.

③ **Handlungssituation**. Die Aktualisierung einer Handlung findet in einem bestimmten Kontext statt. Eine Handlung kann durch die relevanten Zustände *vor* der Ausführung, *während* der Ausführung und *nach* der Ausführung charakterisiert werden (sog. Handlungssituationen [Wright77:87]). Die Charakterisierung der Handlungssituationen erfolgt durch Prädikate über die Handlungsobjekte.

④ **Handlungsablaufschema**. Eine Handlung wird durch die Ausführung einer Folge von Teilhandlungen aktualisiert. Die Zerlegung und Strukturierung einer Handlung in Teilhandlungen ist aus Sicht der Handlungstheorie allerdings insofern problematisch, als Kriterien zur Granularität und Tiefe einer Verfeinerung bis hin zu „atomaren" Handlungen festgelegt sein müßten.

Beim Übergang von einer normsprachlichen Beschreibung der Merkmale von Handlungen (Handlungstypen) nach diesen Merkmalskategorien zur Beschreibung der Merkmale von Objektfähigkeiten sind klare Analogien erkennbar. Die Subjektklasse einer Handlung entspricht der Menge aller Instanzen eines Objekttyps und dessen Subtypen, welchen diese Fähigkeit zugeordnet ist. Den unmittelbar betroffenen Handlungsobjekten entsprechen diejenigen Objekte, deren Merkmale während des Ausführens der Fähigkeit verändert werden oder die selber erzeugt und gelöscht werden. Unmittelbar betroffenes Objekt ist im objektorientierten Sinne auch die Instanz, welche die Fähigkeit selber als Dienstleister aktualisiert, wenn während dieser Aktualisierung objekteigene Merkmale verändert werden. Mittelbar betroffen sind alle Objekte, deren Merkmale lediglich gelesen, aber nicht verändert werden.

Der Beschreibung der Handlungssituation entspricht bei Fähigkeiten die Festlegung von Vorbedingungen, Nachbedingungen und Zusicherungen, etwa als Schleifeninvarianten. Die Charakterisierung des Handlungsablaufschemas korrespondiert mit der Beschreibung des Algorithmus durch Kontrollstrukturen (zur normsprachliche Rekonstruktion von Kontrollstrukturen siehe Abschnitt 5.4.2). Die aus Sicht der Handlungstheorie schwierige Frage der Festlegung elementarer Handlungen als unterer Verfeinerungsschranke kann in der Anwendungsentwicklung pragmatisch beantwortet werden: Die untere Schranke bilden die vordefinierten Operationen des Objektmodells als virtuelle Maschine.

Die normsprachliche Rekonstruktion von Aussagen zu Handlungen wurde einleitend bereits in Abschnitt 4.3 erläutert. Das Handlungssubjekt tritt in Handlungs- oder Fähigkeitsaussagen an der Subjektstelle der Aussage auf. Der die Handlung oder Fähigkeit bezeichnende Prädikator wird an der Prädikatstelle genannt. Beispiele sind:

$$[\text{Maier} \mid \pi \mid \text{vormerken}]$$
$$[\text{Müller} \mid \pi \mid \text{zurückgeben}]$$
$$[\text{Schmid} \mid \pi \mid \text{sperren}]$$
$$[\text{Huber} \mid \gamma \mid \text{ausleihen}]$$

(5.3.1-4)

Die Zugehörigkeit zu einer Subjektklasse wird deutlich, wenn diese Eigennamen durch Klassifikatoren ersetzt werden [Hartmann90:40].

> [Benutzer | π | vormerken]   (5.3.1-5)
> [Benutzer | π | zurückgeben]
> [Bibliotheksangestellter | π | sperren]
> [Benutzer | γ | ausleihen]

Die beiden letzten Aussagen behaupten beispielsweise, daß ein nicht näher bestimmter Bibliotheksangestellter die Handlung »sperren« ausführt und ein unbestimmter Benutzer die Fähigkeit zur Aktualisierung der Handlung »ausleihen« besitzt. Die direkten Objekte einer Handlung werden an der ersten Objektstelle genannt:

> [Benutzer | π | vormerken | Ulysses]   (5.3.1-6)
> [Benutzer | π | zurückgeben | Ausleihexemplar]
> [Bibliotheksangestellter | π | sperren | Benutzer]
> [Benutzer | γ | ausleihen | Ausleihexemplar]

Die indirekten Objekte von Handlungen stehen an der zweiten Objektstelle. Der Fall des indirekten Objekts wird durch das normsprachliche Kasusmorphem angezeigt - etwa in der letzten Aussage der Mittelfall »mit-Benutzerausweis« durch das Kasusmorphem »mit«. Zu den Eigenschaften der diesen Aussagen zugrundeliegenden semantischen Relationen zwischen Agent und Handlung oder Agent und Instrument siehe etwa [Sowa84:224f; Chaffin88:297f].

In normsprachlich rekonstruierten Handlungsaussagen werden Voraussetzungen und Wirkungen von Handlungen häufig implizit bereits durch die Zusatzprädikatoren oder Fälle angezeigt. In der normsprachlichen Aussage »leihberechtigt Benutzer | π | vormerken | ausgeliehen Ulysses« gibt die Verwendung der Zusatzprädikatoren »leihberechtigt« und »ausgeliehen« Hinweise auf Vorbedingungen für die Handlung »vormerken«. Umgekehrt wird die Wirkung einer Handlung »kopieren« durch den Werkfall in der Aussage: »Müller | π | kopieren | ι Buch | zu-Script« angezeigt.

Die explizite Beschreibung einer Handlungssituation erfolgt normsprachlich durch Aussagen, welche die Voraussetzungen $VOR_{|A|}$ $|A_1|$, die Invarianten $INV_{|A|}$ $|A_2|$ und die Wirkungen $WIRK_{|A|}$ $|A_3|$ eines durch die Handlungsaussage $|A|$ dargestellten Sachverhalts festlegen. A ist die Handlungsaussage - im elementaren Fall in der Form »x π P« -, welche den Sachverhalt darstellt, daß eine durch den Prädikator P bezeichnete Handlung von einem Agenten x ausgeführt wird. A_1, A_2 und A_3 sind Ding- oder Zustandsaussagen, im elementaren Fall also in der Form »x ε Q« oder »x σ q«. Der durch die Aussage »Maier π vormerken Ulysses« dargestellte Sachverhalt $|A|$ setzt beispielsweise die Gültigkeit der Aussagen »Maier σ ausleihberechtigt« (lies: »Maier ist ausleihberechtigt«) und »Ulysses σ ausgeliehen« (lies:

»Ulysses ist ausgeliehen«) voraus. Die Wirkung dieser Handlung wird durch die Aussage »Ulysses σ vorgemerkt« (lies: »Ulysses ist vorgemerkt«) charakterisiert.

Die in einer Handlung genannten Vorbedingungen können nach Lorenzen als bedingte oder unbedingte Versprechen zur Handlungsausführung interpretiert werden [Lorenzen87:70ff]. Als „Versprechungszeichen" dient Lorenzen der Subjunktor. Die normierte Aussage »$\rightarrow$ x π P« (lies:»x verspricht, P zu tun«) ist ein unbedingtes Versprechen von x, die Handlung P auszuführen. Ihr entspricht die Spezifikation einer Fähigkeit ohne Vorbedingungen. Das dienstleistende Objekt verpflichtet sich, seine Fähigkeit einem dienstnehmenden Objekt ohne weitere Bedingungen zur Verfügung zu stellen, wenn es zur Ausführung aufgefordert wird (zur Rekonstruktion von Interaktionen zwischen Objekten als Aufforderungen siehe den folgenden Abschnitt). Durch bedingte Versprechen der Form »$A_i \rightarrow$ x π P« (lies:»Wenn A_i gilt, verspricht x P zu tun«) verpflichtet sich x nur zur Ausführung, wenn vor der Aufforderung zur Handungsaktualisierung die Aussagen A_i als Vordersatz der Subjunktion gelten. Bemerkenswert an dieser Rekonstruktion Lorenzens ist sowohl die inhaltliche als auch die terminologische Übereinstimmung mit Meyers Prinzip des *design by contract* (vgl. [Lorenzen87:71f] und [Meyer92a]).

Sieht man davon ab, daß in einigen Objektmodellen auch freie Funktionen zugelassen sind (vgl. etwa [Booch94; Dori95]), so erfordert der Übergang von normsprachlich rekonstruierten Aussagen zu Handlungen des Anwendungsbereichs in eine objektorientierte Repräsentationsform die Entscheidung, welchem Objekttyp rekonstruierte Handlungen in zusatzprädikativer Weise als Fähigkeiten zugeordnet werden sollen. Aus der Sicht der normsprachlichen Rekonstruktion umgangssprachlich dargestellter Sachverhalte stellt sich dieses Entscheidungsproblem nicht, da nach der Gegenstandseinteilung Dinge und Geschehnisse gleichberechtigte Gegenstandsarten sind. Handlungen sind keine privaten Merkmale der Agenten, welche zur Subjektklasse gehören. Normsprachlich interpretiert, sind Bezeichner von Handlungen Eigenprädikatoren und keine Zusatzprädikatoren. Die zusatzprädikative Verwendung ergibt sich erst beim Übergang zum objektorientierten Entwurf, da die Fähigkeiten - ähnlich wie Attribute - den Objekttypen als Merkmale exklusiv zugesprochen werden müssen.

Da Agenten von Handlungen in der objektorientierten Anwendungsentwicklung letztlich durch kommunizierende Prozesse ersetzt werden und die Eigenschaften der Agenten aus der Sicht des zu spezifizierenden Anwendungssystems selber häufig gar nicht interessieren, können Subjektklassen von Handlungen nicht einfach in gleichlautende Objekttypen überführt werden, welchen dann exklusiv die Fähigkeit zugeordnet wird. Ein einfaches Beispiel verdeutlicht dies: In der Aussage » $\exists$x ε Bibliotheksangestellter (x γ sperren Benutzer)« wird behauptet, daß manche

Bibliotheksangestellte die Fähigkeit besitzen, Benutzer zu sperren. Interessieren in einer Anwendung die Eigenschaften dieser Bibliotheksangestellten nicht, wäre es offensichtlich wenig sinnvoll, einen Objekttyp BIBLIOTHEKSANGESTELLTER mit der typspezifischen Fähigkeit »sperren« einzuführen. Kandidatenobjekttypen für die Zuordnung von Fähigkeiten sind vielmehr die in den normsprachlichen Aussagen an der ersten Objektstelle genannten direkten Objekte. Folgende Aussagen machen dies deutlich:

$$[\text{Bibliotheksangestellter} \mid \pi \mid \text{sperren} \mid \text{Benutzer}] \qquad (5.3.1\text{-}7)$$
$$[\text{Benutzer} \mid \gamma \mid \text{ausleihen} \mid \text{Ausleihexemplar}]$$

Direktes Objekt der Handlung »sperren« ist ein Benutzer. Als Wirkung dieser Handlung wird der Zustand eines Benutzers von »leihberechtigt« auf »gesperrt« gesetzt. Mit dieser Zustandsänderung verbunden sind Einschränkungen im Verhalten des gesperrten Benutzers - der Benutzer darf keine Ausleihen mehr durchführen. Falls in der Anwendung Eigenschaften von Benutzern verwaltet und durch Merkmale von Instanzen eines Objekttyps BENUTZER repräsentiert werden, ist »sperren« als Fähigkeit dem Objekttyp BENUTZER zuzuordnen. Ähnliches gilt für das direkte Objekt »Ausleihexemplar« in der zweiten Aussage, d.h. »ausleihen« ist als Fähigkeit eines Objekttyps AUSLEIHEXEMPLAR zu vereinbaren. An die Stelle der bisherigen Handlungssubjekte - bezeichnet durch die Prädikatoren »Bibliotheksangestellter« und »Benutzer« - treten als objektorientierte „Subjekte" Instanzen der Objekttypen BENUTZER und AUSLEIHEXEMPLAR.

Ausführlich erläutert wird die Frage der Zuordnung von Fähigkeiten zu Objekttypen auf der Grundlage normsprachlicher Aussagen in [Wedekind92:54ff]. Neben direkten Objekten untersucht Wedekind verschiedene Alternativen der Zuordnung von Fähigkeiten zu indirekten Objekten. Schließlich diskutiert er auch noch vertiefend die wichtige Alternative, rekonstruierte Handlungen, genauer Handlungstypen, in Objekttypen zu überführen, d.h. Aktualisierungen von Handlungen durch Instanzen von Objekttypen zu repräsentieren. Letztlich kann die Entscheidung, welche Handlung zu welcher Fähigkeit in welchem Objekttyp führt, natürlich nicht nur auf der Untersuchung einzelner Ausdrücke und Aussagen beruhen. Ein *guter* objektorientierter Entwurf erfordert vielmehr einen holistischen Ansatz auf der Grundlage von Entwurfsrichtlinien - etwa dem bekannten *Law of Demeter* [Lieberherr89] - , in welchem sowohl die internen typspezifischen Merkmale als auch die externe Einordnung innerhalb des Gesamtsystems berücksichtigt werden.

5.3.2 Interaktionen

Interaktionen beschreiben den Austausch von Nachrichten oder Botschaften (*message passing*) zwischen den Objekten eines Objektsystems. Eine Botschaft ist die Aufforderung eines sendenden Objekts in der Rolle des Dienstnehmers (*client, customer*) an den Empfänger in der Rolle des Dienstleisters (*server, supplier*), eine Dienstleistung durch Ausführung einer typspezifischen Fähigkeit zu erbringen. Die Funktionalität einer objektorientierten Anwendung ergibt sich aus diesen Interaktionen der Objekte: „all the 'action' is in the *communication* between the objects" [Yourdon94:190]; oder nach Eliëns: „object-based computation must be viewed as sending messages between objects" [Eliëns95:36].

Interaktionsbeziehungen zwischen kommunizierenden Objekten sind im Fachentwurf durch folgende Merkmale charakterisierbar:

- **Sichtbarkeit.** Der Empfänger muß vom sendenden Objekt aus referenzierbar sein, d.h. seine Identität muß dem Sender bekannt sein. Für den Empfänger einer Botschaft darf das sendende Objekt anonym bleiben.

- **Asymmetrie, unidirektionaler Aktivierungsfluß.** Der Sender der Botschaft fordert den Empfänger der Botschaft zur Ausführung einer Dienstleistung auf. Beim Empfänger löst die empfangene Botschaft die Ausführung der mit der Botschaft assoziierten Fähigkeit aus.

- **Synchronisation.** Der Empfänger einer Botschaft muß bei *synchronen* Interaktionen während des Sendens empfangsbereit sein, der Sender muß umgekehrt vom Empfänger die Quittierung der angeforderten Dienstleistung empfangsbereit abwarten. *Asynchrone* Interaktionen liegen vor, wenn Sender und Empfänger unabhängig voneinander Botschaften senden und empfangen können, ohne aktuelle Prozesse zu unterbrechen.

- **Botschaftenfluß.** Synchrone Interaktionen beruhen auf einem *bidirektionalen* Botschaftenfluß. Der Empfänger einer Botschaft quittiert dem Sender die Ausführung der angeforderten Dienstleistung. *Asynchrone* Interaktionen beruhen hingegen auf einem *unidirektionalen* Botschaftenfluß. Eine Quittierung der empfangenen Botschaft durch den Empfänger ist nicht notwendig.

Der Empfänger einer Botschaft kann dem Sender zum einen dadurch bekannt sein, daß die Objekte durch Beziehungen direkt oder indirekt miteinander verbunden sind, der Empfänger vom Sender aus also durch Navigation im Objektmodell referenzierbar ist (*permanent visibility reference* [Coleman94:80]). Zum anderen kann dem Sender die Identität des Emfängers als Parameter einer Botschaft übergeben oder als Ergebniswert einer Funktion mitgeteilt werden (*dynamic visibility refe-*

rence [Coleman94:80]; vgl. zur angenommenen Sichtbarkeit im Fachentwurf [Coleman94:80ff; Cook94:170ff]). In *TAOS* werden Interaktionen grundsätzlich als synchron angenommen. Eine Koordination oder Synchronisation von Objekten in parallel ablaufenden Prozessen zur Kooperation oder zur Konfliktvermeidung in Konkurrenzsituationen ist nicht vorgesehen (Konzept der perfekten Technologie).

Der Einteilung des Spezifikationsrahmens folgend, werden Interaktionen in diesem Kapitel im Anschluß an die Festlegung der Fähigkeiten erläutert. Im Entwurfsprozeß empfiehlt es sich jedoch, die Interaktionen parallel zu den Fähigkeiten zu spezifizieren, da sich erst aus den ermittelten Interaktionsmustern zwischen den Objekten die typspezifischen Fähigkeiten und ihre notwendige Funktionalität bestimmen lassen.

5.3.2.1 Spezifikationssprache

Die Sprachkonstrukte von *TAOS-S* zur Beschreibung von Interaktionen sind:

1) <Interaktionen> $\triangleq$ *interactions* [<Botschaftenempfang>] <Botschaftenversand>

2) <Botschaftenempfang> $\triangleq$ *receive* (<Botschaft> [*from* (<Sender> $\parallel$ ',')$^+$] [*match* <Assoziierte_Fähigkeit>] $\parallel$ ';')$^+$

3) <Botschaft> $\triangleq$ <Aufruf>

4) <Sender> $\triangleq$ <Botschaftenadresse>

5) <Botschaftenadresse> $\triangleq$ *agent* <Bezeichner> $\mid$ [<Bezeichner> ':'] <Objekttypname>

6) <Assoziierte_Fähigkeit> $\triangleq$ <Fähigkeitsname> ['(' <Assoziierte_Parameter> ')']

7) <Assoziierte_Parameter> $\triangleq$ (<Parameter_Fähigkeit> ':=' <Parameter_Botschaft> $\parallel$ ';')$^+$

8) <Parameter_Fähigkeit> $\triangleq$ <Ausdruck>

9) <Parameter_Botschaft> $\triangleq$ <Ausdruck>

10) <Botschaftenversand> $\triangleq$ *send* (<Botschaft> *to* (<Empfänger> $\parallel$ ',')$^+$ *capability* <Fähigkeitsname> $\parallel$ ';')$^+$

11) <Empfänger> $\triangleq$ <Botschaftenadresse>

Die Interaktionen (*interactions*) spezifizieren die externe Sicht auf das funktionale Verhalten eines Objekts durch die Botschaften, welche das Objekt als Auftraggeber an andere Objekte sendet oder umgekehrt als Auftragnehmer von anderen . Objekten empfängt (1). Senden und Empfangen von Botschaften sind die beiden prinzipiellen komplementären Interaktionsformen in einem Objektsystem. Die

Vereinbarung von Interaktionen dient dazu, die Kanäle für den Austausch von Botschaften zwischen Objekten zu definieren und die internen Fähigkeiten von Objekten nach außen durch Botschaftsprotokolle zu kapseln.

Empfangene Botschaften (2) werden beschrieben durch die Botschaft selber, die Sender der Botschaft und die interne Fähigkeit, welche durch den Erhalt der Botschaft zu aktivieren ist. Eine Botschaft besteht aus dem Botschaftsnamen und einer Liste von Parametern mit den Eingangsgrößen als Datenobjekten oder Objektreferenzen (3, die Syntax folgt Aufrufen). Sender einer Botschaft (4) kann ein externer Agent - die Bezeichnung **agent** für Terminatoren folgt Coleman et al. [Coleman94:45f], Jacobson verwendet den Terminus *actor* [Jacobson92:128ff] -, ein internes Objekt oder ein Objekttyp sein (5): »**agent** Benutzer« meint einen konkreten Bibliotheksbenutzer, welcher über eine Benutzungsschnittstelle eine Botschaft an ein Informationsobjekt sendet, »b:BENUTZER« referenziert auf eine Instanz von BENUTZER, »BENUTZER« bezieht sich auf den Objekttyp BENUTZER. Ist der Sender der Botschaft ein anwendungsinternes Objekt (Objekttyp), ist seine Nennung in der Botschaft nicht erforderlich.

Die durch eine Botschaft ausgelöste interne Fähigkeit eines Objekts ist im Botschaftsprotokoll anzugeben, wenn der Name der Botschaft nicht dem Namen der assoziierten Fähigkeit entspricht oder die Anzahl und Reihenfolge der Parameter der Botschaftssignatur von der Signatur der Fähigkeit abweichen (6-9). Anstelle einer Positionsassoziation ist in diesem Fall eine Namensassoziation beim Empfang einer Botschaft vorzunehmen, eventuell erweitert um Standardvorbelegungen der aktuellen Parameter. Eine Botschaft darf nicht mehr Parameter als die Fähigkeit besitzen, der Ergebnistyp und die assoziierten Parametertypen müssen übereinstimmen oder konvertierbar sein. Ein Beispiel gibt (5.3.2-1):

```
objecttype GEBÜHR                                              (5.3.2-1)
    attributes
        Betrag : DECIMAL (6,2) of DM;
        Bezahlt : DECIMAL (6,2) of DM;
        Erlaß : DECIMAL (6,2) of DM;
    capabilities
        bezahlen(Erlaß, Bezahlung : DECIMAL(6,2))
    interactions
        receive
            anzahlen(Betrag) from agent Bibliotheksbenutzer
                match bezahlen(Erlaß := 0; Bezahlung := Betrag);
            ...
```

Objekte des Typs GEBÜHR haben die Fähigkeit »bezahlen« mit den Parametern »Erlaß« für einen erlassenen Teil der Gebühr und »Bezahlung« für den bezahlten

Betrag. Empfängt eine Instanz von GEBÜHR die Botschaft »anzahlen« von einem Bibliotheksbenutzer, wird die mit dieser Botschaft assoziierte interne Fähigkeit »bezahlen« aktiviert. Der aktuelle Wert von »Bezahlung« ergibt sich aus dem Wert des Botschaftsparameters »Betrag«, der Wert von »Erlaß« wird standardmäßig auf null gesetzt.

Mit der Spezifikation einer solchen Botschaft im Fachkonzept wird nicht behauptet oder gefordert, daß einem Bibliotheksbenutzer die Identität einer Instanz von GEBÜHR zur Benutzung der Anwendung bekannt sein muß und er diesem Objekt direkt eine Botschaft senden kann. Der Fachentwurf konzentriert sich auf die Spezifikation der Essenz (vgl. mit Abschnitt 3.1.3) eines Problembereichs (Cook spricht von *concept domain* [Cook94:292]), von der Benutzungschnittstelle und der technischen Infrastruktur wird abstrahiert (*interaction domain* und *infrastructure domain* [Cook94:292]). In welcher Form deshalb dem Agenten über die Benutzungsschnittstelle Objektidentitäten vermittelt werden - ob der Zugriff auf Objekte dem Agenten über direkt manipulierbare Icons oder über selektierbare Einträge einer Liste angeboten werden -, ist nicht Gegenstand des Fachentwurfs (vgl. [Cook94:301f]).

Versandte Botschaften eines Objekts (10) umfassen die Botschaft mit dem Botschaftsnamen und Botschaftsparametern, die Empfänger der Botschaft und den Namen der internen Fähigkeit, welche den Versand der Botschaft initiiert, um eine zugewiesene Aufgabe zu erfüllen. Als Empfänger der Botschaft kommt ein externer Agent, eine Instanz eines Objekttyps oder ein Objekttyp in Frage. Eine *broadcast*-Kommunikation wird nicht unterstützt. In Anlehnung an [Coleman92:17f] wird *broadcast*-Kommunikation als ungeeignet für die Beschreibung von Interaktionen in Objektsystemen angesehen.

Ein einfaches Beispiel für die Vereinbarung von Interaktionen zwischen Objekten zweier unterschiedlicher Objekttypen gibt (5.3.2-2).

```
    objecttype VERKAUF                                           (5.3.2-2)
        capabilities
            anfragen(Artikelnummer : STRING; Anzahl : CARDINAL;
                Stückpreis : DECIMAL(10,2)) : BOOLEAN
        interactions
            receive
                anfragen(Artikelnummer, Anzahl, Stückpreis) from agent Kunde;
            send
                ermitteln_Bestand(Artikelnummer) to 1 : LAGER capability anfragen;
            :::
```

Instanzen von VERKAUF sind zuständig für die Bearbeitung von Kundenanfragen. Ein Kunde teilt die Artikelnummer, die gewünschte Anzahl und den Stückpreis in

der Anfrage mit. Zur Bearbeitung der Anfrage wird die Botschaft
»ermitteln_Bestand« an Instanzen vom Typ LAGER gesendet.

```
objecttype LAGER                                              (5.3.2-3)
    capabilities
            ermitteln_Bestand(Artikelnummer : STRING) : CARDINAL;
    interactions
        receive
            ermitteln_Bestand(Artikelnummer) from v : VERKAUF;
    :::
```

Im Objekttyp LAGER wird der Empfang dieser Botschaft von Objekten des Typs
VERKAUF beschrieben. Die Vereinbarung »*send ... to* l : LAGER« im Objekttyp
VERKAUF definiert einen Botschaftenkanal für das Versenden der Botschaft
»ermitteln_Bestand« an Instanzen von LAGER. Wieviele Nachrichten an unterschiedliche Lager in welcher Reihenfolge gesendet werden, wird an dieser Stelle
noch nicht bestimmt. Aufgrund der synchronen Interaktion wird angenommen, daß
dem Sender vom Empfänger die Ausführung der durch die Botschaft aktivierten
Fähigkeit quittiert wird. Eine explizite Spezifikation der Quittierung durch eine
Botschaft vom Empfänger zum Sender ist nicht erforderlich.

Ein weiteres Beispiel für die Vereinbarung von Interaktionen stellt (5.3.2-4) bis
(5.3.2-6) dar. Beschrieben wird der zur Ausleihe eines Exemplars durch einen
Bibliotheksbenutzer notwendige Botschaftenaustausch zwischen Objekten von
AUSLEIHEXEMPLAR, BENUTZER und AUSLEIHE. (5.3.2-4) spezifiziert zunächst die
Interaktion aus Sicht von AUSLEIHEXEMPLAR.

```
objecttype AUSLEIHEXEMPLAR                                    (5.3.2-4)
    capabilities
        ausleihen(Benutzer : BENUTZER) : BOOLEAN;
    interactions
        receive
            ausleihen(Benutzer) from agent Bibliotheksbenutzer;
        send
            leihberechtigt to Benutzer : BENUTZER capability leihberechtigt;
            ausleihen(Current) to Benutzer : BENUTZER capability ausleihen;
            create (Benutzer, Current, Ausleihdatum, Rückgabedatum)
                to AUSLEIHE capability ausleihen;
    :::
```

Die Fähigkeit »ausleihen« der Instanzen von AUSLEIHEXEMPLAR wird durch einen
Bibliotheksbenutzer aktiviert. Zur Ausführung dieser Fähigkeit sendet ein Ausleihexemplar eine Nachricht »leihberechtigt« an diejenige Instanz von BENUTZER,
welche den Agenten im Anwendungssystem repräsentiert, um zu prüfen, ob dieser

ausleihberechtigt ist. Durch die Nachricht »ausleihen« mit »Current« als Verweis auf das aktuelle, die Botschaft sendende, Ausleihexemplar wird einer Instanz von BENUTZER mitgeteilt, daß ein Exemplar ausgeliehen wurde. Durch eine weitere Nachricht an AUSLEIHE wird eine Instanz von AUSLEIHE erzeugt und mit den Werten der aktuellen Parameter für den ausleihenden Bibliotheksbenutzer, das ausgeliehene Exemplar sowie dem Ausleihdatum und dem Rückgabedatum instantiiert:

objecttype BENUTZER   (5.3.2-5)
    capabilities
        leihberechtigt : BOOLEAN;
        ausleihen(a : AUSLEIHEXEMPLAR).
    interactions
        receive
            leihberechtigt *from* a : AUSLEIHEXEMPLAR ;
            ausleihen *from* a : AUSLEIHEXEMPLAR ;
        :::

objecttype AUSLEIHE   (5.3.2-6)
    capabilities
        create(Benutzer : BENUTZER; Ausleihexemplar : AUSLEIHEXEMPLAR;
            Ausleihdatum, Rückgabedatum : DATUM);
    interactions
        receive
            create(Benutzer, Ausleihexemplar, Ausleihdatum, Rückgabedatum)
               from a : AUSLEIHEXEMPLAR;
        :::

5.3.2.2 Diagrammsprache

Für die grafische Notation von Interaktionen in Objektgemeinschaften wurden eine Reihe von Diagrammtechniken vorgeschlagen (vgl. etwa die Notationen in [Embley92:167ff; Champeaux93:90ff; Booch94:208ff; Waldén9571ff]). In Anlehung an die *object-message diagrams* von Dillon und Tan [Dillon93:135f] wird in dieser Arbeit eine einfache Notation mit wenigen Elementen zur Beschreibung der Botschaftenwege zwischen Objekttypen und externen Agenten eingeführt (vgl. Abbildung 5-16).

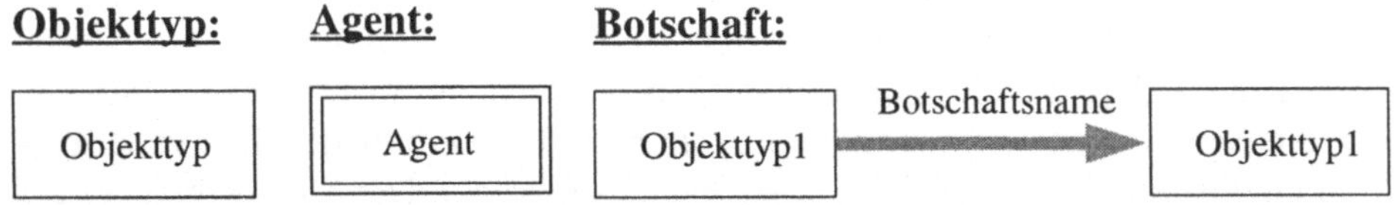

Abb. 5-16: Notationselemente zur grafischen Beschreibung von Botschaftswegen

Ähnliche grafische Darstellungen sind die *message-connections* von Coad und
Yourdon [Coad91:151ff], die *event-flow diagrams* von Rumbaugh et al.
[Rumbaugh91:173f] und das *object communication model* von Shlaer und Mellor
[Shlaer91]. Abbildung 5-17 zeigt einige Botschaftenwege zwischen Objekttypen
aus dem Bibliotheksbeispiel:

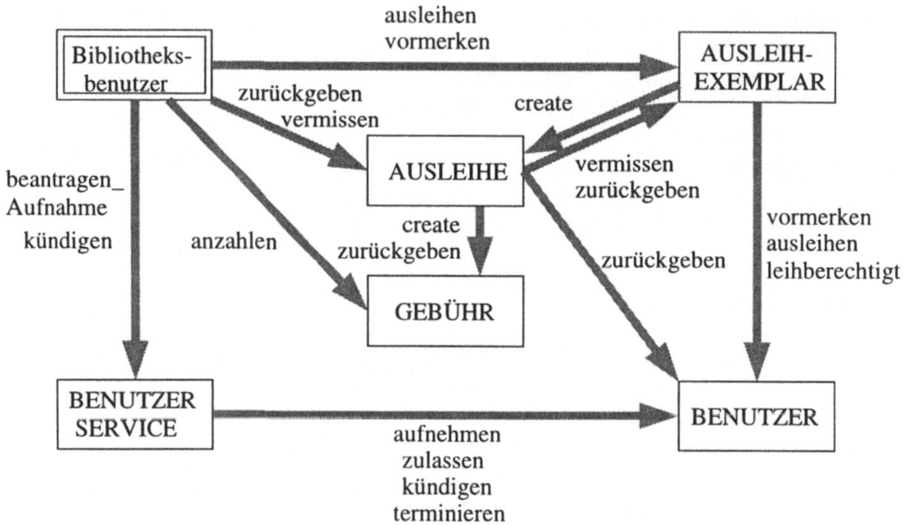

Abb. 5-17: Botschaftenwege aus dem Bibliotheksbeispiel

In Ergänzung zu dieser Notation empfehlen sich für eine detailliertere grafische
Beschreibung einzelner Interaktionen die *object-interaction graphs* nach Coleman
et al. [Coleman94:63ff] und die *collaboration diagrams* der *UML* [Booch96b:15f].
Zur Darstellung von Interaktionen zwischen Objekten auf einer hohen Abstrakti-
onsebene eignen sich *object-flow diagrams* [Martin92:79].

5.3.2.1 Normsprache

Interaktionen oder Botschaften sind normsprachlich als finale *Aufforderungen*
(oder komplementär als *Befolgungen)* zu rekonstruieren. Finale Aufforderungen
sind Aufforderungen zu Handlungen als Mittel für einen bestimmten Zweck
[Lorenzen87:243f]. Finale Aufforderungen werden normsprachlich entweder
durch die Nennung der Handlung P oder durch die Darstellung des Sachverhalts A,
der durch die Handlung erreicht werden soll, ausgedrückt. Der Sachverhalt A heißt
die Wirkung von P. Für die Rekonstruktion der Interaktionen ist lediglich der erste
Fall mit der Nennung der Handlung selber relevant, die Wirkungen einer ausge-

führten Handlung wurden im vorigen Abschnitt bereits als die vom Dienstleister zugesicherten Nachbedingungen der Ausführung einer Handlung rekonstruiert.

Aufforderungen wurden in Kapitel 4 insbesondere in Abschnitt 4.3.2 behandelt. Mit dem Ausrufezeichen »!« als dem schon bekannten Aufforderungssymbol oder Appellator ist die einfachste Aufforderungsform »! P« mit einer Kopulastelle und einer Prädikatstelle. Aufforderungen sind etwa »! vormerken« oder »! kündigen« (lies: »bitte vormerken« oder »bitte kündigen«). Die Empfänger oder Adressaten einer Botschaft, welche zur Ausführung der in der Botschaft genannten Handlung aufgefordert werden, stehen vor der Kopula an der Subjektstelle [Hartmann90:26f]: »N ! P«.

Die Botschaften »! vormerken« eines Bibliotheksbenutzers an ein Ausleihexemplar oder »! kündigen« an den Benutzerservice wären mit den Adressaten »Ulysses« für ein Ausleihexemplar (»Ulysses ε Ausleihexemplar«) und »Benutzerservice« als Klassifikator erweiterbar zu »Ulysses ! vormerken« oder »Benutzerservice ! kündigen«. Voraussetzung für die mögliche Befolgung dieser Aufforderung ist die Fähigkeit der Adressaten zur Ausführung der geforderten Handlung: »Ulysses γ vormerken« und »Benutzerservice γ kündigen«. Eine Verpflichtung zur Ausführung ergibt sich für den Aufgeforderten als den Adressaten der Botschaft, wenn dieser das bedingte Versprechen zur Ausführung gegeben hat und der Auffordernde die vereinbarten Vorbedingungen bei der Aufforderung erfüllt (vgl. [Lorenzen87:70ff,243ff]).

Ähnlich wie in Handlungsaussagen geben die direkten und indirekten Objektstellen einer Aufforderung die mittelbar und unmittelbar betroffenen Objekte im Sinne von Botschaftsparametern an. Ist beispielsweise »03/064432« ein Nominator für einen Benutzer, fordert »Benutzerservice ! kündigen 03/064432« den Benutzerservice auf, den Benutzer 03/064432 zu kündigen. Soll normsprachlich deutlich gemacht werden, daß die Befolgung der Aufforderung den Auffordernden selber betrifft, ist der Personalindikator »I« (lies: »ich«) zu verwenden. Der Personalindikator »I« referenziert den Auffordernden in der Aufforderung. Hartmann nennt das Beispiel: »Egon !' schlagen I« (lies: »Egon, bitte schlage mich nicht«) [Hartmann 90:35]. Ähnlich fordert die Botschaft »Benutzerservice ! kündigen I« eines Bibliotheksbenutzers den Benutzerservice auf, die Kündigung für den auffordernden Benutzer einzuleiten.

Ist der Zeitpunkt, ab dem diese Kündigung gültig werden soll, in der Aufforderung näher zu bestimmen, ist eine Erweiterung der Aufforderung um eine Angabenstelle erforderlich (vgl. Abschnitt 4.3.2). Die obige Aufforderung ist mit der normsprachlichen Temporalpräposition »ab-« und dem Zeitindikator »jetzt« zu ergänzen zu: »Benutzerservice ! kündigen I ab-jetzt« (lies: »Benutzerservice, bitte kündige mich ab jetzt«). Die normsprachlichen Satzglieder dieser Aufforderung sind [S | K | P | O_1 | O_3] mit »Benutzerservice« an der Subjektstelle, dem Appellator »!« an der Kopulastelle, »kündigen« an der Prädikatstelle, dem Personalindikator »I« an der ersten Objektstelle und der Zeitangabe »ab-jetzt« an der dritten Objektstelle oder Angabenstelle.

Als besondere Form der normsprachlichen Aufforderung sind abschließend noch Fragen an einen Adressaten zu rekonstruieren. Fragen sind Botschaften, die vom Aufgeforderten im Sinne von Funktionsaufrufen beantwortet werden sollen. Ausführlich wurde die rationale Grammatik von Frage und Antwort im Rahmen einer konstruktiven Fragelogik (*erotetische Logik.*) von Hartmann untersucht [Hartmann90:166ff]. Eine Frage an einen Adressaten ist als eine Aufforderung zur Erfüllung einer Aussageform zu verstehen. Eine direkte Antwort ist eine Ergänzung dieser Aussageform, eine indirekte Antwort ist eine Erwiderung, die angibt, wie sich die Ergänzung der Aussageform analytisch ableiten läßt. Die Ergänzung einer Aussageform $A(x_i)$ ist die Unifikation von $A(x_i)$ durch A. Ist die Ergänzung eine wahre Aussage, so ist sie eine Erfüllung von $A(x_i)$. Eine direkte Antwort ist richtig, wenn sie $A(x_i)$ erfüllt.

Die Aufforderung an einen Gegenstand N zur Erfüllung einer Aussageform kann notiert werden als:

$$N \text{ ! erfüllen } {}^{'}A(x_1, x_2, ...x_n)^{'} \tag{5.3.2-7}$$

Als Abkürzung für die Erfüllungsaufforderung »! erfüllen« dient der Interrogator »?«. Der Interrogator zeichnet eine Aufforderung als Frage aus:

$$\bullet \; \textit{Frage:} \quad N \text{ ? } {}^{'}A(x_1, x_2, ...x_n)^{'} \; \overset{def}{=\!=} \; N \text{ ! erfüllen } {}^{'}A(x_1, x_2, ...x_n)^{'} \tag{5.3.2-8}$$

Die direkte Antwort auf eine Frage wird notiert als $<A(a_1, a_2, ...a_n)>$, d.h. als ein bezüglich der gestellten Frage geordnetes n-Tupel von Ausdrücken. Eine Frage an die Person K., wer ihr Vater sei, entspricht nach (5.3.2-4) dem folgenden normsprachlichen Ausdruck: »K. ? (y = ιz(z ist_Vater_von K.))«. Eine Anwort könnte sein: $<$Hermann = ιz(z ist_Vater_von K.)$>$, d.h. der Vater von K. ist Hermann.

Hartmann erweitert die Frageform (5.3.2-8) durch eine Vielzahl von Elementen: Kategorienbedingungen dienen beispielsweise zur Selektion von Antworten. Eine Präzisierung der Erfüllungsanforderung wird durch verschiedene Modifikationen des Interrogators erreicht. Soll eine Person N beispielsweise mindestens 2 ehemalige Schachweltmeister nennen, so wäre die Frage »N $?\overline{2}$ (x ε Exschachweltmeister)« durch das Tupel <Lasker, Capablanca> richtig beantwortet. Die Modifikation des Interrogators von »?« zu »?$\overline{2}$« deutet die Forderung nach mindestens zwei Erfüllungen an. Durch die Frage »N ?$\overline{2}$ (x ε Exschachweltmeister ‖ x ε Russe)« mit der Kategorienbedingung »x ε Russe« wird für richtige Antworten zusätzlich gefordert, daß diese ehemaligen Schachweltmeister Russen sein müssen. Eine korrekte Antwort auf diese Frage wäre <Smyslov, Botwinik, Spasski>.

5.4 Dynamik

Die dynamische Sicht beschreibt das zeitabhängige, genauer: kausale Verhalten der Objekte anhand ihrer *Wandlungen* im Lebenszyklus (Abschnitt 5.4.1) und die daraus resultierenden Abläufe oder *Reihenfolgen* im Objektsystem (5.4.2).

5.4.1 Wandlungen

Wandlungen spezifizieren den Lebenszyklus von Objekten als Zustandsautomaten. Die Zustandsautomaten beschreiben die potentiellen Aktualisierungsreihenfolgen der typspezifischen Fähigkeiten als eine strukturierte Menge von Zuständen und Zustandsübergängen. Abhängig vom aktuellen Objektzustand, verfügt das Objekt über bestimmte Fähigkeiten, deren Aktualisierung zu einem neuen Objektzustand mit neuem zustandsspezifischem Verhalten führen kann.

5.4.1.1 Spezifikationssprache

Die Sprachkonstrukte von *TAOS-S* zur Beschreibung dieser Wandlungen sind:

1) <Wandlungen> $\triangleq$ *alterations* <Lebenszyklen>

2) <Lebenszyklen> $\triangleq$ (*lifecycle* <Bezeichner><Lebenszyklus> ';')$^+$

3) <Lebenszyklus> $\triangleq$ *states* <Zustände> *transitions* <Transitionen>

4) <Zustände> $\triangleq$ (['*'] <Zustandsname> ['{' (<Zustandsmerkmale>)$^+$
   '}'] ['(' <Zustände> ')'] ‖ ('‖' | ','))$^+$

5) <Zustandsmerkmale> $\triangleq$ (*stateinv* <Bedingungen>
   | *statevar* <Attributdefinitionen>)$^+$

6) <Transitionen> $\triangleq$ *transitions* (<Transition> ';')$^+$

7) <Transition> $\triangleq$ (<Zustandsname> | '*') '⇒' (<Zustandsname> | '+') ':'
   [<Ereignis> '/'] <Fähigkeitsname> ['{' <Wächter> '}']

8) <Wächter> $\triangleq$ [*guard*] <Bedingungen>

9) <Zustandsname> $\triangleq$ (<Bezeichner> | History)

10) <Ereignis> $\triangleq$ <Ausdruck>

Objektwandlungen werden in objektorientierten Entwurfsmethoden durch verschiedenartige Methoden und Sprachen modelliert. Wieringa verwendet in *LCM/ MCM rekursive Prozeßgraphen* [Wieringa95]. Diese basieren ebenso wie das *object behavior model* in der Methode *Object-oriented SSADM (OOSSADM)* [Robinson94:101ff] auf Jacksons Notation von *entity life cycles* [Jackson83]. Kappel und Schrefl sowie Dillon und Tan nutzen *object/behavior diagrams* bzw. *erweiterte Petri-Netze* [Kappel91; Dillon93]. *Dynamische* und *temporale Logiken* sind hauptsächlich in konzeptuellen objektorientierten Entwurfsmethoden verbreitet [Saake90; Saake93]. Das bevorzugte Mittel zur Beschreibung von Objektlebenszyklen sind wegen ihrer Anschaulichkeit und Ausdrucksfähigkeit jedoch endliche Zustandsautomaten.

Als Automatenmodelle finden *Mealy-Automaten* mit transitionsgebundenen Aktionen (vgl. [Coad91; Champeaux93; Desfray94; Yourdon95]), *Moore-Automaten* mit zustandsgebunden Aktionen (vgl. [Shlaer91]) und *hybride Automaten* als Kombination von Mealy- und Moore-Automaten Anwendung [Rumbaugh91; Booch94]. Durch die von Harel eingeführten *statecharts* [Harel87] mit Formalismen zur Schachtelung und Orthogonalität von Zuständen lassen sich auch umfangreichere Objektlebenszyklen als Automaten beschreiben und auf der Grundlage der von Berge eingeführten Hypergraphen [Berge73] darstellen (vgl. die Anwendungen in [Rumbaugh91; Embley92; Desfray94; Booch94; Cook94]). Eine spezielle Adaption von *statecharts* an objektorientierte Konzepte erfolgte durch Coleman et al. [Coleman92]. Als sogenannte *objectcharts* werden diese beispielsweise in *MOSES* zur Beschreibung von Lebenszyklen eingesetzt [Henderson-Sellers94].

In *TAOS* basiert die Beschreibung der Wandlungen eines Objekts auf einem *Mealy-Automatenmodell,* erweitert um geschachtelte und orthogonale Zustände. Die Reihenfolge der Transitionen legt die Ausführungsreihenfolge der Fähigkeiten fest. Wandlungen (***alterations***) beschreiben die potentiellen Lebenszyklen der Instanzen eines Objekttyps (1). Alle Instanzen eines Objekttyps können sich nur in der durch den Lebenszyklus festgelegten Weise verhalten - die Frage „Could the object behave otherwise?" darf nach Jackson nur beantwortet werden mit: „It cannot be" [Jackson83].

Die Spezifikation von Wandlungen ist prinzipiell nur erforderlich, wenn die Ausführungsreihenfolge der typspezifischen Fähigkeiten abhängig von bestimmten Objektzuständen ist, unterschiedliche Objektzustände also unterschiedliche Verhaltensweisen implizieren [Cook94:91]. Eine Instanz des Objekttyps PERSON kann die Fähigkeit »scheiden« beispielsweise nur im Zustand »verheiratet« aktualisieren, »heiraten« wiederum kann nur in den Zuständen »ledig«, »geschieden« oder »verwitwet« ausgeführt werden. Sind die Kreierung und Terminierung die einzigen signifikanten Zustandsveränderungen im Lebenszyklus eines Objekts und sind ansonsten die Fähigkeiten in beliebiger Reihenfolge aktualisierbar, entfällt die Beschreibung von Wandlungen. Abgesehen von speziellen technischen Anwendungen, etwa im Telekommunikationsbereich, brauchen Wandlungen deshalb im allgemeinen nur für einige wenige Objekttypen festgelegt werden: „In practice, most of the objects in a system do not undergo significant state changes so only a minority of classes require state diagrams" [Rumbaugh95:6].

Eine Lebenszyklusbeschreibung wird durch das Schlüsselwort *lifecycle* mit dem Namen des Lebenszyklus eingeleitet (2). Falls für Objekte eines Objekttyps nur ein Lebenszyklus definiert wird, dürfen der Name des Lebenszyklus und der Objekttypname gleich sein. Häufig kann durch eine andere Namenswahl der beschriebene Zyklus allerdings präziser charakterisiert werden. Falls beispielsweise in einer Anwendung für Instanzen von PERSON lediglich die Zustände »ledig«, »verheiratet«, »geschieden« und »verwitwet« mit den Fähigkeiten »anlegen«, »heiraten«, »scheiden«, »werden_Witwer« und »terminieren« relevant sind, kann der Lebenszyklus anstelle von »Person« präziser als »Familienstand« bezeichnet werden. Sind mehrere orthogonale Lebenszyklen zu vereinbaren - für Personen neben einem Zyklus »Familienstand« etwa ein Zyklus »Beruf« mit Zuständen wie »arbeitslos« oder »angestellt« und Fähigkeiten wie »kündigen« oder »anstellen« - , sind diese unterschiedlich zu benennen.

Ein Lebenszyklus wird durch eine Menge von Zuständen (*states*) und Zustandsübergängen (*transitions*) beschrieben (3). Die Spezifikation der Zustände umfaßt die Zustandsnamen, optionale Zustandsmerkmale sowie orthogonale Teilzustände und Unterzustände als Zustandsschachtelungen (4). Die Komposition als orthogonale, parallele Verknüpfung von Zuständen wird syntaktisch durch einen doppelten Längsstrich »ll«, die Abstraktion von Zuständen durch ein Komma »,« ausgedrückt. Ein Stern »∗« vor dem Zustandsnamen zeigt an, daß dieser Zustand standardmäßig der Startzustand beim Eintritt in einen geschachtelten Zustand ist (vgl. [Harel87; Coleman92:10; Rumbaugh95:10]).

Der Lebenszyklus a eines Objekttyps O1 besteht beispielsweise aus den orthogonalen Zuständen b, c und d. Ein Unterzustand von b ist e. Unterzustände von e sind f und g. Startzustand in b ist e. Startzustand in e ist g. Die Notation dieses Zustandsdiagramms lautet in *TAOS-S*:

objecttype O1   (5.4.1-1)
   ⋮
  alterations
     lifecycle a
       states b (∗e (f, ∗g)) ll c (h, ∗i (∗j, k)) ll d (l, ∗m, n);
       ⋮

Diese Spezifikation entspricht dem in Abbildung 5-18 dargestellten Zustandsdiagramm (zur Notation siehe den folgenden Abschnitt).

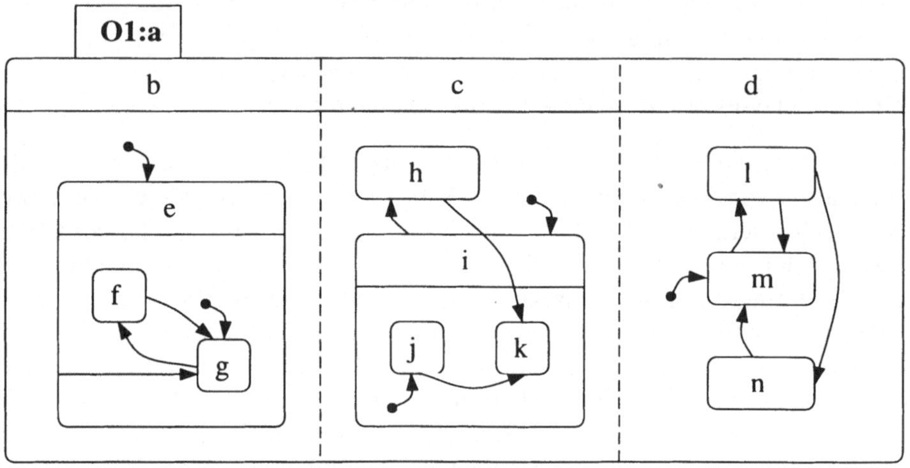

Abb. 5-18: Beispiel für ein verschachteltes Zustandsdiagramm

Zustandsmerkmale (5) zur Charakterisierung eines Objektzustandes sind Zustandsinvarianten (*stateinv*) und Zustandsvariablen (*statevar*). Zustandsvariablen sind temporäre Attribute mit zustandslokaler Geltung. Sie sind nur innerhalb des Zustands und untergeordneter Zustände sichtbar, nach dem Verlassen des Zustands kann nicht auf Zustandsvariablen zugegriffen werden (vgl. [Coleman92:13; Cook94:119; Rumbaugh95:8]). Zustandsinvarianten sind Prädikate zu Merkmalsausprägungen eines Objekts, die erfüllt sein müssen, wenn sich das Objekt in diesem Zustand befindet. Zustandsinvarianten können sich auf alle im Zustand sichtbaren Objektmerkmale, also auch auf Zustandsvariablen, beziehen [Cook94:119].

Zustände sind Zeitintervalle im Lebenszyklus eines Objekts mit bestimmten, durch die Zustandsinvarianten beschriebenen Attributwerten und Beziehungen. Transitionen (*transitions*) beschreiben die durch Ereignisse ausgelösten Zustandswechsel (6). Elemente einer Transitionsspezifikation sind der Ausgangszustand, der Zielzustand, das auslösende Ereignis, ein Transitionswächter und die aktualisierte Fähigkeit (7). Der Initialzustand jeder Zustandsebene wird durch einen Stern »*« symbolisiert, den Zielzustand bei einer Transition zur Objektterminierung zeigt ein Kreuz »+« an.

Zustandsänderungen werden durch Ereignisse ausgelöst. In Anlehnung an die Arbeiten Bunges [Bunge79:215f] können *Ereignisse* als zustandsverändernde raumzeitliche Geschehnisse betrachtet werden (zur Übertragung auf die objektorientierte Spezifikation siehe etwa [Wand89]). Als Ausprägungen von Ereignistypen sind Ereignisse *e* beschreibbar durch geordnete Paare $<\sigma_1,\sigma_2>$, wobei σ_1 den Zustand vor dem Ereignis und σ_2 den Zustand eines Objekts nach dem Ereignis bezeichnet: „An event is a noteworthy change in state" [Martin95:126]. Ereignisse sind *atomar* und *diskret*. Sie sind nicht unterbrechbar, haben keine Zwischenzustände und keine Zeitdauer [Wieringa95:61]. Zustände und Ereignisse ergänzen sich insofern, als ein Zustand immer zwei Ereignisse und ein Ereignis zwei Zustände trennt. Für die Beschreibung des Lebenszyklus von Objekten sind Ereignisse nur insoweit zu berücksichtigen, als sie eine Transition anstoßen können: „Events can occur only, if they can trigger a transition" [Cook94:94].

Ereignisse sind unterteilbar in *interne*, *externe* und *zeitliche* Ereignisse [Martin95:131]. Zeitliche Ereignisse werden durch das Eintreten von Zeitpunkten oder durch den Ablauf von Zeitfristen ausgelöst. Externe Ereignisse basieren auf Operationen aus dem Systemkontext (Agenten), die bestimmte Reaktionen im betrachteten System auslösen. Interne Ereignisse schließlich zeigen den Abschluß oder Beginn systeminterner Operationen an.

Transitionswächter (8) sind Vorbedingungen für einen Zustandswechsel [Champeaux93:82; Cook94:111; Yourdon95:70; Rumbaugh95:10f]. Sie werden spezifiziert, wenn sich in einem Lebenszyklus der Zielzustand nicht in eindeutiger Weise aus dem Ausgangszustand und der durch ein Ereignis ausgelösten Ausführung einer Fähigkeit ergibt. Im aktuellen Zustand »ausgeliehen« eines Ausleihexemplars führt das Ereignis »Exemplarrückgabe« beispielsweise zur Ausführung der Fähigkeit »zurückgeben«. Ob nach der Ausführung dieser Fähigkeit ein Ausleihexemplar sich im Folgezustand »bereitgestellt« oder im Folgezustand »frei« befindet, hängt davon ab, ob es während der Dauer der Ausleihe vorgemerkt wurde oder nicht. Dieses Prädikat im Sinne einer Vorbedingung für die Auswahl einer Transition wird als Transitionswächter vereinbart (vgl. mit 5.4.1-4).

Zustände eines Objekts können aufgrund des Kapselungsprinzips nur durch die Ausführung objektspezifischer Fähigkeiten verändert werden. Ereignisse in der dynamischen Sicht sind deshalb als Nachrichten in der funktionalen Sicht zu interpretieren. Ein Ereignis stößt die Ausführung einer Objektfähigkeit an, welche zu einem Zustandswechsel des Objekts führt. Auf die Nennung des Ereignisses an einer Transition kann verzichtet werden, wenn das Ereignis dem Namen der aufgerufenen Fähigkeit entspricht. Die Beschreibung des Zustandswechsels durch Ereignis, Wächter und Fähigkeit folgt dem *E(vent)C(ondition)A(ction)*-Schema zur Formulierung von Triggern und Regeln in aktiven Datenbanksystemen [Widom96:7ff], welches auch zur Formulierung von Geschäftsregeln in der Systemanalyse empfohlen wird [Herbst95; Martin95:167ff].

Die von Harel vorgeschlagenen *Historie-Zustände* in geschachtelten Zustandsdiagrammen werden durch die Konstante »History« dargestellt (9) [Harel87:238f].
Tritt das Objekt in seinem Lebenszyklus wiederholt in einen Zustand mit diesem
Historie-Zustand als Unterzustand ein, wird innerhalb dieses Zustands der zuletzt
aktive Unterzustand eingenommen. Durch »*History« wird festgelegt, daß in allen
weiteren Zustandsschachtelungen der zuletzt aktive Unterzustand eingenommen
wird [Harel87:238f]. Als auslösende Ereignisse (10) können beliebige Ausdrücke
formuliert werden, insbesondere können zusammengesetzte Ereignisse durch
Junktoren verknüpft werden (der Negator ist als Junktor allerdings auszuschließen,
da ein Nicht-Ereignis kein Ereignis ist). Sind e_1 und e_2 Ereignisse, so tritt das
zusammengesetzte Ereignis $e_1 \vee e_2$ ein, wenn eines der beiden Ereignisse e_1 oder
e_2 eingetreten ist (vgl. [Reinwald93:144f]).

Die Vererbung von Lebenszyklen in der Typhierarchie ist aktueller Forschungsgegenstand (vgl. die kurze Darstellung von Wieringa [Wieringa95:70] und die Diskussionen in [Saake94; Schrefl95]). Grundsätzlich gilt, daß Subtypen alle
Zustände, Ereignisse und Transitionen des Supertyps erben [Champeaux93:104]
und Rollentypen als orthogonale, untergeordnete Zustände des übergeordneten
Typs zu beschreiben sind. Noch nicht völlig geklärt ist, welche Eigenschaften typkonforme Erweiterungen des ererbten Lebenszyklus in Subtypen besitzen müssen.
Eine Diskussion dieser Problematik mit Beispielen findet sich bei [Cook94:193ff].

Ein einfaches Beispiel für die Spezifikation von Wandlungen nach der beschriebenen Syntax zeigt (5.4.1-2) für einen Objekttyp PERSON anhand des Zyklus »Familienstand«:

> *objecttype* PERSON   (5.4.1-2)
> :::
> *alterations*
>   *lifecycle* Familienstand:
>   *states* *heiratsfähig(*ledig, geschieden, verwitwet), verheiratet;
>   *transitions*
>   * $\Rightarrow$ heiratsfähig: Geburt / anlegen;
>   heiratsfähig $\Rightarrow$ verheiratet: Hochzeit / heiraten;
>   heiratsfähig $\Rightarrow$ + : Tod / löschen;
>   verheiratet $\Rightarrow$ geschieden: Scheidung / scheiden;
>   verheiratet $\Rightarrow$ verwitwet: Tod_Ehepartner / werden_Witwer;
>   verheiratet $\Rightarrow$ +: Tod / löschen;
> :::

Zustände einer Person im Zyklus »Familienstand« sind »heiratsfähig« mit den
Unterzuständen »ledig«, »geschieden« und »verwitwet« sowie »verheiratet«.
Startzustände sind »heiratsfähig« und »ledig«. Das Ereignis »Geburt« löst die

Fähigkeit »anlegen« aus. Nach deren Ausführung befindet sich das Objekt im Zustand »heiratsfähig«. Die Transition vom Zustand »heiratsfähig« zum Zustand »verheiratet« wird ausgelöst durch das Ereignis »Hochzeit« usw. (vgl. das Zustandsdiagramm in Abbildung 5-20).

Den Lebenszyklus »Benutzerstatus« für Instanzen des Objekttyps BENUTZER aus dem Bibliotheksbeispiel stellt (5.4.1-3) dar:

> *objecttype* BENUTZER   (5.4.1-3)
>   :::
>   *alterations*
>   *lifecycle* Benutzerstatus
>   *states* aufgenommen, gesperrt, leihberechtigt, gekündigt;
>   *transitions*
> $* \Rightarrow$ aufgenommen : Aufnahmeantrag / aufnehmen;
>   aufgenommen $\Rightarrow$ leihberechtigt : Zulassung / zulassen;
>   leihberechtigt $\Rightarrow$ leihberechtigt : ausleihen;
>   leihberechtigt $\Rightarrow$ leihberechtigt : vormerken;
>   leihberechtigt $\Rightarrow$ leihberechtigt : zurückgeben;
>   leihberechtigt $\Rightarrow$ gekündigt : Kündigung / kündigen;
>   leihberechtigt $\Rightarrow$ ausgeschlossen : Ausschlußbescheid / sperren;
>   ausgeschlossen $\Rightarrow$ ausgeschlossen : zurückgeben;
>   ausgeschlossen $\Rightarrow$ gekündigt : Kündigung / kündigen;
>   ausgeschlossen $\Rightarrow$ leihberechtigt : Aufnahmebescheid/
>   wiederaufnehmen;
>   gekündigt $\Rightarrow$ gekündigt : zurückgeben;
>   gekündigt $\Rightarrow$ + : Ausschluß / terminieren;
>   :::

Relevante Zustände für Benutzer im (einzigen) Lebenszyklus »Benutzerstatus« sind »aufgenommen«, »gesperrt«, »leihberechtigt« und »gekündigt«. Durch das Stellen eines Aufnahmeantrags wird ein Bibliotheksbenutzer aufgenommen, nach der Zulassung durch die Bibliotheksverwaltung mit der Aushändigung des Ausweises ist er im Zustand »leihberechtigt«. Der Lebenszyklus eines Benutzers terminiert mit dem Ereignis »Ausschluß«. Abbildung 5-21 zeigt den Lebenszyklus von Benutzern als Zustandsdiagramm. Um die Darstellung übersichtlich zu halten, werden die typspezifischen Fähigkeiten ohne die auslösenden Ereignisse an den Transitionen vermerkt.

Als letztes ausführlicheres Beispiel stellt (5.4.1-4) den Lebenszyklus von Ausleihexemplaren in der Bibliothek in der Notation nach *TAOS-S* dar. Der Unterzustand »History« bedeutet in diesem Fall, daß nach dem Verlassen des Zustands »blokkiert« im weiteren Lebenszyklus stattfindende Transitionen in den Zustand »blokkiert« dazu führen, daß der zuletzt aktive Unterzustand in »blockiert« eingenommen wird. Für die letzte Transition »blockiert $\Rightarrow$ blockiert : Exemplarvormerkung / vormerken;« bedeutet dies beispielsweise, daß nach der Ausführung der Fähigkeit »vormerken« ein Ausleihexemplar sich wieder im selben Unterzustand (»ausgelegt«, »ausgeliehen« oder »bereitgestellt«) befindet wie vor der Aktivierung der Fähigkeit.

> **objecttype** AUSLEIHEXEMPLAR   (5.4.1-4)
> :::
>   **alterations**
>   **lifecycle** Ausleihexemplar
>   **states** eingetroffen, inventarisiert, vermißt, in_Pflege, nutzbar (frei,
>   blockiert (ausgelegt, ausgeliehen, History, bereitgestellt));
>   **transitions**
>   * $\Rightarrow$ eingetroffen : erzeugen;
>   eingetroffen $\Rightarrow$ inventarisiert : inventarisieren;
>   inventarisiert $\Rightarrow$ ausgelegt : katalogisieren;
>   ausgelegt $\Rightarrow$ frei : Auslage_ohne_Vormerkung / freigeben;
>   ausgelegt $\Rightarrow$ bereitgestellt : Auslage_mit_Vormerkung / bereitst.
>   bereitgestellt $\Rightarrow$ frei : Bereitstellungsfristende /freigegeben;
>   bereitgestellt $\Rightarrow$ ausgeliehen : Exemplarausleihe / ausleihen;
>   ausgeliehen $\Rightarrow$ bereitgestellt : Exemplarrückgabe /
>   zurückgeben {**guard not** Vormerkung.empty};
>   ausgeliehen $\Rightarrow$ frei : Exemplarrückgabe /
>   zurückgeben {**guard** Vormerkung.empty};
>   ausgeliehen $\Rightarrow$ ausgeliehen : Ausleihverlängerung / verlängern;
>   frei $\Rightarrow$ ausgeliehen : Exemplarausleihe / ausleihen;
>   frei $\Rightarrow$ in_Pflege : Exemplarpflege / pflegen;
>   frei $\Rightarrow$ + : Exemplaraussonderung / aussondern;
>   in_Pflege $\Rightarrow$ frei : wiederaufnehmen;
>   in_Pflege $\Rightarrow$ + : Exemplaraussonderung / aussondern;
>   nutzbar $\Rightarrow$ vermißt : Exemplar_verloren / vermissen;
>   vermißt $\Rightarrow$ + : Exemplaraussonderung / aussondern;
>   nutzbar $\Rightarrow$ frei : Exemplar_gefunden / finden;
>   blockiert $\Rightarrow$ blockiert : Vormerkungslöschung / löschenVorm;
>   blockiert $\Rightarrow$ blockiert : Exemplarvormerkung / vormerken;
>   :::

Eine Festlegung von Transitionswächtern ist in diesem Lebenszyklus für zwei Transitionen vom Ausgangszustand »ausgeliehen« erforderlich. Wurden im Zustand »ausgeliehen« Exemplarvormerkungen eingetragen, ist nach einer Exemplarrückgabe der Zielzustand »bereitgestellt«; wurden keine Exemplarvormerkungen eingetragen, ist der Zielzustand »frei«. Die Transitionswächter regeln als Vorbedingung, welche dieser beiden Transitionen schaltet.

5.4.1.2 Diagrammsprache

Ein Beispiel für die grafische Notation von Wandlungen wurden im vorigen Abschnitt bereits vorgestellt. Die grafische Notation von Lebenszyklen erfolgt angelehnt an Harels Notation für *statecharts*. Abbildung 5-19 faßt die Notationselemente zur Beschreibung des internen dynamischen Verhaltens zusammen.

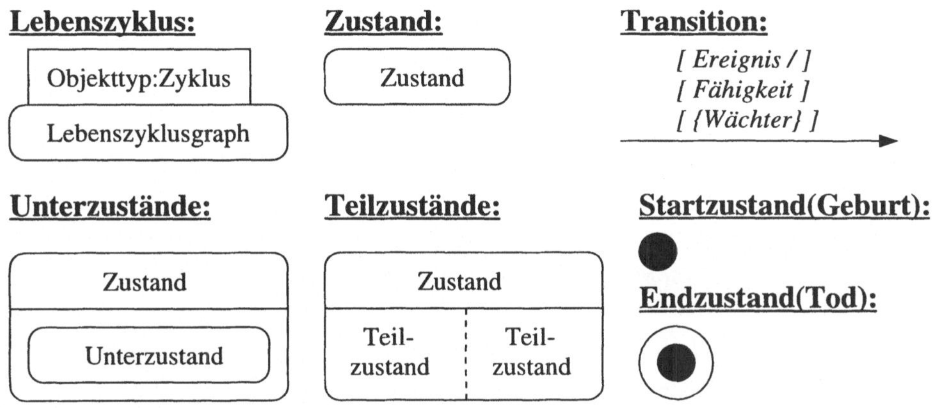

Abb. 5-19: Grafische Notationselemente zur Beschreibung der Wandlungen

Abbildung 5-20 stellt den Lebenszyklus »Familienstand« von Instanzen eines Objekttyps PERSON aus Beispiel (5.4.1-2) nach dieser Notation dar.

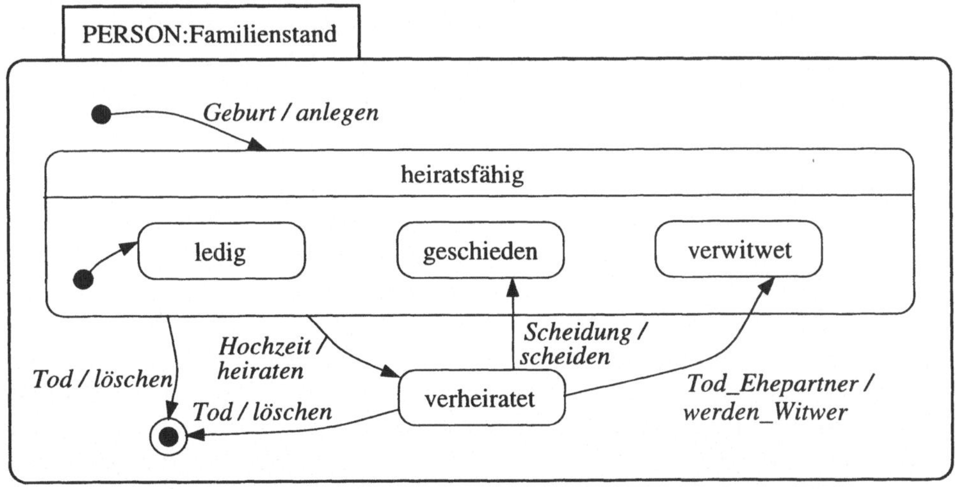

Abb. 5-20: Grafische Darstellung des Lebenszyklus »Familienstand« von PERSON

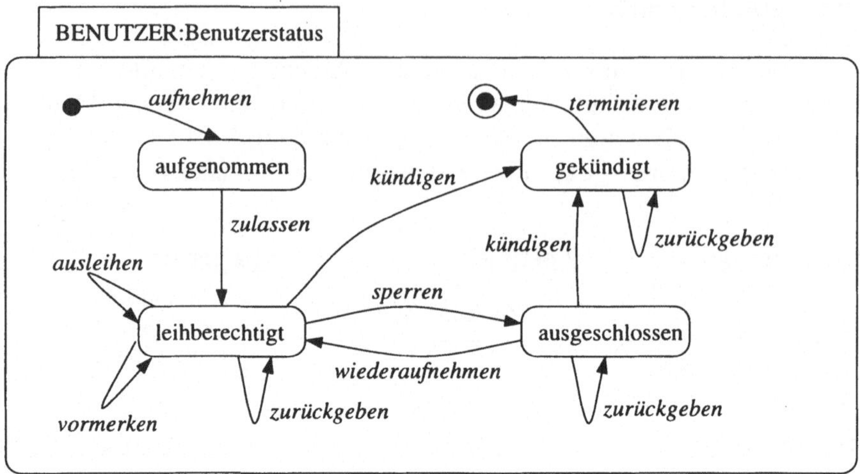

Abb. 5-21: Lebenszyklus von BENUTZER

In umfangreichener Modellen sollten lediglich die Zustandsnamen und die Fähigkeiten an den Transitionen annotiert werden. Abbildung 5-21 mit der Darstellung
des Lebenszyklus von Benutzern (5.4.1-3) und insbesondere die Abbildung 5-22
mit dem Lebenszyklus von Ausleihexemplaren (5.4.1-4) verdeutlichen dies.

5.4.1.3 Normsprache

Objektlebenszyklen sind als Geschehnisbeschreibungen von Gegenständen, welche unter einen Prädikator fallen, zu rekonstruieren. Da Geschehnisbeschreibungen normsprachlich in die Beschreibung von Zuständen und Vorgängen als
wiederholbare Handlungen gegliedert sind [Lorenzen87:42], ist ein direkter Übergang von normsprachlichen Aussagen in die Repräsentationselemente der Spezifikationssprache möglich.

Lorenzen bezeichnet Zustände als „'relativ stabile' Teilvorgänge, für die die Änderungen in der Beschreibung vernachlässigbar sind (relativ zum Zweck der
Beschreibung)" [Lorenzen87:42]. Demgegenüber sind Vorgänge „mit Änderungen, insbesondere der beschreibenden Apprädikatoren, verbunden" [Lorenzen
87:42]. Zustände von Gegenständen, welche unter einen Prädikator fallen, werden
in Zustands- oder Dingaussagen durch Zusatzprädikatoren bezeichnet. In der Aussage »Müller ε ledig Person« (lies: »Müller ist eine ledige Person«) bezeichnet der
Zusatzprädikator »ledig« den Zustand eines Gegenstands, dem der Hauptprädikator »Person« zukommt. Der durch diese Zustandsaussage dargestellte Sachverhalt
wird deutlicher, wenn die Seinskopula ε durch die Teilungskopula σ ersetzt wird:
»Müller σ ledig« (lies»Müller ist ledig«) (vgl. mit Abschnitt 5.2.1.3).

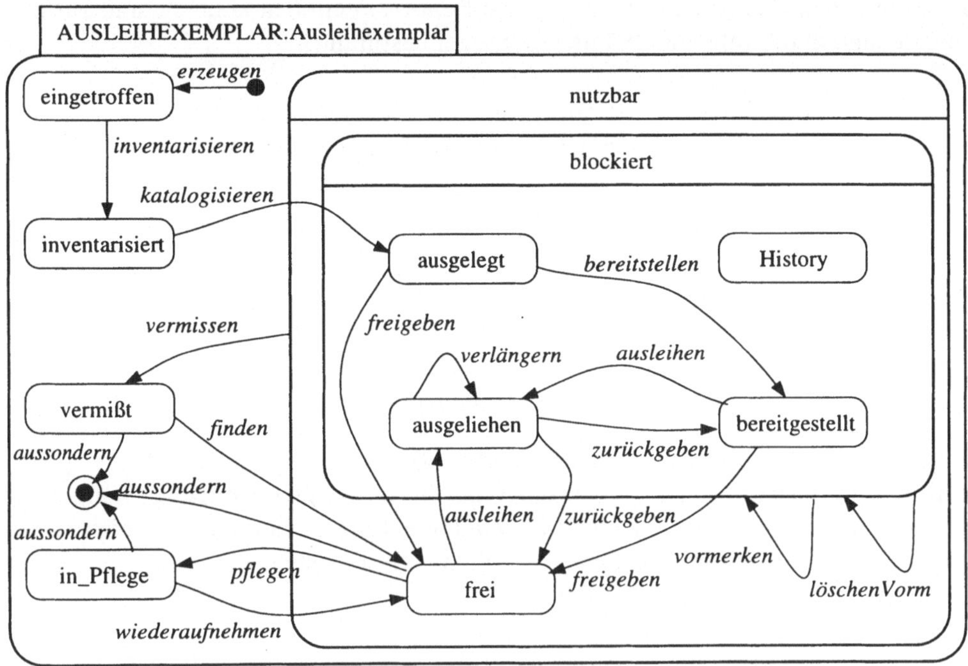

Abb. 5-22: Grafische Notation des Lebenszyklus von Ausleihexemplaren

In normsprachlichen Zustandsaussagen der Form »N ε q Q« oder »N σ q« bezeichnen die Zusatzprädikatoren q die verschiedenen Zustände von Gegenständen, welchen der Hauptprädikator Q zukommt. Zustandsaussagen zu Bibliotheksbenutzern sind beispielsweise:

$$\begin{aligned}
&[\text{ Müller } | \, \varepsilon \, | \text{ aufgenommen Benutzer }] \\
&[\text{ Maier } | \, \varepsilon \, | \text{ leihberechtigt Benutzer }] \\
&[\text{ Schmid } | \, \varepsilon \, | \text{ ausgeschlossen Benutzer }] \\
&[\text{ Huber } | \, \varepsilon \, | \text{ gekündigt Benutzer }]
\end{aligned}$$
(5.4.1-5)

Daß sich diese Zustände nicht überlappen, Benutzer sich also nicht gleichzeitig in mehreren dieser Zustände befinden können, beruht normsprachlich auf Prädikatorenregeln, welche eine Kontrarität der Zusatzprädikatoren festlegen:

$$\begin{aligned}
&x \, \varepsilon \text{ aufgenommen Benutzer} \Rightarrow x \, \varepsilon' \text{ leihberechtigt Benutzer} \\
&x \, \varepsilon \text{ aufgenommen Benutzer} \Rightarrow x \, \varepsilon' \text{ ausgeschlossen Benutzer} \\
&x \, \varepsilon \text{ aufgenommen Benutzer} \Rightarrow x \, \varepsilon' \text{ gekündigt Benutzer} \\
&x \, \varepsilon \text{ leihberechtigt Benutzer} \Rightarrow x \, \varepsilon' \text{ ausgeschlossen Benutzer}
\end{aligned}$$
(5.4.1-6)

::::::

Die möglichen Zustände, in welchen sich Benutzer befinden können, sind zusammenfassend durch folgende Prädikatorenregel bestimmt:

$$x \; \varepsilon \; \text{Benutzer} \Rightarrow x \; \sigma \; \text{aufgenommen} \vee x \; \sigma \; \text{leihberechtigt} \vee \hspace{2em} (5.4.1\text{-}7)$$
$$x \; \sigma \; \text{gekündigt} \vee x \; \sigma \; \text{ausgeschlossen}$$

Die Regel (5.4.1-7) erlaubt den Übergang von einer Aussage, daß ein Gegenstand ein Benutzer ist, zu Aussagen, daß dieser Gegenstand aufgenommen, leihberechtigt, ausgeschlossen oder gekündigt ist. Die durch Zusatzprädikatoren q_i bezeichneten Zustände von Gegenständen, welche unter einen Hauptprädikator Q fallen, werden im allgemeinen Fall durch eine Prädikatorenregel der Form »$x \; \varepsilon \; Q \Rightarrow x \; \sigma \; q_1 \; \Theta \; x \; \sigma \; q_2 \; \Theta \; ... \; \Theta \; q_n$« mit $\Theta \in \{\vee, \wedge\}$ festgelegt.

Zustandsschachtelungen als Unterzustände entsprechen adjunktiven Verknüpfungen, Zustandsschachtelungen als orthogonale Teilzustände entsprechen konjunktiven Verknüpfungen. Sind für einen Zustand alle Teilzustände oder Unterzustände angegeben, ist ein wechselseitiger Übergang vom Antecedens zum Succedens möglich. Formuliert als Prädikatorenregeln:

- *Teilzustände*: $\quad x \; \sigma \; q_1 \Leftrightarrow x \; \sigma \; q_2 \wedge x \; \sigma \; q_3 \wedge ... \wedge x \; \sigma \; q_n$ $\hspace{1em} (5.4.1\text{-}8)$
- *Unterzustände*: $\quad x \; \sigma \; q_1 \Leftrightarrow x \; \sigma \; q_2 \vee x \; \sigma \; q_3 \vee ... \vee x \; \sigma \; q_n$

Für Personen gilt beispielsweise die Prädikatorenregel »$x \; \sigma$ heiratsfähig $\Leftrightarrow x \; \sigma$ ledig $\vee x \; \sigma$ verwitwet $\vee x \; \sigma$ geschieden«. Falls sich die Unterzustände nicht überlappen dürfen, ist anstelle der adjunktiven Verknüpfung der Glieder im Succedens als Junktor die Antivalenz (Alternative oder „exklusives Oder") zu wählen.

Objekte besitzen abhängig von Zuständen bestimmte Fähigkeiten, deren Aktualisierung zu Zustandswechseln führt. Die Fähigkeiten eines Benutzers im Zustand »leihberechtigt« sind beispielsweise »ausleihen«, »vormerken«, »zurückgeben«, »sperren« und »kündigen«. Normsprachlich ist diese Zustandsabhängigkeit von Fähigkeiten als Subjunktion zu formulieren: »$\forall x \; \varepsilon$ Benutzer ($x \; \sigma$ leihberechtigt $\rightarrow x \; \gamma$ ausleihen $\wedge x \; \gamma$ vormerken ....)«, d.h. wenn ein Benutzer leihberechtigt ist, kann er die genannten Fähigkeiten aktualisieren. Als Prädikatorenregeln folgen diese Behauptungen dem Muster:

- *Zustandsabh. Fäh.*: $\; x \; \varepsilon \; q \; Q \Rightarrow x \; \gamma \; P_1 \wedge x \; \gamma \; P_2 \wedge ... \wedge x \; \gamma \; P_n$ $\hspace{1em} (5.4.1\text{-}9)$

Gegenstände x, welche unter einen Prädikator Q fallen, besitzen im Zustand q die Fähigkeiten P_i. Mit »Benutzer« für Q, »leihberechtigt« für q und »ausleihen«, »vormerken«, »zurückgeben«, »sperren« sowie »kündigen« für P_i lautet die Prädi-

katorenregel zu obiger genereller Aussage »x ε leihberechtigt Benutzer ⇒ x γ ausleihen ∧ x γ vormerken ∧ ... ∧ x γ kündigen«.

Gemäß der Definition von Verfügbarkeit (4.3-17) bedeutet diese Prädikatorenregel,
daß ein Benutzer x im Zustand »leihberechtigt« verschiedene Fähigkeiten besitzt,
durch deren Aktualisierung ein neuer Zustand erreicht werden kann. Aktualisiert
der Benutzer x etwa die Fähigkeit »kündigen«, dargestellt durch die Handlungsaussage »x π kündigen«, erreicht er den Folgezustand »gekündigt«, dargestellt
durch die Zustandsaussage »x σ gekündigt«. Die normierte generelle Aussage für
diesen Zustandswechsel lautet: »∀x ε Benutzer (x σ leihberechtigt ∧ x π kündigen
→ x σ gekündigt)«, d.h. wenn ein Benutzer x im Zustand »leihberechtigt« ist und
die Fähigkeit »kündigen« ausführt, erreicht er den Zustand »gekündigt«.

Normsprachliche Aussagen zu Zustandswechseln von Gegenständen, welche unter
den Hauptprädikator Q fallen, folgen mit der Zustandsaussage Z_A für den Ausgangszustand, Z_Z für den Zielzustand und H als Handlungsaussage dem Muster:

- *Zustandswechsel*: $\quad \forall x\ \varepsilon\ Q\ (Z_A(x) \wedge H(x) \to Z_Z(x))$ (5.4.1-10)

Ein Beispiel für die normsprachliche Beschreibung eines Zustandswechsels nach
diesem Muster ist die Aussage »∀x ε Person (x σ heiratsfähig ∧ x π heiraten → x σ
verheiratet)« mit der Zustandsaussage »x σ heiratsfähig« für $Z_A(x)$, »x σ verheiratet« für $Z_Z(x)$ und »x π heiraten« als Handlungsaussage H(x). Zu lesen ist (5.4.1-
10) als: »Für alle Personen gilt, wenn eine Person heiratsfähig ist und diese Person
heiratet, dann ist sie verheiratet«. Zusätzliche Bedingungen (Wächter) für einen
Transitionswechsel sind konjunktiv mit der Aussage Z_A zu verknüpfen.

Auslösende Ereignisse und mögliche Vorbedingungen für die Ausführung einer
Fähigkeit gemäß der ECA-Regel sind normsprachlich als Konjunktion von Ereig-
nis- und Bedingungsaussagen, welche eine Handlungsaussage implizieren, rekonstruierbar. Mit E als Ereignisaussagen, C als Bedingungen und H als Handlungs-
oder Aktionsaussage folgen normsprachliche ECA-Regeln für Objekte x eines Prädikator Q dem Muster:

- *ECA-Regel*: $\quad \forall x\ \varepsilon\ Q\ (E(x) \wedge C(x) \to H(x))$ (5.4.1-11)

Wenn die durch die Aussage E dargestellten Ereignisse eintreten und die Bedingungen C erfüllt sind, wird die in der Aussage H bezeichnete Handlung von x ausgeführt. Die Aussagen E können zusammengesetzte Ereignisse darstellen. Die
einzelnen in Raum und Zeit festgelegten Elementarereignisse sind durch Nominatoren (Eigennamen oder Kennzeichnungen) benannt (vgl. [Wedekind92:56f;
Reinwald93:144f] und zur Klassifikation von Ereignistypen [Herbst95a:151f]).

5.4.2 Reihenfolgen

Durch die Reihenfolgen wird der externe Botschaftenfluß zwischen Objekten spezifiziert. Reihenfolgen definieren die kausalen Abhängigkeiten der verschiedenen Einzelschritte eines Vorgangs oder Prozesses als Präzedenzstruktur. Sie legen fest, wann welche Fähigkeiten von Objekten durch den Austausch von Botschaften aktiviert werden, um kooperativ eine Aufgabe zu erledigen.

5.4.2.1 Spezifikationssprache

Die Sprachkonstrukte von *TAOS-S* zur Beschreibung von Reihenfolgen sind:

1) <Reihenfolgen> $\triangleq$ *sequences* <Prozesse>

2) <Prozesse> $\triangleq$ (*process* <Botschaft> *procvar* <Attributdefinitionen>
    control_flow <Aktivitäten> || ';')$^+$

3) <Aktivitäten> $\triangleq$ (<Botschaft> | Δ | <Kontrollausdruck>
    | <Zuweisung> || ',')$^+$

4) <Kontrollausdruck> $\triangleq$ <Sequenz> | <Parallelität> | <Alternative> | <Iteration>

5) <Sequenz> $\triangleq$ *seq* '(' <Aktivitäten> ')'

6) <Parallelität> $\triangleq$ *par* '(' <Aktivitäten> ')'

7) <Alternative> $\triangleq$ *alt* <Bedingung> '(' (<Aktivitäten> || ',')$^+$ ')'

8) <Iteration> $\triangleq$ (*while_do* | *repeat_until*) <Bedingung>
    '(' <Aktivitäten> ')'

Die Beschreibung der Reihenfolgen wird eingeleitet durch das Schlüsselwort *sequences* (1). Dem Schlüsselwort folgt die Vereinbarung der Abarbeitungsreihenfolge der Prozesse im Sinne sogenannter *system operations* nach Coleman et al. [Coleman94:45ff]. Ein Prozeß wird ausgelöst durch einen externen Agenten als dem Prozeßkunden und erzeugt einen meßbaren Kundennutzen als Ziel des Prozesses. Der Prozeß ist die in sich abgeschlossene koordinierte Abfolge von Prozeßaktivitäten zur Erreichung dieses Kundennutzens. Nach Coleman:

> Recall that during analysis, a system is modeled as an active entity that cooperates with other active entities, called agents. The system and the agents communicate by sending and receiving events. When events are received by the system they can cause a state change and events to be output. An input event and its associated effect are know as a *system operation*. [Coleman94:45]

Ein Prozeß (*process*) wird beschrieben durch die den Prozeß auslösende Botschaft des Agenten, temporäre Prozeßvariablen und die strukturierte Gesamtheit der

Aktivitäten, welche während des Prozesses ausgeführt werden (2). Bei der Prozeß-
spezifikation kann auf die Nennung des Agenten und auf die Beschreibung der
Botschaftsparameter verzichtet werden, da diese bereits in den Interaktionen definiert wurden (vgl. Abschnitt 5.3.2). Coleman bezeichnet dasjenige Objekt, welches
die Botschaft vom Agenten empfängt und als Verantwortlicher die Ausführung des
Prozesses steuert, als *controller*. Alle weiteren, an der Prozeßausführung beteiligten Objekte heißen *collaborators* [Coleman94:63]. Jeder Prozeß besitzt genau
einen Prozeßverantwortlichen (*controller*). Dieser ist für die Kontrolle des Prozesses auf der obersten Kontrollebene im Sinne einer Kontrollsphäre zuständig, alle
weiteren am Prozeß mitwirkenden Objekte sind als Kollaborateure aktive Elemente geschachtelter Kontrollsphären (zu Kontrollsphären siehe [Davies78]).

Abbildung 5-23 zeigt einige Beispiele für Prozesse (*system operations*) aus dem
Bibliotheksbeispiel mit dem Prozeßnamen, einer kurzen Prozeßbeschreibung, dem
Objekttyp des Prozeßverantwortlichen und dem Agenten, welcher den Prozeß
anstößt. Ein Prozeß wird durch den Namen der Botschaft identifiziert, mit der der
Agent das prozeßverantwortliche Objekt zur Ausführung veranlaßt. Eine Aktualisierung des Prozesses »ausleihen« zum Ausleihen eines Exemplars wird beispielsweise vom Agenten »Bibliotheksbenutzer« durch die Botschaft »ausleihen« an
eine Instanz des Objekttyps AUSLEIHEXEMPLAR veranlaßt (vgl. [Rubin92]).

Prozeß	Prozeßbeschreibung	Prozeßverantwortlicher	Agent
ausleihen	Ausleihe eines Exemplars	AUSLEIHEXEMPLAR	Bib.Ben.
zurückgeben	Rückgabe eines Exemplars	AUSLEIHE	Bib.Ben.
vormerken	Vormerkung eines Exemplars	AUSLEIHEXEMPLAR	Bib.Ben.
sperren	Sperren eines Benutzers	BENUTZER	Angestellter
beantragen_ Aufnahme	Aufnahmeantrag eines Benutzers	BENUTZERSERVICE	Bib.Ben. ....
....	....	....	

Abb. 5-23: Prozesse in der Bibliotheksanwendung

Zur Identifizierung der Prozesse eines Anwendungsbereichs und für die Zuordnung der Verantwortlichkeiten bei der Ausführung eines Prozesses innerhalb eines
Objektsystems wurden eine Reihe von Techniken vorgeschlagen. Ein etablierter
Bestandteil für die Prozeßidentifizierung sind in neueren objektorientierten Entwurfsmethoden Szenarien- und Gebrauchsfallanalysen (*use cases*), wie sie von
Jacobson et al. im Rahmen von *Objectory* [Jacobson92] eingeführt wurden (vgl.
etwa [Coleman94: Booch94]). Das *responsibility-driven design* nach Wirfs-Brock

et al. [Wirfs-Brock90] mit der Verwendung von *collaboration graphs* und *CRC*-Karten (*classes/responsibilities/collaborations*) nach Beck und Cunningham [Beck89] hat sich für die Zuordnung von Fähigkeiten und Verantwortlichkeiten der Objekte bei der internen Prozeßorganisation bewährt. Daneben sind eine geeignete Technik für die Festlegung von Verantwortlichkeiten auch die *transaction decomposition tables* [Wieringa95:99f].

Die beiden prinzipiellen Alternativen zur Festlegung der Verantwortlichkeiten lassen sich durch erweiterte Interaktionsdiagramme in der Notation von Booch [Booch94:219] verdeutlichen (vgl. Abbildung 5-24; die Notation wird im folgenden Abschnitt erläutert). In Interaktionsdiagrammen werden die an der Prozeßausführung beteiligten Objekte o_i der Objekttypen O_j durch senkrechte Linien dargestellt. Der Zeitstrahl zur Kennzeichnung der Prozeßdauer verläuft von oben nach unten. Die vertikalen Balken geben an, wie lange ein Objekt während der Prozeßausführung aktiv ist. Die Pfeile zwischen den Objekten stellen die versandten Botschaften dar. Das Objekt o1 des Objekttyps O1 sei jeweils der identifizierte Prozeßverantwortliche (*controller*), o2 bis o5 sind beteiligte Kollaborateure.

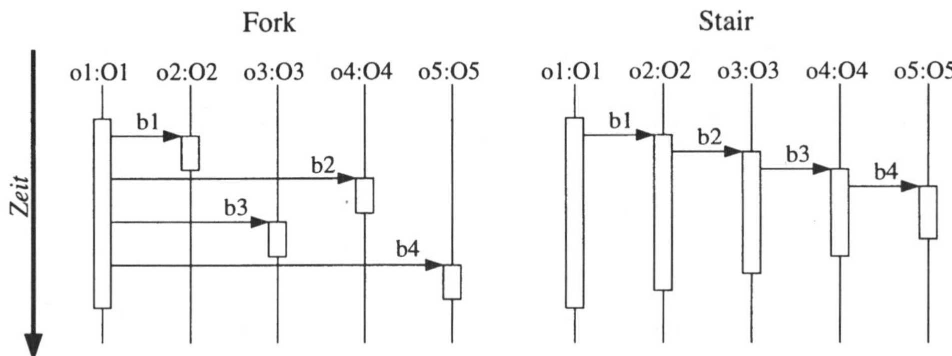

Abb. 5-24: Zentralisierte und dezentralisierte Prozeßkontrolle

In einer *zentralisierten* Prozeßkontrolle (*fork*) ist die Kontrollebene beim Prozeßverantwortlichen fokussiert. Der Prozeßverantwortliche veranlaßt die Ausführung der Fähigkeiten aller an der Prozeßausführung mitwirkenden Objekte. Nach der Ausführung einer Fähigkeit eines Kollaborateurs geht die Kontrolle an das verantwortliche Objekt zurück. Nur der Prozeßverantwortliche steuert die zur Prozeßausführung notwendigen Aktivitäten und entscheidet über die Abarbeitungsreihenfolge. Im Gegensatz dazu wechseln in einer *dezentralisierten* Prozeßkontrolle (*stair*) Kontrollebene und Ausführungsebene.

Das für den gesamten Prozeß verantwortliche Objekt delegiert mit der Veranlassung der Ausführung einer Fähigkeit an ein anderes Objekt auch die Kontrolle über die weitere Prozeßausführung. Zentralisierte und dezentralisierte Kontrolle sind zwei extreme Prozeßkontrollformen, welche in der Regel bei der Zuordnung der Verantwortlichkeiten gemischt werden. Verschiedene alternative Organisationsformen eines Prozesses mit dem Ziel eine Minimierung des Botschaftenflusses diskutieren Coleman et al. [Coleman94.73ff].

Aktivitäten (3) bei der Ausführung eines Prozesses sind aus der Sicht eines Kontrollobjekts primär das Versenden einer Botschaft (Δ stellt die leere Botschaft dar). Die Reihenfolge dieses Botschaftenversands kann durch Kontrollausdrücke bestimmt werden, ohne Einbettung in Kontrollausdrücke wird eine sequentielle Ausführungsreihenfolge angenommen. Die Zuweisung an temporäre Variablen dient der Steuerung des Kontrollflusses durch Kontrollbedingungen. Bis auf die leere Botschaft müssen alle versandten Botschaften in den Interaktionen definiert sein, d.h. das Versenden von Botschaften in einem Prozeß ist nur erlaubt, wenn die entsprechenden Botschaftenwege definiert sind.

Die Reihenfolge des Botschaftenversendens wird durch Kontrollausdrücke mit den Kontrollkonstrukten Sequenz, Parallelität, Alternative und Iteration strukturiert (4). Die *Sequenz* (**seq**) legt einen seriellen Prozeßablauf fest (5). Das Kontrollobjekt versendet nacheinander Botschaften in der durch die Sequenz festgelegten Reihenfolge und aktiviert bei den Empfängern in der gleichen Reihenfolge die mit den Botschaften assoziierten Fähigkeiten. Die *Parallelität* (**par**) definiert nebenläufige Prozesse im Sinne unbedingter Verzweigungen (6). Die Botschaften werden vom Kontrollobjekt parallel versandt und können von den Empfängern der Botschaft parallel (*concurrent*) ausgeführt werden. Durch die *Alternative* (**alt**) wird eine bedingte Verzweigung des Botschaftenversands festgelegt (7). Die Alternativen müssen sich wechselseitig ausschließen, nur eine Alternative wird ausgeführt (zur Betrachtung von Kontrollstrukturen als Austausch von Botschaften siehe [Hewitt77]).

Die drei elementaren Kontrollkonstrukte Sequenz, Parallelität und Alternative können beliebig orthogonal kombiniert und zu sogenannten höheren Konstrukten zusammengesetzt werden. Zur Beschreibung des Botschaftenflusses werden als höhere Konstrukte explizit lediglich die abweisende (*while_do*) und annehmende (*repeat_until*) bedingte Schleife (8) eingeführt. Andere Konstrukte wie mehrfache Fallunterscheidungen oder Zählschleifen werden nicht eingeführt (vgl. zu den Kontrollkonstrukten [Jablonski95a]). Die Werte der Bedingungen bei der Alternative und den Schleifen werden entweder durch (temporäre) Variablen oder durch Botschaften bestimmt. Die Kontrollkonstrukte Sequenz und Parallelität sind assoziativ. Da die Reihenfolge der Zusammenfassung beliebig ist, kann auf die Klammerung verzichtet werden. Mit den Botschaften a, b und c sind »*seq*(*seq*(a,b),c)« und »*seq*(a,b,c)« sowie »*par*(*par*(a,b),c)« und »*par*(a,b,c)« gleichbedeutend.

Ein Beispiel für die Vereinbarung einer Prozeßreihenfolge zeigt (5.4.2-1). Beschrieben wird der auf der linken Seite in Abbildung 5-24 als Interaktionsdiagramm dargestellte Prozeß aus der Sicht des Prozeßverantwortlichen vom Typ O1.

```
objecttype O1                                              (5.4.2.-1)
    interactions
        receive
            b0 from agent A match b0;
        send
            b1 to o2 : O2; b2 to o4 : O4; b3 to o3 : O3; b4 to o5 : O5
            capability b0;
    sequences
        process b0
            control_flow seq (o2.b1, o4.b2, o3.b3, o5.b4);
            ...
```

Eine Botschaft b0 eines Agenten A veranlaßt beim prozeßverantwortlichen Objekt die Ausführung der gleichlautenden Fähigkeit b0. Während der Ausführung dieser Fähigkeit sendet das prozeßverantwortliche Objekt die Nachrichten b1 bis b4 an die Objekte o2 bis o5 der Objekttypen O2 bis O5. Der Versand dieser Botschaften als Reaktion auf die vom Agenten eintreffende Botschaft b0 wird als Sequenz festgelegt. Da die Botschaftsnamen eindeutig sind, könnte auf die qualifizierende Objektreferenz verzichtet werden.

Im Bibliotheksbeispiel, als einer eher datenintensiven Anwendung, werden die Prozesse durch sehr einfache Kontrollstrukturen definiert. (5.4.2-2) zeigt als Beispiel den Prozeß »ausleihen« im Objekttyp AUSLEIHEXEMPLAR.

```
objecttype AUSLEIHEXEMPLAR                                 (5.4.2-2)
    interactions
        receive
            ausleihen(Benutzer) from agent Bibliotheksbenutzer;
        send
            leihberechtigt to Benutzer : BENUTZER capability leihberechtigt;
            ausleihen(Current) to Benutzer : BENUTZER capability ausleihen;
            create (Benutzer, Current, Ausleihdatum, Rückgabedatum)
                to AUSLEIHE capability ausleihen;
    sequences
        process ausleihen
            control_flow
                alt Benutzer.leihberechtigt
                    (par(AUSLEIHE.create, Benutzer.ausleihen) | Δ);
            ...
```

Zur Ausführung des Prozesses »ausleihen« sendet das prozeßverantwortliche Objekt die Nachricht »leihberechtigt« an eine Instanz von BENUTZER, um zu prüfen, ob der Bibliotheksbenutzer auch ausleihberechtigt ist. Wenn er leihberechtigt ist, wird parallel eine Botschaft an AUSLEIHE zur Instanzenkreierung und eine Botschaft an das diesen Bibliotheksbenutzer repräsentierende Objekt von BENUTZER gesandt. Ist der Bibliotheksbenutzer nicht leihberechtigt, wird keine weitere Botschaft gesandt und der Prozeß beendet. Als Ergebnis seines Aufrufs von »ausleihen« erhält der Bibliotheksbenutzer die Nachricht, ob die Ausleihe erfolgreich war.

Als umfangreicheres Beispiel für die Beschreibung von Reihenfolgen soll der in Abbildung 5-25 dargestellte Prozeß dienen. Die Darstellung erfolgt nach der im Workflow-Bereich populären *„bubbles and arcs"*-Notation für Kontrollsphären (vgl. [Reinwald93:60f] und die Erläuterung der Symbole in 5.4.2.2).

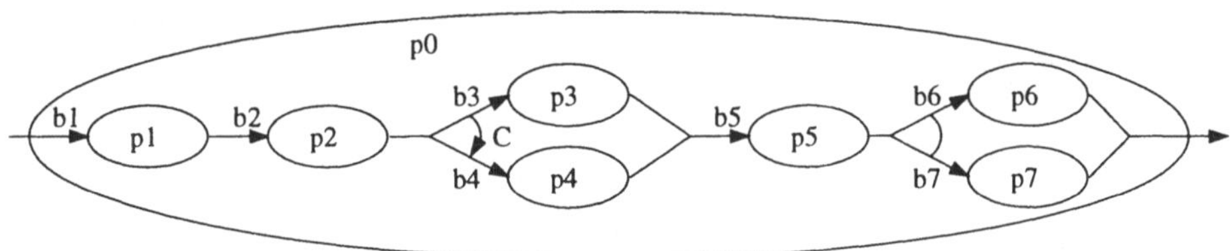

Abb. 5-25: Prozeßdarstellung

Die Teilprozesse p1 bis p7 werden durch Botschaften aus einem Prozeß p0 aktiviert. Die Schachtelung der Kontrollsphären ist in Abbildung 5-25 als Komposition zu interpretieren. Die Botschaften b1 und b2 aktivieren nacheinander die Teilprozesse p1 und p2. Abhängig von der Bedingung C wird anschließend entweder der Prozeß p3 oder p4 ausgeführt. Nachdem der Prozeß p5 beendet ist, werden aus p0 die beiden Prozesse p6 und p7 durch die Botschaften b6 und b7 parallel aktiviert.

Der in Abbildung 5-25 dargestellte Prozeß wird nun in der Notation von *TAOS-S* (5.4.2-3) beschrieben. Der Prozeß p0 sei Instanzen des Objekttyps O1 verantwortlich zugeordnet. Sind alle Botschaftsnamen eindeutig, werden die Reihenfolgen für p0 im Objekttyp O1 folgendermaßen spezifiziert:

objecttype O1   (5.4.2-3)

```
objecttype O1
    sequences
        process p0
            control_flow
                seq(b1, b2, alt C (b3, b4), b5, par(b6, b7));
    ...
```

Soll stattdessen beispielsweise nach der Ausführung des Prozesses p1 die Kontrolle über die weitere Prozeßfolge bis zum Teilprozeß p5 an eine Instanz von O2 delegiert werden, führt dies in den Objekttypen O1 und O2 zu folgenden Vereinbarungen (vgl. mit Abbildung 5-26).

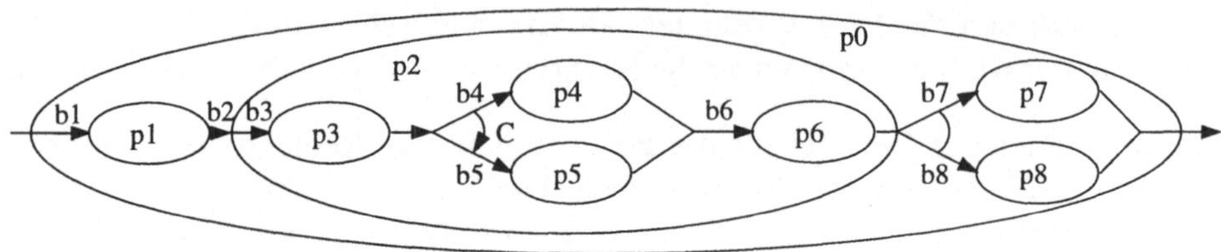

Abb. 5-26: Prozeßdarstellung

> **objecttype** O1   (5.4.2-4)
>   **sequences**
>   **process** p0
>   **control_flow**
>   *seq*(b1, b2, *par*(b7, b8));
>   ⋮

> **objecttype** O2
>   **sequences**
>   **process** p2
>   **control_flow**
>   *seq*(b3, *alt* C (b4, b5), b6);
>   ⋮

Die Botschaft b2 aktiviert in einer Instanz von O2 den Prozeß p2, welcher den weiteren Ablauf bis p6 steuert. Nach der Abarbeitung von p6 geht die Kontrolle wieder an p0 bzw. die p0 ausführende Instanz von O1 zurück.

5.4.2.2 Diagrammsprache

Die ersten objektorientierten Entwurfsmethoden mit ihrer überwiegend datenorientierten Ausrichtung boten wenig Möglichkeiten zur Veranschaulichung des dynamischen Verhaltens auf Interobjektebene. In neueren Entwurfsmethoden wurden inzwischen jedoch eine Vielzahl von Diagrammtechniken vorgeschlagen, welche sich für die grafische Darstellung von Prozessen in Objektgemeinschaften gut eignen. Anstatt eine neue Diagrammsprache zu entwickeln, sollen deshalb an dieser Stelle lediglich Empfehlungen für die Verwendung bereits eingeführter Diagrammtechniken abhängig vom Modellierungszweck gemacht werden.

Zur Darstellung einfacher Botschaftssequenzen mit wenigen beteiligten Objekten eignen sich die Interaktionsdiagramme in der Notation von Jacobson et al. oder Booch (vgl. dazu [Jacobson92:142f; Booch94:219]). Abbildung 5-27 stellt die drei Notationselemente Objekt, Botschaft und Kontrollsphäre eines Prozesses dar. Die (implizite) zeitliche Reihenfolge der Interaktionen verläuft im Diagramm von oben nach unten (vgl. Abbildung 5-24).

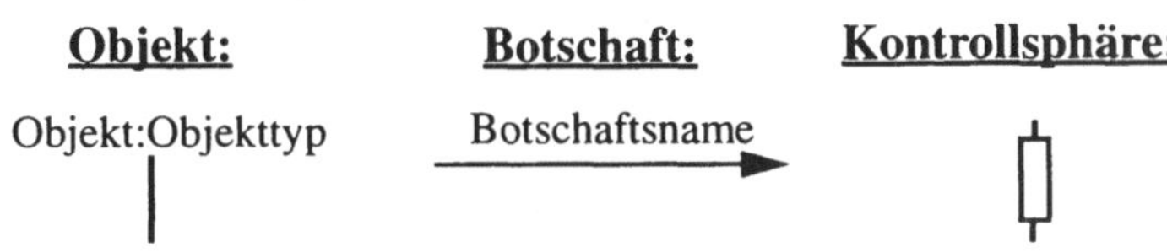

Abb. 5-27: Notationselemente von Interaktionsdiagrammen

Die beiden Beispiele in Abbildung 5-25 und Abbildung 5-26 basierten auf den in der folgenden Abbildung dargestellten Notationselementen zur Beschreibung von Kontrollsphären (vgl. etwa [Reinwald93:60f]).

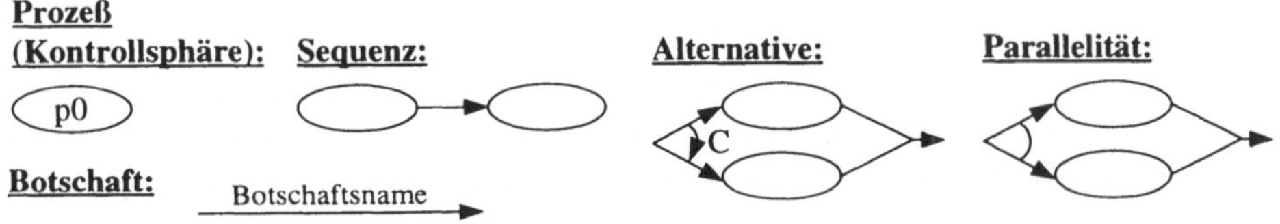

Abb. 5-28: Notationselemente zur Darstellung von Kontrollsphären

Interaktionsgraphen nach Coleman et al. sind zu empfehlen, wenn neben Botschaftssequenzen auch alternative Botschaftsfolgen, Wiederholungen und dynamische Objekterzeugung dargestellt werden sollen [Coleman94:63f]. Prozeßabläufe mit vielen Einzelschritten und komplexen Kontrollstrukturen können gut durch die von Martin und Odell in ihrer *object behavior analysis* eingeführten Ereignisdiagramme veranschaulicht werden [Martin92; Martin93]. Eine sehr kompakte, wenn auch etwas gewöhnungsbedürftige grafische Darstellung erlauben die von Robinson und Berrisford in *OOSSADM* beschriebenen Wirkungskorrespondenzdiagramme [Robinson94:220]. Zu erwähnen sind noch die in der Geschäftsprozeßmodellierung populären ereignisgesteuerten Prozeßketten [Keller92], deren Anwendung für die objektorientierte Modellierung von Prozessen in [Bungert95] erläutert wird.

Neben speziell für den objektorientierten Entwurf entwickelten Notationen adaptieren viele objektorientierte Entwurfsmethoden etablierte Darstellungstechniken wie rekursive Prozeßgraphen, Zustandsdiagramme und Petrinetze (vgl. etwa [Rumbaugh91:84ff; Tan93:140ff; Oberweis96]. Eine Beschreibung und Beurteilung verschiedener Diagrammsprachen zur Modellierung des dynamischen Systemverhaltens ist [Lindner94] zu entnehmen.

5.4.2.3 Normsprache

Die normsprachliche Rekonstruktion der Reihenfolgen basiert auf der Festlegung einer (partiellen) Ordnung auf einer Menge von Geschehnissen. Nach Broy kann diese partielle Ordnung auf Geschehnissen auf zwei unterschiedliche Weisen interpretiert werden [Broy94:8]: als *zeitliche* Ordnung und als *kausale* Ordnung.

Mit IAI und IBI für zwei durch die Aussagen A und B dargestellte Geschehnisse und $<_t$ als transitivem, asymmetrischem Relator für »geschieht vor« bedeutet »IAI $<_t$ IBI«, daß das Geschehnis IAI beendet ist, bevor das Geschehnis IBI beginnt (vgl. [Hartmann90:134f]). Mit den Handlungsaussagen »Müller π ausleihen Ulysses« für A und »Müller π lesen Ulysses« für B wird durch »IAI $<_t$ IBI« behauptet, daß Müller zuerst Ulysses ausleiht und danach liest. Der Relator $<_t$ ist assoziativ, die Sequenz der Aufforderungen »Müller ! ausleihen Ulysses« für A und »Müller ! lesen Ulysses« für B und »Müller ! zurückgeben Ulysses« für C kann deshalb durch die Aussage »IAI $<_t$ IBI $<_t$ ICI« behauptet werden. Ausgehend von $<_t$ kann $>_t$ für »geschieht nach« beispielsweise definiert werden als: IAI $>_t$ IBI $\stackrel{\mathrm{def}}{=}$ IBI $<_t$ IAI. Daß zwei Geschehnisse nicht gleichzeitig stattfinden, wäre dann zu definieren als: IAI $\neq_t$ IBI $\stackrel{\mathrm{def}}{=}$ IAI $>_t$ IBI $\vee$ IAI $<_t$ IBI. Das heißt, zwei Geschehnisse A und B ereignen sich nicht zeitgleich, wenn A entweder vor B oder nach B geschieht. Die Geschehnisse ereignen sich hingegen gleichzeitig, wenn gilt: IAI $=_t$ IBI $\stackrel{\mathrm{def}}{=} \neg$ IAI $\neq_t$ IBI.

In der Prozeßorganisation interessieren anstelle dieser zeitlichen Ordnungen im Sinne von »vorher«, »nachher« und »gleichzeitig« jedoch vor allem die diesen zeitlichen Ordnungen zugrundeliegenden kausalen Ordnungen zwischen Geschehnissen, da kausale Ordnungen zeitliche Ordnungen implizieren, eine zeitliche Ordnung jedoch nichts über eine kausale Ordnung zwischen Geschehnissen aussagt [Broy95:8f].

Kausale Ordnungen basieren normsprachlich auf dem *konstruktiven* Subjunktor (vgl. [Lorenzen87:70ff]; Lorenzen spricht auch vom *effektiven* Subjunktor). Der konstruktive Subjunktor - zur Abgrenzung vom klassischen Subjunktor $\rightarrow$ durch $\rightarrow_c$ dargestellt - definiert eine kausale Ordnung. Er unterscheidet sich vom klassischen Subjunktor dadurch, daß er nicht auf die Negation und Disjunktion zurückzuführen ist, sondern eine strikte Sequentialität zwischen dem Vordersatz und dem

Hintersatz in einem Bedingungssatz definiert: $A \rightarrow_c B \neq \neg A \vee B$ (vgl. auch [Reinwald93:59]).

Im folgenden sollen Großbuchstaben zu Bezeichnung von Geschehnistypen (*type*) dienen, Kleinbuchstaben bezeichnen Aktualisierungen oder Instanzen (*token*) dieser Geschehnistypen. Die Sequenz von Geschehnissen wird auf Schemaebene normsprachlich durch die folgende Aussage dargstellt: $A \rightarrow_c B$. Nach dieser Aussage wird zuerst eine Instanz a des Geschehnistyps A, danach eine Instanz b des Geschehnistyps B aktualisiert. Zwischen der Aktualisierung von a und b besteht ein kausaler Zusammenhang, erst wenn a aktualisiert ist, kann auch b aktualisiert werden. Erst nachdem Müller Ulysses ausgeliehen hat, kann er dieses Buch lesen und zurückgeben. Nicht die genauen Zeitpunkte interessieren, sondern nur die kausalen Zusammenhänge bei der Aktualisierung der einzelnen Geschehnisse.

Eine Parallelität zweier Geschehnisse ist in einem Prozeß gegeben, wenn diese *nicht* in einer kausalen Relation stehen: $A \parallel B \stackrel{\text{def}}{=} \neg(A \rightarrow_c B \vee B \rightarrow_c A)$, oder nach Broy: „Parallele Ereignisse sind kausal unabhängig und können zeitlich nebeneinander oder in beliebiger Reihenfolge stattfinden" [Broy94:6]. Eine Parallelverzweigung von A zu B und C und von diesen wiederum zu D wird als Kontrollstruktur durch die Aussage »$A \rightarrow_c (B \parallel C) \rightarrow_c D$« beschrieben. Aus logischer Sicht entspricht die parallele Ausführung einer Konjunktion. Um eine Instanz des Geschehnistyps D aktualisieren zu können, müssen b und c aktualisiert sein: $A \rightarrow_c (B \wedge C) \rightarrow_c D$. Die Festlegung paralleler Geschehnisse legt jedoch keine Gleichzeitigkeit ihrer Aktualierung fest. Eine zur Kooperation notwendige Koordination paralleler Geschehnisse erfordert die explizite Festlegung von Synchronisationspunkten. In Anlehnung an Broy [Broy94:47] kann diese Synchronisation von Geschehnissen A_i in parallelen Prozessen durch Indizierung $\parallel_{\{Ai\}}$ deutlich gemacht werden. Die Synchronisation zweier paralleler Prozesse $(A \rightarrow_c B \rightarrow_c C)$ und $(D \rightarrow_c E \rightarrow_c F)$ in B und E kann durch den folgenden Ausdruck notiert werden: $(A \rightarrow_c B \rightarrow_c C) \parallel_{\{B,E\}} (D \rightarrow_c E \rightarrow_c F)$. Die Aktualisierungen von B und E werden in beiden Prozessen synchronisiert. Broy nennt als Beispiel für eine solche Synchronisation das Händeschütteln zweier Personen, deren gegenseitige Begrüßung durch die beiden Prozesse beschrieben wird.

Die Alternative kann als bedingte Ausführung auf eine sequentielle Verarbeitung zurückgeführt werden. Logisch bedeutet dies eine Disjunktion $A \rightarrow_c (B \succ\!\!\prec C) \rightarrow_c D$. Um eine Instanz von D zu aktualisieren, müssen entweder b oder c als Geschehnisse der Typen B oder C aktualisiert worden sein. Die Auswahl, welches dieser Geschehnisse d vorangeht, kann durch ein Prädikat bestimmt werden. Kontrollkonstrukte wie bedingte Schleifen, mehrfache Fallunterscheidungen (*case*-Konstrukt), Zählschleifen oder auch komplexe Kontrollstrukturen wie die von Brown zur Dialogsteuerung eingeführte *m_aus_n-Auswahl* [Brown82:4155] ergeben sich aus der Kombination dieser elementaren Kontrollkonstrukte. Da diese Kombinationen bei der Beschreibung der Kontrollstrukturen nicht explizit eingeführt wurden, wird auf deren explizite Rekonstruktion an dieser Stelle ebenfalls verzichtet.

5.5   Einschränkungen

Im letzten Schritt vor der Schemaintegration werden die spezifizierten Objekttypen um weitere Einschränkungen ergänzt, soweit diese nicht bereits bei der Spezifikation der einzelnen Merkmalsarten vereinbart wurden und im Rahmen der bisher beschriebenen Ausdrucksmittel nicht definiert werden konnten. Einschränkungen sind entweder Integritätsbedingungen bzw. Invarianten (Abschnitt 5.5.1) oder Regeln (Abschnitt 5.5.2).

1)   <Einschränkungen> $\triangleq$ *constraints* [<Invarianten>] [<Regeln>]

5.5.1 Bedingungen

Bedingungen ergänzen die Spezifikation um wahrheitsfunktionale Aussagen, welche von allen Instanzen eines Objekttyps erfüllt sein müssen. Bedingungen können beispielsweise die aufgrund der bisherigen Schemaaussagen möglichen Objektzustände und Zustandsübergänge auf eine im Rahmen der Anwendung sinnvolle und zulässige Teilmenge einschränken. Invarianten ergeben sich aus den für die Anwendung gültigen „Bedeutungsnormen" [Steinbauer85:64], wie etwa gesetzlichen Bestimmungen (z.B.: Ordnungsmäßigkeit der Buchführung) oder firmenpolitischen Richtlinien (z.B.: Jede Benutzerreklamation muß in mindestens fünf Tagen bearbeitet sein.).

5.5.1.1 Spezifikationssprache

Das Sprachkonstrukt von *TAOS-S* zur Beschreibung von Bedingungen oder Invarianten ist:

1)   <Invarianten> $\triangleq$ *invariants* ([<Invariantenname> ':'] <Bedingung> ';')$^+$

Die Vereinbarung einer Invariante (1) setzt sich zusammen aus einem optionalen Namen und der eigentlichen wahrheitsfunktionalen Aussage, welche der Syntax von Bedingungen folgt (vgl. Abschnitt 5.3.1). Zwei Beispiele für Invarianten im Objekttyp EXEMPLAR sind:

> ***objecttype*** EXEMPLAR   (5.5.1-1)
>   :::
> ***constraints***
>   ***invariants***
>   Anschaffungswert $\geq$ Restwert;
>   (Restwert = y) $\rightarrow$ always(Restwert $\leq$ y);
>   :::

Die erste Invariante legt fest, daß der Anschaffungswert für alle Exemplare größer sein muß als der Restwert: $\forall$x:EXEMPLAR (x.Anschaffungswert $\geq$ x.Restwert). Die zweite Invariante fordert, daß der Wert des Attributs »Restwert« in jedem vom aktuellen Zustand aus erreichbaren Zustand nur gleichbleiben oder sinken, nicht aber zunehmen darf. Als Operator einer vorwärtsgerichteten temporalen Logik ist »always« etwa zu lesen als »ab jetzt gilt immer« (vgl. [Emerson90]). Da diese Invarianten I immer für alle zukünftigen Zustände gelten, können sie zu »always(I)« erweitert werden. Mit der notwendigen Allquantifizierung der Variablen führt dies für die zweite Invariante zum Ausdruck: $\forall$x:EXEMPLAR $\forall$y:DECI-MAL(6,2) (always ((x.Restwert = y) $\rightarrow$ always(x.Restwert $\leq$ y))) (vgl. [Saake93:74f]).

Verschiedene Arten von Einschränkungen im objektorientierten Fachentwurf werden mit Beispielen in [Baelen93; Bonfatti94a] untersucht; empfehlenswerte einführende Arbeiten zu Einschränkungen oder Integritätsbedingungen mit Schwerpunkt auf Datenbankanwendungen sind [Steinbauer85; Lipeck92]. Die Verwendung dynamischer und temporaler Logiken zur Festlegung von Integritätsbedingungen wird in [Wieringa89; Saake90; Saake93:63ff] und insbesondere in [Lipeck89] behandelt.

5.5.1.2 Diagrammsprache

Bedingungen werden im Objekttypdiagramm in einem vierten Teilfeld unterhalb der Fähigkeiten eingetragen. Sie können entweder nur durch den Namen der Invariante oder vollständig nach der Syntax von *TAOS-S* beschrieben werden. Abbildung 5-29 zeigt die ausführliche Notation der exemplarisch erläuterten Bedingungen für den Objekttypen EXEMPLAR aus Beispiel (5.5.1-1).

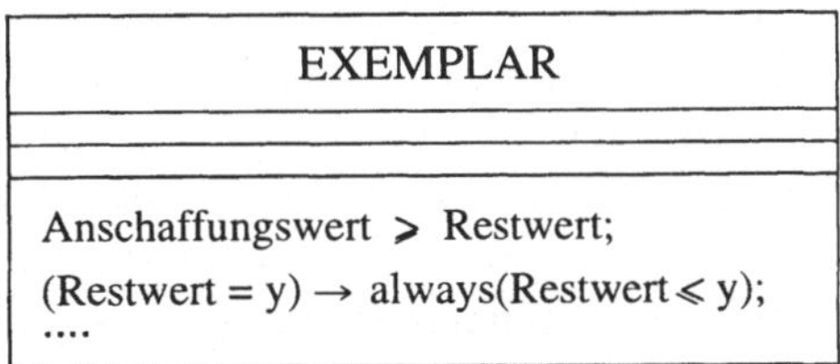

Abb. 5-29: Notation von Bedingungen in Objekttypdiagrammen

5.5.1.3 Normsprache

Die Spezifikation von Einschränkungen als wahrheitsfunktionale Ausdrücke beruht auf bereits bekannten normsprachlichen Aussagemustern. Einschränkungen sind wahrheitsfunktionale Aussagen, eventuell erweitert um Operatoren einer temporalen Logik (zu diesen Operatoren siehe [Emerson90; Arapis91; Manna92]). Die normsprachliche Aussage »$\forall$x ε Benutzer (always((x σ leihberechtigt) $\rightarrow$ next(x σ leihberechtigt $\vee$ x σ gekündigt $\vee$ x σ ausgeschlossen))« mit den temporalen Operatoren »always« (lies: »ab jetzt gilt immer«) und »next« (lies: »ab dem nächsten Zustand gilt«) würde beispielsweise behaupten, daß für alle Benutzer im Zustand »leihberechtigt« gilt, daß ihr Folgezustand »leihberechtigt«, »gekündigt« oder »ausgeschlossen« ist.

5.5.2 Regeln

Die Spezifikation von Regeln bzw. Trigger-Konzepte sind im Bereich der aktiven Datenbanksysteme seit längerem Gegenstand von Forschungsaktivitäten (eine umfassende Übersicht gibt [Widom96]). Als Mittel zur Beschreibung fachlicher Zusammenhänge in der Ablauforganisation werden Geschäftsregeln demgegenüber erst in jüngerer Zeit intensiver untersucht [Knolmeyer93; Herbst95; Herbst95a; Martin95:167ff].

5.5.2.1 Spezifikationssprache

Die Sprachkonstrukte von *TAOS-S* zur Beschreibung von Regeln sind:

1)   <Regeln> $\hat{=}$ *rules* (<Regel> || ';')$^+$

2)   <Regel> $\hat{=}$ [<Regelname> ':']
                            [*on* <Ereignis>]
                            [*if* <Bedingung>]
                            do <Anweisungen>

Die Vereinbarung von Regeln wird eingeleitet durch das Schlüsselwort *rules* (1). Eine Regel (2) kann optional durch einen Regelnamen benannt werden. Gemäß dem ECA-Muster wird sie durch die drei Komponenten Ereignis (*on* <Ereignis>), Bedingung (*if* <Bedingung>) und Aktion (*do* <Anweisungen>) definiert (4): Abhängig von einem Ereignis wird eine bedingte Aktion als eine Menge von Anweisungen ausgeführt. Das Ereignis oder die Bedingung sind optional; ohne Bedingung löst das Ereignis eine unbedingte Aktion aus; ohne Ereignis wird die Aktion ausgeführt, wenn die Bedingung erfüllt ist (vgl. [Widom96:13f]). Ein Beispiel für eine Geschäftsregel im Objekttyp AUSLEIHE gibt (5.5.2-1).

> ***objecttype*** AUSLEIHE   (5.5.2-1)
>   :::
>   ***constraints***
>   ***rules***
>   Angemahnte_Exemplarrückgabe:
>   ***on*** Exemplarrückgabe
>   ***if not*** Gebühr.empty
>   ***do*** einziehen_Mahngebühr;
>   :::

Wird ein ausgeliehenes Exemplar zurückgegeben und ist für dieses Exemplar aufgrund einer Mahnung eine Ausleihgebühr angefallen, wird »einziehen_Ausleihgebühr« angestoßen (vgl. mit Abbildung 5-13; der Ausdruck »Gebühr« nimmt Bezug auf diejenigen Instanzen von GEBÜHR, welche die angefallenen Mahngebühren einer Instanz von AUSLEIHE repräsentieren).

5.5.2.2 Diagrammsprache

Regeln sind ebenso wie Bedingungen im Objekttypdiagramm im vierten Teilfeld unterhalb der Fähigkeiten einzutragen. Sie werden entweder nur durch den Namen der Regel oder vollständig nach der Syntax von *TAOS-S* beschrieben. Abbildung 5-30 zeigt die ausführliche Notation der in (5.5.2-1) dargestellten Regel für den Objekttyp AUSLEIHE.

<table>
<tr><td align="center">AUSLEIHE</td></tr>
<tr><td></td></tr>
<tr><td>

Angemahnte_Exemplarrückgabe:
   on Exemplarrückgabe
   if not Gebühr.empty
   do einziehen_Mahngebühr;
....

</td></tr>
</table>

Abb. 5-30: Notation von Regeln in Objekttypdiagrammen

5.5.2.3 Normsprache

Wie bereits in (5.4.1-10) erläutert, sind Regeln nach dem ECA-Schema normsprachlich als Subjunktionen E $\wedge$ C $\rightarrow$ A rekonstruierba. Es muß also kein neuer normsprachlicher Satzbauplan eingeführt werden.

5.6   Schemaintegration

Untersuchungen zur formalen Integration von Sichten oder externen Schemata zu einem konzeptuellen Gesamtschema haben im Bereich des Datenbankentwurfs eine lange Tradition (vgl. [Convent86; Batini86; Navathe86; Johannesson94]). Unterschiedliche zu integrierende Sichten werden zunächst mehr oder weniger formal spezifiziert und auf Inkonsistenzen und Redundanzen analysiert, anschließend wird in einem Misch-Vorgang (*Schema-Merging*) das Gesamtschema aus den einzelnen Sichten erzeugt.

In *TAOS* werden die unterschiedlichen Sichten auf eine Anwendung nicht isoliert entwickelt, sondern sind als Beschreibungsaspekte des Spezifikationsrahmens integraler Bestandteil der Spezifikation der Merkmalsarten von Objekttypen. Im letzten Schritt des Spezifikationsprozesses ist deshalb weniger eine Integration unterschiedlicher Sichten als vielmehr eine Integration und Konsolidierung der beiden Beschreibungsebenen intern und extern zu einem Gesamtschema erforderlich. Für jeden Beschreibungsaspekt werden zunächst die Unvollständigkeiten, Inkonsistenzen und Redundanzen innerhalb der Spezifikation der einzelnen Objekttypen (interne Ebene des Spezifikationsrahmens) untersucht und beseitigt und anschließend die Konsolidierung zwischen den Objekttypen (externe Ebene) durchgeführt. Durchzuführende Prüfungen zum Aspekt *Attribute* sind etwa:

- Sind (unnötige) Attribute definiert, welche durch keine typspezifischen Fähigkeiten und durch keine anderen Objekte gelesen oder verändert werden?
- Wurden Attribute vergessen, d.h. wird von anderen Objekten oder typspezifischen Fähigkeiten auf Attribute zugegriffen, welche nicht definiert sind?
- Ist der Wertebereich eines Attributs durch die Typangabe, Bereichsangabe und Werteaufzählung ausreichend eingeschränkt (Wertebereichsbedingungen)?
- Gelten die festgelegten Qualifizierungen und Multiplizitätsangaben für alle Instanzen des Objekttyps?
- Gelten definierte Attribute nur für bestimmte Objektzustände, sind sie also nur im Rahmen dieser Objektzustände sinnvoll festzulegen (Zustandsvariablen)?
- Ist der Wert eines Attributs abhängig von anderen Attributwerten desselben Objekts, anderer Objekte desselben Objekttyps oder Objekte anderer Objekttypen (Wertebereichsabhängigkeiten)?
- Sind Berechnungsvorschriften für abgeleitete Attribute definiert?

- Können Werteänderungen von Attributen durch Übergangsbedingungen spezifiziert werden? Sind Ablaufbeschränkungen bei Attributwertänderungen einzuhalten?

Entsprechend wäre beispielsweise zum Aspekt *Beziehungen* zu prüfen, ob diese durch typspezifische Fähigkeiten gelesen oder verändert werden und für die Navigation im Objektmodell erforderlich sind, ob sie lebenszyklusabhängig sind oder ob zwischen mehreren Beziehungen Abhängigkeiten bestehen (Teilmengenbeziehungen, Beziehungshomomorphismen).

Abschließend wird in der Schemaintegration festgelegt, welche Objekttypen abstrakt sind, d.h. keine Instanzen besitzen, und welcher Objekttyp als Initialisierungstyp dienen soll [Cook94:82; Waldén95:38]. Beim Start der Anwendung wird eine Instanz dieses Initialisierungstyps automatisch erzeugt, die Kreierung aller weiteren Objekte in der Anwendung wird von dieser Instanz aus direkt oder indirekt angestoßen. Die Auszeichnung eines Initialisierungstyps und die Kennzeichnung abstrakter Objekttypen sind methoden- und anwendungsspezifisch. Sie sind auf keine rekonstruierten normsprachlichen Aussagen zurückführbar. In *TAOS-S* wird in Anlehnung an *BON* der Initialisierungstyp einer Anwendung durch »Root« qualifiziert, abstrakte Klassen werden als »Deferred« gekennzeichnet. Ein Objekttyp ohne Qualifizierung ist weder Initialisierungstyp noch abstrakt. Die Syntax zur Festlegung eines Objekttyps lautet also:

1) <Objekttyp> ≙   ***objecttype*** [*{'* (Root | Deferred) *'}*] <Objekttypname>
       [<Attribute>] [<Beziehungen>] ......
       end objecttype

Abstrakte Objekttypen sind im Bibliotheksbeispiel etwa PUBLIKATION und BENUTZER:

    objecttype {Deferred} PUBLIKATION   (5.6-1)
      ⋮
    end objecttype

    objecttype {Deferred} BENUTZER
      ⋮
    end objecttype

Als Initialisierungstyp ist im Bibliotheksbeispiel BENUTZERSERVICE festgelegt:

    objecttype {Root} BENUTZERSERVICE   (5.6-2)
      ⋮
    end objecttype

In der grafischen Darstellung von Beziehungen kann der Initialisierungtyp in Anlehnung an [Cook94:82] durch eine breitere Umrandung hervorgehoben. Abbildung 5-31 stellt den Initialisierungstyp BENUTZERSERVICE mit einigen Attributen in Beziehung zum Objekttyp BENUTZER dar (vgl. mit Abbildung 5-13).

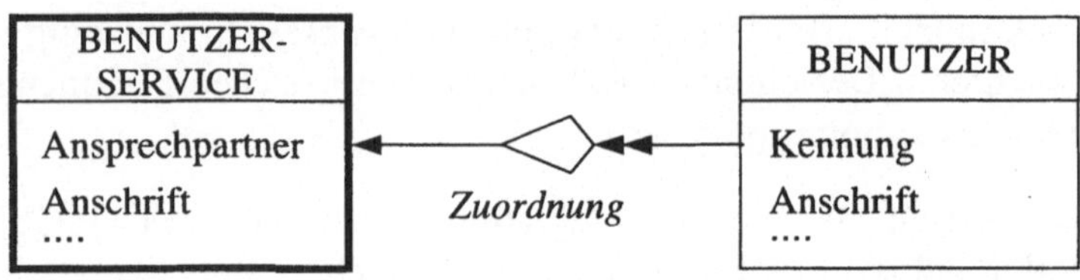

Abb. 5-31: Darstellung des Initialisierungstyps BENUTZERSERVICE

Abstrakte Objekttypen können wie in der *UML* durch eine kursive Schreibweise ausgezeichnet werden.

Mit dem Schritt der Schemaintegration und der Auswahl eines Initialisierungstyps ist die objektorientierte Spezifikation und damit die Phase des fachlichen Entwurfs abgeschlossen. Die Anwendung ist zielsystemunabhängig im Fachkonzept beschrieben. Diese Zielsystemunabhängigkeit basiert auf der Annahme einer idealen Maschine zur Ausführung der Spezifikation. Beschränkungen von Seiten des Zielsystems werden erst in der folgenden Phase des Systementwurfs berücksichtigt. Abhängig vom Zielsystem wird im Systementwurf die Gesamtarchitektur der Anwendung im Sinne eines „Programmieren im Großen" festgelegt. Der Entwurf dieser Architektur mit der Entwicklung der einzelne Module wird ausführlich in [Nagl90:41ff], die objektorientierte Architekturmodellierung in [Nagl90:217ff] behandelt.

6 Zusammenfassung und Ausblick

Die Anforderungen an die Entwicklung von Anwendungssystemen für die Unterstützung der Aufgabenträger in ihrem jeweiligen Anwendungsbereich sind in der verhältnismäßig kurzen Zeitspanne seit den Anfängen der elektronischen Datenverarbeitung in den vierziger Jahren stark gestiegen. Die zunehmende Durchdringung unterschiedlichster Bereiche und der damit verbundene steigende Umfang zu bewältigender Problemstellungen führten zu einer - auch heutzutage noch feststellbaren - unbefriedigenden Situation in der Anwendungsentwicklung. Ausgelieferte Produkte entsprechen häufig nicht der geforderten Qualität, werden nicht termingerecht fertiggestellt und sprengen oft den geplanten Kostenrahmen. Da diese Defizite in der Anwendungsentwicklung häufig auf Mängel in der fachlichen Spezifikation zurückzuführen sind, kommt dem Fachentwurf als derjenigen Entwicklungsphase, in welcher die fachlich notwendigen Leistungen des zu entwickelnden Anwendungssystem spezifiziert werden, eine besondere Bedeutung zu.

Um die Aufgaben, Tätigkeiten und Ziele des Fachentwurfs gegenüber anderen Entwicklungsphasen abzugrenzen und den Gegenstandsbereich dieser Arbeit zu bestimmen, wurden zunächst verschiedene Vorgehensmodelle für den Anwendungsentwicklungsprozeß vorgestellt und die wesentlichen Phasen im Lebenszyklus eines Anwendungssystems von der Voruntersuchung und dem Fachentwurf bis zur Einführung und dem Gebrauch im Anwendungsbereich erläutert. Vor diesem Hintergrund konnten anschließend das Umfeld und die Einflußfaktoren eines objektorientierten Fachentwurfs beschrieben und die Unterscheidung der beiden primären Phasen des Fachentwurfs - normsprachliche Rekonstruktion und objektorientierte Spezifikation - motiviert werden.

Durch den Wechsel vom strukturierten zum objektorientierten Entwurfsparadigma - der Entwurf einer Anwendung basiert nicht mehr auf der Trennung von Daten und Funktionen, sondern auf deren Integration auf der Grundlage des Objektbegriffs als einer selbständigen Einheit - besteht die begründete Hoffnung, die Mängel strukturierter Entwurfsmethoden zu überwinden. Die durch die Objektorientierung mögliche effizientere Anwendungsentwicklung ist allerdings davon abhängig, daß es gelingt, die Anforderungen der Aufgabenträger eines Anwendungsbereichs an die zu entwickelnde Anwendung in ein möglichst vollständiges und korrektes Fachkonzept zu überführen.

Eine Schwäche softwaretechnisch ausgerichteter Entwicklungsmethoden ist die mangelnde anwendernahe und systematische Konstruktion der Entwicklungsergebnisse aus der informationsverarbeitenden Praxis eines Anwendungsbereichs heraus. Betrachtet man Anwendungsentwicklung als einen schrittweisen Prozeß der Konstruktion und Transformation sprachlicher Ausdrücke, so läßt sich eine sichere Fundierung des Fachentwurfs in der Rekonstruktion der Terminologie eines Anwendungsbereichs erreichen. Diesem Ansatz liegt die Einsicht zugrunde, daß die Ordnung der Gegenstände eines Anwendungsbereichs durch die eingeführte Fachterminologie bestimmt wird. Durch eine Rekonstruktion und explizite Bedeutungsfestlegung dieser Fachterminologie kann die Beschreibung einer Anwendung aus dem Handlungskontext des Anwendungsbereichs partizipativ entwickelt werden. Normsprachlich rekonstruiert, bildet diese Beschreibung die Grundlage für die folgende Spezifikation eines objektorientierten Fachkonzepts.

Das Fachkonzept soll die Struktur und das Verhalten der gewünschten Anwendung umfassend und eindeutig in einer für die Systementwicklung geeigneten Form spezifizieren. Dazu wurde ein Spezifikationsrahmen für die objektorientierte Anwendungssystementwicklung eingeführt. Ergänzt durch Einschränkungen als Bedingungen und Regeln, werden in diesem Rahmen durch die Gegenüberstellung einer statischen, einer funktionalen und einer dynamischen Perspektive sowie einer internen und einer externen Sicht auf die Objekte sieben Spezifikationsaspekte unterschieden. Die beiden wesentlichen Konstruktionsprinzipien bei der Entwicklung dieser Spezifikationsaspekte sind die Abstraktion und die Komposition. Satzbildungsregeln geben schließlich an, welche fachlichen Aussagen über Sachverhalte eines Anwendungsbereichs in welcher Form für die einzelnen Spezifikationsaspekte relevant sind. Als Konstruktionsregeln dienen sie zur Zusammensetzung relevanter Fachaussagen aus definierten Fachtermini.

Entsprechend dem jeweiligen Entwicklungsstand und den am Entwurfsprozeß beteiligten Personen müssen die gewählten Repräsentationssprachen die Beschreibung fachlicher Sachverhalte in verschiedenen Sprachen - Gebrauchssprache, Diagrammsprache, Spezifikationssprache - mit unterschiedlichem Formalisierungsgrad erlauben. Um die Konsistenz und eine Modifikationskontrolle verschiedener Repräsentationen sicherzustellen, wurde eine Sprachenhierarchie mit der Normsprache als zentraler Repräsentationsinstanz in der Funktion einer Zwischen- oder Standardsprache eingeführt. Alle Entwicklungsergebnisse werden auf der normsprachlichen Ebene konsolidiert, bevor sie von dieser ausgehend in andere Repräsentationssprachen überführt werden.

Im Fachentwurf soll ein von allen Beteiligten getragenes Fachkonzept entwickelt werden. Mehrere Personen in ihren unterschiedlichen Rollen mit unterschiedlichen Sichtweisen und Zielvorstellungen müssen während des Entwurfsprozesses einen Konsens über die zu modellierenden Sachverhalte des Anwendungsbereichs erzielen. Durch die normsprachliche Rekonstruktion soll ein gemeinsames terminologisches Verständnis partizipativ hergestellt und die übereinstimmende Beurteilung von Aussagen in einem Begründungszusammenhang erreicht werden. Die Aufgabe der Bedeutungsfestsetzung zu implementierender Fachbegriffe soll nicht in einer späten Entwicklungsphase dem Programmierer, sondern im Fachentwurf von allen Beteiligten und Betroffenen gemeinsam erledigt werden. Die Diskussion unterschiedlicher Wahrheitstheorien hinsichtlich der ihnen zugrundeliegenden Wahrheitsbegriffe und Wahrheitskriterien klärte die Fragestellung, wie behauptete Aussagen zu begründen und Normen damit zu legitimieren sind.

Die Lösungskonzepte dieser drei zusammenfassend als *Spezifikation, Repräsentation* und *Geltung* bezeichneten Aufgabenfelder wurden in ein Vorgehensmodell für den Fachentwurf mit den Phasen *normsprachliche Rekonstruktion* und *objektorientierte Spezifikation* integriert. In einem normsprachlichen Rekonstruktionsprozeß mit den Schritten Aussagensammlung, Bedeutungsrekonstruktion und Aussagennormierung werden alle fachlich notwendigen Leistungen der einzuführenden Anwendung ermittelt, präzisiert und stabilisiert. Das Ergebnis der Rekonstruktionsphase ist eine normsprachliche Repräsentation der fachlichen Theorie eines Anwendungsbereichs in Form einer strukturierten Gesamtheit von Fachbegriffen und Aussagen.

In der folgenden Spezifikationsphase wird diese normsprachliche Beschreibung in ein objektorientiertes Fachkonzept übertragen. Während in der Rekonstruktionsphase die den informationsverarbeitenden Tätigkeiten im Anwendungsbereich zugrundeliegende Terminologie bestimmt wird, erfolgt in der Spezifikationsphase die Festlegung der fachlich notwendigen Leistungen des Anwendungssystems zu dessen Zweckerfüllung im Anwendungsbereich. In der Spezifikationsphase erfolgt damit der Übergang von der Beschreibung der Zusammenhänge des Anwendungsbereichs in die gewünschten Merkmale eines Anwendungssystems.

Klassifiziert man die inzwischen zahlreichen linguistischen Ansätze für die Informationssystementwicklung und ordnet die vorliegende Arbeit in diesen Klassifikationsrahmen ein, so ergibt sich das Bild 6-1 auf der Folgeseite (vgl. [Ortner96]). Die verschiedenen Gegenstandsbereiche, für welche diese Ansätze entwickelt wurden, sind in die Gebiete *Datenbankanwendungsentwicklung, Wissensrepräsentation, objektorientierter Entwurf, Büroinformationsysteme* und allgemein die *Informationssystementwicklung* eingeteilt. Nach der methodologischen Ausrichtung sind *empirische* von *konstruktiven* Ansätzen unterschieden. Konstruktive Ansätze verfolgen im Gegensatz zu empirischen Ansätzen das Ziel des methodischen Neuaufbaus einer standardisierten Sprache. Der Gebrauch der fachsprachlichen Terminologie im Anwendungsbereich wird nicht nur analysiert und beschrieben, sondern muß auch begründet und gegebenenfalls geändert werden (vgl. [Ortner96]; eine Bibliographie zu diesem Thema ist [Lehmann95] zu entnehmen).

Position / Gebiet	empirisch		konstruktiv
	analytisch	experimentell	
Datenbank-Anwendungs-entwicklung	- [Chen83] - [Colombetti85] - [Buitelaar92] - [Métais93] - [Tjoa93]	- [Albrecht95] - [Düsterhöft96]	- [Wedekind81] - [Ortner83] - [Ortner89]
Wissens-repräsen-tation	- [Weigand 90] - [Dignum91] - [Gerstl92]		- [Gunia94]
Objekt-orientierter Entwurf	- [Abbott83] - [Booch86] - [Saeki89] - [Cockburn92] - [Kristen94] - [Burg95] - [McDavid96]		- [Wedekind92] - [Schienmann96]
Büroinforma-tionssysteme (Groupware, Workflow-Systeme)		- [Winograd86] - [Lehtinen86] - [Auramäki88] - [Flores88]	
Informations-systement-wicklung (generell)	- [Yonezaki89] - [Rolland92] - [Vadera94] - [Sykes95]	- [Andersen91] - [Johannesson95]	- [Müller-Merbach] - [Luft82] - [Curth88] - [Ortner95] - [Ortner97]

Abb. 6-1: Arbeiten zu linguistischen Methoden der Informationssystementwicklung

In diesem Buch wurden verschiedene Lösungskonzepte eines terminologiebasierten Ansatzes für die objektorientierte Spezifikation vorgestellt. Einige für diesen Ansatz relevante Forschungsgebiete wurden nur kurz angerissen und skizziert, oft auch deshalb, weil diese Gegenstand aktueller Forschungsaktivitäten sind und noch keine Konsolidierung der Ergebnisse erkennbar ist. Im folgenden sollen mögliche Weiterentwicklungen aufgezeigt und Entwicklungslinien umrissen werden.

- **Nichtfunktionale Anforderungen.** Eine Erweiterung des Spezifikationsrahmens sollte die Integration nichtfunktionaler Anforderungen wie Qualitätsmerkmale, rechtliche Rahmenbedingungen oder Testfälle betreffen.

- **Spezifikationsaspekte.** Abhängig vom Anwendungssystemtyp ist zu untersuchen, welche Spezifikationsaspekte zu ergänzen sind oder zu vernachlässigen sind. Zur Beschreibung sozio-technischer Systeme wie etwa Workflow-Anwendungen empfiehlt sich beispielsweise die Einführung einer *organisationellen* Perspektive (vgl. [Curtis92; Jablonski95]).

- **Geltung.** Zur Steuerung des Begründungsdialogs während der Rekonstruktionsphase durch eine CSCW-Komponente (computer-supported cooperative work) sind Regeln für die Strukturierung und Schematisierung von Dialogabläufen zu erarbeiten (vgl. [Wedekind96]).

- **Aussagenparaphrasierung.** Um eine bessere Lesbarkeit normsprachlicher Aussagen zu erreichen, sind Möglichkeiten ihrer Paraphrasierung oder der Generierung umgangssprachlicher Aussagen zu untersuchen.

Die Berücksichtigung der Flexion normsprachlicher Wörter kann durch die Einführung einer morphologischen Lexikonkomponente erreicht werden. Schwierigkeiten dürften hier insbesondere darin bestehen, daß die Umgangssprache im Gegensatz zur Normsprache keine expliziten *Quantoren*, *Abstraktoren* oder *Variablen* kennt und deshalb bei der Generierung umgangssprachlicher Aussagen diese normsprachlichen Konstrukte nicht direkt abgebildet werden können.

Im Fachentwurf nach *TAOS* entstehen größere Mengen von mehr oder weniger formalisierten Textfragmenten und Dokumentationseinheiten in unterschiedlichsten Darstellungsformen. Diese weisen untereinander starke inhaltliche Abhängigkeiten auf. Für die Werkzeugunterstützung dieses Ansatzes empfiehlt sich deshalb der Einsatz von Hypertextsystemen (vgl. [Kuhlen91]). Die entlinearisierte Form der Darstellung in Hypertexten erlaubt einen inhaltsorientierten, nicht sequentiellen Zugang zu Spezifikationsfragmenten (zum Einsatz von Hypertextsystemen im vgl. [Kaindl93]). Eine Repräsentation von Sachverhalten in unterschiedlichen Sprachen mit unterschiedlichem Formalisierungsgrad würde beispielsweise durch das *Konstanzer Hypertext-System (KHS)* [Hammwöhner96] als einem typisierten Hypertextsystem direkt unterstützt. Hypertextsysteme, erweitert um *CSCW*-Komponenten, dürften eine geeignete Grundlage für die Entwicklung von *CASE*-Tools (*computer-assisted software engineering*) für die frühen Phasen der Anwendungsentwicklung sein (vgl. [Vessey95]).

Im Zusammenhang mit einer anzustrebenden Wiederverwendbarkeit von Entwicklungsergebnissen bereits in den frühen Phasen der Anwendungsentwicklung und einer komponentenorientierten Softwareentwicklung müssen Konzepte für ein normsprachliches Terminologiemanagement unter Berücksichtigung der Forschungsergebnisse der Domänenanalyse (*domain-analysis* [Neighbors80; Prieto-Diaz91; Johnson92]) entwickelt werden. Als *Querschnittsfunktion* sollte dieses Terminologiemanagement alle Phasen des Entwicklungsprozesses projektbegleitend unterstützen. Terminologiemanagement sollte sowohl für die Identifikation und Extraktion von Fachbegriffen im Fachentwurf als auch für die Erarbeitung von Vorschlägen zur Implementierung dieser Fachbegriffe nach unterschiedlichen Programmierparadigmen zuständig und verantwortlich sein. Eine wichtige Aufgabe des Terminologiemanagements wäre sicherlich auch die begriffliche Einbindung externer Ressourcen, etwa durch die Rekonstruktion der einer Standardsoftware zugrundeliegenden Begrifflichkeiten und deren Integration in die bestehende Organisationsterminologie.

Am Beginn dieses Buches wurde die Entwicklung eines terminologiebasierten Ansatzes aus dem Bewußtsein bestehender Defizite in den frühen Phasen der Anwendungsentwicklung heraus motiviert. Die dabei entwickelten Lösungskonzepte zur Verminderung dieser Defizite sind sicherlich kein „silver bullet" für den Fachentwurf. Das Konstruieren fachlicher Lösungen kann nicht auf das geschickte Anwenden von Rezepturen reduziert werden, die Verbindung von Ingenieurskunst *und* Kreativität ist das zentrale Movens, das den Konstruktionsprozeß vorantreibt. Die sprachkritische Rekonstruktion der Terminologie ist ein Ansatz, um durch ein frühes methodisches Vorgehen die Effektivität bei der Entwicklung eines objektorientierten Fachkonzepts zu verbessern. Daß jeder Ansatz letztlich nur einen methodischen Gestaltungsrahmen darstellen kann und die damit erzielten Ergebnisse den Charakter des Vorläufigen und Approximativen nie ganz verlieren - „There is no such thing as a perfect software requirements specification" [Davis93:194] -, ist Trost und Ansporn zugleich.

Hypothesen sind Netze;

nur der wird fangen, der auswirft.

Novalis

Literaturverzeichnis

[Abbott83] Abbott, R.J.: Program Design by Informal English Descriptions. In: Communications of the ACM 26 (1983) 11, S. 882-894.

[Abiteboul87] Abiteboul, S.; Hull, R.: IFO: A Formal Semantic Database Model. In: ACM Transactions on Database Systems 12 (1987) 4, S. 525-565.

[Agresti86] Agresti, W.W.: New Paradigms for Software Development. Washington: IEEE Computer Society Press 1986.

[Alavi91] Alavi, M.; Wetherbe, J.C.: Mixing prototyping and data modeling for information-system design. In: IEEE Software 8 (1991) 5, S. 86-91.

[Albrecht95] Albrecht, M.; Altus, M.; Buchholz, E.; Düsterhöft, A.; Thalheim, B.: The Rapid Application and Database Development Workbench - A Comfortable Database Design Tool. Proc. of the 7th Int. Conf. on Advanced Information Systems Engineering 1995 (CAiSE '95), Finland. Berlin: Springer 1995.

[Ambler92] Ambler, A.L.; Burnett, M.M.; Zimmerman, B.A.: Operational Versus Definitional: A Perspective on Programming Paradigms. In: IEEE Computer 25 (1992) 9, S. 28-42.

[AMICE89] ESPRIT Consortium AMICE (Hrsg.): Open System Architecture for CIM. Berlin: Springer 1989.

[Andelfinger95] Andelfinger, U.: Diskursive Anforderungsanalyse und Validierung. Ein Beitrag zum Reduktionsproblem bei Systementwicklungen in der Informatik. Dissertation. Darmstadt: Technische Hochschule Darmstadt 1995.

[Andersen90] Andersen, N.E.; Kensing, F.; Lundin, J. et al. Professional Systems Development: Experiance, Ideas, and Action. New York: Prentice Hall 1990.

[Andersen91] Andersen, P.B.: A Semiotic Approach to Construction and Asessment of Computer Systems. In: Nissen, H.-E.; Klein, H.K.; Hirschheim, R. (Hrsg.): Information Systems Research: Contemporary Approaches and Emergent Traditions. Amsterdam: Elsevier 1991, S. 465-514.

[Andersson92] Andersson, G.: Wahr und falsch; Wahrheit. In: Seiffert, H.; Radnitzky, G. (Hrsg.): Handlexikon zur Wissenschaftstheorie. München: dtv 1992, S. 369-375.

[Apel63] Apel, K.-O.: Die Idee der Sprache in der Tradition des Humanismus von Dante bis Vico. Archiv für Begriffsgeschichte 8 (1963).

[Arapis91] Arapis, C.: Temporal Specifications of Object Behavior. In: Thalheim, B.; Demetrovics, J.; Gerhardt, H.-D. (Hrsg.): Proc. of the 3rd Symp. on Mathematical Fundamentals of Database and Knowledge Base Systems MFDBD '91, Rostock. Berlin: Springer 1991, S. 308-324.

[Ashby73] Ashby, R.W.: Some Peculiarities of Complex Systems. In: Cybernetic Medicine 9 (1973), S. 1-7.

[August91] August, J.H.: Joint Application Design. The Group Session Approach to System Design. Englewood Cliffs: Yourdon Press 1991.

[Auramäki88] Auramäki, E.; Lehtinen, E.; Lyytinen, K.: A Speech-Act-Based Office Modeling Approach. In: ACM Transactions on Office Information Systems 6 (1988) 2, S. 126-152.

[Austin62] Austin, J.L.: How to do Things with Words. Oxford: Oxford University Press 1962.

[Backus78] Backus, J.: Can Programming Be Liberated from the von Neuman Style? A Functional Style and Its Algebra of Programs. In: Communications of the ACM 21 (1978) 8, S. 613-641

[Baelen93] Baelen, Van S.; Lewi, J.; Steegmans, E.; Swennen, B.: Constraints in Object-Oriented Analysis. In: Nishio, S.; Yonezawa, A. (Hrsg.): Object Technologies for Advanced Software. Proc. of 1st Int. Conf. JSSST '93, Kanazawa. Berlin: Springer 1993, S. 393-407.

[Bailin89] Bailin, S.C.: An Object-Oriented Requirements Specification Method. In: Communications of the ACM 32 (1989) 5, S. 608-623.

[Balzer78] Balzer, R.; Goldman, N.; Wile, D.: Informality in Program Specifications. In: IEEE Transactions on Software Engineering 4 (1978) 2, S. 94-102.

[Balzer83] Balzer, R.; Cheatham, T.E.; Green, C.: Software Technology in the 1990s: A New Paradigm. In: IEEE Computer 16 (1983) 11, S. 39-45.

[Bar-Hillel54] Bar-Hillel, Y.: Indexical Expressions. In: Mind 63 (1954), S. 359-379.

[Bar-Hillel70] Bar-Hillel, Y.: Aspects of Language. Essays and Lectures on Philosophy of Language, Linguistic Philosophy and Methodology of Linguistics. Jerusalem: Magnes Press 1970.

[Barroca92] Barroca, L.M.; McDermid, J.A.: Formal Methods: Use and Relevance for the Development of Safety-Critical Systems. In: The Computer Journal 35 (1992) 6, S. 579-592.

[Barros92] Barros, P.A.: The Nature of Bias and Defects in the Software Specification Process. Technical Report CS-TR-2822. Maryland: University Press 1992.

[Bartels94] Bartels, A.: Bedeutung und Begriffsgeschichte. Die Erzeugung wissenschaftlichen Verstehens. Paderborn: Schöningh 1994.

[Basalla88] Basalla, G.: The Evolution of Technology. Cambridge: Cambridge University Press 1988.

[Batini86] Batini, C.; Lenzerini, M.; Navathe, S.B.: A Comparative Analysis of Methodologies for Database Schema Integration. In: ACM Computing Surveys 18 (1986) 4, S. 323-364.

[Batini92] Batini, C.; Ceri, S.; Navathe, S.B.: Conceptual Database Design. An Entity-Relationship-Approach. Redwood City: Benjamin/Cummings 1992.

[Bauer82] Bauer, F.: From Specifications to Machine Code - Program Construction Through Formal Reasoning. In: Proc. of the 6th Int. Conf. on Software Engineering IEEE 1992, Tokio. Washington: IEEE Computer Society Press 1992, S. 82-91.

[Beck89] Beck, K.; Cunningham, W.: A Laboratory for Teaching Object-oriented Thinking. In: SIGPLAN Notices 24 (1989), S. 1-6.

[Belady79] Belady, L.A.; Lehman, M.M.: The Characteristics of Large Systems. In: Wegner, P. (Hrsg.): Research Directions in Software Technology. Cambridge: MIT Press 1979, S. 106-138.

[Bell92] Bell, D.; Morrey, I.; Pugh, J.: Software Engineering. A Programming Approach, 2. Auflage. Englewood Cliffs: Prentice Hall 1992.

[Bendix71] Bendix, E.H.: The data of semantic description. In: Steinberg, D.D.; Jakobovits, L.A. (Hrsg.): Semantics. An Interdisciplinary Reader in Philosophy, Linguistics and Psychology. Cambridge: University Press 1971, S. 393-409.

[Benzing95] Benzing, S.; Haist, D.; Meier, P.; Pfeiffer, M.; Roth, K.; Shafaei, M.: Ein objektorientierter Fachentwurf einer Bibliothek. Projektkurs. Konstanz: Universität 1995.

[Berard93] Berard, E.V.: Essays on Object-Oriented Software Engineering. Englewood Cliffs: Prentice Hall 1993.

[Berge73] Berge, C.: Graphs and Hypergraphs. Amsterdam: North-Holland 1973.

[Biébow94] Biébow, B.; Szulman, S.: Acquisition and Validation of Software Requirements. In: Knowledge Acquisition 6 (1994) 4, S. 343-367.

[Bierwisch70] Bierwisch, M.: Semantics. In: Lyons, J. (Hrsg.): New Horizons in Linguistics. Harmondsworth: Penguin 1970, S. 166-184.

[Bierwisch83] Bierwisch, M.: Semantische und konzeptuelle Repräsentation lexikalischer Einheiten. In: Ruzicka, R.; Motsch, W. (Hrsg.): Untersuchungen zur Semantik. Berlin: Akademie Verlag 1983, S. 61-99.

[Bierwisch88] Bierwisch, M.; Motsch, W.; Zimmermann, I. (Hrsg.): Syntax, Semantik und Lexikon. Rudolf Ruzicka zum 65. Geburtstag. Berlin: Akademie-Verlag 1988.

[Biggerstaff92] Biggerstaff, T.J.: An Assessment and Analysis of Software Reuse. In: Advances in Computers 34 (1992), S. 1-57.

[Blum93] Blum, B.I.: Formalism and Prototyping in the Software Process. In: Colburn, R.T.; Fetzer, J.H. (Hrsg.): Program Verification. Dordrecht: Kluwer Academic Publishers 1993, S. 213-238 (Abdruck aus: Information and Decision Technologies 15 (1989), S. 327-341).

[Blum93a] Blum, B.I.: The Economics of Adaptive Design. In: Journal of Systems Software 21 (1993) 1, S. 117-128.

[Bobrow77] Bobrow, D.G.; Winograd, T.: An overview of KRL: A knowledge representation language. In: Cognitive Science 1 (1977) 1, S. 3-46.

[Boehm76] Boehm, B.W.: Software Engineering. In: IEEE Transactions on Computers 25 (1976) 12, S. 1226-1241.

[Boehm79] Boehm, B.W.: Software Engineering: R&D Trends and Defense Needs. In: Wegner, P. (Hrsg.): Research Directions in Software Technology. Cambridge: MIT Press 1979, S. 44-86.

[Boehm84] Boehm, B.W.: Verifying and Validating Software Requirements and Design Specification. In: IEEE Software 1 (1984) 1, S. 75-88.

[Boehm88] Boehm, B.W: A Spiral Model of Development and Enhancement. In: IEEE Computer 21 (1988) 5, S. 61-72.

[Boehme94] Boehme, G.: Weltweisheit, Lebensform, Wissenschaft. Frankfurt: Suhrkamp 1994.

[Böhm66] Böhm, C.; Jacopini, G.: Flow diagrams, Turing machines and languages with only two formation rules. In: Communications of the ACM 9 (1966) 5, S. 366-371.

[Bonfatti94] Bonfatti, F.; Monari, P.D.: Towards a General Purpose Approach to Object-Oriented Analysis. In: Bertino, E.; Urban, S. (Hrsg.): Object-Oriented Methodologies and Systems. Int. Symp. ISOOMS '94, Palermo. Berlin: Springer 1994, S. 108-122.

[Bonfatti94a] Bonfatti, F.; Monari, P.D.; Paganelli, P.: Object-Oriented Constraint Analysis in Complex Applications. In: Karagiannis, D. (Hrsg.): Database and Expert Systems Applications. Proc. of the 5th Int. Conf. DEXA '94, Athen. Berlin: Springer 1994, S. 280-289.

[Booch86] Booch, G.: Object-Oriented Development. In: IEEE Transactions on Software Engineering 12 (1986) 2, S. 211-221.

[Booch94] Booch, G.: Object-Oriented Analysis and Design. With Applications. 2. Auflage. Redwood City: Benjamin/Cummings 1994.

[Booch96] Booch, G.: Object Solutions. Managing the Object-Oriented Project. Menlo Park: Addison-Wesley 1996.

[Booch96a] Booch, G.; Rumbaugh, J.:Unified Method. Version 0.8. Santa Clara: Rational 1996.

[Booch96b] Booch, G.; Jacobson, I.; Rumbaugh, J.: The Unified Modeling Language for Object-Oriented Development. Version 0.91 Addendum. Santa Clara: Rational 1996.

[Boose93] Boose, J.H.: A Survey of Knowledge Acquisition Techniques and Tools. In: Buchanan, B.G.; Wilkins, D.S. (Hrsg.): Readings in Knowledge Acquisition and Learning. San Mateo: Morgan Kaufmann 1993, S. 39-56.

[Borgida84] Borgida, A.; Mylopoulos, J.; Wong, H.K.T.: Generalization/Specialization as a Basis for Software Specification. In: Brodie, M.L.; Mylospoulos, J.; Schmidt, J.W.: On Conceptual Modelling. Perspectives from Artificial Intelligence, Databases, and Programming Languages. New York: Springer 1984, S. 87-117.

[Brachman83] Brachman, R.J.: What IS_A is and isn't: An Analysis of Taxanomic Links in Semantic Networks. In: IEEE Computer 16 (1983) 10, S. 30-36.

[Brachman85] Brachman, R.J.; Levesque, H.J.: Readings in Knowledge Representation. Los Altos: Kaufmann 1985.

[Brachman85a] Brachman, R.J.; Schmolze, J.G.: An Overview of KL-ONE. Knowledge Representation System. In: Cognitive Science 9 (1985) 2, S. 171-216.

[Bråten73] Bråten, S.: Model Monopoly and Communication: Systems Theoretical Notes on Democratization. In: Acta Sociologica 16 (1973) 2, S. 98-107.

[Breuker89] Breuker, J.A.; Wielinga, B.J.: Models of Expertise in Knowledge Acquisition. In: Guida, T.; Tasso, C. (Hrsg.): Topics in Expert System Design. Methodologies and Tools. Amsterdam: Elsevier 1989, S. 265-295.

[Breutmann92] Breutmann, B.; Burkhardt, R.: Objektorientierte Systeme: Grundlagen - Werkzeuge - Einsatz. München: Hanser 1992.

[Brodie84] Brodie, M.L.; Mylopoulos, J.; Schmidt, J.W. (Hrsg.): On Conceptual Modelling. Perspectives from Artificial Intelligence, Databases, and Programming Languages. New York: Springer 1984.

[Broy94] Broy, M.: Informatik. Eine grundlegende Einführung. Teil III. Systemstrukturen und systemnahe Programmierung. Berlin: Springer 1994.

[Brooks87] Brooks, F.P.: No Silver Bullet: Essence and Accidents of Software Engineering. In: Computer 20 (1987) 4, S. 10-19.

[Brodie84] Brodie, M.L.; Mylopoulos, J.; Schmidt, J.W. (Hrsg.): On Conceptual Modelling. Perspectives from Artificial Intelligence, Databases, and Programming Languages. New York: Springer 1984.

[Brown82] Brown, J.W.: Controlling the Complexity of Menu Networks. In: Communications of the ACM 25 (1982) 7, S. 412-418.

[Brownston85] Brownston, L.; Farrell, R.; Kant, E.; Martin, N.: Programming Expert Systems in OPS5. An Introduction to Rule-Based Programming. Reading: Addison-Wesley 1985.

[Buchholz94] Buchholz, E.; Düsterhöft, A.; Thalheim, B.: Exploiting Knowledge Gained from Natural Language for EER Database Design. Technical Report I-10/94. Cottbus: Technische Universität 1994.

[Budin94] Budin, G.: Einige Überlegungen zur Darstellung terminologischen Fachwissens in Fachwörterbüchern und Terminologiedatenbanken. In: Schaeder, B.; Bergenholtz, H. (Hrsg.): Fachlexikographie. Fachwissen und seine Repräsentation in Wörterbüchern. Tübingen: Narr 1994, S. 57-68.

[Buitelaar92] Buitelaar, P.; Riet, van de R.: The Use of a Lexicon to Interpret ER Diagrams: a LIKE Project. In: Pernul, G.; Tjoa, A.M. (Hrsg.): Entity Relationship Approach - ER '92, Proceedings. Berlin: Springer 1992, S. 162-176.

[Bühler27] Bühler, K.: Die Krise der Psychologie. Jena: Fischer 1927.

[Bühler34] Bühler, K.: Sprachtheorie. Die Darstellungsfunktion der Sprache. Jena: Fischer 1934.

[Bunge77] Bunge, M.: Treatise on Basic Philosophy. Vol. 3: Ontology I: The Furniture of the World. Boston: Reidel 1977.

[Bunge79] Bunge, M.: Treatise on Basic Philosophy. Vol. 4: Ontology II: A World of Systems. Boston: Reidel 1979.

[Burg94] Burg, J.F.M.; Riet, van de R.P.: Color-X: Object Modeling profits from Linguistics. Technical Report IR-365. Amsterdam: Vrije Universiteit 1994.

[Burg95] Burg, J.F.M.; Riet, van de R.P.: Syntax, Semantics and Pragmatics of COLOR-X Event Models: Specifying the Dynamics of Information and Communication Systems. Technical Report IR-392. Amsterdam: Vrije Universiteit 1995.

[Burge77] Burge, T.: A Theory of Aggregates. In: Noûs 11 (1977) 1, S. 97-117.

[Burkert95] Burkert, G.: Lexical semantics and terminological knowledge representation. In: Saint-Dizier, P.; Viegas, E.: Computational Lexical Semantics. Cambridge: Cambridge University Press 1995, S. 165-184.

[Buschmann96] Buschmann, F.; Meunier, R.; Rohnert, P.; Sommerlad, P.; Stal, M.: Pattern-Oriented Software Architecture - A System of Patterns. New York: Wiley 1996.

[Cann94] Cann, R.: Formal Semantics. Cambridge: Cambridge University Press 1994.

[Cardelli84] Cardelli, L.: A Semantics of Multiple Inheritance. In: Kahn, G.; MacQueen, D.B.; Plotkin, G. (Hrsg.): Semantics of Data Types. Berlin: Springer 1984, S. 51-68.

[Cardelli85] Cardelli, L.; Wegner, P.: On Understanding Types, Data Abstraction, and Polymorphism. In: ACM Computing Surveys 17 (1985) 4, S. 471-522.

[Carnap48] Carnap, R.: Introduction to Semantics. Cambridge: Harvard University Press 1948.

[Carnap52] Carnap, R.: Meaning Postulates. In: Philosophical Studies 3 (1952), S. 65-73.

[Carnap56] Carnap, R.: Meaning and Necessity. A Study in Semantics and Modal Logic. 2. Auflage. Chicago: The Chicago University Press 1956.

[Carnap66] Carnap, R.: Der logische Aufbau der Welt. 3. unv. Auflage. Hamburg: Meiner 1966.

[Cattell94] Cattel, R.R.G. (Hrsg.): The Object Database Standard: ODMG-93. Release 1.1. San Francisco: Morgan-Kaufman 1994.

[Cauvet94] Cauvet, C.; Semmak, F.: Abstraction Forms in Object-Oriented Conceptual Modeling: Localization, Aggregation and Generalization Extensions. In: Proc. of the 6th Int. Conf. on Advanced Information Systems Engineering 1994 (CAiSE '94), Utrecht. Berlin: Springer 1994, S. 149-171.

[Chaffin88] Chaffin, R.; Hermann, D.: The Nature of Semantic Relations: A Comparism of Two Approaches. In: Evens, M.: Relational Models of the Lexicon: Representing Knowledge in Semantic Networks. London: Cambridge University Press 1988, S. 289-334.

[Chalmers89] Chalmers, A.F.: Wege der Wissenschaftstheorie. 2. Auflage. Berlin: Springer 1989.

[Champeaux92] Champeaux de, D., Faure, P.: A Comparative Study of Object-Oriented Analysis Methods. In: Journal of Object Oriented Programming JOOP 4 (1992) 2, S. 21-33.

[Champeaux93] Champeaux de, D.; Lea, D.; Faure, P.: Object-Oriented System Development. Reading: Addison-Wesley 1993.

[Checkland81] Checkland, P.B.: Systems Thinking. Systems Practice. Chichester: Wiley 1981.

[Checkland90] Checkland, P.B.: Soft Systems Methodology in Action. Chichester: Wiley 1990.

[Chen76] Chen, P.P.: The Entity-Relationship Model - Toward a Unified View of Data. In: ACM Transactions on Database Systems 1 (1976) 1, S. 9-36.

[Chen83] Chen, P.P.: English Sentence Structure and Entity-Relationship Diagrams. In: Information Sciences 29 (1983) 1, S. 127-149.

[Chomsky57] Chomsky, N.: Syntactic Structures. The Hague: Mouton 1957.

[Chomsky65] Chomsky, N.: Aspects of the Theory of Syntax. Cambridge: MIT-Press 1965.

[Chroust92] Chroust, G.: Modelle der Software-Entwicklung. München: Oldenbourg 1992.

[Clark77] Clark, H.H.; Clark, E.V.: Psychology and Language. An Introduction to Psycholinguistics. New York: Harcourt 1977.

[Cleve93] Cleve, J.v.: Mereological Essentialism, Mereological Conjunctivism, and Identity Throug Time. In: Noonan, H.W. (Hrsg.): Identity. Aldershot: Dartmorth 1993, S. 246-260.

[Coad91] Coad, P.; Yourdon, E.: Object-Oriented Analysis. 2. Auflage. Englewood Ciffs: Prentice Hall 1991.

[Coad93] Coad, P.; Nicola, J.: Object-Oriented Programming. Englewood Cliffs: Prentice Hall 1993.

[Cockburn92] Cockburn, A.A.R.: Using Natural Language as a Metaphoric Base for Object-Oriented Modelling and Programming. Technical Report TR-36.0002. IBM Corporation 1992.

[Codd79] Codd, E.F.: Extending the Database Relational Model to Capture More Meaning. In: ACM Transactions on Database Systems 4 (1979) 4, S. 397-434.

[Coleman92] Coleman, D.; Hayes, F.; Bear, S.: Introducing Objectcharts or How to Use Statecharts in Object-Oriented Design. In: IEEE Transactions on Software Engineering 18 (1992) 1, S. 9-18.

[Coleman94] Coleman, D.; Arnold, P.; Bodoff, S.; Dollin, C. et al: Object-Oriented Development. The Fusion Method. Englewood Cliffs: Prentice Hall 1994.

[Colombetti83] Colombetti, M.; Guida, G.; Somalvico, M.: NLDA: A Natural Language Reasoning System for Analysis of Data Base Requirements. In: Ceri, S. (Hrsg.): Methodology and Tools for Data Base Design. Amsterdam: North-Holland 1983, S. 163-179.

[Constantine90] Constantine, L.L.: Object-Oriented and Function-Oriented Software Structure. A Revised Form of 'Objects, Functions, and Extensibility'. In: Computer Language 7 (1990) 1, S. 34-56.

[Convent86] Convent, B.: Unsolvable Problems Related to the View Integration Approach. In: Proc. of the 1st Int. Conf. on Database Theory. Berlin: Springer 1986, S. 141-156.

[Cook94] Cook, S.; Daniels, J.: Designing Object Systems. Object-Oriented Modelling with Syntropy. Englewood Cliffs: Prentice Hall 1994.

[Cordingley89] Cordingley, E.S.: Knowledge Elicitation Techniques for Knowledge-Based Systems. In: Diaper, D. (Hrsg.): Knowledge Elicitation. Principles, Techniques and Application. New York: Wiley 1989, S. 87-175.

[Cox95] Cox, B.: „No Silver Bullet" Reconsidered. In: American Programmer 8 (1995) 11, S. 2-8.

[Coulthard86] Coulthard, M.: An Introduction to Discourse Analysis. London: Longman 1986.

[Cresswell73] Cresswell, M.J.: Logics and Languages. London: Methuen 1973.

[Cresswell79] Cresswell, M.J.: Die Sprachen der Logik und die Logik der Sprache. Berlin: de Gruyter 1979.

[Cruse79] Cruse, D.A.: On the Transitivity of the Part-Whole Relation. In: Journal of Linguistics 15 (1979), S. 29-38.

[Cruse869] Cruse, D.A.: Lexical Semantics. New York: Cambridge University Press 1986.

[Curth88] Curth, M.A.; Wyss, H.B.: Information Engineering. Konzeption und praktische Anwendung. München: Hanser 1988.

[Curtis92] Curtis, B.; Kellner, M.L.; Over, J.: Process Management. In: Communications of the ACM 35 (1992) 2, S. 75-90.

[Czuchry88] Czuchry, A.J.; Harris, D.R.: KBRA: A New Paradigm for Requirements Engineering. In: IEEE Expert 3 (1988) 4, S. 21-35.

[Daenzer86] Daenzer, W.F. (Hrsg.): Systems Engineering. Leitfaden zur methodischen Durchführung umfangreicher Planungsvorhaben. Zürich: Verlag Industrielle Organisation 1986.

[Dahl66] Dahl, O.J.; Nygaard, K.: Simula - an ALGOL-Based Simulation Language. In: Communications of the ACM 9 (1966) 9, S. 671-678.

[Danforth88] Danforth, S.; Tomlinson, C.: Type Theories and Object-Oriented Programming. In: ACM Computing Surveys 20 (1988) 1, S. 29-72.

[Davidson67] Davidson, D.: Truth and Meaning. In: Synthese 17 (1967), S. 304-323.

[Davidson67a] Davidson, D.: The Logical Form of Action Sentences. In: Rescher, N. (Hrsg.): The Logic of Decision & Action. Pittsburgh: University of Pittsburgh Press 1967, S. 81-95.

[Davies78] Davies, C.: Data processing spheres of control. In: IBM Systems Journal 17 (1978) 2, S. 179-198.

[Davis86] Davis, P.J.; Hersh, R.: Descartes Dream - The World According to Mathematics. Brighton: Harvester Press 1986.

[Davis88] Davis, A.M.; Bersoff, E.H.; Comer, E.R.: A Strategy for Comparing Alternative Software Development Life Cycle Models. In: IEEE Transactions on Software Engineering 14 (1988) 10, S. 1453-1461.

[Davis90] Davis, A.M.: The Analysis and Specifications of Systems and Software Requirements. In: Dorfman, M.; Thayer, R. (Hrsg.): Tutorial: Systems and Software Requirements Engineering. Washington: IEEE Computer Society Press 1990, S. 119-144.

[Davis93] Davis, A.M.: Software Requirements. Objects, Functions, & States. Englewood Cliffs: Prentice Hall 1993.

[DeMarco78] DeMarco, T.: Structured Analysis and Systems Specifications. New York: Yourdon Press 1978.

[Denert91] Denert, E.: Software Engineering. Methodische Projektabwicklung. Berlin: Springer 1991.

[Denert93] Denert, E.: Dokumentenorientierte Software-Entwicklung. In: Informatik-Spektrum 16 (1993) 3, S. 159-164.

[DeRemer76] DeRemer, F.; Kron, H.H.: Programming-in-the-Large versus Programming-in-the-Small. In: IEEE Transactions on Software Engineering 2 (1976) 2, S. 80-86.

[Desfray94] Desfray, P.: Object Engineering. The Fourth Dimension. Wokingham: Addison-Wesley 1994.

[Dignum91] Dignum, F.; Riet, van de R.P.: Knowledge base modelling based on linguistics and founded in logic. In: Data & Knowledge Engineering 7 (1991), S. 1-34.

[Dijkstra65] Dijkstra, E.W.: Programming Considered as a Human Activity. In: Proc. of the IFIP Congress, Amsterdam 1965. Amsterdam: Elsevier 1965, S. 213-217.

[Dijkstra68] Dijkstra, E.W.: Go To Statement Considered Harmful. In: Communications of the ACM 11 (1968) 3, S. 147-148.

[Dijkstra68a] Dijkstra, E.W.: The Structure of the „THE"-Multiprogramming System. In: Communications of the ACM 11 (1968) 5, S. 341-346.

[Dijkstra72] Dijkstra, E.W.: Notes on Structured Programming. In: Dahl, O.J.; Dijkstra, E.W.; Hoare, C.A.R. (Hrsg.): Structured Programming. London: Academic Press 1972, S. 1- 82.

[Dillon93] Dillon, T.S.; Tan, P.L.: Object-Oriented Conceptual Modeling. Sydney: Prentice Hall 1993.

[Dingler31] Dingler, H.: Philosophie der Logik und Arithmetik. München: Ernst Reinhardt 1931.

[Dölling77] Dölling, J.: Definitionen in empirischen Wissenschaften. In: Wessel, H. (Hrsg.): Logik und empirische Wissenschaften. Berlin: Akademie-Verlag 1977, S. 38-62.

[Donnellan70] Donnellan, K.S.: Proper Names and Identifying Desriptions. In: Synthese 21 (1970) 3/4, S. 335-358.

[Dorfman90] Dorfman, M.; Thayer, R. H. (Hrsg.): System and Software Requirements Engineering. Los Alamitos: IEEE Computer Society Press 1990.

[Dori95] Dori, D.: Object-process Analysis: Maintaining the Balance Between System Structure and Behavior. In: Journal of Logic and Computation 5 (1995) 2, S. 227-249.

[Dowson87] Dowson, M.: Iteration in the Software Process. Review of the 3rd International Software Process Workshop. Proc. of the 9th Int. Conf. on Software Engineering, Monterey. Washington: IEEE Computer Society Press 1987, S. 36-39.

[Dowty79] Dowty, D.R.: Word Meaning and Montague Grammatik. Dordrecht: Reidel 1979.

[Duden84] Duden. Grammatik der deutschen Gegenwartssprache. Band 4. Mannheim: Dudenverlag 1984.

[Duke94] Duke, R.; Rose, G.; Smith, G.: Object-Z: a Specification Language Advocated for the Description of Standards. Technical Report 94-45. Queensland: University 1994.

[Dummett79] Dummett, M.: Thruth and Other Enigmas. London: Duckworth 1979.

[Düsterhöft96] Düsterhöft, A.: Zur interaktiven natürlichsprachlichen Unterstützung im Datenbankentwurf. Dissertation. Cottbus: Brandenburgische Technische Universität Cottbus 1996.

[Eco72] Eco, U.: Einführung in die Semiotik. München: Fink 1972.

[Eco77] Eco, U.: Zeichen. Einführung in einen Begriff und seine Geschichte. Frankfurt: Suhrkamp 1977.

[Egg94] Egg, M.: Aktionsart und Kompositionalität. studia grammatica 37. Berlin: Akademie Verlag 1994.

[Eliëns95] Eliëns, A.: Principles of Object-Oriented Software Development. Wokingham: Addison-Wesley 1995.

[Elmasri94] Elmasri, R.A.; Navathe, S.B.: Fundamentals of Database Systems. 2. Auflage. Redwood City: Benjamin/Cummings 1994.

[Embley92] Embley, D.W.; Kurtz, B.D.; Woodfield, S.N.: Object-Oriented Systems Analysis. A Model-Driven Approach. Englewood Cliffs: Prentice Hall 1992.

[Embley95] Embley, R.B. Jackson, B.D.; Woodfield, S.N.: OO-Systems Analysis. Is It or Isn't It?. In: IEEE Software 12 (1995) 4, S. 19-33.

[Emerson90] Emerson, E.A.: Temporal and Modal Logic. In: Leeuwen, J.van (Hrsg.): Handbook of Theoretical Computer Science. Formal Models and Semantics. Vol. B. Amsterdam: Elsevier 1990, S. 995-1072.

[Essink91] Essink, L.J.B.; Erhart, W.J.: Object Modelling and System Dynamics in the Conceptualization Stages of Information Systems Development. In: Van Assche, F.; Moulin, B.; Rolland, C. (Hrsg.): Object Oriented Approach in Information Systems IFIP. North-Holland: Elsevier 1991, S. 89-116.

[Essler70] Essler, W.K.: Wissenschaftstheorie I. Definition und Reduktion. Freiburg: Karl Alber 1970.

[Evens80] Evens, M.W.; Litowitz, B.E.; Markowitz, J. et al.: Lexical-Semantic Relations. A Comparative Survey. Edmonton: Linguistic Research 1980.

[Evernden96] Evernden, R.: The Information FrameWork. In: IBM Systems Journal 35 (1996) 1, S. 37-68. .

[Fagan86] Fagan, M.E.: Advances in Software Inspections. In: IEEE Transactions on Software Engineering 12 (1986) 7, S. 44-51.

[Feenstra93] Feenstra, R.B.; Wieringa, R.J.: LCM 3.0. A Language for Describing Conceptual Models. Technical Report. Amsterdam: Vrije Universiteit 1993.

[Feenstra95] Feenstra, R.B.; Wieringa, R.J.: The University Library Document Circulation System Specified in LCM. Technical Report IR-343. Amsterdam: Vrije Universiteit 1995.

[Ferstl91] Ferstl, O.K.; Sinz, E.J.: Ein Vorgehensmodell zur Objektmodellierung betrieblicher Informationssysteme im Semantischen Objektmodell (SOM). In: Wirtschaftsinformatik 33 (1991) 6, S. 477-491.

[Feyerabend65] Feyerabend, P.K.: On the „Meaning" of Scientific Terms. In: The Journal of Philosophy 62 (1965) 10, S. 266-274.

[Feyerabend72] Feyerabend, P.K.: Von der beschränkten Gültigkeit methodologischer Regeln. In: Neue Hefte für Philosophie 2/3 (1972), S. 124-171.

[Fichman92] Fichman, R.G.; Kemerer, C.F.: Object Oriented and Conventional Analysis and Design Methodologies. Comparison and Critique. In: Computer 25 (1992) 10, S. 22-39.

[Fickas88] Fickas, S.; Nagarajan, P.: Critiquing Software Specification. In: IEEE Software 5 (1988) 6, S. 37-47.

[Fillmore68] Fillmore, C.J.: The Case for Case. In: Bach, E.; Harms, T.R.(Hrsg.): Universals in Linguistic Theory. New York: Holt, Rinehardt & Winston 1968, S. 1-118.

[Fillmore87] Fillmore, C.J.: A Private History of the Concept 'Frame'. In: Dirven, R.; Radden, G. (Hrsg.): Concepts of Case. Tübingen: Gunter Narr 1987, S. 28-36.

[Finkelstein92] Finkelstein, A.; Kramer, J.; Nuseibeh, B. et al.: Viewpoints: A Framework for Integration Muliple Perspectives in System Development. In: International Journal of Software Engineering and Knowledge Engineering 1 (1992) 2, S. 31-58.

[Firesmith93] Firesmith, D.G.: Object-Oriented Requirements Analysis and Logical Design. A Software Engineering Approach. New York: Wiley 1993.

[Fleischer92] Fleischer, W.; Barz, I.: Wortbildung der deutschen Gegenwartssprache. Tübingen: Niemeyer 1992.

[Flood87] Flood, R.L.: Complexity: A Definition by Construction of a Conceptual Framework. In: Systems Research 4 (1987) 3, S. 177-185.

[Flood90] Flood, R.L.; Carson, E.R.: Dealing with Complexity. An Introduction to the Theory and Application of Systems Science. New York: Plenum Press 1990.

[Flores882] Flores, F.; Graves, M.; Hartfield, B.; Winograd, T.: Computer Systems and the Design of Organizational Interaction. In: ACM Transaction of Office Information Systems 6 (1988) 2, S. 153-172.

[Floyd79] Floyd, R.: The Paradigms of Programming. In: Communications of the ACM 22 (1979) 8, S. 455-460.

[Floyd86] Floyd, C.: A Comparative Evaluation of System Development Methods. In: Olle, T.W.; Sol, H.G.; Verrijn-Stuart, A.A.: Information Systems Design Methodologies. Improving the Practice. Amsterdam: Elsevier 1986, S. 19-54.

[Floyd89] Floyd, C.; Mehl, W.-M.; Reisin, F.-M.; Schmidt, G.; Wolf, G.: Out of Scandinavia: alternative approaches to software development and design. In: Human Computer Interaction 4 (1989), S. 17-57.

[Floyd92] Floyd, C.; Züllighoven, H.; Budde, R.; Keil-Slawik, R. (Hrsg.): Software Development and Reality Construction. Springer: Berlin 1992.

[Fluck80] Fluck, H.R.: Fachsprachen. 2. Auflage. München: Francke 1980.

[Ford93] Ford, K.M.; Bradshaw, J.M.; Adams-Webber, J.R.; Agnew, N.M.: Knowledge Acquisition as a Constructive Modeling Activity. In: International Journal of Intelligent Systems 8 (1993) 1, S. 9-32.

[Formica93] Formica, A.; Missikoff, M.: Integrity Constraints Representation in Object-Oriented Databases. In: Finin, T.W.; Nicholas, C.K.; Yesha, Y. (Hrsg.): Information and Knowledge Management. Expanding the Definition of Database. Proc. of the 1st Int. Conf. on Information and Knowledge Management CIKM '92. Berlin: Springer 1993, S. 69-85.

[Forster91] Forster, P.; Eck, O.; Burkert, G.: Wissensrepräsentation mit TED und ALAN. Institut für Informatik. Interner Arbeitsbereich 10/91. Stuttgart: Universität 1991.

[Fowler91] Fowler, M.: The Use of Object-Oriented Analysis in Medical Informatics for Large Integrated Systems. In: Bézivin, J.; Meyer, B. (Hrsg.): Proc. TOOLS4 1991, Paris. Englewood Cliffs: Prentice Hall 1991, S. 203-214.

[Fraser94] Fraser, M.D.; Kumar, K.; Vaishnavi, V.K.: Strategies for Incorparating Formal Specifications in Software Development. In: Communications of the ACM 37 (1994) 10, S. 74-84.

[Frege66] Frege, G.: Funktion, Begriff, Bedeutung. Fünf Logische Studien. Hg. v. G. Patzig. 2. Auflage. Göttingen: Vandenhoeck Ruprecht 1966.

[Frege73] Frege, G.: Schriften zur Logik. Aus dem Nachlaß, mit einer Einleitung von Lothar Kreiser. Berlin: Akademie-Verlag 1973.

[Frege77] Frege, G.: Grundlagen der Arithmetik. Ein logisch-mathematische Untersuchung über den Begriff der Zahl. Hildesheim: Georg Olms 1977.

[Frege78] Frege, G.: Schriften zur Logik und Sprachphilosophie. Mit Einleitung, Anmerkungen, Bibliographie und Register herausgegeben von Gottfried Gabriel. Hamburg: Felix Meiner 1978.

[Frege92] Frege, G.: Über Sinn und Bedeutung. In: Zeitschrift für Philologie und philologische Kritik 100 (1892), S. 25-50.

[Fries52] Fries, C.C.: The Structure of English. New York: Harcourt Brace 1952.

[Gabriel72] Gabriel, G.: Definitionen und Interessen. Über die praktischen Grundlagen der Definitionslehre. Stuttgart: Frommann 1972.

[Gamma95] Gamma, E.; Helm, R.; Johnson, R.E.; Vlissides, J.: Design Patterns. Elements of Reusable Object-Oriented Software. Reading: Addison-Wesley 1995.

[Gamut91] Gamut*, L.T.F.: Logic, Language and Meaning 2: Intensional Logic and Logical Grammar. Chicago: Chicago Press 1991. *(Pseudonym für van Benthem, J.F.A.K; de Jongh, D.; Stokhof, M.; Verkuyl, H.).

[Gane79] Gane, C.; Sarson, T.: Structured Systems Analysis: Tools & Techniques. Englewood Cliffs: Prentice Hall 1979.

[Gause89] Gause, D.C.; Weinberg, G.M.: Exploring Requirements: Quality before Design. New York: Dorset House Publishing 1979.

*[Gerstl92]*Gerstl, P.: Linking linguistic and non-linguistic information. In: Data & Knowledge Engineering 8 (1992) 3, S. 205-222.

[Gethmann79] Gethmann, C.F.: Protologik. Untersuchungen zur formalen Pragmatik von Begründungsdiskursen. Frankfurt: Suhrkamp 1979.

[Gethmann87] Gethmann, C.F.: Vom Bewußtsein zum Handeln. Pragmatische Tendenzen in der deutschen Philosophie der ersten Jahrzehnte des 20. Jahrhunderts. In: Stachowiak, H. (Hrsg.): Pragmatik. Handbuch des Pragmatischen Denkens. Band II. Hamburg: Felix Meiner 1987, S. 202-232.

[Ghezzi91] Ghezzi, C.; Jazayeri, M.; Mandrioli, D.: Fundamentals of Software Engineering. Englewood Cliffs: Prentice Hall 1991.

[Gibson90] Gibson, E.: Objects - Born and Bred. In: BYTE (1990) 10, S. 245-254.

[Gilb88] Gilb, T.: Principles of Software Engineering Management. Wokingham: Addison-Wesley 1988.

[Ginnes92] McGinnes, S.: How Objective is Object-Oriented Analysis. In: Proc. of the 4th Int. Conf. on Advanced Information Systems Engineering 1992 (CAiSE '92). Berlin: Springer 1992, S. 1-16.

[Givón89] Givón, T.: Mind, Code and Context. Essays in Pragmatics. Hillsdale: Erlbaum 1989.

[Glass91] Glass, R.: Software Conflict: Essays on the Art and Science of Software Engineering. Englewood Cliffs: Prentice Hall 1991.

[Goldman70] Goldman, A.J.: A Theory of Human Action. Englewood Cliffs: Prentice Hall 1970.

[Gooma83] Gooma, H.: The impact of rapid prototyping on specifying user requirements. In: ACM Software Engineering Notes 8 (1983) 2, S. 17-28.

[Gottlob96] Gottlob, G.; Schrefl, M.; Röck, B.: Extending Object-Oriented Systems with Roles. In: ACM Transactions on Information Systems 14 (1996) 3, S. 268-296.

[Graham93] Graham, I.: Object Oriented Methods. 2. Auflage. Wokingham: Addison-Wesley 1993

[Graham94] Graham, I.: Migrating to Object Technology. Wokingham: Addison-Wesley 1994.

[Greimann94] Greimann, D.: Freges These der Undefinierbarkeit von Wahrheit. Eine Rekonstruktion ihres Inhalts und ihrer Begründung. In: Grazer Philosophische Studien 47 (1994), S. 77-114.

[Grice75] Grice, H.P.: Logic and Conversation. In: Cole, P.; Morgan, J.L. (Hrsg.): Speech Acts. Studies in Syntax and Semantics III. New York: Academic Press 1975, S. 41-58.

[Gries81] Gries, D.: The Science of Programming. Berlin: Springer 1981.

[Grogono89] Grogono, P.; Bennett, A.: Polymorphism and Type checking in Object-Oriented Languages. In: ACM SIGPLAN Notices 24 (1989) 11, S. 109-115.

[Groß88] Groß, T.M.: Rationale Syntax. Magisterarbeit. Marburg: Universität Marburg 1988.

[Gryczan92] Gryczan, G.; Züllighoven, H.: Objektorientierte Systementwicklung. Leitbild und Entwicklungsdokumente. In: Informatik Spektrum 15 (1992) 5, S. 264-272.

[Guida94[Guida, G.; Tasso, C.: Design and Development of Knowledge Based Systems. From Life Cycle to Methodology. Chichester: Wiley 1994.

[Gunia94] Gunia, H.: Sprachkritische Entwicklung von Expertensystemen. Dissertation. Erlangen-Nürnberg: Universität 1994.

[Guttag77] Guttag, J.: Abstract Data Types and the Development of Data Structures. In: Communications of the ACM 20 (1977) 6, S. 396-404.

[Habermas68] Habermas, J.: Erkenntnis und Interesse. Frankfurt: Suhrkamp 1968.

[Habermas71] Habermas, J.: Verbereitende Bemerkungen zu einer Theorie der kommunikativen Kompetenz. In: Habermas, J.; Luhmann, N.: Theorie der Gesellschaft oder Sozialtechnologie. Frankfurt: Suhrkamp 1971, S. 101-141.

[Habermas73] Habermas, J.: Wahrheitstheorien. In: Fahrenbach, H. (Hrsg.): Wirklichkeit und Reflexion. Walter Schulz zum 60. Geburtstag. Pfullingen: Neske 1973, S. 211-265.

[Habermas81] Habermas, J.: Theorie des kommunikativen Handelns. Band 1 und 2. Frankfurt: Suhrkamp 1981.

[Hacker92] Hacker, R.: Bibliothekarisches Grundwissen. 6. Auflage. München: Saur 1992.

[Hagelstein88] Hagelstein, J.: Declarative Approach to Information Systems Requirements. In: Knowledge Based Systems 1 (1988) 4, S. 211-220.

[Hailpern86] Hailpern, B.: Multiparadigm Languages and Environments. In: IEEE Software 3 (1986) 1, S. 6-13.

[Hall90] Hall, A.: Seven Myths on Formal Methods. In: IEEE Software 7 (1990) 9, S. 11-19.

[Halliday85] Halliday, M.A.K.: Spoken and Written Language. Victoria: Deakin University 1985.

[Halper92] Halper, M.; Geller, J.; Perl, Y.: „Part" Relations for Object-Oriented Databases. In: Pernul, G.; Tjoa, M. (Hrsg.): Entity-Relationship Approach - ER´92 Proceedings. Berlin: Springer 1992, S. 406-422.

[Halper93] Halper, M.; Geller, J.; Perl, Y.; Neuhold, E.J.: A Graphical Schema Representation for Object-Oriented Databases. In: Cooper, R. (Hrsg.): Interfaces to Database Systems. London: Springer 1993, S. 282-307.

[Hammer81] Hammer, M.M.; McLeod, D.J.: Database Description with SDM: A Semantic Database Model. In: ACM Transactions on Database Systems 6 (1981) 3, S. 351-386.

[Hammwöhner96] Hammwöhner, R.: Offene Hypertext-Systeme: Das Konstanzer Hypertextsystem im wissenschaftlichen und technischen Kontext. Habilitationsschrift. Konstanz: Universität 1996.

[Hansen93] Hansen, R.H.; Mühlbacher, R.; Neumann, G.: Begriffsbasierte Integration von Analysemethoden. Heidelberg: Physica 1993.

[Harel87] Harel, D.: Statecharts: A Visual Formalism for Complex Systems. In: Science of Computer Programming 8 (1987), S. 231-274.

[Harras83] Harras, G.: Handlungssprache und Sprechhandlung. Eine Einführung in die handlungstheoretischen Grundlagen. Berlin: de Gruyter 1983.

[Hartmann63] Hartmann, P.: Theorie der Grammatik. The Hague: Mouton 1963.

[Hartmann90] Hartmann, D.: Konstruktive Fragelogik. Vom Elementarsatz zur Logik von Frage und Antwort. Mannheim: BI-Wissenschaftsverlag 1990.

[Hatley87] Hatley, D.J.; Pirbhai, I.A.: Strategies for Real-Time System Specification. New York: Dorset House 1987.

[Hayes91] Hayes, F.; Coleman, D.: Coherent Models for Object-Oriented Analysis. Technical Report HPL-91-47. Bristol: Hewlett Packard 1991.

[Hegselmann78] Hegselmann, R.: Klassische und konstruktive Theorie des Elementarsatzes. In: Zeitschrift für philosophische Forschung 33 (1978), S. 89-79.

[Helbig92] Helbig, G.: Probleme der Valenz- und Kasustheorie. Tübingen: Niemeyer 1992.

[Henderson-Sellers90] Henderson-Seller, B.; Edwards, J.M.: The Object-Oriented Systems Life Cycle. In: Communications of the ACM 33 (1990) 9, S. 142-159.

[Henderson-Sellers92] Henderson-Sellers, B.: A Book of Object-Oriented Knowledge. Englewood Cliffs: Prentice Hall 1992.

[Henderson-Sellers94] Henderson-Sellers, B.; Edwards, J.M.: Book Two of Object-Oriented Knowledge: The Working Object. Sydney: Prentice Hall 1994.

[Henne72] Henne, H.: Semantik und Lexikographie. Berlin: de Gruyter 1972.

[Herbst95] Herbst, H.: A Meta-Model for Business Rules in Systems Analysis. Proc. of the 7th Int. Conf. of Advanced Information Systems Engineering 1995 (CAiSE '95), Finland. Berlin: Springer 1995, S. 186-199.

[Herbst95a] Herbst, H.; Knolmeyer, G.: Ansätze zur Klassifikation von Geschäftsregeln. In: Wirtschaftsinformatik 37 (1995), S. 149-159.

[Hesse94] Hesse, W.; Barkow, G.; Braun, v. H.; Kittlaus, H.-B.; Scheschonk, G.: Terminologie der Softwaretechnik. Ein Begriffssystem für die Analyse und Modellierung von Anwendungssystemen. Teil 1: Begriffssystematik und Grundbegriffe. In: Informatik-Spektrum 17 (1994) 1, S. 39-47.

[Heuer92] Heuer, A.: Objektorientierte Datenbanken. Konzepte, Modelle, Systeme. Bonn: Addison-Wesley 1992.

[Hewitt77] Hewitt, C.: Viewing Control Structures as Patterns of Passing Messages. In: Artificial Intelligence 8 (1977), S. 323-364.

[Hirschheim92] Hirschheim, R.; Klein, H.K.: Paradigmatic Influences on Information Systems Development Methodologies: Evolution and Conceptual Advances. In: Advances in Computers 34 (1992), S. 293-392.

[Hjelmslev74] Hjelmslev, L.: Prolegomena zu einer Sprachtheorie. München: Hueber 1974.

[Hoare72] Hoare, C.A.R.: Notes on Date Structuring. In: Dahl; O.J.; Dijkstra, E.W.; Hoare, C.A.R. (Hrsg.): Structured Programming. London: Academic Press 1972, S. 83-174.

[Hoare78] Hoare, C.A.R.: Communicating Sequential Processes. In: Communications of the ACM 21 (1978) 8, S. 666-677.

[Hoede95] Hoede, C.: On the ontology of knowledge graphs. In: Ellis, G. et al. (Hrsg.): Conceptual Structures: Applications, Implementation and Theory. Proc. of the ICCS '95, Santa Cruz. Berlin: Springer 1995. 308-322.

[Hölker94] Hölker, K.: Textlinguistik heute. Unveröffentlichte Ausarbeitung eines Vortrags vom 5.12.94 an der Universität Konstanz.

[Hoffmann87] Hoffmann, L.: Fachsprachen, Instrument und Objekt. Leipzig: Enzyklopädie 1987.

[Hoffmann93] Hoffmann, B.; Krieg-Brückner, B. (Hrsg.): Program Development by Specification and Transformation. The PROSPECTRA Methodology, Language Family, and System. Berlin: Springer 1993.

[Hofmann95] Hofmann, A.: Bedeutungsbegriff und Bedeutungstheorie. Zur Erklärung eines Rätsels. Tübingen: Francke 1995.

[Hopcroft79] Hopcroft, J.E.; Ullman, J.D.: Introduction to Automata Theory, Languages, and Computation. Reading: Addison-Wesley 1979.

[Horowitz84] Horowitz, E.: Fundamtentals of Programming Languages. 2. Auflage. Rockville: Computer Science Press 1984.

[Høydalsvik93] Høydalsvik, G.M.; Sindre, G.: On the Purpose of Object-Oriented Analysis. In: OOPSLA '93 Proceedings, ACM SIGPLAN Notices 28 (1993) 10, S. 240-255.

[Hughes89] Hughes, J.: Why functional programming matters. In: The Computer Journal 32 (1989) 2, S. 98-107.

[Humboldt35] Humboldt, W.v.: Über die Verschiedenheit des menschlichen Sprachbaues und ihren Einfluß auf die geistige Entwicklung des Menschengeschlechts. Berlin: Schneider 1935.

[Hull87] Hull, R.; King, R.: Semantic Database Modelling: Survey, Applications and Research Issues. In: ACM Computing Surveys 19 (1987) 3, S. 201-260.

[Humphrey89] Humphrey, W.: Managing the Software Process. Reading: Addison-Wesley 1989.

[Husserl13] Husserl, E.: Logische Untersuchungen II/1. 2. Auflage. Tübingen: Max Niemeyer 1913.

[IBM74] HIPO - A Design Aid and Documentation Technique. IBM Form GC20-1851-1. White Plains: IBM 1974.

[IEEE830] IEEE Guide to Software Requirements Speciifications. IEEE/ANSI Std. 830-1984. New York: IEEE 1984.

[IEEE610.12] IEEE Standard Glossary of Software Engineeringg Terminology. IEEE/ANSI Std. 610.12-1990. New York: IEEE 1990.

[Iris88] Iris, M.A.; Litowitz, B.E.; Evens, M.: Problems of the Part-Whole Relation. In: Evens, M.E. (Hrsg.): Relational Models of the Lexicon. Representing Knowledge in Semantic Networks. Cambridge: Cambridge University Press 1988, S. 261-288.

[ISO/IEC90] ISO-IEC 10027: Information Technology - Information Resource Dictionary System (IRDS) - Framework. ISO/IEC International Standard 1990.

[Jablonski95] Jablonski, S.: Workflow-Management-Systeme. Motivation, Modellierung, Architektur. In: Informatik-Spektrum (1995) 1, S. 13-24.

[Jablonski95a] Jablonski, S.: Workflow-Management-Systeme. Modellierung und Architektur. Bonn: Thomson 1995.

[Jablonski95b] Jablonski, S., Stein, K.: Die Eignung objektorientierter Analysemethoden für das Workflow Management. In: Handbuch der modernen Datenverarbeitung 185 (1995), S. 95-115.

[Jackson75] Jackson, M.A.: Principles of Program Design. London: Academic Press 1975.

[Jackson83] Jackson, M.A.: System Development. Englewood Cliffs: Prentice Hall 1983.

[Jacobson92] Jacobson, I.; Christerson, M.; Jonsson, P.; Övergaard, G.: Object-Oriented Software Engineering. A Use Case Driven Approach. Wokingham: Addison-Wesley 1992.

[Jacobson94] Jacobson, I.; Ericsson, M.; Jacobson, A: The Object Advantage. Business Process Reengineering with Object Technology. Wokingham: Addison-Wesley 1994.

[Jakobson60] Jakobson, R.: Linguistics and Poetics. In: Sebeok, T.A. (Hrsg.): Style in Language. New York: Wiley 1960, S. 350-377.

[Jakobson71] Jakobson, R.: Selected Writings II: Word and Language. The Hague: Mouton 1971.

[Jakobson80] Jakobson, R.: The Framework of Language. Ann Arbor: University of Michigan Press 1980.

[Janich74] Janich, P.; Kambartel, F.; Mittelstraß, J.: Wissenschaftstheorie als Wissenschaftskritik. Frankfurt: aspekte verlag 1974.

[Janich93] Janich, P.: Erkennen als Handeln. Von der Konstruktiven Wissenschaftstheorie zur Erkenntnistheorie. Erlangen: Palm und Enke 1993.

[Janich93a] Janich, P.: Erlanger Schule und Konstruktiver Realismus. In: Wallner, F.G.; Schimmer, J.; Costazza, M. (Hrsg.): Grenzziehungen zum Konstruktiven Realismus. Beiträge zweier Kongresse. Wien: WUV-Universitätsverlag 1993, S. 28-38.

[Jarke93] Jarke, M.; Pohl, K.; Jacobs, S. et al: Requirements Engineering: An Integrated View of Representation, Process and Domain. In: Sommerville, I.; Paul, M. (Hrsg.): Software Engineering. Proc. of the 4th European Software Engineering Conference 1993, Garmisch-Partenkirchen. Berlin: Springer 1993, S. 100-114.

[Jespersen24] Jespersen, O.: The Philosophy of Grammar. London: Allen & Unwin 1924.

[Johannesson94] Johannesson, P.: Schema Standardization as an Aid in View Integration. In: Information Systems 19 (1994) 3, S. 275-290.

[Johannesson95] Johannesson, P.: Representation and Communication - A Speech Act Based Approach to Information Systems Design. In: Information Systems 20 (1995) 4, S. 291-303.

[Johnson92] Johnson, W.L.; Feather, M.; Harris, D.R.: Representation and Presentation of Requirements Knowledge. In: IEEE Transactions on Software Engineering 18 (1992) 10, S. 853-869.

[Kaindl93] Kaindl, H.: The Missing Link in Requirements Engineering. In: ACM SIGS-OFT Software Engineering Notes 18 (1993) 2, S. 30-39.

[Kambartel71] Kambartel, F.: Zur Rede von „formal" und „Form" in sprachanalytischer Hinsicht. In: Neue Hefte zur Philosophie - Phänomenologie und Sprachanalyse 1 (1971), S. 51-67.

[Kambartel76] Kambartel, F.: Erfahrung und Struktur. Bausteine zu einer Kritik des Empirismus und Formalismus. 2. Auflage. Frankfurt: Suhrkamp 1976.

[Kambartel80] Kambartel, F.: Pragmatische Grundlagen der Semantik. In: Gethmann, C.F. (Hrsg.): Theorie des wissenschaftlichen Argumentierens. Frankfurt: Suhrkamp 1980, S. 95-114.

[Kamlah72] Kamlah, W.: Philosophische Anthropologie. Mannheim: BI-Wissenschaftsverlag 1972.

[Kamlah73] Kamlah, W.; Lorenzen, P.: Logische Propädeutik. Vorschule des vernünftigen Redens. 2. Auflage. Mannheim: BI-Wissenschaftsverlag 1973.

[Kant90] Kant, I.: Kritik der reinen Vernunft. Nach der ersten und zweiten Original-Ausgabe (von 1781und 1787) hg. v. R. Schmidt. 3. Auflage. Hamburg: Meiner 1990.

[Kappel91] Kappel, G.; Schrefl, M.: Using an Object-Oriented Diagram Technique for the Design of Information Systems. In: Sol, H.G.; Van Hee, K.M. (Hrsg.): Dynamic Modelling of Information Systems. Amsterdam: Elsevier 1991, S. 121-164.

[Kappel96] Kappel, G.; Schrefl, M.: Objektorientierte Informationssysteme. Konzepte, Darstellungsmittel, Methoden. Wien: Springer 1996.

[Karbach90] Karbach, W.; Linster, M.: Wissensakquisition für Expertensysteme. Techniken, Modelle und Softwarewerkzeuge. München: Hanser 1990.

[Kaschek93] Kaschek, R.; Kohl, C.; Mayr, H.C.: Grenzen objekt-orientierter Analysemethoden am Beispiel einer Fallstudie mit OMT. In: Mayr, H.C.; Wagner, R. (Hrsg.): Objektorientierte Methoden für Informationssysteme. Berlin: Springer 1993, S. 135-154.

[Katz63] Katz, J.J.; Fodor, J.A.: The Structure of a Semantic Theory. In: Language 39 (1963), S. 170-210.

[Katz64] Katz, J.J.; Postal, P.M.: An Integrated Theory of Linguistic Descriptions. Cambridge: MIT Press 1964.

[Katzan80] Katzan, H.: Methodischer Systementwurf. Eine Einführung in die HIPO-Technik. Köln-Braunsfeld: Müller 1980.

[Khoshafian86] Khoshafian, S.; Copeland, G.: Object Identity. In: Proc. of the 1st ACM Conf. on OOPSLA, Portland 1986. Special Issue of SIGPLAN Notices 21 (1986) 11, S. 406-416.

[Kim90] Kim, W.: Introduction to Object-Oriented Databases. Cambridge: MIT Press 1990.

[Klas95] Klas, W.; Schrefl, M.: Metaclasses and Their Application. Data Model Tailoring and Database Integration. Berlin: Springer 1995.

[Klein92] Klein, G.; Nüttgens, M.; Scheer, A.-W.: Semantische Prozßmodellierung auf der Grundlage „Ereignisgesteuerter Prozeßketten (EPK). Technical Report 89 Institut für Wirtsschaftsinformatik. Saarbrücken: Universität des Saarlandes 1992.

[Klir85] Klir, G.: Complexity: Some general observations. In: Systems Research 2 (1985) 2, S. 131-140.

[Klotz90] Klotz, M.; Strauch, P.: Strategieorientierte Planung betrieblicher Informations- und Kommunikationssysteme. Berlin: Springer 1990.

[Klüver71] Klüver, J.: Operationalismus. Kritik und Geschichte einer Philosophie der exakten Wissenschaften. Stuttgart 1971.

[Kniffka80] Kniffka, H.: Soziolinguistik und empirische Textanalyse. Tübingen: Niemeyer. 1980.

[Knolmeyer93] Knolmeyer, G.; Herbst, H.: Business Rules. In: Wirtschaftsinformatik 35 (1993), S. 386-390.

[Knuth65] Knuth, D.E.: On the Translation of Languages from Left to Right. In: Information and Control 8 (1965) 6, S. 607-639.

[Knuth74] Knuth, D.E.: Structured Programming With GOTO Statements. In: ACM Computing Surveys 6 (1974) 4, S. 261-302.

[Kolman87] Kolman, B.; Busby, R.C.: Discrete Mathematical Structures for Computer Science. 2. Auflage. Englewood Cliffs: Prentice Hall 1987.

[Kowalski74] Kowalski, R.A: Predicate logic as a programming language. In: Proc. of the IFIP-74 Congress, Amsterdam: Elsevier, S. 569-574.

[Krcmar90] Krcmar, H.: Bedeutung und Ziele von Informationsystem-Architekturen. In: Wirtschaftsinformatik 5 (1990) 32, S. 395-402.

[Krieg-Brückner93] Krieg-Brückner, B.: Introduction. In: Hoffmann, B.; Krieg-Brückner, B. (Hrsg.): Program Development by Specification and Transformation. The PROSPECTRA Methodology, Language Family, and System. Berlin: Springer 1993, S. 3-34.

[Kripke81] Kripke, S.A.: Name und Notwendigkeit. Frankfurt: Suhrkamp 1981.

[Kristen94] Kristen, G.: Object Orientation. The KISS Method. From Information Architecture to Information System. Wokingham: Addison-Wesley 1994.

[Krueger92] Krueger, C.W.: Software Reuse. In: ACM Computing Surveys 24 (1992) 2, S. 131-184.

[Kuhn76] Kuhn, T.S.: Die Struktur wissenschaftlicher Revolutionen. 2. Auflage. Frankfurt: Suhrkamp 1976.

[Kuhlen91] Kuhlen, R.: Hypertext. Ein nicht-lineares Medium zwischen Buch und Wissensbank. Heidelberg: Springer 1991.

[Kueng96] Kueng, P.; Bichler, P.; Schrefl, M.: Geschäftsprozeßmodellierung - ein zielbasierter Ansatz. In: Information Management 11 (1996) 2, S. 40-50.

[Kung89] Kung, C.H.: Conceptual Modeling in the Context of Software Development. In: IEEE Transactions on Software Engineering 15 (1989) 10, S. 1176-1187.

[Kunz79] Kunz, W.; Rittel, H.: Issues as elements of information systems. Technical Report 131. Center for Planning and Development. Berkeley: University of California 1979.

[Kurbel90] Kurbel, K.: Entwicklung von Expertensystemen. In: Kurbel, K.; Strunz, H. (Hrsg.): Handbuch Wirtschaftsinformatik. Stuttgart: Poeschel 1990, S. 483-502.

[Kutschera75] Kutschera, F.v.: Sprachphilosophie. München: Fink 1975.

[Lafont94] Lafont, C.: Spannungen im Wahrheitsbegriff. In: Deutsche Zeitschrift für Philosophie 42 (1994) 6, S. 1007-1023.

[LaFrance89] LaFrance, M.: The Quality of Expertise. Implications of Expert-Novice Differences for Knowledge Acquistion. In: SIGART Newsletter 108 (1989), S. 19-27.

[Lalonde91] Lalonde, W.; Pugh, J.: Subclassing # Subtyping # Is-a. In: Journal of Object-Oriented Programming 3 (1991) 5, S. 57-62.

[Lamping95] Lamping, J.; Abadi, M.: Methods as Assertions. In: Theory and Practice of Object Systems 1 (1995) 1, S. 5-18.

[Laske89] Laske, O.E.: Ungelöste Probleme bei der Wissenakquisition für wissensbasierte Systeme. In: Künstliche Intelligenz KI 3 (1989) 4, S. 4-12.

[Leech89] Leech, G.: Principles of Pragmatics. 6. Auflage. London: Longman 1989.

[Lehman85] Lehman, M.M.; Belady, L.A.: Program Evolution. New York: Academic Press 1985.

[Lehmann95] Lehmann, F.: Bibliographie zu linguistischen Methoden der Informationssystementwicklung. Bericht 76-95 Informationswissenschaft. Konstanz: Universität 1995.

[Lehner91] Lehner, F.: Softwarewartung. München: Hanser 1991.

[Lehnert69] Lehnert, M.: Morphem, Wort und Satz im Englischen. Eine kritische Betrachtung zur neueren Linguistik. Berlin: Akademie-Verlag 1969.

[Leibniz60] Leibniz, W.G.: Fragmente zur Logik. Ausgewählt, übersetzt und erläutert von F. Schmidt. Berlin: Akademischer Verlag 1960.

[Leinsle92] Leinsle, U.G.: Vom Umgang mit Dingen. Ontologie im dialogischen Konstruktivismus. Augsburg: Maro 1992.

[Leipold82] Leipold, G.: Bedeutung. Sprachkritische Untersuchung zu Grundlagenproblemen der „Pragmatischen Linguistik". Erlangen: Palm & Enke 1982.

[Leisi75] Leisi, E.: Der Wortinhalt. Heidelberg: Quelle & Meyer 1975.

[Lenz91] Lenz, A.: Knowledge Engineering für betriebliche Expertensysteme. Erhebung, Analyse und Modellierung von Wissen. Wiesbaden: Deutscher Universitäts Verlag 1991.

[Lenzerini91] Lenzerini, M. (Hrsg.): Inheritance Hierarchies in Knowledge Reprensentation and Programming Languages. Chichester: Wiley 1991

[Lerner63] Lerner, D. (Hrsg.): Parts and Wholes. London: Macmillan 1963.

[Lehtinen86] Lehtinen, É.; Lyytinen, K.: Action based model of information system. In: Information Systems 11 (1986) 4. S. 299-317.

[Lewis72] Lewis, D.: General Semantics. In: Davidson, D.; Harman, G. (Hrsg.): Semantics of Natural Language. Dordrecht: Reider 1972, S. 169-218.

[Lewis91] Lewis, D.: Parts of Classes. Oxford: Blackwell 1991.

[Liang94] Liang, Y.; Newton, M.; Robinson, H.: The Use Of Object Models For Information System Analysis. In: Zupancic, J.; Wrycza. S. (Hrsg.): Proc. of the 4th Int. Conf. of Information Systems Development - ISD '94, Bled 1994. Kranj: Moderna Organizacija 1994, S. 625-634.

[Liddle93] Liddle, S.W.; Embley, D.W.; Woodfield, S.N.: Cardinality Constraints in Semantic Data Models. In: Data & Knowledge Engineering 11 (1993) 3, S. 235-270.

[Lieberherr89] Lieberherr, K.J.; Holland, I.M.: Assuring Good Style for Object-Oriented Programs In: IEEE Software 6 (1989) 9, S. 38-48.

[Lieberman86] Lieberman, H.: Using Prototypical Objects to Implement Shared Behavior in Object-Oriented Systems. In: SIGPLAN Notices 21 (1986) 9, S. 214-223.

[Lindland94] Lindland, O.I.; Sindre, G.; Sølvberg, A.: Understanding Quality in Conceptual Modeling. In: IEEE Software 11 (1994) 3, S. 42-49.

[Lindner94] Lindner, J.: Modellierung von Verhaltensaspekten in objektorientierten Systemen. Diplomarbeit Informationswissenschaft. Konstanz: Universität 1994.

[Linke91] Linke, A.; Nussbaumer, M.; Portmann, P.R.: Studienbuch Linguistik. Tübingen: Max Niemeyer 1991.

[Lipeck89] Lipeck, U.: Dynamische Integrität von Datenbanken: Grundlagen der Spezifikation und überwachung. Berlin: Springer 1989.

[Lipeck92] Lipeck, U.: Integritätszentrierter Datenbank-Entwurf. In: EMISA Forum (1992) 2, S. 41-55.

[Liskov74] Liskov, B.H.; Zilles, S.N.: Programming with Abstract Data Types. In: SIGPLAN Notices 9 (1974) 4, S. 50-59.

[Liskov86] Liskov, B.H.; Berzins, V.: An Appraisal of Program Specifications. In: Gehani, N.; McGettrick, A.T. (Hrsg.): Software Specification Techniques. Wokingham: Addison-Wesley 1986, S. 3-24.

[Looser74] Looser, M.; Lüscher, R.; Maciejewski, F.; Menne, K.: Zur Kritik der praktischen Philosophie der Erlanger Schule. In: Kambartel, F. (Hrsg.): Praktische Philosophie und Konstruktive Wissenschaftstheorie. Frankfurt: Suhrkamp 1974, S. 148-212.

[Lorenz68] Lorenz, K.: Dialogspiele als semantische Grundlage von Logikkalkülen. In: Archiv für mathematische Logik und Grundlagenforschung 11 (1968), S. 32-55 und 73-100.

[Lorenz70] Lorenz, K.: Elemente der Sprachkritik. Eine Alternative zum Dogmatismus und Skeptizismus in der Analytischen Philosphie. Frankfurt: Suhrkamp 1970.

[Lorenz72] Lorenz, K.: Der dialogische Wahrheitsbegriff. In: Neue Hefte für Philosophie 2/3 (1972), S. 111-123.

[Lorenz76] Lorenz, K.: Sprachtheorie als Teil einer Handlungstheorie. In: Wunderlich, H. (Hrsg.): Wissenschaftstheorie und Linguistik. Kronberg: Athenäum 1976, S. 250-266.

[Lorenz84] Lorenz, K.: Kopula. In: Mittelstraß, J. (Hrsg.): Enzyklopädie Philosophie und Wissenschaftstheorie. Band 2. Mannheim: BI-Wissenschaftsverlag 1984, S. 474-475.

[Lorenz86] Lorenz, K.: Dialogischer Konstruktivismus. In: Salamun, K.: Was ist Philosophie. Neuere Texte zu ihrem Selbstverständnis. 2. Auflage. Tübingen: Mohr 1986, S. 335-352.

[Lorenz90] Lorenz, K.: Einführung in die philosophische Anthropologie. Darmstadt: Wissenschaftliche Buchgesellschaft 1990.

[Lorenzen62] Lorenzen, P.: Gleichheit und Abstraktion. In: Ration 4 (1962) 2, S. 77-81.

[Lorenzen65] Lorenzen, P.: Differential und Integral. Eine konstruktive Einführung in die klassische Analysis. Frankfurt: Akademischer Verlag 1965.

[Lorenzen73] Lorenzen, P.: Semantisch normierte Orthosprachen. In: Kambartel, F.; Mittelstrass, J. (Hrsg.): Zum Normativen Fundament der Wissenschaft. Frankfurt: Athenäum 1973, S. 231-249.

[Lorenzen74] Lorenzen, P.: Methodisches Denken. Frankfurt: Suhrkamp 1974.

[Lorenzen75] Lorenzen, P.; Schwemmer, O.: Konstruktive Logik, Ethik und Wissenschaftstheorie. 2. Auflage. Mannheim: BI-Wissenschaftsverlag 1975.

[Lorenzen80] Lorenzen, P.: Rationale Grammatik. In: Gethmann, C.F. (Hrsg.): Theorie des wissenschaftlichen Argumentierens. Frankfurt: Suhrkamp 1980, S. 73-94.

[Lorenzen87] Lorenzen, P.: Lehrbuch der Konstruktiven Wissenschaftstheorie. Mannheim: BI-Wissenschaftsverlag 1987.

[Lorenzen94] Lorenzen, P.: Konstruktivismus. In: Journal for General Philosophy of Science 25 (1994) 1, S. 125-133.

[Ludewig93] Ludewig, J.: Sprachen für das Software Engineering. In: Informatik-Spektrum 16 (1993) 5, S. 286-294.

[Ludewig93a] Ludewig, P.: Inkrementelle wörterbuchbasierte Wortschatzerweiterung in sprachverarbeitenden Systemen. Entwurf einer konstruktiven Lexikonkonzeption. St. Augustin: Infix 1993.

[Luft81] Luft, A.L.: Software-Engineering und konstruktive Wissenschaftstheorie - Ein Beitrag zur Methodologie des Software Engineering. In: Angewandte Informatik 23 (1981) 3, S. 93-99.

[Luft82] Luft, A.L.: Rationaler Sprachgebrauch und orthosprachliche Standardisierung als Grundlagen des Software Engineering. In: Informatik Spektrum 5 (1982) 5, S. 209-223.

[Luft87] Luft, A.L.: Der Problemansatz beim Requirements Engineering. Eine Kritik am ANSI/IEEE Guide to Software Requirements Specifications. In: GMD-Studien 121 (1987), S. 411-429.

[Lutzeier85] Lutzeier, P.R.: Linguistische Semantik. Stuttgart: Metzler 1985.

[Lutzeier95] Lutzeier, P.R.: Lexikologie. Tübingen: Stauffenberg 1995.

[Lyons63] Lyons, J.: Structural Semantics. Oxford: Blackwell 1963.

[Lyons68] Lyons, J.: Introduction to Theoretical Linguistics. Cambridge: Cambridge University Press 1968.

[Lyons77] Lyons, J.: Semantics. Vol. I + II. London: Cambridge University Press 1977.

[Mambrey83] Mambrey, P.: Beteiligung der Betroffenen bei der Entwicklung von Informationssystemen. Frankfurt: Campus-Verlag 1983.

[Manna92] Manna, Z.; Landry, M.: The Temporal Logic of Reactive and Concurrent System Specification. Vol. I: Specification. Springer: Berlin 1992.

[Markowitz92] Markowitz, J.A.; Nutter, J.T.; Evens, M.W.: Beyond IS-A and Part-Whole: More Semantic Network Links. In: Lehmann, F. (Hrsg.): Semantic Networks in Artificial Intelligence. Oxford: Pergamon Press 1992, S. 377-390.

[Martin88] Martin, C.F.: User-Centered Requirements Analysis. Englewood Cliffs: Prentice Hall 1988.

[Martin89/90] Martin, J.: Information Engineering. Vol. I-III. Englewood Cliffs: Prentice Hall 1989/1990.

[Martin92] Martin, J.; Odell, J... Object-Oriented Analysis and Design. Englewood Cliffs: Prentice Hall 1992.

[Martin93] Martin, J.: Principles of Object-Oriented Analysis and Design. Englewood Cliffs: Prentice Hall 1993.

[Martin95] Martin, J.; Odell, J.: Object-Oriented Methods: A Foundation. Englewood Cliffs: Prentice Hall 1995.

[Martinet66] Martinet, A.: Éléments de linguistiqe générale. 6. Auflage. Paris: Colin 1966.

[Maryhauser94] Maryhauser, A.v.: Maintenance and Evolution of Software Products. In: Advances in Computers 39 (1994), S. 1-49.

[Mattos89] Mattos, N.M.: Abstraction Concepts: The Basis for Data and Knowledge Modeling. In: Batini, C. (Hrsg.): Entity-Relationship Approach. Amsterdam: Elsevier 1989, S. 473-492.

[Mattos90] Mattos, N.M.; Michels, M.: Modeling with KRISYS: The Design Process of DB Applications Reviewed. In: Lochovsky, F.H. (Hrsg.): Entity-Relationsship Approach to Database Design and Querying. Amsterdam: Elsevier 1989, S. 239-253.

[McClure93] McClure, C.L.: Software-Automatisierung. Reengineering - Repository - Wiederverwendbarkeit. München: Hanser 1993.

[McDavid96] McDavid, D.W.: Business language analysis for object-oriented information systems. In: IBM Systems Journal 35 (1996) 2, S. 128-150.

[McDermid91] McDermid, J.A.; Rook, P.: Software Development Process Models. In: McDermid, J.A. (Hrsg.): Software Engineer´s Reference Book. Oxford: Butterworth-Heinemann 1991, S. 15/1-15/36.

[McDermid91a] McDermid, J.A.: Introduction and Overview to Part II. Methods Techniques and Technology. In: McDermid, J.A. (Hrsg.): Software Engineer's Reference Book. Oxford: Butterworth-Heinemann 1991, S. II/1-II/15.

[McGregor92] McGregor, J.D.; Sykes, D.A.: Object-oriented Software Development: Engineering Software for Reuse. New York: Van Nostrand 1992.

[McGregor93] McGregor, J.D.; Korson, T.: Supporting Dimensions of Classification in Object-Oriented Design. In: Journal of Object-Oriented Programming 5 (1993) 9, S. 25-30.

[McMenamin84] McMenamin, M.; Palmer, J.F.: Essential Systems Analysis. Englewood Cliffs: Prentice Hall 1984.

[Métais93] Métais, E.; Meunier, J.-N.; Levreau, G.: Database Schema Design: A Perspective from Natural Language Techniques to Validation and View Integration. In: Elmasri, R.A.; Kouramajian, V.; Thalheim, B. (Hrsg.): Entity Relationship Approach - ER '93, Proceedings. Berlin: Springer 1994, S. 190-205.

[Mey93] Mey, J.L.: Pragmatics. Oxford: Blackwell 1993.

[Meyer85] Meyer, B.: On Formalism in Specifications. In: IEEE Software 2 (1985) 1, S. 6-26.

[Meyer88] Meyer, B.: Object-Oriented Software Construction. Englewood Cliffs: Prentice Hall 1988.

[Meyer90] Meyer, B.: The New Culture of Software Development. In: Journal of Object Oriented Programming 3 (1990) 6, S. 76-81.

[Meyer92] Meyer, B.: Eiffel. The Language. Englewood Cliffs: Prentice Hall 1992.

[Meyer92a] Meyer, B.: Applying „Design by Contract". In: IEEE Computer 25 (1992) 10, S. 40-51.

[Meyer95] Meyer, B.: Object Success. London: Prentice Hall 1995.

[Mikkola64] Mikkola, E: Die Abstraktion. Begriff und Struktur. Helsinki: Soumalainen Kirjakauppa 1964.

[Mills88] Mills, H.D.: Stepwise Refinement and Verification in Box Structured Systems. In: IEEE Computer 21 (1988) 6, S. 32-36.

[Minsky75] Minsky, M.: A Framework for Representing Knowledge. In: Winston, P.H. (Hrsg.): The Psychology of Computer Vision. New York: McGraw-Hill 1975, S. 211-277.

[Mittermeir90] Mittermeir, R.T.: Requirements Engineering. In: Kurbel, K.; Strunz, H. (Hrsg.): Handbuch Wirtschaftsinformatik. Stuttgart: Poeschel 1990, S. 237-256.

[Mittelstraß67] Mittelstraß, J.: Die Prädikation und die Wiederkehr des Gleichen. In: Gadamer, H.G. (Hrsg.): Das Problem der Sprache. München: Fink 1967, S. 87-95.

[Mittelstraß74] Mittelstraß, J.: Die Möglichkeit der Wissenschaft. Frankfurt: Suhrkamp 1974.

[Mittelstraß89] Mittelstraß, J.: Der Flug der Eule. Von der Vernunft der Wissenschaft und der Aufgabe der Philosophie. Frankfurt: Suhrkamp 1989.

[Monarchi92] Monarchi, D.E.; Gretchen, I.P.: A Research Typologie for Object-Oriented Analysis and Design. In: Communications of the ACM 35 (1992) 9, S. 35-47.

[Montague74] Montague, R: Formal Philosophy. Selected Papers of Richard Montague. Ed. by R. Thomason. New Haven: Yale University Press.

[Morik87] Morïk, K.: Sloppy Modeling. In: Morik, K. (Hrsg.): Knowledge Representation and Organisation in Machine Learning. Berlin: Springer 1987, S. 107-134.

[Morris38] Mooris, C.W.: Foundations of the Theory of Signs. In: International Encyclopedia of Unified Science 1 (1938) 2.

[Morris81] Mooris, C.W.: Zeichen, Sprache und Verhalten. Mit einer Einführung von Karl-Otto Apel. Frankfurt: Ullstein 1981.

[Morris88] Mooris, C.W.: Grundlagen der Zeichentheorie. Ästhetik der Zeichentheorie. Frankfurt: Ullstein 1988.

[Motschnig-Pitrik93] Motschnig-Pitrik, R.: The Semantics of Parts Versus Aggregates in Data/Knowledge Modelling. In: Rolland, C.; Bodart, F.; Cauvet, C. (Hrsg.): Advanced Information Systems Engineering. CAiSE '93. Berlin: Springer 1993, S. 352-373.

[Moynihan94] Moynihan, T.: An Experimental Comparison of Object-Orientation and Functional-Decomposition as Paradigms for Communicating Systems Functionality to Users. In: Zupancic, J.; Wrycza. S. (Hrsg.): Proc. of the 4th Int. Conf. of Information Systems Development - ISD '94, Bled 1994. Kranj: Moderna Organizacija 1994, S. 605-613.

[Müller-Merbach83] Müller-Merbach, H.: Model Design Based on the Systems Approach. In: Journal of the Operational Research Society 34 (1983) 8, S. 739-751.

[Nagl90] Nagl, M.: Softwaretechnik: Methodisches Programmieren im Großen. Springer: Berlin 1990.

[Naur82] Naur, P.: Formalization in Program Development. In: BIT 22 (1982), S. 437-453.

[Naur92] Naur, P.: Computing: A Human Activity. New York: ACM Press 1992.

[Navathe86] Navathe, S.B.; Elmasri, R.; Larson, J.: Integrating User Views in Database Design. In: IEEE Computer 19 (1986) 1, S. 50-62.

[Neighbors80] Neighbors, J.M.: Software Construction Using Components. Technical Report 160 Department of Information and Computer Science. Irvine: University of California 1980.

[Nguyen91] Nguyen, G.T.; Rieu, D.: Representing Design Objects. In: Gero, J. (Hrsg.): AI in Design '91. Oxford: Butterworth-Heinemann 1991, S. 367-386.

[Nida75] Nida, E.A.: Componential Analysis of Meaning. The Hague: Mouton 1975.

[Nierstrasz89] Nierstrasz, O.: A Survey of Object-Oriented Concepts. In: Kim, W.; Lochovsky, F. H.: Object-Oriented Concepts, Databases and Applications. Reading: Addison-Wesley 1989, S. 3-21.

[Nijssen89] Nijssen, G.M.; Halpin, T.A.: Conceptual Schema and Relational Database Design. A Fact Oriented Approach. Englewood Cliffs: Prentice Hall 1989.

[Oberweis96] Oberweis, A.: Modellierung und Ausführung von Workflows mit Petri-Netzen. Stuttgart: Teubner 1996.

[Odell94] Odell, J.: Six different kinds of composition. In: Journal of Object Oriented Programming 6 (1994) 8, S. 10-15.

[Oeser69] Oeser, E.: Begriff und Systematik der Abstraktion. Wien: Oldenbourg 1969.

[Ogden23] Ogden, C.K.; Richards, I.A.: The Meaning of Meaning. A Study of the Influence of Language upon Thought and the Science of Symbolism. London: Routledge & Kegan Paul 1923.

[Olle91] Olle, T.W.; Hagelstein, J.; Macdonald, I.G.; Rolland, C. et al: Information Systems Methodologies. A Framework for Understanding. 2. Auflage. Wokingham: Addison-Wesley 1991.

[OMG95] Object Management Group: The Common Object Request Broker: Architecture and Specification. Revision 2.0. Framingham: 1995.

[Opdahl94] Opdahl, A.L.; Sindre, G.: A Taxonomie for Real-World Modelling Concepts. In: Information Systems 19 (1994) 3, S. 229-241.

[Orfali96] Orfali, R.; Harkey, D.; Edwards, J.: The Essential Client/Server Survival Guide. 2. Auflage. New York: Wiley 1996.

[Orfali96a] Orfali, R.; Harkey, D.; Edwards, J.: The Essential Distributed Objects Survival Guide. New York: Wiley 1996.

[Orr77] Orr, K.: Structured Systems Development. New York: Yourdon Press 1977.

[Ortner83] Ortner, E.: Aspekte einer Konstruktionssprache für den Datenbankentwurf. Darmstadt: Toeche-Mittler 1983.

[Ortner89] Ortner, E.; Söllner, B.: Semantische Datenmodellierung nach der Objekttypenmethode. In: Informatik-Spektrum 12 (1989) 1, S. 31-42.

[Ortner91] Ortner, E.: Informationsmanagment - Wie es entstand, was es ist und wohin es sich entwikkelt. In: Informatik Spektrum 14 (1991), S. 315-327.

[Ortner91a] Ortner, E.: Unternehmensweite Datenmodellierung als Basis für integrierte Informationsverarbeitung in Wirtschaft und Verwaltung. In: Wirtschaftsinformatik 33 (1991) 4, S. 269-280.

[Ortner93] Ortner, E.: KASPER. Konstanzer Sprachkritik-Programm für das Software-Engineering. Bericht 36-93 Informationswissenschaft. Konstanz: Universität 1993.

[Ortner94] Ortner, E.: KASPER - Ein Projekt zur natürlichsprachlichen Entwicklung von Informationssystemen. In: Wirtschaftsinformatik 36 (1994) 6, S. 570-579.

[Ortner94a] Ortner, E.: Materiale versus formale Systementwicklung. In: Lipeck, U.W.; Vossen, G. (Hrsg.): Formale Grundlagen für den Entwurf von Informationssystemen. Proc. GI-Workshop 1994, Tutzing. Informatik-Berichte 03/94. Hannover: Universität 1994, S. 31-42.

[Ortner95] Ortner, E.: Elemente einer methodenneutralen Konstruktionssprache für Informationssysteme. In: Informatik Forschung und Entwicklung 10 (1995), S. 148-160.

[Ortner95a] Ortner, E.: Abstraktion und Komposition. Bericht 66-95 Informationswissenschaft. Konstanz: Universität 1995.

[Ortner96] Ortner, E., Schienmann, B.: Normsprachlicher Entwurf von Informationssystemen. Vorstellung einer Methode. In: Ortner, E.; Schienmann, B.; Thoma, H.: Natürlichsprachlicher Entwurf von Informationssystemen. Proc. GI-Workshop 1996, Tutzing. Konstanz: Universitätsverlag 1996, S. 109-129.

[Ortner96a] Ortner, E., Schienmann, B.: Normative Language Approach. A Framework for Understanding. In: Thalheim, B. (Hrsg.): Conceputal Modeling - ER'96. 15th Int. Conf. on Conceptual Modeling, Cottbus. Berlin: Springer 1996, S. 261-276.

[Ortner97] Ortner, E.: Methodenneutraler Fachentwurf. Zu den Grundlagen einer anwendungsorientierten Informatik. Stuttgart: Teubner 1997. (in Druck).

[Page-Jones80] Page-Jones, M.: The Practical Guide to Structured Systems Design. New York: Yourdon Press 1980.

[Page-Jones90] Page-Jones, M., Constantine, L.L.; Weis, S.: Modeling object-oriented systems: the Uniform Object Notation. In: Computer Language 7 (1990) 10, S. 69-87.

[Palmer93] Palmer, J.: Object-Oriented Analysis and Polymophism: Gross Concept Neglect. In: Object Magazine 2 (1993) 6, S. 34-36.

[Parnas72] Parnas, D.L.: On the Criteria To Be Used in Decomposing Systems into Modules. In: Communications of the ACM 15 (1972) 12, S. 1053-1058.

[Parnas85] Parnas, D.L.: Software Aspects of Strategic Defense Systems. In: Communications of the ACM 28 (1985) 12, S. 1326-1335.

[Partsch91] Partsch, H.: Requirements Engineering. München: Oldenbourg 1991.

[Pasch94] Pasch, J.: Software-Entwicklung im Team. Mehr Qualität durch das dialogische Prinzip bei der Projektarbeit. Berlin: Springer 1994.

[Patching90] Patching, D.: Practical Soft Systems Analysis. London: Pitman Publishing 1990.

[Patzig80] Patzig, G.: Tatsachen, Normen, Sätze. Aufsätze und Vorträge. Stuttgart: Reclam 1980.

[Patzig81] Patzig, G.: Sprache und Logik. 2. Auflage. Göttingen: Vandenhoeck & Ruprecht 1981.

[Pawlowski80] Pawlowski, T.: Begriffsbildung und Definition. Berlin: de Gruyter 1980.

[Peckham88] Peckham, J.; Maryanski, F.: Semantic Data Models. In: ACM Computing Surveys 20 (1988) 3, S. 153-189.

[Peirce55] Peirce, C.S.: Philosophical Writings of Peirce. Selected and Edited with an Introduction by Justus Buchler. New York: Dover Publications 1955.

[Peirce67/70] Peirce, C.S.: Schriften I und II: Zur Entstehung des Pragmatismus. Mit einer Einleitung von Karl-Otto Apel. Frankfurt: Suhrkamp 1967 und 1970.

[Peirce91] Peirce, C.S.: Naturordnung und Zeichenprozeß. Schriften über Semiotik und Naturphilosophie. Frankfurt: Suhrkamp 1991.

[Pérez94] Pérez, M.: Untersuchung des Begriffs Prototyping und seine Einbettung in Software-Entwicklungsumgebungen. Diplomarbeit in der Informationswissenschaft. Konstanz: Universität 1994.

[Pflüger94] Pflüger, J.: Informatik an der Mauer. In: Informatik Spektrum 17 (1994) 4, S. 251- 257.

[Piaget70] Piaget, J.: Psychologie der Intelligenz. Stuttgart: Klett-Cotta 1970.

[Pinkal85] Pinkal, M.: Logik und Lexikon. Berlin: de Gruyter 1985.

[Pohl93] Pohl, K.: The Three Dimensions of Requirements Engineering. Proc. of the 5th Int. Conf. on Advanced Information Systems Engineering 1993 (CAiSE '93), Paris. Berlin: Springer 1993, S. 275-292.

[Pohl94] Pohl, K.: The Three Dimensions of Requirements Engineering: A Framework and its Applications. In: Information Systems 19 (1994) 3, S. 243-258.

[Pomberger90] Pomberger, G.: Methodik der Software-Entwicklung. In: Kurbel, K.; Strunz, H. (Hrsg.): Handbuch Wirtschaftsinformatik. Stuttgart: Poeschel 1990, S. 215-236.

[Pomberger93] Pomberger, G.; Blaschek, G.: Software Engineering. Prototyping und objektorientierte Software-Entwicklung. München: Hanser 1993.

[Poo94] Poo, D.C.C.; Lee, S.-Y.: An Object-oriented Systems Modelling Method based on the Jackson Approach. In: The Computer Journal 37 (1994) 8, S. 669-682.

[Pree94] Pree: Design Patterns for Object-Oriented Software Development. Wokingham: Addison-Wesley 1994.

[Preece94] Preece, J.; Rogers, Y.; Sharp, H. et al: Human-Computer Interaction. Wokingham: Addison-Wesley 1994.

[Pressman92] Pressman, R.S.: Software Engineering. A Practitioner's Approach. 3. Auflage. New York: McGraw-Hill 1992.

[Prieto-Diaz91] Prieto-Diaz, R.; Arango, G.: Domain Analysis and Software Systems Modeling. Los Alamitos: IEEE Computer Society Press 1991.

[Puntel93] Puntel, L.B.: Wahrheitstheorien in der neueren Philosophie. Eine kritisch-systematische Darstellung. 3. Auflage. Darmstadt: Wissenschaftliche Buchgesellschaft 1993.

[Putman73] Putman, H.: Meaning and Reference. In: Journal of Philosophy 70 (1973), S. 699-711.

[Quibeldey-Cirkel94] Quibeldey-Cirkel, K.: Das Objekt-Paradigma in der Informatik. Stuttgart: Teubner 1994.

[Quillian68] Quillian, M.R.: Semantic Memory. In: Minsky, M. (Hrsg.): Semantic Information Processing. Cambridge: MIT Press 1968, S. 227-270.

[Quine40] Quine, W.: Mathematical Logic. Cambridge: Harvard University Press 1940.

[Quine53] Quine, W.: From a Logical Point of View. Cambridge: Harvard University Press 1953.

[Quine60] Quine, W.: Word and Object. Cambridge: MIT Press 1960.

[Quine78] Quine, W.: Mengenlehre und ihre Logik. Frankfurt: Ullstein 1978.

[Raasch91] Raasch, J.: Systementwicklung mit strukturierten Methoden. München: Hanser 1991.

[Ramamoorthy84] Ramamoorthy, C.V.; Prakash, A.; Tsai, W.-T. et al: Software Engineering: Problems and Perspectives. In: IEEE Computer 17 (1984) 10, S. 191-209.

[Rasmussen96] Rasmussen, G.; Henderson-Sellers, B.; Low, G.C.: An object-oriented analysis and design notation for distributed systems. In: Journal of Object-Oriented Programming 9 (1996) 6, S. 14-37.

[Rauterberg94] Rauterberg, M.; Spinas, P.; Strohm, O. et al.: Benutzerorientierte Software-Entwicklung. Konzepte, Methoden und Vorgehen zur Benutzerbeteiligung. Stuttgart: Teubner 1994.

[Reichman85] Reichman, R.: Getting Computers to Talk Like You and Me. Discourse Context, Focus, and Semantics (An ATN Model). Cambridge: MIT Press 1985.

[Reimer91] Reimer, U.: Einführung in die Wissensrepräsentation. Stuttgart: Teubner 1991.

[Reimer95] Reimer, U.; Lippuner, P.: Syntax and Semantics of FRM. Working Paper. Information Systems Research Group. Swiss Life: Zürich 1995.

[Reinwald93] Reinwald, B.: Workflow-Management in verteilten Systemen. Stuttgart: Teubner 1993.

[Rescher55] Rescher, N.: Axioms for the Part Relation. In: Philosophical Studies 11 (1955) 1, S. 9-11.

[Rescher64] Rescher, N.: Introduction to Logic. New York: St. Martin's Press 1964.

[Rescher67] Rescher, N.: Aspects of Action. In: Rescher, N. (Hrsg.): The Logic of Decicion and Action. Pittsburgh: University of Pittsburgh Press 1967, S. 215-220.

[Robinson94] Robinson, K.; Berrisford, G.: Object-Oriented SSADM. London: Prentice Hall 1994.

[Roget62] Roget, P.M.: Dutch, R.A.: Roget's Thesaurus of English Words and Phrases. London: Longman 1962.

[Rolland92] Rolland, C.; Proix, C.: Natural Language Approach to Conceptual Modeling. In: Loucopoulos, P.; Zicari, R. (Hrsg.): Conceptual Modeling, Databases, and Case. An Integrated View of Information Systems Development. New York: Wiley 1992, S. 447-463.

[Roosen-Runge66] Roosen-Runge, P.H.: Towards a Theory of Parts and Wholes: An Algebraic Approach. In: General Systems 11 (1966), S. 13-18.

[Rosch73] Rosch, E.: Natural Categories. In: Cognitive Psychology 4 (1973), S. 328-350.

[Rosch78] Rosch, E.: Principles of Categorization. In: Rosch, E.; Lloyd, B.B. (Hrsg.): Cognition and Categorization. Hillsdale: Erlbaum 1978, S. 27-49.

[Rosen77] Rosen, R.: Complexity as a System Property. In: International Journal of General Systems 3 (1977), S. 227-232.

[Ross85] Ross, D.T.: Applications and Extensions of SADT. In: IEEE Computer 18 (1985) 4, S. 25-34.

[Royce70] Royce, W.W.: Managing the Development of Large Software Systems: Concepts and Techniques. In: Proc. of IEEE WESCON, 1970. Washington: IEEE Computer Society Press 1989, S. 1-9.

[Rubin92] Rubin, K.S.; Goldberg, A.: Object Behavior Analysis. In: Communications of the ACM 35 (1992) 9, S. 48-62.

[Rumbaugh91] Rumbaugh, J.; Blaha, M.; Premerlani, W. et al: Object-Oriented Modeling and Design. Englewood Cliffs: Prentice Hall 1991.

[Rumbaugh94] Rumbaugh, J.: Trouble with Twins: Warning Signs of Mixed-Up Classes. In: Journal of Object-Oriented Programming 7 (1995) 8, S. 16-21.

[Rumbaugh95] Rumbaugh, J.: OMT: The dynamic model. In: Journal of Object-Oriented Programming 7 (1995) 9, S. 6-12.

[Rumbaugh95a] Rumbaugh, J.: OMT: The object model. In: Journal of Object-Oriented Programming 7 (1995) 8, S. 21-27.

[Rumbaugh95b] Rumbaugh, J.: OMT: The functional model. In: Journal of Object-Oriented Programming 8 (1995) 1, S. 10-14.

[Ryle52] Ryle, G.: The Concept of Mind. New York: Hutschinson's University 1952.

[Saake90] Saake, G.: Spezifikation, Semantik und Überwachung von Objektlebensläufen in Datenbanken. Dissertation. Braunschweig: Universität 1990.

[Saake93] Saake, G.: Objektorientierte Spezifikation von Informationssystemen. Stuttgart: Teubner 1993.

[Saake94] Saake, G.; Hartel, P.; Jungclaus, R.; Wieringa, R.; Feenstra, R.: Inheritance Conditions for Object Life Cycle Diagrams. In: Lipeck, U.W.; Vossen, G. (Hrsg.): Formale Grundlagen für den Entwurf von Informationssystemen. Proc. GI-Workshop 1994, Tutzing. Informatik-Berichte 03/94. Hannover: Universität 1994, S. 79-88.

[Saeki89] Saeki, M.; Horai, H.; Enomoto, H.: Software Development Process from Natural Language Specification. In: Proc. of the 11th International Conference on Software Engineering. Washington: IEEE Computer Society Press 1989, S. 64-73.

[Saiedian96] Saiedian, H. (Hrsg.): An Inviation to Formal Methods. In: Computer 29 (1996) 4, S. 16-30.

[Sager80] Sager, J.C.; Dungworth, D.; MacDonald, P.F.: English Special Languages. Principles and Practice in Science and Technology. Wiesbaden: Brandstetter 1980.

[Saussure69] Saussure, F. de: Cours de linguistique générale. Postum hg. v. C. Bally u. A. Sechehaye. 3. Auflage. Paris: Payot 1969.

[Schach90] Schach, S.R.: Software Engineering. Homewood: Aksen 1990.

[Schank77] Schank; R.C.; Abelson, R.P.: Scripts, Plans, Goals and Understanding. An Inquiry into Human Knowledge Structures. Hillsdale: Erlbaum 1977.

[Scheer94] Scheer, A.-W.: Wirtschaftsinformatik. Referenzmodelle für industrielle Geschäftsprozesse. 4. Auflage. Berlin: Springer 1994.

[Schieber97] Schieber, P.: Business Reengineering. Ein Konzept für die Gestaltung einer Informationsstrategie in Zeiten radikaler Unternehmenstransformation. Dissertation. Konstanz: Universität (erscheint voraussichtlich 1997).

[Schienmann94] Schienmann, B.: Die Teil/Ganze-Beziehung im objektorientierten Fachentwurf. Bericht 42-94 Informationswissenschaft. Konstanz: Universität 1994.

[Schienmann94a] Schienmann, B.: Die Teil/Ganze-Beziehung im objektorientierten Fachentwurf. In: Lipeck, U.W.; Vossen, G. (Hrsg.): Formale Grundlagen für den Entwurf von Informationssystemen. Proc. GI-Workshop 1994, Tutzing. Informatik-Berichte 03/94. Hannover: Universität 1994, S. 43-59.

[Schienmann95] Schienmann, B..: Objektorientierte Spezifikation betrieblicher Informationssysteme. In: König, W. (Hrsg.): Wirtschaftsinformatik '95. Heidelberg: Physica 1995, S. 151-168.

[Schienmann95a] Schienmann, B.: Fachentwurf mit TAOS - Ein terminologiebasierter Ansatz für die objektorientierte Spezifikation. Proc. Softwaretechnik 95. Braunschweig 1995, S. 47-56.

[Schienmann96] Schienmann, B.: Objektorientierter Fachentwurf. Ein terminologiebasierter Ansatz für die Konstruktion von Anwendungssystemen. Dissertation. Konstanz: Universität 1996.

[Schlieben-Lange79] Schlieben-Lange, B.: Linguistische Pragmatik. 2. Auflage. Stuttgart: Kohlhammer 1979.

[Schneider70] Schneider, H.J.: Historische und systematische Untersuchungen zur Abstraktion. Dissertation. Nürnberg-Erlangen: Universität 1970.

[Schneider74] Schneider, H.J.:Der theoretische und der praktische Begründungsbegriff. In: Kambartel, F.(Hrsg.): Praktische Philosophie und Konstruktive Wissenschaftstheorie. Frankfurt: Suhrkamp 1974, S. 212-222.

[Schneider75] Schneider, H.J.: Pragmatik als Basis von Semantik und Syntax. Frankfurt: Suhrkamp 1975.

[Schneider79] Schneider, H.J.: Ist die Prädikation eine Sprechhandlung? Zum Zusammenhang zwischen pragmatischen und syntaktischen Funktionsbestimmungen. In: Lorenz, K. (Hrsg.): Konstruktionen versus Positionen. Beiträge zur Diskussion um die Konstruktive Wissenschaftstheorie. Band II. Berlin: de Gruyter 1979, S. 23-36.

[Schneider92] Schneider, H.J.: Phantasie und Kalkül. Über die Polarität von Handlung und Struktur in der Sprache. Frankfurt: Suhrkamp 1992.

[Schnelle73] Schnelle, H.: Sprachphilosophie und Linguistik. Prinzipien der Sprachanalyse a priori und a posteriori. Hamburg: Rowohlt 1973.

[Schrefl95] Schrefl, M.; Stumptner, M.: Behavior Consitent Extension of Object Life Cycles. In: Papzoglou, M.P. (Hrsg.): Object-Oriented and Entity-Relationship Modeling. Proc ot the 14th Int. Conf. OOER'95, Australia. Berlin: Springer 1995, S. 133-145.

[Schröder80] Schröder, P.: Abstraktionsschema. In: Mittelstraß, J. (Hrsg.): Enzyklopädie Philosophie und Wissenschaftstheorie. Band 1. Mannheim: BI-Wissenschaftsverlag 1980, S. 38-39.

[Schulz89] Schulz, A.: Software-Life-Cycle- und Vorgehensmodelle. In: Angewandte Informatik 31 (1989) 4, S. 137-142.

[Schweizer91] Schweizer, H.: Bedeutung. Grundzüge einer internalistischen Semantik. Bern: Haupt 1991.

[Schwemmer71] Schwemmer, O.: Philosophie der Praxis. Versuch zur Grundlegung einer Lehre vom moralischen Argumentieren in Verbindung mit einer Interpretation der praktischen Philosophie Kants. Frankfurt: Suhrkamp 1971.

[Searle69] Searle, J.R.: Speech Acts. Cambridge: Cambridge University Press 1969.

[Searle79] Searle, J.R.: Expression and Meaning. Cambridge: Cambridge University Press 1979.

[Sebeok94] Sebeok, T.A.: An Introduction to Semiotics. London: Pinter Publishers 1994.

[Semmens92] Semmens, L.T.; France, R.B.; Docker, T.W: Integrated Structured Analysis and Formal Specification Techniques. In: The Computer Journal 35 (1992) 6, S. 600-610.

[Senko73] Senko, M.E. et al.: Data structures and accessing in data-base systems III. Data representations and the data independent accessing model. In: IBM Systems Journal 12 (1973) 1, S. 64-93.

[Shadbolt89] Shadbolt, N.; Burton, M.A.: The Empirical Study of Knowlegde Elicitation Techniques. In: SIGART Newsletter 108 (1989), S. 19-27.

[Shannon49] Shannon, C.E.; Weaver, W.: The Mathematical Theory of Communication. Urbana: University of Illinios Press 1949.

[Shatz93] Shatz, S.M.: Development of Distributed Software. Concepts and Tools. New York: Macmillan 1993.

[Shlaer88] Shlaer, S.; Mellor, S.J.: Object-Oriented System Analysis. Modeling the World in Data. Englewood Cliffs: Prentice Hall 1988.

[Shlaer91] Shlaer, S.; Mellor, S.J.: Object Lifecycles. Modeling the World in States. Englewood Cliffs: Prentice Hall 1991.

[Shneiderman92] Shneiderman, B.: Designing the User Interface. Strategies for Effective Human-Computer Interaction. 2. Auflage. Reading: Addison-Wesley 1992.

[Shneidewind87] Shneidewind, N.F.: The State of Software Maintenance. In: IEEE Transactions on Software Engineering 13 (1987) 3, S. 303-310.

[Simon62] Simon, H.A.: The Architecture of Complexity. In: Proc. of The American Philosophical Society 106 (1962) 6, S. 467-482.

[Simon85] Simon, H.A.: The Sciences of the Artificial. 2. Auflage. Cambridge: MIT Press 1985.

[Simons87] Simons, P.: Parts. A Study in Ontology. Oxford: Clarendon Press 1987.

[Sinowjew75] Sinowjew, A.; Wessel, H.: Logische Sprachregeln. Eine Einführung in die Logik. München: Fink 1975.

[Skirbekk89] Skirbekk, G.: Wahrheitstheorien. Eine Auswahl aus den Diskussionen über Wahrheit im 20. Jahrhundert. 5. Auflage. Frankfurt: Suhrkamp 1989.

[Smith77] Smith, J.M.; Smith, D.C.P.: Database Abstractions: Aggregation and Generalisation. In: ACM Transactions on Database Systems 2 (1977) 2, S. 105-133.

[Smith82] Smith, B. (Hrsg.): Parts and Moments. München: Philosophia Verlag 1982.

[Sneed89] Sneed, H.M.: Software-Engineering - Überblick. In: Praxis der Information und Kommunikation PIK 12 (1989) 1, S. 11-18.

[Soley92] Soley, R.M.: Object Management Architecture Guide. 2. Auflage. Framingham: Object Management Group 1992.

[Soley95] Soley, R.M.; Kent, W.: The OMG Object Model. In: Kim, W. (Hrsg.): Modern Database Systems. The Object Model, Interoperability, and Beyond. ACM Press 1995, S. 18-41.

[Sommerfeldt74] Sommerfeldt, K.-E.; Schreiber, H.: Wörterbuch zur Valenz und Distribution deutscher Adjektive. Leipzig: VEB Bibliographisches Institut 1974.

[Sommerville92] Sommerville, I.: Software Engineering. 4. Auflage. Wokingham: Addison-Wesley 1987.

[Sowa84] Sowa, J.F.: Conceptual Structures: Information Processing in Mind and Machine. Reading: Addison-Wesley 1984.

[Sowa91] Sowa, J.F.: Toward the Epressive Power of Natural Language. In: J.F. Sowa (Hrsg.): Principles of Semantic Networks. Explorations in the Representation of Knowledge. San Mateo: Morgan Kaufmann 1991, S. 157-189.

[Sowa92] Sowa, J.F.; Zachman, J.A.: Extending and Formalizing the Framework for Information Systems Architecture. In: IBM Systems Journal 31 (1992) 3, S. 590-616.

[Sowa92a] Sowa, J.F.: Logical Structures in the Lexicon. In: Knowledge Based Systems 5 (1992) 3, S. 173-182.

[Spillner94] Spillner, A.: Kann eine Krise 25 Jahre dauern? In: Informatik Spektrum 17 (1994) 1, S. 48-52.

[Spivey92] Spivey, J.M.: The Z Notation: A Reference Manual. 2. Auflage. Englewood Cliffs: Prentice Hall 1992.

[SSADM90] SSADM Version 4. Reference Manual. Oxford: Blackwell 1990.

[Stachowiak73] Stachowiak, H.: Allgemeine Modelltheorie. Wien: Springer 1973.

[Stechow88] Stechow, v.A.; Sternefeld, W.: Bausteine syntaktischen Wissens. Ein Lehrbuch der generativen Grammatik. Opladen: Westdeutscher Verlag 1988.

[Steegmüller56] Steegmüller, W.: Sprache und Logik. In: Studium Generale 9 (1956) 2, S. 57-77.

[Steegmüller69] Steegmüller, W.: Probleme und Resultate der Wissenschaftstheorie und Analytischen Philosophie. Wissenschaftliche Erklärung und Begründung. Band I. Berlin: Springer 1969.

[Stein87] Stein, L.A.: Delegation Is Inheritance. In: SIGPLAN Notices 22 (1987) 10, S. 138-146.

[Stein93] Stein, W.: Objektorientierte Analysemethoden - ein Vergleich. In: Informatik-Spektrum 16 (1993) 6, S. 317-332.

[Steinbauer83] Steinbauer, D.: Transaktionen als Grundlage zur Strukturierung und Integritätssicherung in Datenbank-Anwendungssystemen. Dissertation. Erlangen-Nürnberg: Universität 1983.

[Steinbauer85] Steinbauer, D.; Wedekind, H.: Integritätsaspekte in Datenbanksystemen. In: Infomatik-Spektrum 8 (1985) 2, S. 60-68.

[Steinbauer90] Steinbauer, D.: Strukturierter Fachentwurf bei der Erstellung von PC-Software-Produkten. In: Information Management 5 (1990) 2, S. 58-67.

[Stevens74] Stevens, W.P.; Myers, G.; Constantine, L.L: Structured Design. In: IBM Systems Journal 13 (1974) 2, S. 115-139.

[Stevens81] Stevens, W.P.: Using Structured Design. Chichester: Wiley 1981.

[Stevens91] Stevens, W.P.: Software Design: Concepts and Methods. Englewood Cliffs: Prentice Hall 1991.

[Stokes91] Stokes, D.A.: Requirements Analysis. In: McDermid, J.A. (Hrsg.): Software Engineer´s Reference Book. Oxford: Butterworth-Heinemann 1991, S. 16/1-16/21.

[Storey91] Storey, V.C.: Meronymic Relationships. In: Journal of Database Administration 2 (1991) 3, S. 22-35.

[Strawson50] Strawson, P.F.: On Referring. In: Mind 59 (1950), S. 320-344.

[Strawson72] Strawson, P.F.: Einzelding und logisches Subjekt: Stuttgart: Reclam 1972.

[Strawson74] Strawson, P.F.: Logik und Linguistik. Aufsätze zur Sprachphilosophie. München: List 1974.

[Sukale88] Sukale, M.: Sprachlogik. Sechs Studien zur Logik, Sprachphilosophie und Wissenschaftstheorie. Frankfurt: Lang 1988.

[Suppes66] Suppes, P.: Introduction to Logic. Princeton: Van Nostrand 1966.

[Sykes95] Sykes, J.A.: English grammar as a sentence model for conceptual modelling using NIAM. In: Falkenberg, E.D.; Hesse, W.; Olive, A.: Information Systems Concepts. Towards an consolidation of views. London: Chapman & Hall 1995, S. 161-167.

[Tarski35] Tarski, A.: Der Wahrheitsbegriff in den formalisierten Sprachen. In: Studia philosophica 1 (1935), S. 261-305 (wiederabgedruckt in: Berka, K.; Kreiser, L. (Hrsg): Logik-Texte. Berlin: Akademie Verlag 1973.)

[Taylor95] Taylor, D.A.: Business Engineering with Object-Technology. New York: Wiley 1995.

[Tesnière55] Tesnière, L.: Esquisse de syntaxe structurale. Paris: Klincksieck 1955.

[Teuwson94] Teuwson, R.: Erkenntnislehre. In: Honnefelder, L.; Krieger, G. (Hrsg.): Philosophische Propädeutik. Sprache und Erkenntnis. Paderborn: UTB 1994, S. 118-181.

[Thayer90] Thayer, R.H.; Dorfman, M.: System and Software Requirements Engineering. In: Los Alamos: IEEE Computer Society Press 1990.

[Thiel73] Thiel, C.: Was heißt „Wissenschaftliche Begriffsbildung"? In: Harth, D. (Hrsg.): Propädeutik der Literaturwissenschaft. München: UTB-Wissenschaft 1973, S. 95-125.

[Thiel85] Thiel, C.: G.Frege: Die Abstraktion. In: Grundprobleme der großen Philosophen. Philosophie der Gegenwart I. 3. Auflage. Göttingen: UTB-Wissenschaft 1985, S. 9-46.

[Tjoa93] Tjoa, A M.; Berger, L.: Transformation of Requirements Specifications Expressed in Natural Language into an EER Model. In: Elmasri, R.A.; Kouramajian, V.; Thalheim, B. (Hrsg.): Entity Relationship Approach - ER '93, Proceedings. Berlin: Springer 1993, S. 206-217.

[Tobin90] Tobin, Y.: Semiotics and Linguistics. London: Longman 1990.

[Toulmin75] Toulmin, S.E.: Der Gebrauch von Argumenten. Kronberg: Scriptor 1975.

[Trabant76] Trabant, J.: Elemente der Semiotik. München: Beck 1976.

[Trier31] Trier, J.: Der deutsche Wortschatz im Sinnbezirk des Verstandes. Heidelberg: Winter 1931.

[Tsichritzis82] Tsichritzis, D.C.; Lochovsky, F.H.: Data Models. Englewood Cliffs: Prentice Hall 1982.

[Tugendhat60] Tugendhat, E.: Tarskis semantische Definition der Wahrheit und ihre Stellung innerhalb der Geschichte des Wahrheitsproblems im logischen Positivismus. In: Philosophische Rundschau 8 (1960), S. 131-159.

[Tugendhat76] Tugendhat, E.: Vorlesungen zur Einführung in die sprachanalytische Philosophie. Frankfurt: Suhrkamp 1976.

[Tugendhat89] Tugendhat, E.; Wolf, U.: Logisch-semantische Propädeutik. Stuttgart: Reclam 1989.

[Turk96] Turk, A.; Stoyan, H.: Erfassung, Verarbeitung und Dokumentation natürlichsprachlicher Äusserungen in der Anforderungsanalyse. In: Ortner, E.; Schienmann, B.; Thoma, H.: Natürlichsprachlicher Entwurf von Informationssystemen. Proc. GI-Workshop 1996, Tutzing. Konstanz: Universitätsverlag 1996, S. 32-46.

[Ungar87] Ungar, D.; Smith, R.B.: Self: The Power of Simplicity. In: SIGPLAN Notices 22 (1987) 10, S. 227-242.

[Uschold96] Uschold, M.; Gruninger, M.: Ontologies: principles, methods and applications. In: The Knowledge Engineering Review 11 (1996) 2, S. 93-136.

[Vadera94] Vadera, S.; Meziane, F.: From English to Formal Specifications. In: The Computer Journal 37 (1994) 9, S. 753-763.

[Valder84] Valder, W.; Weller, U.: Schwierigkeiten mit der klassischen Systemanalyse. In: Angewandte Informatik 26 (1984) 8, S. 323-328.

[Vessey94] Vessey, I.; Conger, S.A.: Requirements Specification: Learning Object, Process, and Data Methodologies. In: Communications of the ACM 37 (1994) 5, S. 102-113.

[Vessey95] Vessey, I.; Sravanapudi, A.P.: CASE Tools as Collaborative Support Technologies. In: Communications of the ACM 38 (1995) 1, S. 83-95.

[Vollmer81] Vollmer, G.: Evolutionäre Erkenntnistheorie. 3. Auflage. Stuttgart: Hirzel 1981.

[Vossen94] Vossen, G.: Datenmodelle, Datenbanksprachen und Datenbank-Management-Systeme. 2 Auflage. Bonn: Addison-Wesley 1994.

[Waldén95] Waldén, K.; Nerson, J.-M.: Seamless Object-Oriented Software Architecture. Analysis and Design of Reliable Systems. New York: Prentice Hall 1995.

[Wallner92] Wallner, F.G.: Acht Vorlesungen über den Konstruktiven Realismus. 3 Auflage. Wien: WUV-Universitätsverlag 1992.

[Wand89] Wand, Y.: A Proposal for a Formal Model of Objects. In: Kim, W.; Lochovsky, F. H.: Object-Oriented Concepts, Databases and Applications. New York: ACM Press, S. 3-21.

[Ward86] Ward, P.T.: The Transformation Schema: An Extension of the Data Flow Diagram to Represent Control and Timing. In: IEEE Transactions on Software Engineering 12 (1986) 2, S. 198-210.

[Ward90] Ward, J.; Griffiths, P.; Whitmore, P.: Strategic Planning for Information Systems. Chichester: Wiley 1990.

[Ward91] Ward, P.T.; Mellor, S.J.: Strukturierte Systemanalyse von Echtzeitsystemen. München: Hanser 1991.

[Ward93] Ward, P.T.: Structured Analysis. In: Kent, A.; Williams, J.G.: Encyclopedia of Computer Science and Technology. Vol. 28, Suppl. 13. New York: Marcel Dekker 1993, S. 277-315.

[Warnier81] Warnier, J.D.: Logical Construction of Systems. New York: Van Nostrand 1981.

[Wasserman83] Wasserman, A.I.: Software Engineering Environments. In: Advances in Computers 22 (1983), S. 110-161.

[Wedekind79] Wedekind, H.: Die Objekttypen-Methode beim Datenbankentwurf - dargestellt am Beispiel von Buchungs- und Abrechnungssystemen. In: Zeitschrift für Betriebswirtschaft 49 (1979) 5, S. 367-387.

[Wedekind80] Wedekind, H.; Ortner, E.: Systematisches Konstruieren von Datenbank-Anwendungen. Zur Methodologie der Angewandten Informatik. München: Hanser 1980 .

[Wedekind81] Wedekind, H.: Datenbanksysteme I. Eine konstruktive Einführung in die Datenverarbeitung in Wirtschaft und Verwaltung. 2. Auflage. Mannheim: BI-Wissenschaftsverlag 1981.

[Wedekind92] Wedekind, H.: Objektorientierte Schemaentwicklung. Mannheim: BI-Wissenschaftsverlag 1992.

[Wedekind96] Wedekind, H.: Die Erweiterung eines Workflow-Management-Systems um eine Dialogkomponente. In: Ortner, E.; Schienmann, B.; Thoma, H.: Natürlichsprachlicher Entwurf von Informationssystemen. Proc. GI-Workshop 1996, Tutzing. Konstanz: Universitätsverlag 1996, S. 11-31.

[Weg92] Weg, van de R.L.W.; Engmann, R.: A Framework and Method for Object-Oriented Information Systems Analysis and Design. In: Falkenberg, E.D.; Rolland, C.; El-Sayed, E.N. (Hrsg.): Information System Concepts: Improving the Understanding. North-Holland: Elsevier 1992, S. 123-146.

[Wegner88] Wegner, P., Zdonik, S.B.: Inherictance as an incremental modification mechanism, or what like is and isn't like. In: Gjessing, S.; Nygaard, K. (Hrsg.): Proc. of the European Conference on Object-Oriented Programming ECOOP '88. New York: Springer 1988, S. 55-77.

[Wegner92] Wegner, P.: Dimensions of Object-Oriented Modeling. In: IEEE Computer 25 (1992) 10, S. 12-21.

[Weigand90] Weigand, H.: Linguistically Motivated Principles of Knowledge Base Systems. Dordrecht: Foris Publications 1990.

[Weingartner81] Weingartner, P.: Similarities and Differences between the ε of Set Theory and Part-Whole-Relations. In: Weinke, K. (Hrsg.): Logik, Ethik und Sprache. München: Oldenbourg 1981.

[Wertheimer63] Wertheimer, M.: Drei Abhandlungen zur Gestalttheorie. Darmstadt: Wissenschaftliche Buchgesellschaft 1963.

[Wessel76] Wessel, H.: Logik und Philosophie. Berlin: Deutscher Verlag der Wissenschaften 1976.

[Wessel84] Wessel, H.: Logik. Berlin: Deutscher Verlag der Wissenschaften 1984.

[Whorf63] Whorf, B.L.: Sprache, Denken, Wirklichkeit. Hamburg: Rowohlt 1963.

[Widom96] Widom, J.; Ceri, S.: Introduction to Active Database Systems. In: Widom, J.; Ceri, S. (Hrsg.): Active Database Systems. Triggers and Rules for Advanced Database Processing. San Francisco: Morgan Kaufmann 1996, S. 1-42.

[Wiegand73] Wiegang, H.E.: Lexikalische Strukturen I + II. Amsterdam: Vrije Universiteit 1995.

[Wielenga92] Wielenga, B.; Schreiber, A.T.; Breuker, J.A.: KADS: A Modelling Approach to Knowledge Engineering. In: Knowledge Acquisition 4 (1992) 1, S. 5-53.

[Wieringa89] Wieringa, J.R.; Meyer, J.-J.; Weigand, H.: Specifying dynamic and deontic integrity constraints. In: Data & Knowledge Engineering 4 (1989), S. 157-189.

[Wieringa91] Wieringa, J.R.: Steps Towards a Method for the Formal Modeling of Dynamic Objects. In: Data & Knowledge Engineering 6 (1991), S. 509-540.

[Wieringa95] Wieringa, J.R.: A Method for Building and Evaluating Formal Specifications of Object-Oriented Conceptual Models of Database Systems. Technical Report IR-340. Amsterdam: Vrije Universiteit 1995.

[Wieringa95a] Wierenga, J.R.; Jonge, W de, Spruit, P.: Using Dynamic Classes and Role Classes to Model Object Migration. In: Theory and Practice of Object Systems 1 (1995) 1, S. 61-83.

[Wieringa95b] Wieringa, J.R.; Jonge, W de: Object Identifiers, Keys, and Surrogates: Object Identifiers Revisited. In: Theory and Practice of Object Systems 1 (1995) 2, S. 101-114.

[Wille92] Wille, R.: Concept lattices and conceptual knowledge systems. In: Computers and Mathemathics with Applications 23 (1992), S. 493-515.

[Williams96] Williams, J.D.: Managing Iteration in OO Projects. In: Computer 29 (1999) 9, S. 39-43.

[Wilkie93] Wilkie, G.: Object-Oriented Software Engineering. Wokingham: Addison-Wesley 1993.

[Wilson90] Wilson, B.: Systems: Concepts, Methodologies, and Applications. 2. Auflage. Chichester: Wiley 1990.

[Wimsatt86] Wimsatt, W.C.: Forms of Aggregativity. In: Donagan, A.; Perovich, Jr.; Wedin, M.V. (Hrsg.): Human Nature and Natural Knowledge. Dordrecht: Reidel 1986, S. 259-291.

[Winblad90] Winblad, A.L.; Edwards, S.D.; King, D.R.: Object-Oriented Software. Reading: Addison-Wesley 1990.

[Winograd86] Winograd, T.; Flores, F.: Understanding Computers and Cognition - A New Foundation for Design. Norwood: Ablex 1986.

[Winston87] Winston, E.W.; Chaffin, R.; Hermmann, D.: A Taxonomy of Part-Whole Relations. In: Cognitive Science 11 (1987), S. 417-444.

[Wirfs-Brock90] Wirfs-Brock, R.J.; Wilkerson, B.; Wiener, L.: Designing-Object Oriented Software. Englewood Cliffs: Prentice Hall 1990.

[Wirth66] Wirth, N.; Hoare, C.A.: A Contribution to the Development of Algol. In: Communications of the ACM 9 (1966) 6, S. 413-432.

[Wirth71] Wirth, N.: Program Development by Stepwise Refinement. In: Communications of the ACM 14 (1971) 4, S. 221-227.

[Wittgenstein80] Wittgenstein, L.: Tractatus logico-philosophicus. 15. Auflage. Frankfurt: Suhrkamp 1980.

[Wittgenstein80a] Wittgenstein, L.: Philosophische Untersuchungen. 2. Auflage. Frankfurt: Suhrkamp 1980.

[Wood89] Wood, J.; Silver, D.: Joint Application Design. How to Design Quality Systems in 40% Less Time. New York: Wiley 1989.

[Woodfield90] Woodfield, S.N.; Embley, D.W.; Kurtz, B.D.: Extending Analysis Paradigms. In: 9th Annual Int. Phoenix Conf. on Computers and Communications, Phoenix. Los Alamitos: IEEE Computer Society Press 1990, S. 441- 446.

[Woods92] Woods, W.A.; Schmolze, J.G.: The KL_ONE Family. In: Lehmann, F. (Hrsg.): Semantic Networks in Artificial Intelligence. Oxford: Pergamon Press 1992, S. 133-177.

[Wordsworth92] Wordsworth, J.B.: Software Development with Z. A Practical Approach to Formal Methods in Software Engineering. Wokingham: Addison-Wesley 1992.

[Wright77] Wright, G.H.v.: Handlung, Norm und Intention - Untersuchungen zur deontischen Logik: Berlin: de Gruyter 1977.

[Wuchterl84] Wuchterl, K.: Lehrbuch der Philosophie: Probleme - Grundbegriffe - Einsichten. Bern: UTB-Wissenschaft 1984.

[Wüster91] Wüster, E.: Einführung in die allgemeine Terminologielehre und terminologische Lexikographie. Bonn: Romanistischer Verlag 1991.

[Wunderlich76] Wunderlich, D.: Studien zur Sprechakttheorie. Frankfurt: Suhrkamp 1976.

[Wunderlich80] Wunderlich, D.: Arbeitsbuch Semantik. Königstein: Athenäum 1980.

[Yeh80] Yeh, R.; Zave, P.: Specifying Software Requirements. Proc. of the IEEE 68 (1980) 9, S. 1077-1085.

[Yonezaki89] Yonezaki, N.: Natural Language for Requirements Specification. In: Japanese perspectives in software engineering. Singapore: Addison-Wesley 1989, S. 41-71.

[Yourdon79] Yourdon, E.; Constantine, L.L.: Structured Design: Fundamentals of a Discipline of Computer Program and Systems Design. Englewood Cliffs: Prentice Hall 1979.

[Yourdon89] Yourdon E.: Modern Structured Analysis. Englewood Cliffs: Yourdon Press 1989.

[YourdonInc93] YourdonInc.: Yourdon Systems Method. Model Driven Systems Development. Englewood Cliffs: Yourdon Press 1993.

[Yourdon94] Yourdon, E.: Object-Oriented Systems Design: An Integrated Approach. Englewood Cliffs: Yourdon Press 1994.

[Yourdon95] Yourdon, E. et al. : Mainstream Object. An Analysis and Design Approach for Business. Englewood Cliffs: Yourdon Press 1995.

[Zachman87] Zachman, J.A.: A Framework for Information Systems Architektur. In: IBM Systems Journal 26 (1987) 3, S. 276-292.

[Zadeh75] Zadeh, L.A: Fuzzy Sets. In: Information and Control 8 (1965), S. 338-353.

[Zave84] Zave, P.: The Operational Versus the Conventional Approach to Software Development. In: Communications of the ACM 27 (1984) 2, S. 104-118.

[Zave89] Zave, P.: A Compositional Approach to Multiparadigm Programming. In: IEEE Software 6 (1989) 9, S. 15-25.

Abkürzungsverzeichnis

ADM3	Advanced Software Technology Specialists Development Method 3 [Firesmith93]
AMICE	A European Computer Integrated Manufacturing Architecture [AMICE89]
BNF	Backus-Naur-Form
BON	Business Object Notation [Waldén95]
CASE	Computer-Assisted Software Engineering
COLOR-X	Conceptual Linguistically-based Object-oriented Representation language for Information and Communication Systems [Burg94; Burg95]
CORBA	Common Object Request Broker Architecture
CRC	Classes/Responsibilities/Collaborations [Beck89]
CSCW	Computer-Supported Cooperative Work
DFD	Datenflußdiagramm
DIAM	Data Independent Accessing Model [Senko73]
DSSD	Data Structured Systems Development [Warnier74]
ERM	Entity Relationship Model [Chen76]
EPK	Ereignisgesteuerte Prozeßketten [Keller92; Bungert95]
HIPO	Hierarchy plus Input-Process-Output [IBM74]
IBIS	Issue-Based Information System [Kunz79]
IE	Information Engineering [Martin89/90]
IRDS	Informations Resource Dictionary Standard [ISO/IEC90]
ISBN	International Standard Book Number
ISD	Informations Systems Design [Mills86]
ISSN	International Standard Serial Number
JSD	Jackson System Development [Jackson83]
JAD	Joint Application Design [Wood89; August91]
KADS	Knowledge Acquisition and Documentation System [Wielenga92]
KASPER	Konstanzer Sprachkritik-Programm für das Software Engineering [Ortner94]
KHS	Konstanzer Hypertext-System [Hammwöhner96]
KISS	Kristen Information and Software Services [Kristen94]
LCM/MCM	Conceptual Modeling Language/Conceptual Modeling Method [Wieringa95]

LIKE   Linguistic Instruments in Knowledge Engineering [Buitelaar92]
MSA   Modern Structured Analysis [Yourdon89]
MOSES   Methodology for OO-Software Engineering of Systems
            [Henderson-Sellers94]
MVC   Model-View-Controller
NATURE   Novel Approaches to Theories Underlying Requierements
            Engineering [Jarke93]
NIAM   Natural language Information Analysis Method [Nijssen89]
OAN   Object-oriented Analysis Notation [Champeaux93]
OBA   Object Behavior Analysis [Rubin92]
OBD   Object/Behavior Diagrams [Kappel91]
ODMG   Object Database Management Group
OMG   Object Management Group
OMT   Object Modeling Technique [Rumbaugh91]
OOA   Object-Oriented Analysis [Coad91]
OOA&D   Object-Oriented Analysis & Design [Martin92; Martin95]
OOA/D   Object-Oriented Analysis and Design [Booch94]
OOCM   Object-Oriented Conceptual Modeling [Dillon93]
OOS   Object-Oriented Software Specification [Bailin89]
OOSA   Object-Oriented System Analysis [Shlaer88; Shlaer91]
OOSSADM   Object-Oriented SSADM [Robinson94]
OOSDL   Object-Oriented Specification and Design Language [Firesmith93]
OOSE   Object-Oriented Software Engineering [Jacobson92]
OPA   Object-Process Analysis [Dori95]
OSA   Object-Oriented Systems Analysis [Embley92]
OTM   Objekttypenmethode [Wedekind79; Ortner89]
PROSPECTRA Program development by specification and transformation
            [Hoffmann93]
RAK   Regeln für die alpabetische Katalogisierung
RADD   Rapid Application and Database Development
            [Albrecht95; Düsterhöft96]
RDD   Responsibility-Driven Design [Wirfs-Brock90]
SA   Structured Analysis [DeMarco78]
SADT   Structured Analysis and Design Technique [Ross77; Ross85]
SAMPO   Speech-Act-Based Office Modelling Approach [Auramäki88]
SD   Structured Design [Yourdon79]
SOM   Semantisches Objektmodell [Ferstl90]
SOMA   Semantic Object Modeling Approach [Graham93]
SSA   Structured Systems Analysis [Gane79]

SSADM	Structured Systems Analysis and Design Methodology [SSADM90]
SSM	Soft Systems Methodology [Checkland81; Checkland90]
SR	Stepwise Refinement [Wirth71]
TAOS	Terminologiebasierter Ansatz für die objektorientierte Spezifikation
TED&ALAN	Term Description Language&Assertional Language [Forster91; Burkert95]
UML	Unified Modeling Language [Booch96a; Booch96b]
YSM	Yourdon Systems Method [Yourdon93]

Stichwortverzeichnis

Beckstein
Begründungs-verwaltung

Grundlagen, Systeme und Algorithmen

Viele Problemlösungssysteme verwenden eine Wissensbasis, in der Wissen über die Welt deklarativ repräsentiert ist. Ein Teil des zur Problemlösung notwendigen Wissens wird dort explizit gespeichert. Der andere Teil liegt lediglich implizit vor und wird vom Problemlöser erst während der Problemlösung über Schlußfolgerungsprozesse expliziert und in der Wissensbasis aufgehoben.

Diese Vorgehensweise wird jedoch zum Problem, sobald sich die repräsentierte Welt ändert, da dann die Wissensbasis entsprechend revidiert werden muß und insbesondere die abgeleiteten Sachverhalte auf ihre Gültigkeit hin zu überprüfen sind. Ist doch deren Status davon abhängig, ob das zu ihrer Ableitung verwendete Wissen auch nach der Weltänderung noch gültig ist.

Die Revision der Wissensbasis wird wesentlich vereinfacht, ja sogar (teil-)automatisierbar, wenn man in ihr zusätzlich festhält, wie die abgeleiteten Sachverhalte vom expliziten Wissen abhängen. Da die Verwaltung von Begründungen zur Repräsentation dieser Abhängigkeiten jedoch eine komplexe Aufgabe ist, überträgt man sie besser einem spezialisierten und damit effizienten, wiederverwendbaren Begründungsverwaltungssystem. Die Architektur und die formalen Grundlagen solcher Systeme sind Gegenstand des vorliegenden Buches. Es kann damit einerseits als Übersichts-werk zum Thema Begründungsverwaltung und andererseits als Referenz für die Implementierung anwendungs-spezifischer Begründungsverwaltungssysteme angesehen werden.

Von Prof. Dr.
Clemens H. Beckstein
Universität Jena

1996. 371 Seiten
mit 39 Bildern.
16,2 x 23,5 cm.
Kart. DM 69,80
ÖS 510,– / SFr 63,–
ISBN 3-8154-2303-1

(TEUBNER-TEXTE
zur Informatik, Bd. 18)

B. G. Teubner Stuttgart · Leipzig

Das Standardwerk völlig neu!

Begründet von **I. N. Bronstein** und
K. A. Semendjajew. Weitergeführt von
G. Grosche, V. Ziegler und **D. Ziegler**
Herausgegeben von
Prof. Dr. **Eberhard Zeidler**, Leipzig

1996. XXVI, 1298 Seiten. 14,5 x 20 cm.
Geb. DM 48,– / ÖS 350,– / SFr 43,–
ISBN 3-8154-2001-6

Das „TEUBNER-TASCHENBUCH der Mathematik" ersetzt den bisherigen Band – Bron-
stein/Semendjajew, Taschenbuch der Mathematik –, der mit 25 Auflagen und mehr als
800.000 verkauften Exemplaren bei B. G. Teubner erschien.
In den letzten Jahren hat sich die Mathematik
außerordentlich stürmisch entwickelt. Eine
wesentliche Rolle spielt dabei der Einsatz
immer leistungsfähigerer Computer.
Diesen aktuellen Entwicklungen trägt das
„TEUBNER-TASCHENBUCH der Mathematik"
umfassend Rechnung. Es vermittelt ein lebendiges und modernes Bild der heutigen Mathematik und erfüllt aktuell, umfassend und kompakt
die Erwartungen, die an ein Nachschlagewerk
für Ingenieure, Naturwissenschaftler, Informati-
ker und Mathematiker gestellt werden. Im Studium ist das „TEUBNER-TASCHENBUCH der
Mathematik" ein Handbuch, das Studierende
vom ersten Semester an begleitet; im Berufsle-
ben wird es dem Praktiker ein unentbehrliches
Nachschlagewerk sein.

Herausgegeben von
Doz. Dr. **Günter Grosche,**
Leipzig
Dr. **Viktor Ziegler**
Dorothea Ziegler,
Frauwalde
und
Prof. Dr. **Eberhard Zeidler,**
Leipzig

7. Auflage. 1995.
Vollständig überarbeitete und wesentlich
erweiterte Neufassung der 6. Auflage der
„Ergänzenden Kapitel zum Taschenbuch
der Mathematik von I. N. Bronstein und
K. A. Semendjajew".
XVI, 830 Seiten mit 259 Bildern.
14,5 x 20 cm.
Geb. DM 58,– / ÖS 423,– / SFr 52,–
ISBN 3-8154-2100-4

Mit dem „TEUBNER-TASCHENBUCH der Mathematik, Teil II" liegt eine vollständig überarbeitete und wesentlich erweiterte Neufassung der
bisherigen „Ergänzenden Kapitel zum Taschenbuch der Mathematik von I. N. Bronstein und K.
A. Semendjajew" vor, die 1990 in 6. Auflage im
Verlag B. G. Teubner in Leipzig erschienen sind.
Dieses Buch vermittelt dem Leser ein lebendiges, modernes Bild von den vielfältigen Anwendungen der Mathematik in Informatik, Operations Research und mathematischer Physik.

 B. G. Teubner Stuttgart · Leipzig
Postfach 10 09 30, D-04009 Leipzig